.NET 开发经典名著

ASP.NET Core 3
全栈 Web 开发(第 3 版)

使用.NET Core 3.1 和 Angular 9

[意] 瓦莱西奥·德·桑克蒂斯(Valerio De Sanctis)　著
　　赵利通　崔战友　　　　　　　　　　　　　　　　　译

清华大学出版社

北　京

北京市版权局著作权合同登记号　图字：01-2020-6983

Copyright Packt Publishing 2020. First Published in the English language under the title ASP.NET Core 3 and Angular 9: Full Stack Web Development with .NET Core 3.1 and Angular 9, Third Edition-(9781789612165)

图书在版编目(CIP)数据

ASP.NET Core 3全栈Web开发：使用.NET Core 3.1和 Angular 9：第3版 / (意)瓦莱里奥·德·桑克蒂斯 (Valerio De Sanctis)著；赵利通，崔战友译. —北京：清华大学出版社，2021.1

(.NET开发经典名著)

书名原文：ASP.NET Core 3 and Angular 9: Full Stack Web Development with .NET Core 3.1 and Angular 9, Third Edition

ISBN 978-7-302-57218-3

Ⅰ. ①A … Ⅱ. ①瓦… ②赵… ③崔… Ⅲ. 网页制作工具—程序设计 Ⅳ. ①TP393.092.2

中国版本图书馆 CIP 数据核字(2020)第 257426 号

责任编辑：王　军　韩宏志
装帧设计：孔祥峰
责任校对：成凤进
责任印制：沈　露

出版发行：清华大学出版社

网　　　址：http://www.tup.com.cn，http://www.wqbook.com
地　　　址：北京清华大学学研大厦 A 座　　　邮　　编：100084
社 总 机：010-62770175　　　　　　　　　邮　　购：010-62786544
投稿与读者服务：010-62776969，c-service@tup.tsinghua.edu.cn
质 量 反 馈：010-62772015，zhiliang@tup.tsinghua.edu.cn

印 装 者：大厂回族自治县彩虹印刷有限公司
经　　销：全国新华书店
开　　本：170mm×240mm　　印　　张：28.25　　字　　数：776 千字
版　　次：2021 年 1 月第 1 版　　印　　次：2021 年 1 月第 1 次印刷
定　　价：118.00 元

产品编号：088761-01

作 者 简 介

Valerio De Sanctis 是一名掌握丰富技能的 IT 专业人员，在使用 ASP.NET、PHP 和 Java 进行编程、Web 开发和项目管理方面具有超过 15 年的经验。他在多家金融和保险公司担任过高级职务，近来在一家业界领先的售后服务和 IT 服务公司担任首席技术官、首席安全官和首席运营官，这家公司为多个顶尖的人寿和非人寿保险集团提供服务。

在职业生涯中，Valerio 帮助许多私企实现和维护基于.NET 的解决方案，与许多 IT 行业的专家携手工作，并领导过多个前端、后端和 UX 开发团队。他为多个知名的客户和合作伙伴设计了许多企业级 Web 应用程序项目的架构，并监管这些项目的开发。这些客户包括 London Stock Exchange Group、Zurich Insurance Group、Allianz、Generali、Harmonie Mutuelle、Honda Motor、FCA Group、Luxottica、ANSA、Saipem、ENI、Enel、Terna、Banzai Media、Virgilio.it、Repubblica.it 和 Corriere.it。

他是 Stack Exchange 网络上的活跃成员，在 StackOverflow、ServerFault 和 SuperUser 社区中提供关于.NET、JavaScript、HTML5 和 Web 主题的建议和提示。他的大部分项目和代码示例在 GitHub、BitBucket、NPM、CocoaPods、JQuery Plugin Registry 和 WordPress Plugin Repository 中以开源许可提供。他还是 Microsoft 开发技术 MVP，这是一个年度颁发的奖项，用来表彰全球范围内积极与用户和 Microsoft 分享高质量的实用专家技能的卓越技术社区领袖。

自 2014 年以来，他在 www.ryadel.com 上运营一个面向 IT 并关注 Web 的博客，提供业界新闻、评审、代码示例和指导，旨在帮助全球的开发人员和技术爱好者。他撰写了多本关于 Web 开发的图书，许多都在 Amazon 上成为畅销图书，在全球范围内销售了数万本。

审校者简介

Anand Narayanaswamy 是印度特里凡得琅的一名自由撰稿人和审校者，在业界领先的纸质杂志和网上技术门户中发表过文章。他在 2002 年和 2011 年获得了 Microsoft MVP 称号，目前是一名 Windows Insider MVP，也是备受推崇的 ASPInsider 小组的成员。

Anand 为几家出版商担任技术编辑和审校者，并为 Packt Publishing 撰写了 *Community Server Quickly* 一书。他还为 Digit Magazine 和 Manorama Year Book 撰写文章。

Anand 的致谢：我感谢上帝赋予我每天工作的能力。还要感谢 Amrita Venugopal、Kinjal Bari 和 Manthan Patel 给予我的支持和耐心。Packt 的编辑们在项目一开始就认真对待审校者，这很令人敬佩。我也很感谢我的父亲、母亲和哥哥一直以来给我的支持和鼓励。

Santosh Yadav 来自印度浦那，拥有计算机学士学位。他有超过 11 年的开发经验，并使用过多种技术，包括.NET、Node.js 和 Angular。他是 Angular 和 Web 技术的 Google 开发技术专家。他为 Netlify 创建了 ng deploy 库，并且是 *Angular In Depth* 的作者。他还是 Pune Tech Meetup 的演讲人和组织者，并为包括 Angular 和 NgRx 在内的多个项目做出了贡献。

前　言

ASP.NET Core 是一个免费、开源的模块化 Web 框架，由 Microsoft 开发，运行在完整的.NET Framework(Windows)或.NET Core(跨平台)上。它专门为构建高效的 HTTP 服务设计，使这些服务可被各种类型的客户端访问和使用，包括 Web 浏览器、移动设备、智能电视、基于 Web 的智能家居工具等。

Angular 是 AngularJS 的后继产品。AngularJS 是世界知名的开发框架，其设计目标为向开发人员提供一个工具箱，使他们能够构建出响应式、跨平台、基于 Web 的应用，并且能够针对桌面和移动设备优化这些应用。它采用了结构丰富的模板方法，以及自然的、易写易读的语法。

从技术角度看，这两种框架没有太多共同之处：ASP.NET Core 主要关注 Web 开发栈的服务器端部分，而 Angular 则用于处理 Web 应用程序的所有客户端部分，如用户界面(User Interface，UI)和用户体验(User Experience，UX)。但是，这两种框架之所以产生，是因为其创建者具有一个共同的构想：HTTP 协议不限于提供 Web 页面；可以把它用作一个平台来构建基于 Web 的 API，以有效地发送和接收数据。这种设想在万维网的前 20 年间逐渐发展，现在已经成为不可否认的、广泛认同的表述，也是几乎每种现代 Web 开发方法的基础。

对于这种视角的转变，存在许多很好的理由，其中最重要的理由与 HTTP 协议的根本特征有关：使用起来很简单，但足够灵活，能够适应万维网不断变化的环境的大部分开发需求。如今，HTTP 协议的适用范围也变得很广：我们能够想到的几乎每种平台都有一个 HTTP 库，因此 HTTP 服务能够用于各种客户端，包括桌面和移动浏览器、IoT 设备、桌面应用程序、视频游戏等。

本书的主要目的是在一个开发栈中，把最新版本的 ASP.NET Core 和 Angular 结合起来，以演示如何使用它们来创建高性能的、能够被任何客户端无缝使用的 Web 应用程序和服务。

本书面向的读者

本书面向有经验的 ASP.NET 开发人员，你应该已经知道 ASP.NET Core 和 Angular，想学习这两种框架的更多知识，并理解如何结合它们来创建适合生产环境的单页面应用程序(SPA)或渐进式 Web 应用程序(PWA)。但是，本书提供了完整的代码示例，并逐个步骤讲解了实现过程，即使是新手或者刚入门的开发人员，理解本书也不会有太大难度。

本书内容

第 1 章介绍本书将使用的两个框架的一些基本概念，以及可以创建的各种类型的 Web 应用程序，如 SPA、PWA、原生 Web 应用程序等。

第 2 章详细介绍 Visual Studio 2019 提供的.NET Core and Angular 模板的各种后端和前端元素，并且从高层面上解释了如何在典型的 HTTP 请求-响应周期中结合使用它们。

第 3 章全面介绍如何构建一个示例 ASP.NET Core 和 Angular 应用，该应用通过使用基于 Bootstrap 的 Angular 客户端来查询健康检查中间件，为最终用户提供诊断信息。

第 4 章介绍 Entity Framework Core 及其作为对象关系映射(Object-Relational Mapping，ORM)框架的能力，从 SQL 数据库部署(基于云和/或本地实例)一直讲解到数据模型设计，还包括在后端控制器中读写数据的各种技术。

第 5 章介绍如何使用 ASP.NET Core 后端 Web API 来公开 Entity Framework Core 数据，使用 Angular 消费该数据，然后使用前端 UI 向最终用户展示数据。

第 6 章详细介绍如何在后端 Web API 中实现 HTTP PUT 和 POST 方法，以使用 Angular 执行插入和更新操作，还介绍服务器端和客户端数据验证。

第 7 章探讨一些有用的调整和改进，以增强应用程序的源代码，并深入分析 Angular 的数据服务，以理解为什么以及如何使用它们。

第 8 章介绍如何充分利用 Visual Studio 提供的各种调试工具，调试一个典型 Web 应用程序的后端和前端栈。

第 9 章详细介绍测试驱动开发(Test-Driven Development，TDD)和行为驱动开发(Behavior-Driven Development，BDD)，并展示了如何使用 xUnit、Jasmine 和 Karma 来定义、实现和执行后端和前端单元测试。

第 10 章从高层面上介绍身份验证和授权的概念，并展示了如何使用一些技术和方法来恰当地实现专有的或第三方的用户身份系统。本章给出一个基于 ASP.NET Identity 和 IdentityServer4 的、可以工作的 ASP.NET Core 和 Angular 身份验证机制的实际例子。

第 11 章详细介绍如何使用服务工作线程、清单文件和离线缓存功能，将一个现有的 SPA 转换成为一个 PWA。

第 12 章介绍如何部署前面章节中创建的 ASP.NET Core 和 Angular 应用，以及如何使用 Windows Server 2019 或 Linux CentOS 虚拟机把它们发布到云环境中。

最大限度利用本书

下面列出撰写本书及测试源代码时使用的软件包及相关版本号：

- Visual Studio 2019 社区版 16.4.3
- Microsoft .NET Core SDK 3.1.1
- TypeScript 3.7.5
- NuGet Package Manager 5.1.0
- Node.js 13.7.0[强烈建议使用 Node Version Manager(NVM)，来安装 Node.js]
- Angular 9.0.0 最终版

对于在 Windows 上部署：

- ASP.NET Core 3.1 Runtime for Windows
- .NET Core 3.1 CLR for Windows

对于在 Linux 上部署：

- ASP.NET Core 3.1 Runtime for Linux(YUM 包管理器)
- .NET Core 3.1 CLR for Linux(YUM 包管理器)
- Nginx HTTP Server(YUM 包管理器)

提示　如果你使用的是 Windows 平台，强烈建议使用 NVM for Windows 来安装 Node.js，这是适用于 Windows 系统的一个非常出色的 Node.js 版本管理器。从下面的 URL 可以下载 NVM for Windows。

```
https://github.com/coreybutler/nvm-windows/releases
```

强烈建议你使用与本书相同的版本。如果你选择使用一个不同的版本，也没有问题，但你可能需要对源代码做一些修改和调整。

下载示例代码文件

可以在 www.tup.com.cn/downpage，输入本书中文书名或 ISBN，下载本书的示例代码文件以及参考资料。

也可扫描封底二维码下载示例代码文件以及参考资料。

本书采用的约定

本书采用了一些排版约定。
代码块的格式如下所示：

```html
<mat-form-field [hidden]="!cities">
    <input matInput (keyup)="loadData($event.target.value)"
        placeholder="Filter by name (or part of it)...">
</mat-form-field>
```

当我们希望你注意代码块中的特定部分时，将用粗体显示相关的代码行：

```
import { FormGroup, FormControl } from '@angular/forms';

class ModelFormComponent implements OnInit {
    form: FormGroup;

    ngOnInit() {
      this.form = new FormGroup({
          title: new FormControl()
      });
    }
}
```

命令行输入或输出的格式如下所示：

```
> dotnet new angular -o HealthCheck
```

 注意　警告或重要的注意事项将采用这种格式。

 提示　提示和技巧将采用这种格式。

目　　录

第1章
准 备 工 作

在踏上学习 ASP.NET 和 Angular 的征程之前，本章先做一些准备工作，从理论的高度介绍它们最主要的特性，然后讨论一些实用主题。具体来说，在本章前半部分，我们将简单回顾 ASP.NET Core 和 Angular 框架的近期发展，而在后半部分，则将学习如何配置本地开发环境，从而能够组装、生成和测试一个 Web 应用程序的样板性示例。

到本章结束时，你将了解在过去几年间，ASP.NET Core 和 Angular 为了帮助 Web 开发所做的一些工作，并知道如何设置一个 ASP.NET 和 Angular Web 应用程序。

本章将介绍的主题

- ASP.NET Core 变革：简单回顾 ASP.NET Core 和 Angular 的近期发展。
- 全栈方法：能够学习如何设计、组装和交付完整产品的重要性。
- 单页面应用程序(Single-Page Application，SPA)、原生 Web 应用程序(Native Web Application，NWA)和渐进式 Web 应用程序(Progressive Web Applications，PWA)：各种应用程序的关键特性、它们之间最重要的区别以及 ASP.NET Core 和 Angular 适用各种应用程序的程度。
- 示例 SPA 项目：本书将完成的一个项目。
- 准备工作环境：如何设置工作环境来完成我们的第一个目标，实现一个简单的 Hello World 样板示例，后续章节将进一步扩展这个示例。

1.1 技术需求

撰写本书及测试源代码时使用的软件包(及相关版本号)如下所示:

- Visual Studio 2019 社区版 16.4.3
- Microsoft .NET Core SDK 3.1.1
- TypeScript 3.7.5
- NuGet Package Manager 5.1.0
- Node.js 13.7.0 (强烈建议使用 Node Version Manager，也称为 NVM，来安装 Node.js)
- Angular 9.0.0 最终版

提示 如果你在 Windows 平台上进行开发，那么强烈建议使用 NVM for Windows 来安装 Node.js。NVM for Windows 是适用 Windows 系统的一个整洁的 Node.js 版本管理器。从下面的 URL 可以下载 NVM for Windows:

> https://github.com/coreybutler/nvm-windows/releases

强烈建议使用与本书相同的版本。不过，如果你选择使用另一个版本，也没有问题，只不过可能需要对源代码做一些修改和调整。

1.2 两个框架，一个目标

从一个功能完善的 Web 应用程序的视角看，可以说 ASP.NET Core 框架提供的 Web API 接口是服务器端处理程序的一个集合，服务器使用它们向定义好的请求-响应消息系统公开众多钩子/端点。这通常是使用结构化标记语言(XML)、语言无关的数据格式(JSON)或 API 查询语言(GraphQL)表达的，并通过在一个公开可用的 Web 服务器(如 IIS、Node.js、Apache、Nginx 等)上使用 HTTP 和/或 HTTPS 公开应用程序编程接口(Application Programming Interface，API)来实现。

与之类似，Angular 是一种现代的、功能丰富的客户端框架，通过将 HTML Web 页面的输入和/或输出部分绑定到一个灵活的、可重用的、易于测试的模型，推动了 HTML 和 ECMAScript 的高级特性以及现代浏览器能力的发展。

我们是否能够把 ASP.NET Core 的后端优势和 Angular 的前端能力结合起来，创建出功能丰富的、非常灵活的现代 Web 应用程序？

答案是肯定的。在后续章节中，我们将通过分析一个代码优美的、设计精良的 Web 产品的各个基础方面，以及如何使用 ASP.NET Core 和/或 Angular 的最新版本来处理这些方面，展示这种 Web 应用程序的开发过程。但是，在那之前，花一点时间回顾过去 3 年间，这两种框架经历了怎样的发展历程，是很有帮助的。尽管面对着越来越多的竞争对手，这两种框架仍然得到人们的青睐，这是有其原因的，理解这些原因对我们很有用。

1.2.1 ASP.NET Core 的变革

要总结过去 4 年间，ASP.NET 发生了什么，并不是一个轻松的任务。简单来说，我们无疑见证了.NET Framework 自诞生以来经历的最重要的一系列变化。这是一场变革，几乎在各个方面改变了 Microsoft 处理软件开发的方法。这家以专有软件、许可和专利闻名的公司变为推动全世界开源开发的一股力量。要理解这些年间发生了什么，从这个缓慢但稳定的发展过程中截取几个关键节点很有帮助。

依我看来，第一个关键节点发生在 2014 年 4 月 3 日的 Microsoft Build Conference 大会上。这是每年举办一次的开发者大会，2014 年度的举办地点为圣弗朗西斯科的 Moscone Center (West)。在这次大会上，Anders Hejlsberg(Delphi 之父，也是 C#的主架构师)发表了令人印象深刻的主题发言，并在此过程中将.NET Compiler Platform 的第一个版本(称为 Roslyn)公开发布为一个开源项目。也是在这次大会上，Microsoft Cloud and AI Group 的执行副总裁 Scott Guthrie 宣布正式启动.NET Foundation，这是一个非营利组织，旨在推进.NET 生态系统中的开源软件开发及协作性工作。

从那个时候起，.NET 开发团队在 GitHub 平台上稳定发布了许多 Microsoft 开源项目，包括 Entity Framework Core(2014 年 5 月)、TypeScript(2014 年 10 月)、.NET Core(2014 年 10 月)、CoreFX(2014 年 11 月)、CoreCLR 和 RyuJIT(2015 年 1 月)、MSBuild(2015 年 3 月)、.NET Core CLI(2015 年 10 月)、Visual Studio Code(2015 年 11 月)和.NET Standard(2016 年 9 月)等。

1. ASP.NET Core 1.x

为开源开发付出的这些努力，最重要的成果是在 2016 年第三季度公开发布了 ASP.NET Core 1.0。ASP.NET Framework 自 2002 年 1 月问世后历经发展，但一直到 4.6.2 版本(2016 年 8 月)，其核心架构并没有重大变化。ASP.NET Core 1.0 彻底重新实现了 ASP.NET Framework。这个全新的框架将之前的

Web 应用程序技术(MVC、Web API 和 Web 页面)合并到一个编程模块中，并称其为 MVC6。新框架引入了一个功能完善的跨平台组件(名为.NET Core)，与前面提到的开源工具一起发布，这些工具包括一个编译器平台(Roslyn)、一个跨平台运行时(CoreCLR)和一个经过改进的 x64 即时编译器(RyuJIT)。

 注意 一些读者可能想了解 ASP.NET 5 和 Web API 2 的情况，因为在 2016 年中段之前，它们曾是开发人员耳熟能详的名称。

ASP.NET 5 是 ASP.NET Core 原本的名称，不过开发者们后来决定将其重新命名，以强调这是对 ASP.NET Core 彻底重写这个事实。重命名的原因，以及 Microsoft 对新产品的愿景，在 Scott Hanselman 的一篇博客文章中有详细说明。这篇文章写于 2016 年 1 月 16 日，对新产品的变动做了预期性说明：

http://www.hanselman.com/blog/ASPNET5IsDeadIntroducingASPNETCore10AndNETCore10.aspx

简单介绍一下 Scott Hanselman。他自 2007 年开始，就担任.NET/ASP.NET/IIS/Azure 和 Visual Studio 的外展和社区经理。关于 ASP.NET 的这种视角转换的更多信息，可以参考 Jeffrey T. Fritz 撰写的下面这篇文章，他是 Microsoft 的项目经理和 NuGet 团队主管：

https://blogs.msdn.microsoft.com/webdev/2016/02/01/an-update-on-asp-net-core-and-net-core/

 注意 Web API 2 是专门用于构建 HTTP 服务的一个框架，这些 HTTP 服务返回纯粹的 JSON 或 XML 数据，而不是 Web 页面。它一开始作为 MVC 平台之外的另一种方案诞生，但现在已经与 MVC 合并起来，形成了一个新的、通用的 Web 应用程序框架，称为 MVC6，作为 ASP.NET Core 的一个单独模块发布。

ASP.NET Core 1.0 发布后不久，ASP.NET Core 1.1 发布了(2016 年第 4 季度)，并带来了一些新功能，性能上也得到了增强，还解决了 1.0 版本的许多 bug 和兼容性问题。这些新功能包括将中间件配置为过滤器(这是通过把它们添加到 MVC 管道而不是 HTTP 请求管道实现的)的能力，一个内置的、与宿主无关的 URL 重写模块(通过专门的 NuGet 包 Microsoft.AspNetCore.Rewrite 提供)，将视图组件作为标签助手的能力，在运行时而不是按需查看编译，以及.NET 原生的压缩和缓存中间件模块等。

 注意 关于 ASP.NET Core 1.1 中的全部新功能、改进和 bug 修复的详细清单，可访问下面的链接。

版本说明：https://github.com/aspnet/AspNetCore/releases/1.1.0。

提交列表：https://github.com/dotnet/core/blob/master/release-notes/1.1/1.1-commits.md。

2. ASP.NET Core 2.x

ASP.NET Core 2.0 是又一次跃进。2017 年第二季度发布了该版本的预览版，第三季度发布了最终版。新版本对接口做了大量重要的改进，主要是为了标准化.NET Framework、.NET Core 和.NET Standard 之间共享的 API，使它们能够与.NET Framework 向后兼容。这些工作使得把现有的.NET Framework 项目迁移到.NET Core 和/或.NET Standard 变得比之前容易许多，从而让许多传统开发人员有机会体验和适应新的范式，但同时不必丢弃自己已经掌握的技术。

同样，主版本发布后不久，又发布了一个改进后的版本 ASP.NET Core 2.1。该版本于 2018 年 5 月 30 日正式发布，引入了一系列安全和性能改进，以及许多新功能：SignalR(一个库，简化了在.NET Core 应用中添加实时 Web 功能的工作)；Razor 类库；对 Razor SDK 做了重大改进，允许开发人员把视图和页面构建为可重用的类库，和/或能够作为 NuGet 包发布的库项目；Identity UI 库和基架，用来为任何应用添加身份，以及定制身份来满足自己的需要，默认启用了对 HTTPS 的支持；使用面向隐私的 API 和模板，内置了对通用数据保护条例(General Data Protection Regulation，GDPR)支持，使用户能够控制自己的私人数据和同意是否使用 cookie；针对 Angular 和 ReactJS 客户端框架更新了 SPA 模板等。

注意　关于 ASP.NET Core 2.1 中的全部新功能、改进和 bug 修复的详细清单，可访问下面的链接。

版本说明: https://docs.microsoft.com/en-US/aspnet/core/release-notes/aspnetcore-2.1。

提交列表: https://github.com/dotnet/core/blob/master/release-notes/2.1/2.1.0-commit.md。

你没看错，我们刚才提到了 Angular。事实上，从一开始发布，ASP.NET Core 就被设计为与流行的客户端框架(如 ReactJS 和 Angular)无缝集成。正因为这个原因，本书这样的图书才会出现。ASP.NET Core 2.1 引入的重大区别是更新了默认的 Angular 和 ReactJS 模板，使它们使用相应框架的标准项目结构和生成系统(Angular CLI 和 NPX 的 create-react-app 命令)，而不是依赖任务执行器(如 Grunt 或 Gulp)、模块生成器(如 webpack)或者工具链(如 Babel)，这些工具在过去被广泛使用，不过安装和配置起来十分困难。

注意　能够不再依赖这些工具是一项重大成就，对 2017 年之后改变.NET Core 的用法和提高其在开发社区中的采用率起到了决定性性作用。如果看看本书的前两版(2016 年年中出版的 ASP.NET Core and Angular 2 和 2017 年年底出版的 ASP.NET Core 2 and Angular 5)，并比较它们的第 1 章和本书的第 1 章，就能够注意到必须手动使用 Gulp、Grunt 或 webpack 与借助框架集成的工具的区别。复杂程度得以大大降低，使得任何开发人员都从中获益，尤其是不熟悉上述工具的开发人员。

2.1 版本发布 6 个月后，.NET Foundation 又对框架做了一次改进，在 2018 年 12 月 4 日发布了 ASP.NET Core 2.2，在这个版本中修复了一些问题，并添加了一些新功能。例如改进了端点路由系统来更好地分发请求，更新了模板来支持 Bootstrap 4 和 Angular 6，新增了一个健康检查服务来监控部署环境及其底层基础设施的状态，包含容器编排系统(如 Kubernetes)，在 Kestrel 中内置 HTTP/2 支持，使用一个新的 SignalR Java 客户端来方便在 Android 应用程序中使用 SignalR 等。

注意　关于 ASP.NET Core 2.2 中的全部新功能、改进和 bug 修复的详细清单，可访问下面的链接。

版本说明: https://docs.microsoft.com/en-US/aspnet/core/release-notes/aspnetcore-2.2。

提交列表: https://github.com/dotnet/core/blob/master/release-notes/2.2/2.2.0/2.2.0-commits.md。

3. ASP.NET Core 3.x

ASP.NET Core 3 发布于 2019 年 9 月，对性能和安全做了进一步的改进，并提供了更多新功能。例如支持 Windows 桌面应用程序(仅适用于 Windows)，并为导入 Windows Form 和 Windows Presentation Foundation(WPF)提供了高级能力；支持 C# 8；通过一组新的内置 API 来访问.NET Platform-Dependent Intrinsic，从而在某些场景中显著提高性能；通过使用 dotnet publish 命令，并在项目配置文件中使用<PublishSingleFile> XML 元素，或者通过使用/p:PublishSingleFile 命令行参数，支持单文件可执行文件；新增了内置的 JSON 支持，其特点是高性能、低内存，比 JSON.NET 第三方库(在大部分 ASP.NET Web 项目中已成为事实上的标准)可能快两三倍；在 Linux 上支持 TLS 1.3 和

OpenSSL 1.1.1；在 System.Security.Cryptography 命名空间中做了一些安全改进，包括支持 AES-GCM 和 AES-CCM 加密算法等。

对于提高框架在容器环境中的性能和可靠性，也做了大量工作。ASP.NET Core 开发团队投入大量精力，改善了.NET Core 3.0 中的.NET Core Docker 体验。具体来说，这是.NET Core 第一次对运行时做了重大修改，从而使 CoreCLR 更加高效，在默认情况下更好地遵守 Docker 的资源限制(如内存和 CPU 限制)，并提供了更多调整配置的能力。在各种改进中，有必要提到在默认情况下，内存和 GC 堆使用得到了改善。PowerShell Core 也得到了改进，这是著名的自动化和配置工具 PowerShell 的跨平台版本，现在随着.NET Core SDK Docker 容器镜像一起交付。

.NET Core Framework 3 还引入了 Blazor，这是一个免费、开源的 Web 框架，允许开发人员使用 C#和 HTML 创建 Web 应用。

最后需要提到，新的.NET Core SDK 比之前的版本小得多，这主要归功于开发团队在最终版本中删除了多个 NuGet 包中不必要的工件，这些包用于组装以前的 SDK(包括 ASP.NET Core 2.2)，但其中不必要的工件浪费了大量空间。对于 Linux 和 macOS 版本来说，SDK 明显变小了许多，但在 Windows 上，这种改进则没那么明显，因为 SDK 中还包含了新的 WPF 和 Windows Form 库。

注意 关于 ASP.NET Core 3.0 中的全部新功能、改进和 bug 修复的详细清单，可访问下面的链接。

版本说明：https://docs.microsoft.com/en-us/dotnet/core/whats-new/dotnet-core-3-0。

ASP.NET Core 3.0 发布页面：https://github.com/dotnet/core/tree/master/release-notes/3.0。

在撰写本书时，最新的稳定版本是 ASP.NET Core 3.1，发布于 2019 年 12 月 3 日。这个版本中的变化主要集中在 Windows 桌面开发，删除了许多 Windows Form 遗留控件(DataGrid、ToolBar、ContextMenu、Menu、MainMenu 和 MenuItem)，并添加了对创建 C++/CLI 组件的支持(但仅限 Windows 平台)。

大部分 ASP.NET Core 更新修复了 Blazor 的一些问题，如在 Blazor 应用中阻止事件的默认动作或者阻止事件传播，对 Razor 组件提供分部(partial)类支持，更多的标签助手组件功能等。但是，与其他.1 版本一样，NET Core 3.1 的主要目标是优化和改进上一个版本中已经交付的功能，它修复了 150 多个性能和稳定性问题。

注意 关于 ASP.NET Core 3.1 中的全部新功能、改进和 bug 修复的详细清单，可访问下面的链接。

版本说明：https://docs.microsoft.com/en-us/dotnet/core/whats-new/dotnet-core-3-1。

对 ASP.NET Core 近期发展状况的介绍到此结束。下一节将关注 Angular 生态系统，它也经历了相当类似的发展过程。

1.2.2　Angular 有哪些新变化?

如果说跟随 Microsoft 和.NET Foundation 近年来迈出的步伐并不容易，当我们把目光转移到客户端 Web 框架 Angular 时，情况并不会好转。要理解 Angular 的发展过程，需要把目光投向 10 年前。当时，jQuery 和 MooTools 等 JavaScript 库统治着客户端的世界，最早的客户端框架(如 Dojo、Backbone.js 和 Knockout.js)仍在努力赢得认知，以期得到广泛采用，而 React 和 Vue.js 甚至还没有出现)。

提示 实际上，jQuery 在很大程度上仍然占据统治地位，至少 Libscore (http://libscore.com/#libs) 和 w3Techs (https://w3techs.com/technologies/overview/javascript_library/all)认为如此。另一方面，虽然 74.1%的网站仍在使用 jQuery，但相比十年前，选择它的 Web 开发人员已经少了很多。

1. GetAngular

AngularJS 的故事开始于 2009 年。当时，Miško Hevery(现在担任 Google 的高级计算机科学家和敏捷教练)和 Adam Abrons(现在担任 Grand Rounds 的工程主管)在业余时间开发了一个项目，这是一个端到端(end-to-end，E2E)Web 开发工具，提供一个在线 JSON 存储服务，以及一个客户端库，用于构建依赖于该库的 Web 应用程序。为了发布这个项目，他们使用了 GetAngular.com 这个主机名。

在这段时期，Hevery 已经就职于 Google，他与另外两名开发人员一起被分配到 Google Feedback 项目。这几个人在 6 个月的时间中写了 17 000 多行代码，代码在膨胀，测试问题变得严重起来，这让他们非常沮丧。考虑到这种情况，Hevery 向经理请求使用 GetAngular(前面提到的业余项目)来重写应用，并打赌说他自己能在两周内完成重写。经理接受了这个赌约，但不久后，Hevery 输掉了，因为他用了 3 周而不是之前说的两周。但是，新的应用程序只有 1500 行代码，而不是原来的 17 000 行。这足以引起 Google 对新框架的兴趣，不久后，他们把这个新框架命名为 AngularJS。

提示　关于完整的故事，可以观看 Miško Hevery 在 ng-conf 2014 上发表的主题演讲：https://www.youtube.com/watch?v=r1A1VR0ibIQ。

2. AngularJS

AngularJS 的第一个稳定版本(0.9.0 版本，也称为"龙息")于 2010 年 10 月在 GitHub 上使用 MIT 许可发布；当 AngularJS 1.0.0(也称为"时空统治")于 2012 年 6 月发布时，这个框架已经在全世界的 Web 开发社区中赢得了很多人的青睐。

这种异乎寻常的成功，很难用几个词总结出来，但我还是会尝试介绍它的一些关键卖点。

- 依赖注入：AngularJS 是第一个实现了依赖注入的客户端框架。这无疑是其相对于竞争对手的一个优势，包括操纵 DOM 的库(如 jQuery)在内。使用 AngularJS 时，开发人员可以编写松散耦合的、易于测试的组件，让框架创建组件、解析依赖并在收到请求时把它们传递给其他组件。
- 指令：可以把指令描述为特定 DOM 项(如元素、特性、样式等)上的标记。这是一种强大的功能，可用来指定自定义的、可重用的、类似 HTML 的元素和特性，它们可以为展示组件定义数据绑定和/或其他具体行为。
- 双向数据绑定：模型和视图组件之间自动同步。当模型中的数据改变时，视图会反映出来；当视图中的数据改变时，模型也会被更新。这是立即、自动发生的，确保了模型和视图始终会被更新。
- 单页面方法：AngularJS 是第一个完全不需要重新加载页面的框架。这使服务器端和客户端都能受益：服务器端收到更少、更小的网络请求，而客户端能够实现更平滑的切换和响应性更好的体验。另外，还为单页面应用程序模式铺平了道路，后来 React、Vue.js 和其他库框架也采用了这种模式。
- 缓存友好：AngularJS 的所有神奇操作都发生在客户端，不需要服务器端生成 UI/UX 部分。因此，所有 AngualrJS 网站都可以缓存到任何地方，并通过 CDN 提供。

注意　关于 AngularJS 从 0.9.0 到 1.7.8 之间提供的功能、改进和 bug 修复的详细清单，请访问下面的链接。

AngularJS 1.x 更新日志：https://github.com/angular/angular.js/blob/master/CHANGELOG.md。

3. Angular 2

AngularJS 的新版本发布于 2016 年 9 月 14 日，也称为 Angular JS 2，它基于新的 ECMAScript 6(官方名称为 ECMAScript 2015)规范完全重写了上一个版本。与 ASP.NET Core 重写一样，这种变革在架构级别、HTTP 管道处理、应用程序生命周期和状态管理方面引入了许多突破性改变，使得把老代码移植到新版本成为几乎不可能完成的任务。尽管保留了原来的名称，但新版本是一个全新的框架，与上一个版本没有太大共同点。

Angular 2 没有与 AngularJS 向后兼容，明显表明开发团队决定采用一种全新的方法：不只在代码语法上做出改变，在思考和设计客户端应用方面也做出了改变。新的 Angular 版本更加模块化，基于组件的程度更高，提供了一个新的、改进的依赖注入模型，以及老版本中不具备的许多编程模式。

下面简单介绍 Angular 2 中引入的最重要改进。

- 语义化版本：Angular 2 是第一个使用语义化版本(semantic versioning，也称为 SemVer)的版本。SemVer 是版本化软件的一种通用方式，使开发人员能够跟踪版本，而不必翻阅更新日志的细节。SemVer 基于 3 个数字(X.Y.Z)，其中 X 代表主版本，Y 代表小版本，Z 代表修订版本。具体来说，向稳定的 API 引入不兼容的 API 修改时，需要递增 X 代表的主版本号；当添加向后兼容的功能时，需要递增 Y 代表的小版本号；当修复向后兼容的 bug 时，需要递增 Z 代表的修订版本号。这种改进很容易被人低估，但是在大部分现代软件开发场景中，持续交付(Continuous Delivery，CDE)极为重要，新版本以极快频率发布，此时语义化版本是必须具备的一项功能。

- TypeScript：如果你是一名有经验的 Web 开发人员，可能已经知道 TypeScript 是什么。不知道也没有关系，后面将进行详细介绍，因为我们在介绍 Angular 的章节中将大量使用 TypeScript。现在只是简单说明一下，TypeScript 是 JavaScript 的一个超集，由 Microsoft 开发出来，允许使用 ES2015 的全部功能(如 Default-Rest-Spread 参数、模板字面量、箭头函数、promise 等)，并在开发过程中添加了强大的类型检查和面向对象功能(如类和类型声明)。TypeScript 源代码能够转译为所有浏览器都理解的标准 JavaScript 代码。

- 服务器端渲染(Server-Side Rendering，SSR)：Angular 2 提供 Angular Universal，这是一种开源技术，允许后端服务器运行 Angular 应用程序，只把得到的静态 HTML 文件提供给客户端。简言之，服务器将对页面进行第一遍渲染，以便更快交付给客户端，然后立即使用客户端代码刷新页面。SSR 有一些值得注意的地方，例如主机上必须安装 Node.js 才能执行必要的预渲染步骤，以及获得 node_modules 文件夹，但是可以显著缩短应用程序在典型浏览器中的响应时间，从而缓解 AngularJS 的性能问题。

- Angular Mobile Toolkit(AMT)：针对创建高性能的移动应用设计的一套工具。

- 命令行接口(Command-Line Interface，CLI)：开发人员可以在 Angular 2 中引入的 CLI 中使用控制台/终端命令和简单的测试 shell 生成组件、路由、服务和管道。

- 组件：组件是 Angular 2 的主要组成模块，完全取代了 AngularJS 的控制器和作用域，并且接管了原来的指令负责的大部分任务。Angular 2 应用程序的应用数据、业务逻辑、模板和样式都可以用组件创建。

注意　在 ASP.NET Core 和 Angular 2 的最终版发布后不久，我在 2016 年 10 月出版了自己的第一本著作：*ASP.ENT Core and Angular 2*。在这本书中，我尽力探讨了这些功能。详细信息见：

https://www.packtpub.com/application-development/aspnetcore-and-angular-2。

4. Angular 4

2017 年 3 月 23 日,Google 发布了 Angular 4。在这个日期之前,有许多 Angular 组件被独立开发,例如 Angular Router 已经进入了版本 3.x。为了把所有这些组件的主版本统一起来,Angular 的第 3 版这个版本号被跳过了。从 Angular 4 开始,整个 Angular 框架被统一为使用相同的"主版本号.小版本号.修订版本号"SemVer 模式。

这个新的主版本引入了一定数量的突破性修改,如新的、改进后的路由系统,对 TypeScript 2.1+的支持(并且将其定为必要条件),并弃用了一些接口和标签。另外还做了如下的大量改进。

- 预先(ahead-of-time)编译:Angular 4 在生成阶段编译模板,并相应地生成 JavaScript 代码。相比 AngularJS 和 Angular 2 使用的 JIT 模式(在运行时编译应用),这是架构上的巨大改进。例如,不只应用程序在启动时变得更快(因为客户端不需要进行编译),而且大部分组件错误将在生成时(而不是运行时)抛出/中断,从而能够实现更加安全的、稳定的部署。
- 动画 npm 包:所有现有的和新增的 UI 动画和效果被移动到@angular/animations 包中,而不是作为@angular/core 的一部分。这是一个很聪明的决定,使得不需要动画的应用能够丢开这部分代码,从而变得更小、甚至更快。

其他值得注意的改进包括:提供了一个新的表单验证器,可检查有效的电子邮件地址;为 HTTP 路由模块中的 URL 参数提供了一个新的 paramMap 接口;对国际化提供了更好的支持等。

5. Angular 5

Angular 5 发布于 2017 年 11 月 1 日,提供了对 TypeScript 2.3 的支持、少部分的突破性修改、许多性能和稳定性方面的改进,以及一些新功能,其中一些如下。

- 新的 HTTP 客户端 API:从 Angular 4.3 开始,@angular/http 模块失宠,新的 @angular/common/http 包成为宠儿,它提供了更好的 JSON 支持、拦截器和不可变的请求/响应对象等。Angular 5 中完成了这种切换,老模块已被弃用,推荐在所有应用中使用新的模块。
- 状态转移 API:这是一种新功能,使开发人员能够在服务器和客户端之间转移应用程序的状态。
- 提供一组新的路由事件,从而在更细的粒度上控制 HTTP 生命周期:ActivationStart、ActivationEnd、ChildActivationStart、ChildActivationEnd、GuardsCheckStart、GuardsCheckEnd、ResolveStart 和 ResolveEnd。

> 注意　*2017 年 11 月,我的著作 ASP.NET Core 2 and Angular 5 也出版了,该书讨论了前面提到的大部分改进:*
> https://www.packtpub.com/application-development/aspnetcore-2-and-angular-5。
> *2018 年 6 月,该书的内容作为视频课程提供:*
> https://www.packtpub.com/web-development/asp-net-core-2-and-angular-5-video。

6. Angular 6

Angular 6 发布于 2018 年 4 月,主要是一个维护性版本,更加关注提高框架及其工具链在整体上的一致性,而不是添加新功能。因此,Angular 6 中没有重大的突破性改变。RxJS 6 支持一种新的注册提供者的方式,即新增的 providedIn 可注入装饰器,改进了对 Angular Material 的支持(Angular Material 是专门用于在 Angular 客户端 UI 中实现材料设计的一个组件),提供了更多 CLI 命令/更新等。

另外一个有必要提到的改进是新增的 ng add CLI 命令，它使用包管理器下载新的依赖，并调用一个安装脚本把配置变化更新到项目中，添加额外的依赖，添加包特定的初始化代码。

最后，Angular 团队引入了 Ivy，这是下一代 Angular 渲染引擎，旨在提高应用程序的速度，降低应用程序的大小。

7. Angular 7

Angular 7 发布于 2018 年 10 月，是一次重大更新。Google 的开发人员关系维护主管，也是一位著名的 Angular 发言人，Stephen Fluin 在 Angular 的官方开发博客上就这次正式发布写了下面的一段话，可以证明我们的猜测：

"这是一次跨越整个平台的重大发布，包括核心框架、Angular Material 和与主版本同步的 CLI。这个版本包含了工具链的新功能，并促成了几个合作伙伴发布新版本。"

下面列出了新功能。

- 易于升级：由于版本 6 中做的基础工作，Angular 团队能减少把现有 Angular 应用从老版本升级到最新版本所需的步骤。https://update.angular.io 提供了详细的步骤，这是一个极为有用的交互式 Angular 升级向导，可用来快速了解必要的步骤，例如 CLI 命令、包更新等。完成这些步骤后，才能把现有的 Angular 应用从老版本升级到最新的版本。
- CLI 更新：通过遵守前面提到的步骤，有一个新的命令会试图自动升级 Angular 应用程序及其依赖。
- CLI 提示：Angular 命令行接口经过修改，能够在运行常用命令(如 ng new 或 ng add @angular/material)时给出提示，帮助开发人员发现内置的功能，如路由、SCSS 支持等。
- Angular Material 和 CDK：提供了更多 UI 元素，如虚拟滚动，这个组件能够根据列表的可见部分，加载和卸载 DOM 中的元素，从而能够为使用非常大的可滚动列表的用户打造极快的体验；还包括 CDK 原生的拖放支持以及改进的下拉列表元素等。
- 合作伙伴发布：改进了与许多第三方社区项目的兼容性；如 Angular Console 是一个可下载的控制台，用于在本地机器上启动和运行 Angular 项目；AngularFire 用于 Firebase 集成的官方 Angular 包；Angular for NativeScript 用于 Angular 和 NativeScript 的集成，NativeScript 是一个使用 JavaScript 和/或基于 JS 的客户端框架构建原生 iOS 和 Android 应用的框架。针对 StackBlitz 的一些有趣的、Angular 特有的功能，StackBlitz 是一个在线 IDE，可用于创建 Angular 和 React 项目，如标签式编辑器。还与 Angular Language Service 集成等。
- 更新了依赖：添加了对 TypeScript 3.1、RxJS 6.3 和 Node 10 的支持，不过为了向后兼容，仍然允许使用之前的版本。

> **提示**　Angular Language Service 是在 Angular 模板中获取自动完成、错误、提示和导航的一种方式，可以把它想象成为语法高亮、智能感知和实时语法错误检查器的混合。Angular 7 添加了对 StackBlitz 的支持，但在这个版本之前，只有 Visual Studio Code 和 WebStorm 才提供了这种功能。
>
> 关于 Angular Language Service 的更多信息，请访问下面的 URL：
> https://angular.io/guide/language-service。

8. Angular 8

Angular 7 发布后不久，在 2018 年 5 月 29 日发布了 Angular 8。新版本的主要变化是人们期待已久的 Ivy，这是一个新的 Angular 编译器/运行时。虽然从 Angular 5 就开始开发 Ivy 项目，但 Angular 8

第一次正式提供了运行时切换选项，允许开发人员选择使用 Ivy。从 Angular 9 开始，Ivy 将成为默认的运行时。

提示　要在 Angular 8 中启用 Ivy，开发人员必须在应用程序的 tsconfig.json 文件的 angularCompilerOptions 节中添加一个"enableIvy": true 属性。

如果想了解 Ivy 的更多信息，建议详细阅读 Cédric Exbrayat 撰写的下面这篇文章，他是 Ninja-Squad 网站的联合创始人和培训师，现在是 Angular 开发团队的成员。
https://blog.ninja-squad.com/2019/05/07/what-is-angularivy/。

下面列出其他值得注意的改进和新功能。

- Bazel 支持：Angular 8 是第一个支持 Bazel 的版本，Bazel 是 Google 开发和使用的一个免费的软件工具，用于自动完成软件的生成和测试工作。对于想要自动化交付管道的开发人员，它是一个很有用的工具，允许增量生成和测试，甚至允许在生成农场(build farm)上配置远程生成(和缓存)。
- 路由：引入了新语法，能够使用 TypeScript 2.4+的 import()语法来声明延迟加载路由，而不是依赖一个字符串字面量。为了向后兼容，保留了旧语法，但是可能很快就会弃用旧语法。
- 服务工作线程：引入了一种新的注册策略，以允许开发人员选择在什么时候注册工作线程，而不是在应用程序启动生命周期结束时自动注册。通过使用新的 ngsw-bypass 头部，还能够为特定 HTTP 请求绕过服务工作线程。
- 工作空间 API：提供了一种新的、更方便的方式来读取和修改 Angular 工作空间配置，而不需要手动修改 angular.json 文件。

注意　在客户端开发中，服务工作线程是浏览器在后端运行的一个脚本，用来执行不需要用户界面或用户交互的工作。

Angular 8 还引入了一些突破性改变(主要是 Ivy 带来的改变)，并删除了一些弃用已久的包，例如 @angular/http，它在 Angular 4.3 中被@angular/common/http 取代，并在 Angular 5.0 中被正式弃用。

提示　Angular 官方弃用指导中提供了所有弃用 API 的完整列表，其 URL 如下所示：
https://angular.io/guide/deprecations。

9. Angular 9

经历了 2019 年第四季度的一系列候选版本后，Angular 9 在 2020 年 2 月正式发布，是目前最新的版本。

新版本带来了下面的新功能。

- JavaScript bundle 和性能：庞大的 bundle 文件是以前的 Angular 版本中最累赘的问题之一。Angular 9 解决了这个问题，从而显著缩短了下载时间并提高了总体性能。
- Ivy 编译器：这个新的 Angular 生成和渲染管道在 Angular 8 中还是选择性预览，但在 Angular 9 中成为默认的渲染引擎。
- 无选择器的绑定：这是以前的渲染引擎中可用、但 Angular 8 Ivy 预览没有提供的功能。现在，Ivy 中也可使用这种功能。
- 国际化：这是另一种 Ivy 增强，通过在 Angular CLI 中使用新增的 i18n 特性，能够生成为翻译器创建文件所需的大部分标准代码，以及使用多种语言发布 Angular 应用。

提示 新增的 i18n 特性是一种代称，用作国际化(internationalization)的别名。数字 18 表示单词 internationalization 的第一个字母 i 和最后一个字母 n 之间的字母数。这个术语可能是数字设备公司(Digital Equipment Corporation，DEC)在 20 世纪 70 年代或 80 年代创造的，另外有一个术语 l10n，代表本地化(localization)。创造这两个术语，是因为涉及的两个单词太长了。

Ivy 编译器在 Angular 的未来发展中将扮演一个重要的角色，所以有必要多说几句。

你可能已经知道，对于任何前端框架的整体性能，渲染引擎扮演着重要角色，因为这个工具负责将展示逻辑(在 Angular 中就是组件和模板)执行的操作和意图转换为更新 DOM 的指令。如果渲染器比较高效，就需要更少的指令，从而提高总体性能，同时减少必要的 JavaScript 代码量。因为 Ivy 生成的 JavaScript bundle 比原来的渲染引擎小得多，所以 Angular 9 在性能和大小上的整体改进很明显。

我们对 ASP.NET Core 和 Angular 生态系统的近期发展所做的简要介绍到此结束。在接下来的小节中，将总结一下我们在 2020 年仍然选择使用 NET Core 和 Angular 的最重要原因。

1.2.3 选择.NET Core 和 Angular 的理由

我们已经看到，在过去 3 年中，这两个框架都经历了密集的变化。这导致它们重建内核，之后就一直面临着重返巅峰的压力，或者至少不失去自己的地盘。面临的竞争对手有两种：在它们的黄金时代过去后问世的大部分现代框架，如用于服务器端的 Python、Go 和 Rust，用于客户端的 React、Vue.js 和 Ember.js，还有急于统治开发者世界的 Node.js 和 Express 生态系统；另一种就是 20 世纪 90 年代和 21 世纪初的大部分老竞争对手，例如 Java、Ruby 和 PHP，它们依然生机勃勃。

虽然如此，在 2019 年选择使用 ASP.NET Core 有如下许多有说服力的理由。

- 性能：新的.NET Core Web 栈非常快，版本 3.x 尤其明显。
- 集成：支持大部分现代客户端框架，包括 Angular、React 和 Vue.js。
- 跨平台方法：.NET Core Web 应用程序几乎能以无缝方式运行在 Windows、macOS 和 Linux 上。
- 托管：.NET Core Web 应用程序几乎可以托管在任何地方，从装有 IIS 的 Windows 机器，到装有 Apache 或 Nginx 的 Linux 设备；从 Docker 容器，到使用 Kestrel 和 WebListener HTTP 服务器的自托管场景(不过这种场景很罕见)。
- 依赖注入：框架支持内置的依赖注入设计模式，在开发过程中提供了众多优势，如降低依赖、改进代码可重用性、可读性和便于测试。
- 模块化的 HTTP 管道：ASP.NET Core 中间件使开发人员能够在细粒度上控制 HTTP 管道，既可以把管道缩减到其核心部分(针对极轻量级的任务)，也可以使用强大的、高度可配置的功能(如国际化、第三方身份验证/授权、缓存、路由等)来增强管道。
- 开源：整个.NET Core 栈作为开源项目发布，在强大的社区支持上，因此每天会被数千名开发人员进行评审和改进。
- 并排执行：它支持在同一台机器上同时运行应用程序或组件的多个版本。这意味着在同一台机器上，同时有公共语言运行时的多个版本，并且有多个版本的应用程序和组件使用该运行时的不同版本。对于大部分现实开发场景来说，这一点很有帮助，因为开发团队能够控制某个应用程序绑定到组件的哪些版本，以及应用程序使用运行时的哪个版本。

至于 Angular 框架，我们选择它而不是其他优秀的 JS 库(如 React、Vue.js 和 Ember.js)的最重要原因是，它本身已经提供了大量功能，因此成为一个最合适的选项，不过这可能也使它不如其他框架/

库那么简单。再加上 TypeScript 语言提供的一致性优势,可以说 Angular 从 2016 年重生直到现在,都比其他框架更加积极地采用了框架方法。过去 3 年间,这一点被一再证实,因为这个框架在这 3 年间经历了 6 个主版本,并且在稳定性、性能和功能方面有了很大的提升,同时并没有失去很多向后兼容性、最佳实践和总体方法。这些理由足以说服我们投入 Angular 框架上,希望它能够继续保持并发展这些优势。

了解使用这两个框架的理由后,我们来问自己一个问题:要了解关于这两个框架的更多信息,最佳方式是什么?接下来的小节应该提供我们需要的答案。

1.3 全栈方法

学习使用 ASP.NET Core 和 Angular,意味着能使用 Web 应用程序的前端(客户端)和后端(服务器端)。换言之,意味着能够设计、组装和交付一个完整的产品。

要做到这一点,我们需要研究下面的主题:

- 后端编程
- 前端编程
- UI 样式和 UX 设计
- 数据库设计、建模、配置和管理
- Web 服务器配置和管理
- Web 应用程序部署

初看起来,这种方法可能不符合常识,因为一名开发人员不应该独自完成所有工作。每个开发人员都知道,后端和前端需要的技能和经验是完全不同的。那么,为什么我们应该采用这种方法呢?

在回答这个问题之前,应该理解前面说"能够"的含义。我们不需要成为技术栈中每个层次的专家,也没有人期望我们成为这样的专家。当我们选择拥抱全栈方法时,真正需要做的是提高对使用的整个栈的认识,这意味着需要知道后端如何工作,以及后端如何与前端通信。我们需要知道如何存储、检索数据以及将数据提供给客户端。需要知道有哪些交互,以便把构成 Web 应用程序的各个组件划分到不同的层中,还需要知道安全问题、身份验证机制、优化策略、负载均衡技术等。

这并不意味着我们在这些领域都拥有强大的技能;事实上,我们也很难做到这一点。尽管如此,如果想采用全栈方法,就需要理解所有这些领域的含义、角色和作用范围。另外,在需要的时候,我们应该有能力在这些领域熟练工作。

1.4 SPA、NWA 和 PWA

为了演示如何结合 ASP.NET Core 和 Angular,使它们发挥最大能力,最佳方式是构建一些小型 SPA 项目,并使其具有大部分原生 Web 应用程序(Native Web Application)的功能。做出这种选择的原因很明显:没有更好的方式来展示它们如今提供的一些最好的功能。我们在构建项目的过程中,将能够使用现代接口和模式,如 HTML5 pushState API、webhook、基于数据传输的请求、动态 Web 组件、UI 数据绑定,以及无状态的、AJAX 驱动的架构。我们还将使用一些 NWA 功能,如服务工作线程、Web 清单文件等。

如果你不知道这些定义和缩写的含义,不必担心,在接下来的几节中,我们将探讨这些概念。这几节将专门介绍下面 3 种类型的 Web 应用程序的重要功能:SPA、NWA 和 PWA。在讨论过程中,我们还将试图理解产品负责人对典型 Web 项目最常见的期望。

1.4.1 单页面应用程序

简单来说，单页面应用程序(Single-Page Application，SPA)是一个基于 Web 的应用程序，但尽力提供与桌面应用程序相同的用户体验。如果考虑到所有 SPA 仍然是通过 Web 服务器提供，因而是通过 Web 浏览器访问的(就像其他任何标准网站一样)，就能够理解到，要实现它们期望的行为，只能修改 Web 开发中常用的一些默认模式，如资源加载、DOM 管理和 UI 导航。在好的 SPA 中，内容和资源(HTML、JavaScript、CSS 等)是在一次页面加载中获取的，或者是在需要时动态获取的。这也意味着页面不会重新加载或刷新，而只是发生改变来响应用户操作，在后端执行必要的服务器端调用。

如今，一个有竞争力的 SPA 应该提供下面的关键功能。

- 没有服务器端往返：一个有竞争力的 SPA 在重绘客户端 UI 的任何部分时，不需要完整的服务器端往返过程来获取一个完整的 HTML 页面。这主要是通过实现关注点分离(Separation of Concerns，SoC)设计原则来实现的，该原则意味着数据源、业务逻辑和展示层将被分离。
- 高效路由：一个有竞争力的 SPA 能够在用户的导航过程中，使用有组织的、基于 JavaScript 的路由器来跟踪用户当前的状态和位置。后续章节在介绍服务器端和客户端路由的概念时，将深入讨论这一点。
- 性能和灵活性：一个有竞争力的 SPA 通常使用某种 JavaScript SDK(Angular、jQuery、Bootstrap 等)，将所有 UI 转移到客户端完成。这通常有助于提高网络性能，因为增加客户端渲染和离线处理能够降低 UI 对网络的影响。但是，这种方法的真正优点在于使 UI 变得更加灵活，因为开发人员能够完全重写应用程序的前端，除了一些静态资源文件之外，对服务器只有很小的影响，甚至没有影响。

这只是一个合理设计的、有竞争力的 SPA 的一些主要优势。如今，这些方面起着重要的作用，因为许多商业网站和服务正在从传统的多页面应用程序(Multi-Page Application，MPA)思想转变到完全的或者混合的、基于 SPA 的方法。

1.4.2 原生 Web 应用程序

多页面应用程序从 2015 年以来变得越来越受欢迎，它们常被称为原生 Web 应用程序(Native Web Application，NWA)，因为它们通常实现了许多小规模的单页面模块，并在一个多页面结构上把它们结合起来，而不是构建单独一个庞大的 SPA。

更不必说，有大量企业级 SPA 和 NWA 每天完美地服务着众多用户，例如 WhatsApp Web、Teleport Web 和 Flickr，以及多种 Google Web 服务，包括 Gmail、Contacts、Spreadsheet、Maps 等。这些服务，加上它们庞大的用户群，证明了这不是一个短期趋势，过一段时间就会消亡。相反，我们在见证一种新模式的完成，它肯定会长期存在下去。

1.4.3 渐进式 Web 应用程序

在 2015 年，另一种 Web 开发模式进入人们的视野。当时，Frances Berriman(一位英国的自由职业设计师)和 Alex Russel(一位 Google Chrome 工程师)第一次使用术语 PWA(Progressive Web Application)表示这样的 Web 应用程序，它们利用了现代浏览器支持的两种重要的新功能：服务工作线程和 Web 清单文件。通过使用标准的、基于 Web 的开发工具(如 HTML、CSS 和 JavaScript)，这两种重要的改进可被成功地用来交付通常只在移动应用中可用的一些功能，如推送通知、离线模式、基于权限的硬件访问等。

渐进式 Web 应用程序的崛起发生在 2018 年 3 月 19 日，当时 Apple 在 Safari 11.1 中实现了对服务工作线程的支持。从这个时候起，PWA 在行业中被广泛采用，这主要归功于它们相对 MPA、SPA 和 NWA 提供的不可否认的优势：更快的加载速度、更小的应用大小、更高的用户参与度等。

根据 Google 的表述，渐进式 Web 应用的主要技术特征如下所示。

- 渐进式：使用渐进式增强原则，可被使用各种浏览器的每个用户使用。
- 响应性：适合任何设备类型，包括桌面计算机、移动设备、平板电脑或将来出现的设备。
- 与连接无关：服务工作线程允许离线或在低质量的网络上使用 Web 应用。
- 与移动应用类似：提供应用风格的交互和导航，让用户使用起来感觉与移动应用类似。
- 最新：服务工作线程的更新进程决定总是将 Web 应用更新到最新。
- 安全：通过 HTTPS 提供，可以防止窃听，并确保内容未被篡改。
- 可被发现：通过 Web 清单(manifest.json)文件和一个注册的服务工作线程可被识别为一个应用程序，被搜索引擎发现。
- 再次吸引用户：能够使用推送通知保持用户参与度。
- 可安装：提供主页图标，并不需要使用 App Store。
- 可链接：可通过 URL 轻松分享，并不需要复杂的安装过程。

不过，它们的技术基础可被限制到下面的子集。

- HTTPS：必须从一个安全的来源提供，这意味着通过 TLS 传输，显示绿色挂锁图标(没有活动的混合内容)。
- 最小离线模式：即使设备没有连接到网络，也必须能够启动，并且提供受限的功能，至少显示一个自定义离线页面。
- 服务工作线程：必须注册一个服务工作线程，并使其具备一个 fetch 事件处理程序(用于提供前面提到的最低离线支持)。
- Web 清单文件：需要引用一个有效的 manifest.json 文件，其中至少有 4 个关键属性(name、short_name、start_url 和 display)和必要图标的最小集合。

注意 如果想直接阅读这些信息的来源，可从下面的链接访问 Google Developers 网站的相关文章：

https://developers.google.com/web/progressive-web-apps/。

另外，Alex Russell 的 Infrequently Noted 博客上还写了两篇后续文章：

https://infrequently.org/2015/06/progressive-apps-escapingtabs-without-losing-our-soul/、

https://infrequently.org/2016/09/what-exactly-makessomething-a-progressive-web-app/。

Alex Russell 从 2008 年 12 月以来，就担任 Google 的高级软件工程师。

虽然存在一些相似之处，但 PWA 和 SPA 是两个不同的概念，有不同的需求，并在许多重要方面存在区别。我们可以看到，前面提到的所有 PWA 需求都没有提及单页面应用程序或者服务器端往返。渐进式 Web 应用程序能够在一个 HTML 页面和基于 AJAX 的请求中工作(从而也是一个 SPA)，但它也可以请求其他服务器渲染的页面或者静态页面，并/或执行标准的 HTTP GET 或 POST 请求，就如同 MPA 一样。反过来也一样：任何 SPA 也可以实现任何一个 PWA 技术条件，这要取决于产品负责人的需求(稍后将详细介绍)、使用的服务器端和客户端框架以及开发人员的最终目标。

因为我们将使用 Angular，而 Angular 关注单页面应用程序开发，并且自 Angular 5 以来提供了强大而稳定的服务工作线程实现，所以我们能够兼得两种技术的优势。因此，我们将在有需要的时候，使用服务工作线程，从而获得它们带来的可靠性和性能优势，同时仍然采用 SPA 方法。不仅如此，每当能够使用微服务给应用程序减轻一些工作负担的时候，就像好的原生 Web 应用程序那样，我们将实现一些战略性 HTTP 往返(和/或其他基于重定向的技术)。

这些功能能否满足现代市场的需求？我们来找出答案。

1.4.4 产品负责人的期望

许多现代敏捷软件开发框架(如 Scrum)产生了许多代码，其中最值得注意、但也被低估的一点是角色的含义和定义的重要性。在这些角色中，最重要的是产品负责人，在极限编程方法学中也称为客户，在其他领域则称为客户代表。产品负责人提出我们需要满足的期望，告诉我们要交付的最重要功能是什么，并且他们将根据业务价值而非底层的架构价值来调整开发工作的优先级。管理层将授权他们做出决策，以及做出一些艰难的决定，这有时候很有帮助，有时候则不然；无论如何，这常常会对开发日程产生重要影响。简言之，产品负责人对项目负责，所以为了交付满足他们期望的 Web 应用程序，我们需要理解他们的构想。

这一点始终成立，即使项目的产品负责人是你父亲、另一半或者好朋友也一样。

明确了这一点，我们来看看在典型的基于 Web 的 SPA 项目中，产品负责人最常见的一些需求。我们应该会看到，选择使用 ASP.NET Core 和 Angular 能否满足每个期望，如下所示。

- 早发布：无论我们在销售什么，客户总是想看到他们买到的东西。例如，如果我们计划使用一个敏捷开发框架(如 Scrum)，那么在每个冲刺结束时，需要发布一个可以交付的产品。如果计划使用基于瀑布的方法，就会有里程碑等。为了高效组织开发工作，我们最好采用一种迭代式和/或面向模块的方法。ASP.NET Core 和 Angular 在底层采用了基于 MVC 或 MVVM 的模式，因此能够实现关注点分离，使我们逐渐形成这种思维方式。

- GUI 优先于后端：我们常被要求创建 GUI 和前端功能，因为对客户来说，这是他们真正能够看到和衡量的东西。这意味着我们需要模拟数据模型，然后尽早处理前端，而推迟依赖后端的功能，即使这意味着暂时不实现该功能。注意，这种方法并不一定是坏事；我们这么做，并不只是为了满足项目负责人的期望。相反，选择使用 ASP.NET Core 和 Angular，使我们能够轻松地将展示层和数据层解耦，实现前者而模拟后者，这是很有帮助的。我们能够抢先看到工作方向，而不至于浪费宝贵的时间，或者被迫做出可能错误的决定。ASP.NET Core 的 Web API 接口提供了合适的工具来实现这种行为。通过使用 Visual Studio 提供的控制器模板，以及 Entity Framework Core 支持的内存数据上下文(我们能够使用 Entity 模型和代码优先来访问)，能够在几秒内创建一个 Web 应用程序的骨架。之后，就可以使用 Angular 的展示层工具箱转向 GUI 设计，直到得到期望的结果。对结果感到满意后，只需要正确地实现 Web API 控制器接口并绑定到实际的数据。

- 快速完成：除非能够在合理的时间段内完成，否则前面提到的工作都没有意义。这是选择结合使用服务器端框架和客户端框架的主要原因之一。我们选择 ASP.NET Core 和 Angular，不只是因为它们都有牢固、一致的基础，也因为它们能够满足我们的需要，可在各自一端完成工作，然后向另一端提供一个可用的接口。

- 适应性：如敏捷宣言所说，响应变化比遵循计划更重要。在软件开发中，这一点尤为适用，我们甚至可以说，不能处理变化的项目是一个失败的项目。这是拥抱我们选择的两个框架带来的关注点分离的另一个重要原因，因为这使开发人员能够管理、甚至在一定程度上欢迎开发阶段可能出现的大部分布局和结构上的变化。

 提示 前面提到了 Scrum，这是最流行的敏捷软件开发框架之一。不知道这个框架的开发人员应该花些时间，了解一下它为结果驱动的团队领导和/或项目经理提供的功能。下面是一个不错的起点。

https://en.wikipedia.org/wiki/Scrum_(software_development)。

如果你对瀑布模型感兴趣，可以通过下面的链接了解更多信息。

https://en.wikipedia.org/wiki/Waterfall_model。

注意，这里的介绍可能并不完整，因为不知道具体的项目，是无法了解全部期望的。我们只是试图为下面这个一般性问题提供一个宽泛的答案：如果要构建一个 SPA 和/或 PWA，ASP.NET Core 和 Angular 是合适的选择吗？答案无疑是肯定的，尤其把二者结合起来更加合适。

这意味着我们已经完成介绍了吗？并不是，因为我们不打算只是简单地告诉你这个结论。相反，接下来，我们不再使用一般性术语来进行说明，而开始通过实际操作演示结论。在接下来的小节中，我们将准备、构建并测试一个单页面应用程序示例。

1.5 SPA 项目示例

现在，我们需要构想一种合适的测试场景，这个场景需要与我们最终要处理的场景类似。这个场景将是一个 SPA 示例项目，具有我们期望一个可交付产品具备的所有核心功能。

为此，我们将首先把自己的角色转变为客户，提出一个将与自己的另一个角色分享的想法。然后，把自己的角色转变为开发人员，并把抽象的计划拆分成需要实现的需求点。它们将成为项目的核心需求。最后，设置工作环境，获取必要的包，添加资源文件，并在 Visual Studio IDE 中配置 ASP.NET Core 和 Angular 框架。

并不是常见的 Hello World

本书将编写的代码不会是一个粗浅的项目，仅用其来演示全栈开发的概念；我们不是时不时给出一点代码，期望你能够把它们结合起来。我们的目标是使用框架创建一个还不错的、有实际用途的 Web 应用程序，使其具备服务器端 Web API 和客户端 UI，而且在这个过程中，将遵守最新的开发最佳实践。

每一章将专门介绍一个核心主题。如果你觉得自己已经了解该主题，可以跳到下一章。反过来，如果你愿意跟着我们一章一章地学习，则将了解到 ASP.NET Core 和 Angular 最有用的方面，并看到如何结合使用它们，完成最常见、最有用的各种 Web 开发任务，包括简单的任务和复杂的任务。这种投入将会收到回报，因为你将得到一个可维护、可扩展、结构合理的项目，并知道如何构建自己的项目。接下来的章节将带领你走完整个过程。在此期间，你还将学习如何处理一些重要的、高层次的问题，例如 SEO、安全、性能问题、最佳编码实践和部署，因为当你的应用程序最终发布到一个生产环境时，它们将变得十分重要。

为避免学习过程太枯燥，我们将选择一些有趣的主题和场景，但它们在现实世界中都有其用途。要明白我们在说什么，请继续阅读。

1.6 准备工作空间

我们首先要做的是设置工作空间。这并不困难，因为我们必须使用的工具很少，包括 Visual Studio 2019、新版本的 Node.js 运行时、一个开发 Web 服务器(如内置的 IIS Express)和一个不错的源代码控制系统，如 Git、Mercurial 或 Team Foundation。我们将认为你已经安装了一个源代码控制系统。

提示 如果还没有安装，则首先应该安装一个源代码控制系统，然后继续阅读后面的内容。可以访问 www.github.com、www.bitbucket.com 或你喜欢的其他在线源代码管理服务，创建一个免费账户，然后花一些时间来学习如何有效使用这些工具。可以肯定的是，你不会后悔。

在接下来的小节中，我们将创建一个 Web 应用程序项目，安装或升级包和库，生成并最终测试工作成果。但是，在那之前，我们来花几分钟的时间，理解一个非常重要的概念。这对于正确使用本书很重要，如果不能理解，可能会让你在阅读过程中遇到挫折。

1.6.1 免责声明

在继续介绍后面的内容之前，有一个重要问题需要先解释清楚。如果你是一名经验丰富的开发人员，很可能已经知道我们要说明的问题；但是，因为本书针对(几乎)每个人，所以我认为有必要尽早说明这个问题。

本书将大量使用许多不同的编程工具、外部组件、第三方库等，其中大部分(如 TypeScript、NPM、NuGet、大部分.NET Core 框架/包/运行时等)都随着 Visual Studio 2019 一起提供，但其他一部分(如 Angular、必要的 JS 依赖和其他第三方服务器端和客户端包)需要从它们的官方存储库获取。这些工具、组件或库等应该以完全兼容的方式工作，但是，随着时间的流逝，它们都会发生改变或被更新。这些更新有可能影响它们彼此交互的方式，项目的健康程度可能会降低。

1. 代码有错的说法

为了尽可能避免出现这种情况，本书在用到第三方组件的时候，总是使用固定的版本，这是通过配置文件来处理的。但是，一些更新，如 Visual Studio 和/或.NET Framework 的更新，可能不在这个范围内，导致项目出现问题。源代码可能无法再工作，或者 Visual Studio 可能突然无法正确编译项目。

发生这种情况时，经验不足的开发人员倾向于把责任推给图书。一些人甚至会开始这么想：

这么多编译错误，源代码一定有问题。

或者，他们可能这么想：

代码示例不能工作。作者一定急着把书写出来，而忘了测试自己写的代码。

不必说，这些推测基本都不符合真实情况，毕竟图书的作者、编辑和技术审校者花了大量的时间来编写、测试和优化源代码，最后生成项目，放到 GitHub 上，甚至常常把最终应用程序的工作实例发布到全世界可以公开访问的网站上。

提示 本书的 GitHub 存储库的地址如下所示。

https://github.com/PacktPublishing/ASP.NET-Core-3-andAngular-9-Third-Edition。

这里为每一章包含一个 Visual Studio 解决方案文件(Chapter_01.sln、Chapter_02.sln 等)，还有一个解决方案文件(All_Chapters.sln)包含所有章节的源代码。

有经验的开发人员会理解，如果存在有问题的代码，这些工作将无法完成；如果没有百分百可以工作的源代码，本书不可能会出版。当然，代码中可能存在少量拼写错误，但这种错误很快会被报告给出版社，所以短时间内就会在 GitHub 存储库中得到修正。在不太可能出现的情况中，问题似乎没有得到修正，例如代码报出意外的编译错误，此时新手开发人员应该花一些时间尝试理解导致错误的根本原因。

新手开发人员应该首先试着回答下面的问题：

● 我使用的开发框架、第三方库和版本是否与图书的代码相同？

- 如果我感觉有必要更新代码，那么是否意识到所做的修改可能影响源代码？我是否阅读了相关的更新日志？我是否花时间寻找可能影响源代码的突破性修改和/或已知的问题？
- 图书的 GitHub 存储库是否也受到这个问题的影响？我是否对比了存储库中的代码与我自己的代码，甚至替换我自己的代码？

如果有任何一个问题的答案是否定的，那么很可能问题不在本书上。

2. 保持上进心，但要承担责任

不要误会：如果你想使用新版本的 Visual Studio，更新 TypeScript 编译器或者升级任何第三方库，我会鼓励你这么做。这与本书想传递的理念是相同的：跳出本书代码示例的局限，知道你自己在做什么，能够做什么。

但是，如果你感觉自己已经准备好这么做，则需要相应地调整代码。大部分时候，需要做的工作并不困难，尤其在如今这个时代，你可以使用 Google 搜索问题的答案，并且/或者在 StackOverflow 上寻求答案。或许你需要加载新的类型，或许需要找到新的命名空间，并相应地做出修改。

基本上就是这样。代码会反映时间的变化。开发人员需要跟上这种变化，在必要时对代码做最少量的更改。如果更新环境后，没有意识到需要修改一些代码来使项目能够继续工作，那么能够责备的人只有你自己。

我是不是在说，作者不对本书的源代码承担责任？恰恰相反，作者始终是有责任的。作者应该尽力修复所有报出来的不兼容问题，同时保持 GitHub 存储库中的代码最新。但是，你自己也应该承担一定程度的责任，具体来说，你应该理解讲解开发的图书的基本情况，并知道时间不可避免会影响任何给定源代码。无论作者多么努力地维护源代码，打补丁总是不够快、不够全面，不能做到使这些代码在任何给定场景中总是能够工作。因此，你应该理解的最重要一点，也是现代软件开发中最有价值的概念是：变化总会发生，因此你应该有能力高效处理不可避免的变化。

拒绝接受这一点，就注定无法适应现代软件开发。

1.6.2　创建项目

假设我们已经安装了 Visual Studio 2019 和 Node.js。需要做的工作如下：

(1) 下载并安装.NET Core SDK。

(2) 检查确认.NET CLI 会使用该 SDK 版本。

(3) 创建一个新的.NET Core 和 Angular 项目。

(4) 在 Visual Studio 中检查新创建的项目。

(5) 将所有包和库更新到我们选择的版本。

下面就开始工作。

1. 安装.NET Core SDK

我们可以从 Microsoft 官方页面(https://dotnet.microsoft.com/download/dotnet-core)或 GitHub 官方发布页面(https://github.com/dotnet/core/blob/master/release-notes/README.md)下载最新版本。

安装过程十分直观，只需要按照向导操作，如图 1-1 所示。

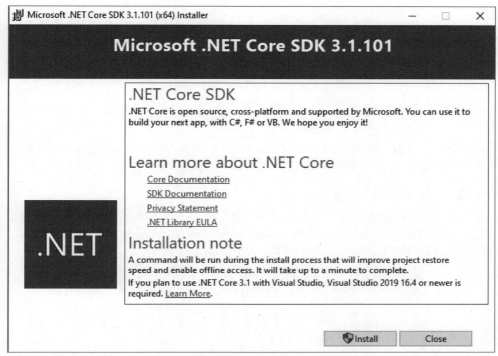

图 1-1　安装过程

整个安装过程应该在几分钟内完成。

2. 检查 SDK 版本

安装了.NET Core SDK 后，我们需要确认已经正确地设置了新的 SDK PATH，并且/或者.NET CLI 会使用该 SDK PATH。要执行这种检查，最快捷的方式是打开命令提示，键入下面的命令。

```
>dotnet --help
```

确保.NET CLI 能够成功执行，并且版本号与我们刚才安装的版本相同。

提示　如果命令提示无法执行该命令，则进入 Control Panel | System | Advanced System Settings | Environment Variables，检查 PATH 环境变量中是否有 C:\Program Files\dotnet\文件夹；如果没有，就手动添加。

3. 创建.NET Core 和 Angular 项目

接下来，需要创建第一个.NET Core 和 Angular 项目。这是我们的第一个应用程序。我们将使用.NET Core SDK 提供的 Angular 项目模板，因为它提供了一个方便的起点，会添加所有必要的文件和一个通用的配置文件，我们可在以后定制该配置文件来满足自己的需要。

在命令行，创建一个根文件夹，我们将在该文件夹中包含全部项目。然后，进入该文件夹。

提示　本书将使用\Projects\作为根文件夹。强烈建议经验不足的开发人员也使用这个文件夹，以避免与路径名太长有关的路径错误和/或问题(Windows 10 将路径名限制为不超过 260 个字符，对于一些深层嵌套的 NPM 包，这可能造成一些问题)。使用 C:盘以外的盘符是明智的做法，可以避免权限问题。

进入该文件夹后，键入下面的命令来创建 Angular 应用。

```
>dotnet new angular -o HealthCheck
```

这个命令将在 C:\Projects\HealthCheck\文件夹中创建我们的第一个 Angular 应用。可以猜到，它的名称是 HealthCheck。选择这个名称是有理由的，后面就会明白。

4. 在 Visual Studio 中打开新项目

现在是时候启动 Visual Studio 2019，快速检查新创建的项目了。双击 HealthCheck.csproj 文件，或者使用 VS2019 的主菜单(File | Open | Project/Solution)，可在 Visual Studio 中打开该项目。

打开后，应该能够看到项目的源文件树，如图 1-2 所示。

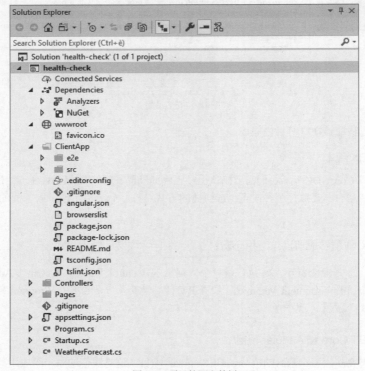

图 1-2　项目的源文件树

从图 1-2 可以看到，这是一个相当简洁的样板，只包含必要的.NET Core 和 Angular 配置文件、资源和依赖项，都是我们开始编码所需要的东西。

但是，在开始编码之前，我们来简单介绍一下。查看各个文件夹可知，工作环境包含下面的文件夹：

- 默认的 ASP.NET MVC /Controllers 和/Pages 文件夹，它们都包含一些可工作的示例。
- /ClientApp/src/文件夹包含一些 TypeScript 文件，其中包含一个 Angular 示例应用的源代码。

- /ClientApp/e2e/文件夹包含一些 E2E 示例测试，它们是用 Protractor 测试框架生成的。
- /wwwroot/文件夹。每当我们需要本地执行客户端代码，或者将其发布到其他某个位置时，Visual Studio 将使用此文件夹生成客户端代码的优化版本。该文件夹一开始为空，但项目第一次运行后将在其中填充内容。

花些时间查看这些文件夹中的内容会发现，.NET Core 的开发人员做了出色的工作，方便了创建.NET 和 Angular 项目的过程。如果将这个样板与 Visual Studio 2015/2017 中内置的 Angular 2.x/5.x 模板进行比较，会注意到可读性和代码整洁性方面的巨大改进，文件和文件夹结构也变得更好。在过去艰难地使用任务执行器(如 Grunt 或 Gulp)和/或客户端生成工具(如 webpack)的开发人员很可能会欣喜地发现，新模板完全不同于那种情况：Visual Studio 将通过底层的.NET Core 和 Angular CLI 处理所有打包、生成和编译工作，并针对开发和生产提供具体的加载策略。

 注意 坦白说，选择使用像这样的预制模板有其缺陷。在一个项目中同时托管后端(.NET Core API)和前端(Angular 应用)很有用，对于学习和开发阶段都是很大的帮助，但是不推荐在生产中采用这种方法。

理想情况下，最好将服务器端和客户端代码拆分到两个项目中，以实现解耦合，这在构建基于微服务的架构时极为重要。虽然如此，能够在同一个项目中使用后端和前端，对于学习来说是一种好方法，所以这些模板对于一本介绍编程的图书来说是理想的选择，我们也将会使用这种方法。

在介绍后面的内容之前，应该快速地执行一次测试，确保项目能够正确工作。

5. 执行测试

好消息是，在目前这个阶段，执行测试很简单，只需要单击 Run 按钮或者按 F5 键，如图 1-3 所示。

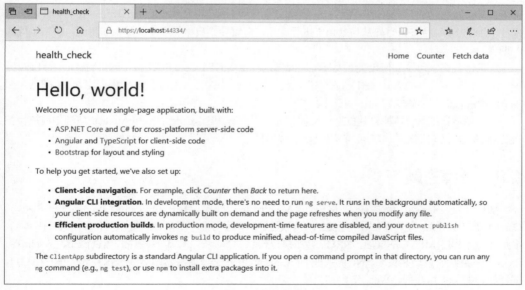

图 1-3　执行测试

这是一种很好的一致性检查，可确保开发系统已经被正确配置。如果看到示例 Angular SPA 正确运行，如图 1-3 所示，则开发系统没有问题；否则，可能缺少了某些东西，或者有冲突软件阻止 Visual

Studio 和/或底层的.NET Core 和 Angular CLI 正确编译项目。

为了修复这种问题，可以尝试下面的方法。

- 卸载/重新安装 Node.js，因为我们可能安装了过时的版本。
- 卸载/重新安装 Visual Studio 2019，因为当前的安装可能已经损坏。.NET Core SDK 应该已经包含在 Visual Studio 2019 中，不过，我们也可以尝试重新安装.NET Core SDK。

如果仍然失败，则可以尝试在干净环境(可以是物理系统或 VM)中安装 VS2019 和前面提到的包，以避免当前的操作系统配置导致的问题。

提示　如果这些方法都没有作用，那么我们能做的就是在.NET Core 社区论坛上寻求帮助，地址为 https://forums.asp.net/1255.aspx/1?ASP+NET+Core。

如果测试运行成功，则意味着示例应用程序能够工作，我们就可以准备接下来的工作了。

1.7　小结

到目前为止，一切顺利。我们创建了一个应用程序骨架。在继续介绍后面的内容之前，先来快速回顾在本章做了哪些工作，学到了哪些知识。

我们简单介绍了将会使用的平台(ASP.NET Core 和 Angular)，并说明了它们两个结合起来，在创建现代 Web 应用程序时所具有的潜力。我们回顾了这两个平台在过去 3 年间的发展变化，并总结了开发团队在重塑和改进框架时付出的努力。尽管总是有新的竞争对手出现，但我们仍然选择使用这两个框架，这是有原因的，这里的回顾对于理解我们的选择非常有帮助。

之后，我们讨论了 SPA、MPA 和 PWA 的区别，这些方法经过调整后，可用来创建现代的 Web 应用程序。还解释到，因为我们将使用.NET Core 和 Angular，所以将采用 SPA 方法，但也会实现大部分 PWA 功能，如服务工作线程和 Web 清单文件。为了创建符合现实的生产场景，我们还介绍了大部分常用的 SPA 特征，首先从技术角度进行介绍，然后转到典型的产品负责人的角度，解释了他们的期望。

最后，我们学习了如何设置开发环境。我们选择使用.NET Core SDK 提供的最新 Angular SPA 模板，因而采用了标准的 ASP.NET Core 方法。我们使用了.NET Core CLI 创建应用程序，然后在 Visual Studio 中进行测试，确保它能正确工作。

下一章将详细解释刚刚创建的示例应用程序，以理解.NET Core 后端和 Angular 前端如何执行各自的任务，以及它们结合起来能够实现什么样的功能。

1.8　推荐主题

敏捷开发、Scrum、极限编程、MVC 和 MVVM 架构模式、ASP.NET Core、.NET Core、Roslyn、CoreCLR、RyuJIT、单页面应用程序(SPA)、渐进式 Web 应用程序(PWA)、原生 Web 应用程序(NWA)、多页面应用程序(MPA)、NuGet、NPM、ECMAScript 6、JavaScript、TypeScript、webpack、SystemJS、RxJS、缓存控制、HTTP 头部、.NET 中间件、Angular Universal、服务器端渲染(SSR)、预先编译(AOT)、编译器、服务工作线程、Web 清单文件。

第 2 章
探 索 项 目

我们已经创建了项目，是时候到处看看，试着理解.NET Core SPA 模板做了哪些工作来让项目能够工作了。

"等等，我们难道不应该跳过这些设置细节，直接开始编写代码吗？"

事实上，我们很快就会开始编写代码，但是在那之前，先解释已经生成的代码的某些方面是明智的做法，使我们能够提前知道如何在项目中进行导航。例如，在什么地方找到服务器代码和客户端代码？把新内容添加到什么地方？如何修改初始化参数？这也是回顾我们对 Visual Studio 环境和需要的包的基本认识的一个好机会。

本章将介绍的主题

- 概述解决方案：从高层面上总结我们要处理的文件。
- .NET Core 后端：Razor 页面、控制器、配置文件等。
- Angular 前端：工作空间、ClientApp 文件夹、Angular 初始化周期等。
- 开始工作：缓存的概念，删除我们不再需要的一些.NET 控制器和 Angular 组件等。

 注意 本章讨论的示例代码是撰写本书时，.NET Core SDK 3.1 的默认 Angular SPA Visual Studio 模板中的代码，也就是使用 dotnet new angular 命令创建的模板的代码。在将来发布的版本中，示例代码很可能会被更新。对于这种情况，应该确保使用本书的官方 NuGet 存储库获取原来的代码，并使用它们来替换项目文件夹中的内容。需要指出，不这么做，可能导致你使用的示例代码与本书中讨论的示例代码不同。

2.1 技术需求

本章对技术的需求与第 1 章相同，并不需要额外的资源、库或包。

本章的代码文件存储在以下地址：https://github.com/PacktPublishing/ASP.NET-Core-3-and-Angular-9-Third-Edition/tree/master/Chapter_02/。

2.2 解决方案概述

我们首先会注意到，标准 ASP.NET Core 解决方案的布局与 ASP.NET Core 及更早版本中有明显不同。但是，如果已经有 ASP.NET MVC 的经验，就应该能够区分.NET Core 后端部分与 Angular 前端部分，并知道这两个部分如何交互。

.NET Core 的后端栈包含在下面的文件夹中：

- Dependencies 虚拟文件夹。它取代了原来的 Resources 文件夹，包含生成和运行项目所需的全部内部、外部和第三方引用。对我们将添加到项目中的 NuGet 包的所有引用也都将保存到这个文件夹中。
- /Controllers/文件夹。自从 MVC 框架的上一个版本发布以来，任何基于 MVC 的 ASP.NET 应用程序中都包含这个文件夹。
- /Pages/文件夹。其中包含一个 Razor 页面 Error.cshtml，用来处理运行时和/或服务器错误(后面将详细介绍)。
- 根级文件 Program.cs、Startup.cs 和 appsettings.json。它们决定了 Web 应用程序的配置，包括模块、中间件、编译设置及发布规则。稍后将逐个介绍它们。

Angular 前端由下面的文件夹组成。

- /wwwroot/文件夹。其中包含编译后的、准备发布的应用程序内容：HTML、JS 和 CSS 文件，以及字体、图片和我们希望用户能够访问的其他静态文件。
- /ClientApp/根文件夹。其中保存了 Angular(及包管理器)的配置文件，以及接下来列出的两个重要子文件夹。
- /ClientApp/src/文件夹。其中包含 Angular 应用的源代码文件。查看这些文件可发现，它们都有一个.ts 扩展名，这意味着我们将会使用 TypeScript 编程语言(稍后将详细介绍)。
- /ClientApp/e2e/ 文件夹。其中包含一些使用 Protractor 测试框架生成的示例端到端(End-to-End，E2E)测试。

我们来快速介绍这种结构中最重要的部分。

2.3　.NET Core 后端

如果你使用过 ASP.NET MVC 框架，可能会感到奇怪：为什么这个模板中没有包含一个/Views/文件夹？Razor 视图去哪里了？

事实上，这个模板没有使用视图。思考一下就会知道，原因是很明显的：单页面应用程序(SPA)不需要视图，因为它们在一个 HTML 页面中完成操作，而这个页面只会被提供一次。在此模板中，这个页面是/ClientApp/src/folder/index.html 文件。我们可以清晰地看到，它也是一个静态页面。此模板提供的唯一一个服务器端渲染的 HTML 页面是/Pages/Error.cshtml Razor，它用于处理 Angular 启动阶段之前发生的运行时和/或服务器错误。

2.3.1　Razor 页面

如果你从来没有听说过 Razor 页面，则应该花 5~10 分钟的时间阅读下面这篇指南，它解释了 Razor 是什么以及如何工作：https://docs.microsoft.com/en-us/aspnet/core/razor-pages/。

简单来说，Razor 页面是在.NET Core 2.0 中引入的，代表实现 ASP.NET Core MVC 模式的另一种方式。Razor 页面与 Razor 视图十分相似，具有相同的语法和功能，但还包含控制器源代码，不过控制器源代码被放到另一个文件中，其文件名与页面相同，但具有额外的.cs 扩展名。

为更好地展示 Razor 页面的.cshtml 和.cshtml.cs 文件之间的依赖关系，Visual Studio 将后者嵌套到前者下面，如图 2-1 所示。

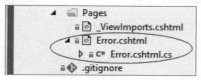

图 2-1　文件依赖关系

"等等，我似乎看到过类似的场景？"

是的。作为标准 MVC 的控制器+视图方法的精简版本，Razor 页面与 ASP.NET Web 农场的.aspx+ .aspx.cs 非常相似。

2.3.2　控制器

既然 Razor 页面中包含控制器代码，为什么我们还要有一个/Controller/文件夹？原因很简单：并不是所有控制器都提供服务器端渲染的 HTML 页面(或视图)。例如，它们可能输出 JSON 输出(REST API)、基于 XML 的响应(SOAP Web 服务)、静态或动态创建的资源(JPG、JS 和 CSS 文件)，甚至输出没有内容体的简单 HTTP 响应(如 HTTP 301 重定向)。

事实上，Razor 页面最重要的优势之一是，它们能够在提供标准 HTML 内容的部分(通常称为页面)和 HTTP 响应的其余部分(可被不严谨地定义为服务 API)之间解耦。我们的.NET Core＋Angular 模板完全支持这种分离，从而提供两个主要优点。

- 关注点分离：使用页面将强制分离加载服务器端页面的方式(1%)和提供 API 的方式(99%)。这里给出的百分比对于我们的具体场景是合理的；我们将采用 SPA 方法，而这种方法主要提供和调用 Web API。
- 单一职责：每个 Razor 页面都是自包含的，因为其视图和控制器缠绕在一起。这遵守了单一职责原则。单一职责原则是一种计算机编程的良好实践，建议每个模块、类或函数只负责软件功能的单一部分，并且这种职责应该完全封装在该类中。

认识到这些后，我们就能够推断出，/Controllers/文件夹中的 WeatherForecastController 用于公开一些 Web API，供 Angular 前端使用。为了快速确认这一点，按 F5 键在调试模式下启动项目，然后键入下面的 URL 来执行默认路由：https://localhost:44334/WeatherForecast。

提示　取决于项目配置文件中的配置，实际的端口号可能与上面的 URL 不同。要为调试会话设置一个不同的端口，可在 Properties/launchSettings.json 文件中改变 iisSettings | iisExpress | applicationUrl 和/或 iisSettings | iisExpress | sslPort 值。

这将执行 WeatherForecastController.cs 中的 Get()方法。查看源代码可以发现，该方法的返回值为 IEnumerable<WeatherForecast>，意味着它将返回 WeatherForecast 类型的对象的一个数组。

如果将前面的 URL 复制到浏览器中执行，应该看到随机生成数据的一个 JSON 数组，如图 2-2 所示。

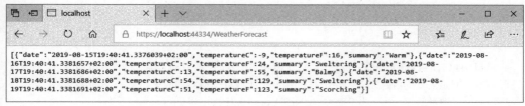

图 2-2　JSON 数组

2.3.3　配置文件

现在来看看根级配置文件及其作用：Program.cs、Startup.cs 和 appsettings.json。这些文件包含 Web
应用程序的配置，包括模块和中间件、编译设置和发布规则。

至于 WeatherForecast.cs 文件，它只不过是一个强类型的类，用于反序列化 WeatherForecastController
返回的 JSON 对象(上一节已经看到其效果)。换言之，它是一个 JSON 视图模型，即专门用来包含反
序列化的 JSON 对象的视图模型。在我们看来，模板设计者应该把它放到/ViewModel/文件夹(或类似
的文件夹中)，而不是留在根级别。不过不管怎样，我们先不考虑这个文件，因为它不是一个配置文
件。我们先重点关注其他文件。

1. Program.cs

大部分有经验的 ASP.NET 程序员可能会对 Program.cs 文件产生兴趣，因为这不是 Web 应用程序
项目中常见的文件。Program.cs 文件在 ASP.NET Core 1.0 中第一次引入，其主要作用是创建一个
WebHostBuilder，.NET Core 框架将使用该对象来设置和构建 IWebHost，用来托管 Web 应用程序。

2. Web 宿主与 Web 服务器

知道这些很好，但 Web 宿主是什么？简单来说，宿主是任何 ASP.NET Core 应用程序的执行上下
文。在基于 Web 的应用程序中，宿主必须实现 IWebHost 接口，该接口公开了一组与 Web 相关的功
能和服务，以及一个 Start 方法。Web 宿主引用的服务器将处理请求。

上面的表述可能导致你认为 Web 宿主和 Web 服务器是等同的，但这二者并不相同，它们有不同
的作用，理解这一点十分重要。简单来说，宿主负责应用程序的启动和生存期管理，而服务器则负责
接收 HTTP 请求。宿主的职责包括确保应用程序的服务以及服务器是可用的，并且得到正确的配置。

我们可以认为宿主封装了服务器：宿主被配置为使用特定的服务器，而服务器并不知道自己的
宿主。

注意　关于 Web 宿主、WebHostBuilder 类以及 Setup.cs 文件的作用的更多信息，可以阅读
https://docs.microsoft.com/en-us/aspnet/core/fundamentals/。

如果打开 Program.cs 文件并查看其代码，很容易发现，构建 WebHostBuilder 是极为简单的，如
下所示。

```
public class Program
{
  public static void Main(string[] args)
  {
    CreateWebHostBuilder(args).Build().Run();
  }

  public static IWebHostBuilder CreateWebHostBuilder(string[] args) =>
     WebHost.CreateDefaultBuilder(args)
       .UseStartup<Startup>();
}
```

WebHost.CreateDefaultBuilder(args)是.NET Core 2 引入的，相比 1.x 是一种很方便的改进，简化了
设置基本用例时需要的源代码量，从而使创建一个新项目变得更加简单。

为了更好地理解这一点，我们来看看.NET Core 1.x 中的示例 Program.cs 文件。

```
public class Program
{
    public static void Main(string[] args)
    {
        var host = new WebHostBuilder()
            .UseKestrel()
            .UseContentRoot(Directory.GetCurrentDirectory())
            .UseIISIntegration()
            .UseStartup<Startup>()
            .UseApplicationInsights()
            .Build();

        host.Run();
    }
}
```

这段代码用来执行下列步骤：

(1) 设置 Kestrel Web 服务器。

(2) 设置内容根文件夹，即在哪个文件夹中寻找 appsettings.json 文件和其他配置文件。

(3) 设置 IIS 集成。

(4) 定义要使用的 Startup 类(通常在 Startup.cs 文件中定义)。

(5) 最后，对配置好的 IWebHost 执行 Build 和 Run。

在.NET Core 1.x 中，必须在此位置显式调用所有这些步骤，并且必须在 Startup.cs 文件中手动进行配置。虽然在.NET Core 2 和 3 中，仍然可以使用这种方法，但使用 WebHost.CreateDefaultBuilder()方法通常更好，因为它完成了大部分要做的工作，同时仍然允许我们在需要的时候改变默认配置。

 提示　如果你对这个方法感兴趣，甚至可以在 GitHub 上看看它的源代码：
https://github.com/aspnet/MetaPackages/blob/master/src/Microsoft.AspNetCore/WebHost。
在撰写本书时，WebHost.CreateDefaultBuilder()方法实现的开始位置在第 148 行。

可以看到，CreateWebHostBuilder 方法链式调用了 UseStartup<Startup>()来指定 Web 宿主使用的启动类型。这个类型在 Startup.cs 文件中定义，我们接下来就来介绍该文件。

3. Startup.cs

如果你是一名有经验的.NET 开发人员，可能已经熟悉了 Startup.cs 文件，因为它最初是在基于 OWIN 的应用程序中引入的，用来替代原来由 Global.asax 文件处理的大部分任务。

 注意　.NET 的开放 Web 接口(Open Web Interface for .NET，OWIN)是作为 Katana 项目的一部分开发出来的。Katana 是 Microsoft 在 2013 年发布的一个灵活的组件集合，用于构建和托管基于 OWIN 的 Web 应用程序。更多信息可访问 https://www.asp.net/aspnet/overview/owin-and-katana。

但是，相似性仅此而已。为了做到尽可能可插入，尽可能轻量级，该类已被完全重写，这意味着它只会包含和加载完成应用程序的工作严格需要的组件。

具体来说，在.NET Core 中，在 Startup.cs 文件中可以完成下面的工作。

- 在 ConfigureServices()方法中添加和配置服务及依赖注入。
- 通过在 Configure()方法中添加必要的中间件来配置 HTTP 请求管道。

为更好地理解这一点，我们从选用的项目模板的 Startup.cs 源代码中摘出了下面的代码行：

```
// This method gets called by the runtime. Use this method to
// configure the HTTP request pipeline.
public void Configure(IApplicationBuilder app, IWebHostEnvironment
env)
{
    if (env.IsDevelopment())
    {
        app.UseDeveloperExceptionPage();
    }
    else
    {
        app.UseExceptionHandler("/Error");
        // The default HSTS value is 30 days.
        // You may want to change this for production scenarios,
        // see https://aka.ms/aspnetcore-hsts.
        app.UseHsts();
    }

    app.UseHttpsRedirection();
    app.UseStaticFiles();
    if (!env.IsDevelopment())
    {
        app.UseSpaStaticFiles();
    }

    app.UseRouting();

    app.UseEndpoints(endpoints =>
    {
        endpoints.MapControllerRoute(
            name: "default",
            pattern: "{controller}/{action=Index}/{id?}");
    });

    app.UseSpa(spa =>
    {
        // To learn more about options for serving an Angular SPA
        // from ASP.NET Core,
        // see https://go.microsoft.com/fwlink/?linkid=864501

        spa.Options.SourcePath = "ClientApp";

        if (env.IsDevelopment())
        {
            spa.UseAngularCliServer(npmScript: "start");
        }
    });
}
```

这是 Configure()方法的实现。如前面所述，我们可在这个方法中设置和配置 HTTP 请求管道。这段代码的可读性很好，很容易理解这里发生了什么。

● 前几行代码是一个 if-then-else 语句，实现了在开发环境和生产环境中处理运行时异常的两种不同行为。对于前者，是抛出异常；对于后者，是向最终用户显示一个含义模糊的错误页面。这是用少数几行代码处理运行时异常的好方法。

- 之后，我们看到了一组中间件。其中，HttpsRedirection 用来处理 HTTP 到 HTTPS 的重定向，StaticFiles 用来提供 /wwwroot/ 文件夹中的静态文件，SpaStaticFiles 用来提供 /ClientApp/src/assets/文件夹(Angular 应用的 assets 文件夹)中的静态文件。如果没有后面这两个中间件，就不能提供本地托管的资源，如 JS、CSS 和图片，这是为什么把它们添加到管道中的原因。另外，注意调用这些方法时没有提供参数，这意味着使用它们的默认设置就足够了，并不需要配置或者覆盖设置。

- 在这 3 个中间件之后，是 Endpoints 中间件，它将添加必要的路由规则，用于把特定 HTTP 请求映射到 Web API 控制器。后续章节在介绍服务器端路由时，将进行详细说明。现在，只需要知道存在一个活动的映射规则，它将捕获所有类似于控制器名称(和/或可选的动作名称、可选的 ID GET 参数)的请求，并把这些请求路由到该控制器。正因为如此，我们才能在 Web 浏览器中调用 WeatherForecastController.Get()并收到结果。

- 最后是 UseSpa 中间件，把它添加到 HTTP 管道时使用了两个设置。第一个设置很容易理解：它是 Angular 应用的根文件夹的路径。对于这个模板，该路径为/ClientApp/文件夹。第二个设置只会在开发环境中配置，它要复杂许多。简单来说，UseAngularCliServer()方法告诉.NET Core 把所有针对 Angular 应用的请求传递给 Angular CLI 服务器的一个内存实例。对于开发场景，这很有帮助，因为应用将总是提供最新的、CLI 生成的资源，而不必每次都手动运行 Angular CLI 服务器。另一方面，由于额外的开销和对性能的明显影响，这对于生产场景不是理想选择。

 提示 需要知道，添加到 HTTP 管道的中间件将按注册顺序从上到下进行处理，这意味着 StaticFiles 中间件的优先级高于 EndPoint 中间件，而后者将在 Spa 中间件之前进行处理，以此类推。这种行为非常重要，如果不加重视，可能导致意外结果；在 StackOverflow，下面这个讨论帖就是一个例子：

https://stackoverflow.com/questions/52768852/。

我们来快速测试一下，确保理解了这些中间件的工作方式。

(1) 在 Visual Studio 的 Solution Explorer 中，进入/wwwroot/文件夹，在项目中添加一个新的 test.html 页面。

(2) 然后，在该页面中添加以下内容：

```html
<!DOCTYPE html>
<html>
<head>
    <meta charset="utf-8" />
    <title>Time for a test!</title>
</head>
<body>
    Hello there!
    <br /><br />
    This is a test to see if the StaticFiles middleware is
    working properly.
</body>
</html>
```

现在，在调试模式下启动应用程序(可使用 Run 按钮或按 F5 键)，并在浏览器的地址栏中输入下面的 URL。

```
https://localhost:44334/test.html
```

提示　同样，TCP/IP 端口号可能不同。如果你想修改端口号，需要编辑 Properties/launchSettings.json 文件。

我们应该会看到 test.html 文件，如图 2-3 所示：

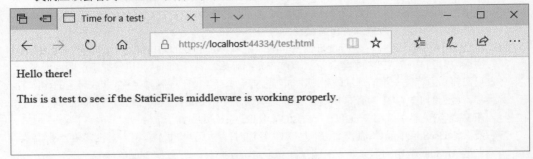

图 2-3　test.html 文件

根据之前学到的内容，我们知道这个文件是由 StaticFiles 中间件提供的。现在回到 Startup.cs 文件，注释掉 app.UseStaticFiles()调用，以阻止加载 StaticFiles 中间件。

```
app.UseHttpsRedirection();
// app.UseStaticFiles();
app.UseSpaStaticFiles();
```

然后，再次运行应用程序，并在浏览器中再次输入前面的 URL，如图 2-4 所示。

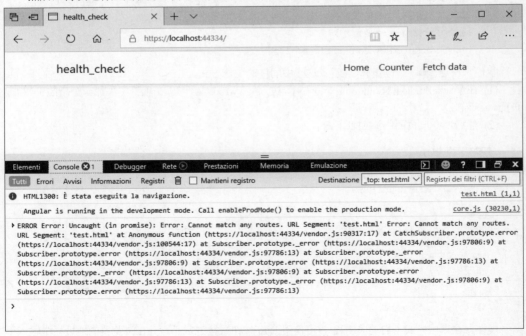

图 2-4　在浏览器中再次输入前面的 URL

正如我们期望的，test.html 静态文件不会再显示出来。该文件依然存在，但是 StaticFiles 中间件没有被注册，因此不能处理该文件。现在未处理的 HTTP 请求会在 HTTP 管道中继续前进，直至遇到 Spa 中间件，该中间件负责接收其他中间件没有处理的请求，把它们传递给客户端 Angular 应用。但是，因为没有客户端路由规则能够匹配 test.html 模式，所以请求最终会被重定向到应用的开始页面。

浏览器的控制台日志记录了发生的情况，"Cannot match any routes"错误消息来自 Angular，这意味着我们的请求走完了整个.NET Core 后端栈。

证明了中间件的工作方式后，我们删除对 StaticFiles 中间件的注释，使其恢复原来的状态。

 提示 关于 StaticFiles 中间件和.NET Core 中的静态文件处理的更多信息，请访问 https://docs.microsoft.com/en-us/aspnet/core/fundamentals/static-files。

总的来说，因为 Angular SPA 模板自带的 Startup.cs 文件已经具有需要的功能，所以现在可以保持不变。

简单介绍过后，我们现在应该知道 Web 应用程序收到的 HTTP 请求是如何处理的。下面来总结一下：

(1) 每个请求将被.NET Core 后端收到。.NET Core 后端将按照注册顺序，检查 HTTP 管道中注册的各个中间件，通过这种方式尝试在服务器端处理请求。在我们的具体场景中，将首先检查/wwwroot/文件夹中的静态文件，然后检查/ClientApp/src/assets/文件夹中的静态文件，检查映射到 Web API 控制器/端点的路由。

(2) 如果前面提到的某个中间件能够匹配和处理请求，.NET Core 的后端将处理请求；否则，Spa 中间件将把请求传递给 Angular 客户端应用，后者将使用客户端路由规则处理请求(后面将详细介绍)。

4. appsettings.json

appsettings.json 文件取代了原来的 Web.config 文件。XML 语法已被替换为可读性更好、更简洁的 JSON 格式。而且，新的配置模型基于键/值设置，可使用一个集中的接口从各种来源获取它们，包括但不限于 JSON 文件。

获取这些键/值设置后，在代码中可以通过依赖注入使用字符串字面量访问它们(需要用到 IConfiguration 类)。

```
public SampleController(IConfiguration configuration)
{
    var myValue = configuration["Logging:IncludeScopes"];
}
```

另外，通过使用自定义的 POCO 类(后面将会介绍)，也可以用一种强类型的方法来得到相同结果。

还需要知道，appsettings.json 文件下面还嵌套一个 appsettings.Development.json 文件。这些文件的作用与 ASP.NET 4.x 中广泛使用的 Web.Debug.config 文件相同。简单来说，这些额外的文件用于为具体环境指定额外的配置键/值对(和/或覆盖现有的键/值对)。

为更好地理解这个概念，我们来看看这两个文件的内容。

appsettings.json 文件的内容如下：

```
{
    "Logging": {
        "LogLevel": {
            "Default": "Warning"
        }
    },
    "AllowedHosts": "*"
```

```
}
```

appsettings.Development.json 文件的内容如下：

```
{
    "Logging": {
     "LogLevel": {
      "Default": "Debug",
       "System": "Information",
       "Microsoft": "Information"
      }
    }
}
```

可以看到，第一个文件中把应用程序的 Logging.LogLevel.Default 值设为 Warning。但是，每当应用程序在开发模式下运行时，第二个文件将把该值重写为 Debug，并添加了 System 和 Microsoft 级别，把它们都设置为 Information。

 注意　在.NET Core 1.x 中，必须在 Startup.cs 文件中手动指定这种重写行为；在.NET Core 2 中，Program.cs 文件中的 WebHost.CreateDefaultBuilder()方法将自动完成这种重写，但它假定你可以依赖这种默认的命名模式，而不需要添加另一个自定义的.json 配置文件。

理解了前面介绍的内容后，对.NET Core 后端部分的简单介绍到此结束。接下来，我们开始介绍 Angular 前端文件夹和文件。

2.4　Angular 前端

模板的前端部分理解起来可能有点复杂，这主要是因为 Angular 和大部分客户端框架一样，以极快的速度演进，所以在核心架构、工具链管理、代码语法、模板和设置上经历了许多突破性变化。

因此，花一些时间理解模板提供的各个文件的作用十分重要。我们将首先介绍根级配置文件，后面用到的最新版本的 Angular 包及其依赖也会更新这些文件。

2.4.1　工作空间

Angular 工作空间是包含 Angular 文件的文件系统，这些文件包括应用程序文件、库、资源文件等。在我们的模板中，与在大部分.NET Core 和 Angular 项目中一样，工作空间位于/ClientApp/文件夹中，该文件夹被定义为工作空间的根文件夹。

通常，工作空间是由创建应用时使用的 CLI 创建和初始化的。还记得第 1 章使用的 dotnet new 命令吗？模板的 Angular 部分就是由它创建的。使用 Angular CLI 和 ng new 命令可以得到相同的结果。

操作应用程序和/或它们的库的任何 CLI 命令(如添加或更新包)将在工作空间文件夹中执行。

1. angular.json

CLI 在工作空间根文件夹下创建的 angular.json 文件在工作空间中扮演了最重要的角色。这是一个工作空间配置文件，对于 Angular CLI 提供的所有生成和开发工具，该文件包含了工作空间级别和项目特定的默认配置。

 提示　需要知道的是，此文件中定义的所有路径是相对于工作空间根文件夹的。例如，在我们的场景中，src/main.ts 将被解析为/ClientApp/src/main.ts。

文件顶部的前几个属性定义了工作空间和项目的配置选项。

- Version：配置文件版本。
- newProjectRoot：创建新项目的路径，该路径相对于工作空间的根文件夹。可以看到，这个值被设为 projects 文件夹，而该文件夹甚至并不存在。这完全正常，因为我们的工作空间将在两个已经定义好的文件夹中包含两个 Angular 项目：一个是位于/ClientApp/src/文件夹中的 HealthCheck Angular 应用，另一个是位于/ClientApp/e2e/文件夹中的端到端测试。因此，我们并不需要定义一个 newProjectRoot。另外，不使用一个现有的文件夹很重要，可以避免重写现有内容。
- projects：一个容器项，包含项目特定的配置选项，工作空间中的每个项目在这里都有一个配置节。
- defaultProject：默认项目的名称。没有指定项目名称的任何 CLI 命令将在此默认项目上执行。

提示　需要指出，angular.json 文件遵守标准的"从通用到具体"的级联规则。在工作空间级别设置的所有配置值是任何项目的默认值，可被项目级别设置的配置值重写，而项目级别设置的配置值又可被使用 CLI 时指定的命令行值重写。

还需要指出，在 Angular 8 之前，只能通过手动修改 angular.json 文件的方式来修改工作空间配置。

现在，我们需要知道的就是这些。现有的所有配置值已经适合我们的场景，因此不做修改。

注意　一直到 Angular 7，只能通过手动修改 angular.json 文件的方式来修改工作空间配置，但这一点在 Angular 8 中发生了变化。Angular 8 引入了工作空间 API，从而允许以更便捷的方式读取和修改配置。关于这种新功能的更多信息，建议访问 https://github.com/angular/angular-cli/blob/master/packages/angular_devkit/core/README.md#workspaces。

2. package.json

package.json 文件是 Node 包管理器(Node Package Manager，npm)配置文件，包含开发人员想在项目启动前恢复的 npm 包的列表。如果你已经知道 npm 是什么以及它是如何工作的，可以跳到下一节，否则应该继续阅读下面的内容。

npm 一开始是 JavaScript 运行时环境 Node.js 的默认包管理器。不过，在近年来，它被用来托管大量各种类型的、独立的 JavaScript 项目、库和框架，包括 Angular 在内。最终，它成为 JavaScript 框架和工具的事实上的包管理器。如果从来没有用过 npm，可以把它想象成 JavaScript 世界的 NuGet。

虽然 npm 主要是一个命令行工具，但在 Visual Studio 中，使用 npm 最简单的方式是正确配置一个 package.json 文件，在其中包含想要获取、恢复和保持更新的所有 npm 包。这些包将被下载到项目目录的/node_modules/文件夹，该文件夹在 Visual Studio 中默认被隐藏起来；但是，在 npm 虚拟文件夹中能够看到所有获取的包。当我们添加、删除或更新 package.json 文件后，Visual Studio 将相应地自动更新该文件夹。

在我们使用的 Angular SPA 模板中，自带的 package.json 文件包含许多包(都是 Angular 包)，以及许多依赖、工具和第三方实用程序，如 Karma(一个出色的 JavaScript/TypeScript 测试运行器)。

在继续介绍后面的内容前，先来看一下 package.json 文件，以便更好地认识它。可以看到，所有包都包含在一个标准的 JSON 对象中，该对象完全由键值对组成，键是包名，值指定了包的版本号。我们既可以输入准确的生成版本号，也可以使用标准的 npmJS 语法来指定自动更新规则，通过支持的前缀来绑定到自定义的版本范围，两个例子如下。

- 波浪号(~)：值 "~1.1.4" 将匹配所有 1.1.x 版本，不匹配 1.2.0、1.0.x 等。
- 插入符号(^)：值 "^1.1.4" 将匹配 1.1.4 之上的版本，但不包括 2.0.0 及更高版本。

对于这种场景，智能感知很方便，能在视觉上解释这些前缀的含义。

注意　关于可用 npmJS 命令和前缀的详细列表，建议查阅 npmJS 官方文档，网址是 https://docs.npmjs.com/files/package.json。

3. 升级(或降级)Angular

可以看到，Angular SPA 模板为所有 Angular 相关的包使用固定版本号，这是一个明智的决定，因为我们无法保证新版本会与现有代码无缝集成，而不会导致破坏性的问题和/或编译错误。不必说，随着时间的推移，版本号会自然增长，因为模板的开发人员肯定会努力让自己的工作保持最新。

下面列出本书中将用到的最重要 Angular 包和版本(后面可能会添加少量其他的包)：

```
"@angular/animations": "9.0.0",
"@angular/common": "9.0.0",
"@angular/compiler": "9.0.0",
"@angular/core": "9.0.0",
"@angular/forms": "9.0.0",
"@angular/platform-browser": "9.0.0",
"@angular/platform-browser-dynamic": "9.0.0",
"@angular/platform-server": "9.0.0",
"@angular/router": "9.0.0",
"@nguniversal/module-map-ngfactory-loader": "9.0.0-next.9",

"@angular-devkit/build-angular": "0.900.0",
"@angular/cli": "9.0.0",
"@angular/compiler-cli": "9.0.0",
"@angular/language-service": "9.0.0"
```

前一组包含在 dependencies 节中，后一组包含在 devDependencies 节中。可以看到，对于所有包，版本号几乎都是相同的，对应于撰写本书时可用的、最新的 Angular 最终版。

注意　本书使用的 Angular 9 版本是在本书上架前几周发布的。我们尽力使用最新可用的版本(不是 beta 版，不是 rc 版)，为读者提供使用最新可用技术的最佳体验。虽然如此，"新鲜度"会随着时间过去而不断降低，本书的代码也会变得过时。发生这种情况时，请不要责备我们！

如果你想确保项目与本书的源代码之间保持最大程度兼容，就应该采用相同的版本，而这个版本在本书撰写时是最新的稳定版本。通过修改版本号，可以轻松地进行升级或降低；当保存文件后，Visual Studio 应该自动通过 npm 获取新版本。如果没有出现这种情况(但这不太可能发生)，则手动删除旧包，然后重新生成，这应该会解决问题。

同样，假设我们理解了操作的后果，并按照第 1 章的"免责声明"进行操作，就可以自由地重写这种行为，获取这些包的更新(或更老)的版本。

提示　如果在更新 package.json 文件的时候遇到了问题，例如遇到冲突的包或者损坏的代码，应确保从本书的官方 GitHub 存储库中下载完整的源代码，其中包含在撰写、评审和测试本书时使用的 package.json 文件。这可以确保与本书源代码保持高度兼容性。

4. 升级(或降级)其他包

可以想到，如果我们升级(或降级)Angular 到 5.0.0，则还需要处理其他一系列 npm 包，它们也可能需要被更新(或降级)。

下面列出本书在 package.json 文件中使用的完整包列表(包括 Angular 包)，它分为 dependencies、devDependencies 和 optionalDependencies 节。重要的包已被特别标出，一定要认真理解它们：

```
"dependencies": {
  "@angular/animations": "9.0.0",
  "@angular/common": "9.0.0",
  "@angular/compiler": "9.0.0",
  "@angular/core": "9.0.0",
  "@angular/forms": "9.0.0",
  "@angular/platform-browser": "9.0.0",
  "@angular/platform-browser-dynamic": "9.0.0",
  "@angular/platform-server": "9.0.0",
  "@angular/router": "9.0.0",
  "@nguniversal/module-map-ngfactory-loader": "9.0.0-next.9",
  "aspnet-prerendering": "3.0.1",
  "bootstrap": "4.4.1",
  "core-js": "3.6.1",
  "jquery": "3.4.1",
  "oidc-client": "1.9.1",
  "popper.js": "1.16.0",
  "rxjs": "6.5.4",
  "zone.js": "0.10.2"
},
"devDependencies": {
  "@angular-devkit/build-angular": "0.900.0",
  "@angular/cli": "9.0.0",
  "@angular/compiler-cli": "9.0.0",
  "@angular/language-service": "9.0.0",
  "@types/jasmine": "3.5.0",
  "@types/jasminewd2": "2.0.8",
  "@types/node": "13.1.1",
  "codelyzer": "5.2.1",
  "jasmine-core": "3.5.0",
  "jasmine-spec-reporter": "4.2.1",
  "karma": "4.4.1",
  "karma-chrome-launcher": "3.1.0",
  "karma-coverage-istanbul-reporter": "2.1.1",
  "karma-jasmine": "2.0.1",
  "karma-jasmine-html-reporter": "1.5.1",
  "typescript": "3.7.5"
},
"optionalDependencies": {
  "node-sass": "4.13.0",
  "protractor": "5.4.2",
  "ts-node": "5.0.1",
  "tslint": "5.20.1"
}
```

提示　在对 package.json 文件应用修改后，立即在项目的根文件夹中手动执行 npm update 命令行命令是明智做法，可触发项目的全部 npm 包的批量更新。有时，Visual Studio 不会自动更新，而使用 GUI 执行更新不太容易操作。因此，本书在 GitHub 上的源代码存储库中添加了一个方便的 update-npm.bat 批处理文件(位于/ClientApp/文件夹中)，用来处理这种情况，而不需要手动输入上面提到的命令。

如果在执行 npm update 命令后遇到 npm 和/或 ngcc 编译问题，可以尝试删除/node_modules/文件夹，然后重新执行一次 npm install。

关于更多说明和/或将来的更新，请检查本书在 GitHub 上的官方存储库中的源代码，那里将包含最新的改进、bug 修复、编译问题修复等。

5. tsconfig.json

tsconfig.json 文件是 TypeScript 配置文件。如果已经了解 TypeScript，就不需要阅读本节，否则应该继续阅读。

简单来说，TypeScript 是一个免费、开源的编程语言，由 Microsoft 开发和维护，用作 JavaScript 的超集，这意味着任何 JavaScript 程序也是一个有效的 TypeScript 程序。TypeScript 也会编译成 JavaScript，所以能够无缝地在 JavaScript 兼容的浏览器中工作，并不需要外部组件。使用 TypeScript 的主要原因在于克服 JavaScript 在开发大规模应用程序或复杂项目时的语法局限和总体上的缺点。简单来说，TypeScript 方便了开发人员处理较复杂的 JavaScript 代码。

在这个项目中，我们将使用 TypeScript，这有许多好理由，下面列出最重要的一些。

- 相比 JavaScript，TypeScript 多了一些特性，如静态类型、类和接口。在 Visual Studio 中使用 TypeScript 时，我们能够利用内置的智能感知功能，这种功能极有帮助，通常能够显著提升工作效率。
- 对于大型客户端项目，TypeScript 允许我们创建更健壮的代码，而且在任何能够运行 JavaScript 文件的地方，都能够完全部署我们创建的 TypeScript 代码。

更不必说，我们选择的 Angular SPA 模板已经使用了 TypeScript。因此，我们其实已经走上了这条道路。

不过，并不是只有我们在称赞 TypeScript。Angular 团队自身也认可 TypeScript 的优点，因为自从 Angular 2 以来，Angular 的源代码就是使用 TypeScript 编写的。Microsoft 在 2015 年 3 月的这篇 MSDN 博客文章中骄傲地宣布了这个事实：https://devblogs.microsoft.com/typescript/angular-2-built-on-typescript/。

2016 年 10 月，Victor Savkin(Narwhal Technologies 的合作创始人，也是著名的 Angular 顾问)在个人博客上写下了下面这篇很好的文章，进一步强调了这一点：https://vsavkin.com/writing-angular-2-in-typescript-1fa77c78d8e8。

回到 tsconfig.json 文件，需要解释的地方并不多。Angular SPA 模板使用的选项值基本上正是我们需要的值，用于配置 Visual Studio 和 TypeScript 编译器(TypeScript Compiler，TSC)来正确转译/ClientApp/文件夹中的 TypeScript 代码文件。但是，既然我们在介绍这个文件，就利用这个机会稍微调整一下该文件的内容。

```
{
  "compileOnSave": false,
  "compilerOptions": {
    "baseUrl": "./",
    "module": "esnext",
```

```
    "outDir": "./dist/out-tsc",
    "sourceMap": true,
    "declaration": false,
    "moduleResolution": "node",
    "emitDecoratorMetadata": true,
    "experimentalDecorators": true,
    "target": "es2015",
    "typeRoots": [
      "node_modules/@types"
    ],
    "lib": [
      "es2017",
      "dom"
    ]
  },
  "angularCompilerOptions": {
    "strictMetadataEmit": true
  }
}
```

如突出显示的代码行所示，我们添加了一个新的 angularCompilerOptions 节，用来配置 Angular AoT 编译器的行为。具体来说，我们添加的 strictMetadataEmit 设置告诉编译器立即报告语法错误，而不是生成一个.metadata.json 错误日志文件。在生产环境中很容易关闭这种行为，但在开发环境中，这种行为非常方便。

 注意 关于新的 Angular AoT 编译器的更多信息，可以访问下面的 URL：https://angular.io/guide/aot-compiler。

6. 其他工作空间级别的文件

CLI 在工作空间根文件夹中还创建了其他一些值得注意的文件。我们不会修改它们，所以只是在下面的列表中简单介绍一下。

- .editorconfig：特定于工作空间的代码编辑器配置。
- .gitignore：这是一个文本文件，告诉 Git(一个版本控制系统，你很可能已经熟悉它了)忽略工作空间中的哪些文件或文件夹。这些是故意不追踪的文件，不应该把它们添加到版本控制存储库中。
- README.md：工作空间的介绍文档。.md 扩展名代表 Markdown，这是 John Gruber 和 Aaron Swartz 在 2004 年创建的一种轻量级标记语言。
- package-lock.json：提供了 npm 客户端安装到/node_modules/文件夹的所有包的版本信息。如果计划把 npm 替换为 Yarn，则可以安全地删除这个文件(将另外创建一个 yarn.lock 文件)。
- /node_modules/：包含整个工作空间的所有 npm 包的一个文件夹。这个文件将填充工作空间根文件夹中的 package.json 文件中定义的包，它们对所有项目可见。
- tslint.json：工作空间中所有项目的默认 TSLint 配置选项。这些通用规则将与项目根文件夹中的项目特定的 tslint.json 文件集成到一起，或者被它们覆盖。

 注意 TSLint 是一种可扩展静态分析工具，可检查 TypeScript 代码的可读性、可维护性和功能错误。它与 JSLint 非常类似，JSLint 为 JavaScript 代码执行类似的检查。此工具得到了现代编辑器和生成系统的广泛支持，并可用自己的规则、配置和格式规则进行定制。

2.4.2　/ClientApp/src/文件夹

现在，是时候看看示例 Angular 应用并了解其工作方式了。放心，我们不会在这里停留太长时间。我们只是想介绍一下后端发生了什么。

展开/ClientApp/src/目录可看到下面的子文件夹。

- /ClientApp/src/app/文件夹及其子文件夹包含与 Angular 应用相关的所有 TypeScript 文件。换句话说，应该把整个客户端应用程序的源代码放到这里。
- /ClientApp/src/app/assets/文件夹存储应用程序的所有图片和其他资源文件。生成应用程序的时候，这些文件将被原样复制和/或更新到/wwwroot/文件夹中。
- /ClientApp/src/app/environment/文件夹包含针对特定环境的生成配置选项。与任何 Angular 新项目的默认配置一样，此模板包含一个 environment.ts 文件(用于开发环境)和一个 environment.prod.ts 文件(用于生产环境)。

另外有如下一些根级文件。

- browserslist：配置各种前端工具之间共享的各种目标浏览器和 Node.js 版本。
- index.html：当有人访问网站时提供的主 HTML 页面。生成应用时，CLI 将自动添加所有 JavaScript 和 CSS 文件，通常不需要你在这里手动添加任何<script>或<link>标签。
- karma.conf.js：应用程序特定的 Karma 配置。Karma 是一个工具，用来运行基于 Jasmine 的测试。后面将介绍这个主题，这里不多做说明。
- main.ts：应用程序的主入口。使用 JIT 编译器编译应用程序，并启动应用程序的根模块(AppModule)，使其在浏览器中运行。通过在 CLI 的生成和提供命令中追加--aot 标志，也可以使用 AOT 编译器，并不需要修改任何代码。
- polyfills.ts：为浏览器支持提供 polyfill 脚本。
- styles.css：为项目提供样式的一个 CSS 文件列表。
- test.ts：项目的单元测试的主入口。
- tsconfig.*.json：项目特定的配置选项，用于配置应用程序的各个方面。.app.json 用于应用级配置，.server.json 用于服务器级配置，.specs.json 用于测试。这些选项将覆盖工作空间根文件夹中的 tsconfig.json 文件中的配置。
- tslint.json：用于当前项目的 TSLint 配置。

1. /app/文件夹

我们的模板的/ClientApp/src/app/文件夹遵守 Angular 文件夹结构的最佳实践，包含项目的逻辑和数据，因此包含 Angular 的所有模块、服务、组件、模板和样式。至少在现在，这是唯一值得深入调查的子文件夹。

2. AppModule

第 1 章简单提到，Angular 应用程序的基本构造模块是 NgModules，它们为组件提供了编译上下文。NgModules 的作用是收集相关代码，成为功能集合。因此，整个 Angular 应用是由一个或多个 NgModules 组成的集合定义的。

Angular 应用需要有一个根模块(通常称为 AppModule)，它告诉 Angular 如何组装应用程序，从而启动并开始初始化生命周期。其他模块称为功能模块，用于实现不同目的。根模块还包含所有可用组件的引用列表。

图 2-5 展示了标准的 Angular 初始化周期，有助于我们更好地理解其工作方式。

图 2-5   Angular 初始化周期

可以看到，main.ts 文件启动 app.module.ts(AppModule)，后者加载 app.component.ts 文件 (AppComponent)。稍后将会看到，app.component.ts 文件将在应用程序有需要时，加载其他所有组件。

示例 Angular 应用的根模块由模板创建，包含在/ClientApp/src/app/文件夹中，由 app.module.ts 文件定义。如果查看其源代码，可以看到它包含许多 import 语句和一些引用组件、其他模块、提供程序等的数组。这一点应该不奇怪，因为我们刚才提到，根模块基本上就是一个引用文件。

3. 用于 SSR 的服务器端 AppModule

我们可以看到，/ClientApp/src/app/文件夹中还包含一个 app.server.module.ts 文件，它用于启用 Angular Universal 服务器端渲染(Server-Side Rendering，SSR)，当后端框架支持时，这种技术将在服务器上渲染 Angular 应用程序。因为.NET Core 原生支持这种方便的功能，所以模板生成了此文件。

图 2-6 是使用 SSR 时，改进后的 Angular 初始化周期图。

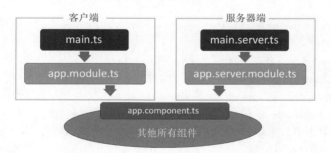

图 2-6   Angular Universal 初始化周期

现在基本上就是这些内容。如果你觉得还有一些地方不了解，也不必担心。后面还会继续介绍相关内容，帮助你更好地理解它们。

注意   为避免在.NET Core 和 Angular 的理论方面投入太多时间，我们不详细介绍 SSR。如果想了解关于 Angular Universal 和 SSR 的不同技术和概念的更多信息，建议阅读下面的文章：

https://developers.google.com/web/updates/2019/02/rendering-on-the-web。

4. AppComponent

如果 NgModules 是 Angular 的构造模块,则可把组件定义为组成应用的砖瓦,甚至可以说 Angular 应用基本上就是协同工作的组件的一个树。

组件定义了视图,这是屏幕上的元素集合,Angular 可根据程序的逻辑及数据来选择和修改这些元素;组件会使用服务,这些服务提供了不与视图直接相关的特定功能。还可把服务提供者作为依赖注入组件中,从而使应用的代码更加模块化、可重用和高效。

这些组件的基石在传统上叫做 AppComponent。根据 Angular 的文件夹结构约定,这是唯一应该放在/app/根文件夹中的组件。其他所有组件都应该放到子文件夹中,这些子文件夹将作为专门的命名空间。

我们可以看到,示例 AppComponent 包含以下两个文件。

- app.component.ts:定义了组件逻辑,即组件类的源代码。
- app.component.html:定义了与 AppComponent 关联的 HTML 模板。每个 Angular 组件都可以有一个可选的 HTML 文件,在其中包含自己的 UI 布局结构,而不是在组件文件自身中定义 UI 布局结构。除非组件不怎么需要 UI,否则这几乎始终是一种好方法。

因为 AppComponent 常常是轻量级的,所以没有其他组件中包含的其他可选文件,下面是两个例子。

- <*>.component.css:定义了组件的基础 CSS 样式表。与.html 文件一样,这个文件是可选的,除非组件不需要 UI 样式,否则总是应该使用该文件。
- <*>.component.spec.ts:为组件定义单元测试。

5. 其他组件

除了 AppComponent,我们的模板还包含另外 4 个组件,每个组件放在一个单独的文件夹中,如下所示。

- CounterComponent:放在 counter 子文件夹中。
- FetchDataComponenet:放在 fetch-data 子文件夹中。
- HomeComponent:放在 home 子文件夹中。
- NavMenuComponent:放在 nav-menu 子文件夹中。

查看对应子文件夹中的源文件可发现,只有一个组件有已定义的测试:CounterComponent,它的 counter.component.spec.ts 文件中包含两个测试。运行这些测试,看模板设置的 Karma + Jasmine 测试框架能否工作是有帮助的。但是,在那之前,看看这些组件,了解它们在 Angular 应用内如何工作,是一种明智的做法。

在接下来的小节中,我们将完成这两项工作。

2.4.3 测试应用

首先来了解这些组件的工作方式。

1. HomeComponent

当我们按 F5 键在调试模式中运行应用时,将看到 HomeComponent,如图 2-7 所示。

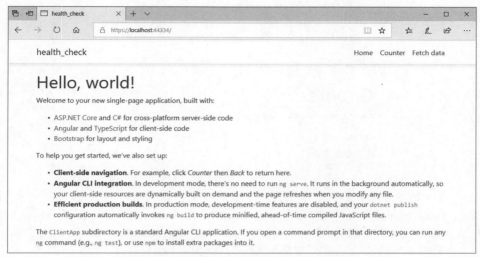

图 2-7 HomeComponent

从名称中可以知道，HomeComponent 可被视为应用的主页，但是，因为在处理单页面应用程序时，"页面"这个概念带有误导性，所以本书中将把它们叫做"视图"而不是"页面"。"视图"这个词基本上指的是 Angular 组件生成的 HTML 组合模板(包括所有子组件)，对应于给定的导航路由。

2. NavMenuComponent

我们是否已经有了子组件？是的。NavMenuComponent 是子组件的一个完美例子，因为它自己没有专门的路由，而是作为其他组件的一部分，在对应视图中渲染出来。

更准确地说，它是每个视图的顶部部分，如图 2-8 所示。

图 2-8 视图的顶部

NavMenuComponent 的主要目的是使用户能在应用的主视图中导航。换句话说，我们在该子组件中实现 AppModule 中定义的所有一级导航路由，它们都指向给定的 Angular 组件。

一级导航路由是指希望用户通过一次单击就能到达的路由，即不需要他们首先导航到其他组件。在现在讨论的示例应用中有 3 个一级导航路由。

- /home：指向 HomeComponent。
- /counter：指向 CounterComponent。
- /fetch-data：指向 FetchDataComponent。

可以看到，NavMenuComponent 通过在一个无序列表中使用锚链接，实现了这些导航路由。这是放到<ul>/<li>结构中的一些<a>元素，在组件的右侧以及包含它的任何组件的右上角渲染。

接下来看看如何处理剩余的两个一级导航路由：CounterComponent 和 FetchDataComponent。

3. CounterComponent

CounterComponent 显示了一个可递增的计数器，通过单击 Increment 按钮可递增它，如图 2-9 所示。

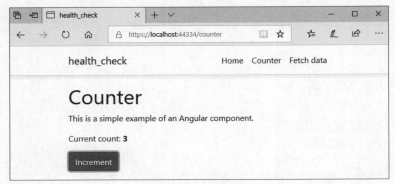

图 2-9　可递增的计数器

FetchDataComponent 是一个交互式表格，由服务器端 Web API WeatherForecastController 生成的 JSON 数组填充，前面在介绍项目的后端部分时看到了 WeatherForecastController，如图 2-10 所示。

图 2-10　WeatherForecastController

4. specs.ts 文件

如果看看上面组件的子文件夹中的源文件，可看到 CounterComponent 带有一个 counter.component.spec.ts 文件。按照 Angular 的命名约定，这些文件包含 counter.component.ts 源文件的单元测试，由 Jasmine JavaScript 测试框架通过 Karma 测试运行器运行。

注意　关于 Jasmine 和 Karma 的更多信息，请参阅下面的指南。

关于 Jasmine，可参阅 https://jasmine.github.io/

关于 Karma，可参阅 https://karma-runner.github.io/

关于 Angular 单元测试，可参阅 https://angular.io/guide/testing

既然介绍到这些文件，就运行这些测试，看模板设置的 Jasmine＋Karma 测试框架能否工作。

5. 第一个应用测试

在运行测试之前，了解 Jasmine 和 Karma 的更多信息会有帮助。如果不了解它们，也不必担心，后面会详细进行介绍。现在，只需要知道 Jasmine 是用于 JavaScript 的一个开源测试框架，可用来定义测试，而 Karma 是一个测试运行工具，可自动生成一个 Web 服务器，针对 Jasmine 创建的测试执行 JavaScript 源代码，并把相应的(和合并后的)结果输出到命令行。

在这个快速测试中，我们将启动 Karma，针对模板在 counter.component.spec.ts 文件中定义的 Jasmine 测试，执行示例 Angular 应用的源代码。这实际上并没有看起来那么困难。

打开命令提示，导航到<project>/ClientApp/文件夹，然后执行下面的命令。

```
> npm run ng test
```

这将使用 npm 调用 Angular CLI。

或者，通过使用下面的命令，可以全局安装 Angular CLI。

```
> npm install -g @angular/cli
```

之后，就能按照下面的方式直接调用它。

```
> ng test
```

 提示 在少数情况下，npm 命令会返回 Program not found 错误。此时，检查 PATH 变量中是否正确设置了 Node.js/npm 二进制文件夹。如果没有在 PATH 变量中找到该文件夹，就添加该文件夹，然后关闭并重新打开命令行窗口，再次进行尝试。

按 Enter 键后，应该会打开一个新的浏览器窗口和 Karma 控制台，并显示 Jasmine 测试的结果，如图 2-11 所示。

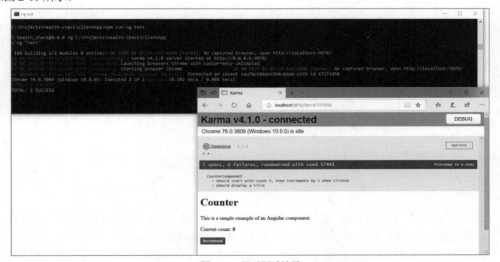

图 2-11　显示测试结果

 提示 在撰写本书时，模板生成的 angular.json 文件存在一个严重的路径错误，会阻止任何测试运行。为了修复这个问题，可打开该文件,向下滚动到第 74 行(Project | HealthCheck | Test | Options | Styles)，将 styles.css 值改为 src/styles.css。

可以看到，两个测试都成功完成。我们现在需要做的工作就是这些，不需要查看 counter.component.specs.ts 源代码，因为我们将丢弃这个文件及所有模板组件，改为创建新的组件及它们自己的测试。

 提示　为简单起见，对 Angular 应用的测试先到此结束。第 9 章将更深入地介绍测试。

2.5　开始工作

对新项目有了大体上的了解后，我们来实际做一些工作。首先完成两个简单的练习，它们会方便将来的工作：第一个练习涉及应用程序的服务器端方面，第二个练习将在客户端执行。这两个练习可帮助我们在继续阅读后续章节前，检查是否已经理解了足够的基础知识。

2.5.1　静态文件缓存

首先来完成服务器端练习。还记得我们在查看 StaticFiles 中间件的工作方式时添加的 /wwwroot/test.html 文件吗？我们将使用该文件，快速演示应用程序在内部如何缓存静态文件。

首先，我们将在调试模式下运行应用程序(可单击 Run 按钮或按 F5 键)，并在地址栏中输入下面的 URL，以再次查看该文件：http://localhost:<port>/test.html。

然后，在不停止应用程序的情况下，打开 test.html 文件，在现有内容中添加下面的代码行(新行已被突出显示)。

```
<!DOCTYPE html>
<html>
<head>
    <meta charset="utf-8" />
    <title>Time for a test!</title>
</head>
<body>
    Hello there!
    <br /><br />
    This is a test to see if the StaticFiles middleware is working
    properly.
    <br /><br />
    What about the client-side cache? Does it work or not?
</body>
</html>
```

保存文件，然后回到浏览器的地址栏，再次按 Enter 键，发出对 test.html 文件的另一个 HTTP 请求。不要使用 F5 键或者 Refresh 按钮，否则将强制在服务器端刷新页面，而这不是我们想要的效果。我们将看到，浏览器中并没有反映刚才做的修改，这意味着我们看到的是该页面在客户端缓存的版本。

对于生产服务器，在客户端缓存静态文件很有帮助，但是对于开发环境，这一点很烦人。好在，Spa 中间件在开发过程中提供的位于内存中的 AngularCliServer 能为通过 Angular 自身提供的所有 TypeScript 文件及所有静态资源文件自动修复这个问题。但是，通过后端提供的文件呢？我们很可能会有一些让 Web 服务器直接提供的静态 HTML 文件、网页图标、图片文件、音频文件和其他文件。

有没有一种方法能微调静态文件的缓存行为？如果有，我们能否为调试/开发和发布/生产场景设置不同的行为？

这两个问题的答案都是肯定的。下面来看怎么做。

1. 旧的回忆

原来在 ASP.NET 4 的时候，通过在主应用程序的 Web.config 文件中添加一些配置，如下所示，很容易禁用静态文件缓存。

```
<caching enabled="false" />
<staticContent>
    <clientCache cacheControlMode="DisableCache" />
</staticContent>
<httpProtocol>
  <customHeaders>
    <add name="Cache-Control" value="no-cache, no-store" />
    <add name="Pragma" value="no-cache" />
    <add name="Expires" value="-1" />
  </customHeaders>
</httpProtocol>
```

甚至可以把这些配置添加到 Web.debug.config 文件中，把这种行为限制到调试环境。

在.NET Core 中不能采用相同的方法，因为配置系统已被从头设计，与以前的版本全然不同。如前面所述，Web.config 和 Web.debug.config 文件已被 appsettings.json 和 appsettings.Development.json 文件取代，它们的工作方式完全不一样。了解了这些基础知识后，我们来看看是否可以利用新的配置模型解决缓存问题。

2. 奔向未来

首先，需要理解如何为静态文件修改默认 HTTP 头。事实上，Startup.cs 文件中的 app.UseStaticFiles() 方法将把 StaticFiles 中间件添加到 HTTP 请求管道中，因此通过在该方法中添加一组自定义配置选项，能够实现上述目的。

为此，打开 Startup.cs 文件，向下滚动到 Configure 方法，把 app.UseStaticFiles() 修改为如下所示(这里突出显示了新的/修改后的代码)。

```
app.UseStaticFiles(new StaticFileOptions()
{
    OnPrepareResponse = (context) =>
    {
        // Disable caching for all static files.
        context.Context.Response.Headers["Cache-Control"] =
            "no-cache, no-store";
        context.Context.Response.Headers["Pragma"] =
            "no-cache";
        context.Context.Response.Headers["Expires"] =
            "-1";
    }
});
```

这一点也不难；我们只是在方法调用中添加了额外的一些配置值，并把它们封装到一个专门的 StaticFileOptions 对象实例中。

但是，我们的工作还没有完成。知道如何修改默认行为后，只需要把这些静态值改为对 appsettings.Development.json 文件的方便的引用。为此，采用下面的方式，在 appsettings.Development.json 文件中添加下面的键/值节。

```
{
  "Logging": {
    "LogLevel": {
      "Default": "Debug",
      "System": "Information",
      "Microsoft": "Information"
    }
  },
  "StaticFiles": {
    "Headers": {
      "Cache-Control": "no-cache, no-store",
      "Pragma": "no-cache",
      "Expires": "-1"
    }
  }
}
```

然后，相应地修改前面的 Startup.cs 代码(修改的代码已经突出显示)。

```
app.UseStaticFiles(new StaticFileOptions()
{
    OnPrepareResponse = (context) =>
    {
        // Retrieve cache configuration from appsettings.json
        context.Context.Response.Headers["Cache-Control"] =
            Configuration["StaticFiles:Headers:Cache-Control"];
        context.Context.Response.Headers["Pragma"] =
            Configuration["StaticFiles:Headers:Pragma"];
        context.Context.Response.Headers["Expires"] =
            Configuration["StaticFiles:Headers:Expires"];
    }
});
```

确保把这些值也添加到 appsettings.json 文件的非开发版本，否则，在开发环境外执行时，应用程序将找不到它们，因而将抛出错误。

因为这在生产环境中很可能发生，所以可以把缓存策略稍微放松一些。

```
{
  "Logging": {
    "LogLevel": {
      "Default": "Warning"
    }
  },
  "AllowedHosts": "*",
  "StaticFiles": {
    "Headers": {
      "Cache-Control": "max-age=3600",
      "Pragma": "cache",
      "Expires": null
```

```
      }
   }
}
```

基本就是这样。强烈建议学习使用这种模式，因为这是正确配置应用程序设置的一种方便的、高效的方式。

3. 进行测试

我们来看看新的缓存策略的效果是否符合期望。在调试模式中运行应用程序，通过在浏览器地址栏中输入下面的 URL，发出对 test.html 页面的请求：http://localhost:/test.html。

我们应该会看到之前写的更新后的内容。如果没有看到，就在浏览器中按 F5 键，强制从服务器重新获取页面，如图 2-12 所示。

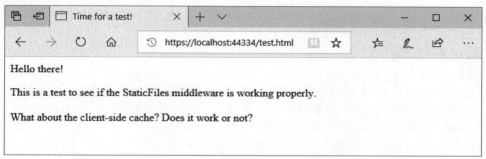

图 2-12　从服务器重新获取页面

现在，在不停止应用程序的情况下，编辑 test.html 页面，按照如下所示更新其内容(已经突出显示了更新的行)。

```
<!DOCTYPE html>
<html>
<head>
    <meta charset="utf-8" />
    <title>Time for a test!</title>
</head>
<body>
    Hello there!
    <br /><br />
    This is a test to see if the StaticFiles middleware is working
    properly.
    <br /><br />
    What about the client-side cache? Does it work or not?
    <br /><br />
    It seems like we can configure it: we disabled it during
    development, and enabled it in production!
</body>
</html>
```

然后，回到浏览器，选中地址栏，按 Enter 键。同样，不要单击 Refresh 按钮或按 F5 键，否则就要从头开始操作。如果一切正常，我们应该会在屏幕上立即看到更新后的内容(见图 2-13)。

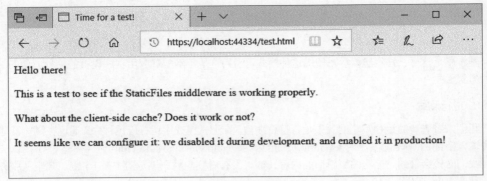

图 2-13 更新后的内容

现在，服务器端练习就已经成功完成。

4. 强类型的方法

我们用来获取 appsettings.json 配置值的方法使用了泛型 IConfiguration 对象，通过前面的基于字符串的语法可以查询该对象。这种方法相当实用，但是，如果想要以一种更健壮的方式(如以强类型的方式)来获取这些数据，则可以并且应该实现一种更好的方式。虽然本书中不会详细介绍其他方式，但建议阅读下面这些优秀文章，了解实现这种结果的三种不同方法。

第一篇文章由 Rick Strahl 撰写，解释了如何使用 IOptions<T>提供者接口实现这种结果。

```
https://weblog.west-wind.com/posts/2016/may/23/strongly-typed-configuration-
settings-in-aspnet-core
```

第二篇文章由 Filip W 撰写，解释了如何使用简单的 POCO 类实现这种结果，从而避免上一种方法中的 IOptions<T>接口和额外的依赖。

```
https://www.strathweb.com/2016/09/strongly-typed-configuration-in-asp-netcore-
without-ioptionst/
```

第三篇文章由 Khalid Abuhakmeh 撰写，展示了另一种使用标准 POCO 类的方式，将其作为一个 Singleton 直接注册到 ServicesCollection 中，同时(可选地)阻止在开发时被错误地意外修改。

```
https://rimdev.io/ strongly-typed-configuration-settings-in-asp-net-core-part-ii/
```

这些方法最初是用于.NET Core 1.x 的，但在.NET Core 3.x 中仍然可以使用(在撰写本书时是这样)。虽然如此，如果非要做出选择，我们可能会选择最后一种方法，因为我们认为它最整洁、最巧妙。

2.5.2 清理客户端应用

介绍完服务器端的练习后，我们来看一个客户端练习。不必担心，这个练习很简单，只是演示如何更新/ClientApp/文件夹中的 Angular 源代码，使其更加符合我们的需要。更具体来说，我们选择的 Angular SPA 模板创建的示例 Angular 应用中有一些我们不需要的东西，因此我们将删掉它们，替换为自己的内容。

注意 有一点非常重要,我们在这里再次重复:接下来的小节中解释的示例源代码是从.NET Core 3 SDK 的 ASP.NET Core with Angular (C#)项目模板中摘出来的,因为项目模板可能会在将来被更新,因此对比本书在 GitHub 存储库中发布的代码十分重要。如果发现本书的代码与你的代码之间存在重要区别,则应该使用本书在 GitHub 存储库中的代码。

1. 组件列表瘦身

我们将首先删除不想使用的 Angular 组件。

进入/ClientApp/src/app/文件夹,删除 counter 和 fetch-data 文件夹以及它们包含的所有文件。

 提示 虽然仍然可以把它们用作有价值的代码示例,但把这些组件保留在客户端代码中最终引起混淆,最好删除它们,以免 Visual Studio 的 TypeScript 编译器打乱其中包含的.ts 文件。不必担心,通过本书的 GitHub 项目仍然可以签出它们。

完成这些操作后,Visual Studio 的 Error List 视图将立即报告两个与 TypeScript 相关的问题。

```
Error TS2307 (TS) Cannot find module './counter/counter.component'.
Error TS2307 (TS) Cannot find module './fetch-data/fetchdata.
component'.
```

所有这些错误都指向 app.module.ts 文件,而我们已经知道,该文件包含对 Angular 应用程序使用的所有 TypeScript 文件的引用。如果打开该文件,将立即看到问题,如图 2-14 所示。

```
1   import { BrowserModule } from '@angular/platform-browser';
2   import { NgModule } from '@angular/core';
3   import { FormsModule } from '@angular/forms';
4   import { HttpClientModule, HTTP_INTERCEPTORS } from '@angular/common/http';
5   import { RouterModule } from '@angular/router';
6
7   import { AppComponent } from './app.component';
8   import { NavMenuComponent } from './nav-menu/nav-menu.component';
9   import { HomeComponent } from './home/home.component';
10  import { CounterComponent } from './counter/counter.component';
11  import { FetchDataComponent } from './fetch-data/fetch-data.component';
12
13  @NgModule({
14    declarations: [
15      AppComponent,
16      NavMenuComponent,
17      HomeComponent,
18      CounterComponent,
19      FetchDataComponent
20    ],
21    imports: [
22      BrowserModule.withServerTransition({ appId: 'ng-cli-universal' }),
23      HttpClientModule,
24      FormsModule,
25      RouterModule.forRoot([
26        { path: '', component: HomeComponent, pathMatch: 'full' },
27        { path: 'counter', component: CounterComponent },
28        { path: 'fetch-data', component: FetchDataComponent },
29      ])
30    ],
31    providers: [],
32    bootstrap: [AppComponent]
33  })
34  export class AppModule { }
35
```

图 2-14 打开文件

为了修复问题,需要删除造成问题的两个 import 引用(第 10 行和第 11 行),此时会出现另外两个错误。

```
Error TS2304 (TS) Cannot find name 'CounterComponent'.
Error TS2304 (TS) Cannot find name 'FetchDataComponent'.
```

通过从 declarations 数组(第 18 行和第 19 行，不过在完成前面的删除操作后将变成第 16 行和第 17 行)和 RouterModule 配置(第 27 行和第 28 行，不过在完成前面的删除操作后将变成第 25 行和第 26 行)中删除造成问题的组件名称，可以修复这个问题。

更新后的 app.module.ts 文件应该如下所示：

```
import { BrowserModule } from '@angular/platform-browser';
import { NgModule } from '@angular/core';
import { FormsModule } from '@angular/forms';
import { HttpClientModule, HTTP_INTERCEPTORS } from
'@angular/common/http';
import { RouterModule } from '@angular/router';

import { AppComponent } from './app.component';
import { NavMenuComponent } from './nav-menu/nav-menu.component';
import { HomeComponent } from './home/home.component';

@NgModule({
  declarations: [
    AppComponent,
    NavMenuComponent,
    HomeComponent
  ],
  imports: [
    BrowserModule.withServerTransition({ appId: 'ng-cli-universal' }),
    HttpClientModule,
    FormsModule,
    RouterModule.forRoot([
      { path: '', component: HomeComponent, pathMatch: 'full' }
    ])
  ],
  providers: [],
  bootstrap: [AppComponent]
})
export class AppModule { }
```

既然讲到这里，不熟悉Angular工作方式的读者应该花几分钟时间理解AppModule类的工作方式。

2. AppModule 的源代码

Angular 模块(也称为 NgModules)是在 Angular 2 RC5 中引入的，它们是组织和启动任何 Angular 应用程序的一种优秀的、强大的方式，可帮助开发人员把自己的组件、指令和管道组合成为可重用的块。如前面所述，自从 Angular 2 RC5 以来，每个 Angular 应用程序都必须有至少一个模块，该模块在传统上称为根模块，因此对应的类被命名为 AppModule。

AppModule 通常分为两个主代码块。

- 一个 import 语句列表，指向应用程序需要的所有引用(采用了 TypeScript 文件的形式)。
- 根 NgModules 块。可以看到，它基本上是命名数组的一个数组，每个命名数组包含实现某个公共用途的一组 Angular 对象：指令、组件、管道、模块、提供程序等。最后一个命名数组包含我们想要启动的组件，在大部分场景中，包括我们的场景在内，这个组件是主应用程序组件 AppComponent。

3. 更新 NavMenu

如果在调试模式下运行应用程序，可以看到最近的代码修改——删除两个组件——并不会阻止客户端应用程序正确启动。我们并没有破坏应用程序。不过，如果尝试在主视图的导航菜单中单击 Counter 和/或 Fetch data 链接来进入对应的组件，什么都不会发生。这并不奇怪，因为我们已经删除了这两个组件。为避免造成困惑，接下来在菜单中删除这两个链接。

打开/ClientApp/app/components/nav-menu/nav-menu.component.html 文件，这是 NavMenuComponent 的 UI 模板。可以看到，它包含一个标准的 HTML 结构，其中包含应用程序主页面的头部，包括主菜单。

找到应该删除的 HTML 部分来删除 CounterComponent 和 FetchDataComponent 的链接应该并不困难，它们都包含在一个 HTML <li>元素中。

```
[...]

<li class="nav-item" [routerLinkActive]="['link-active']">
  <a class="nav-link text-dark" [routerLink]="['/counter']"
    >Counter</a
  >
</li>
<li class="nav-item" [routerLinkActive]="['link-active']">
  <a class="nav-link text-dark" [routerLink]="['/fetch-data']"
    >Fetch data</a
  >
</li>

[...]
```

删除这两个<li>元素，并保存文件。

现在，NavMenuComponent 代码的更新后的 HTML 结构应该如下所示：

```
<header>
  <nav
    class="navbar navbar-expand-sm navbar-toggleable-sm navbar-light
    bg-white border-bottom box-shadow mb-3"
  >
    <div class="container">
      <a class="navbar-brand" [routerLink]="['/']">HealthCheck</a>
      <button
        class="navbar-toggler"
        type="button"
        data-toggle="collapse"
        data-target=".navbar-collapse"
        aria-label="Toggle navigation"
        [attr.aria-expanded]="isExpanded"
        (click)="toggle()"
      >
        <span class="navbar-toggler-icon"></span>
      </button>
      <div
        class="navbar-collapse collapse d-sm-inline-flex flex-sm-rowreverse"
        [ngClass]="{ show: isExpanded }"
```

```
      >
      <ul class="navbar-nav flex-grow">
        <li
          class="nav-item"
          [routerLinkActive]="['link-active']"
          [routerLinkActiveOptions]="{ exact: true }"
        >
          <a class="nav-link text-dark"
            [routerLink]="['/']">Home</a>
        </li>
      </ul>
    </div>
  </div>
  </nav>
</header>
```

既然已经在介绍这方面的内容，我们来顺便删除其他一些东西。还记得第一次运行项目时，浏览器显示的"Hello, World!"文本吗？我们来把它替换为自己的内容。

打开/ClientApp/src/app/components/home/home.component.html 文件，将其全部内容替换为如下所示：

```
<h1>Greetings, stranger!</h1>

<p>This is what you get for messing up with.NET Core and Angular. </p>
```

保存修改，然后在调试模式下运行项目，应该会看到如图 2-15 所示的内容。

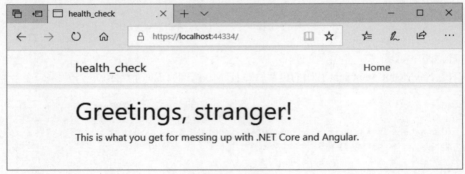

图 2-15　显示的内容

Counter 和 Fetch data 菜单链接已经消失了，Home 视图中的欢迎消息也变得更美观。

我们现在已经从前端删除了引用，对下面的后端文件也可以做相同的处理，因为我们不再需要它们。

- WeatherForecastController.cs
- Controllers/WeatherForecastController.cs

使用 Visual Studio 的 Solution Explorer 找到这两个文件，然后删除它们。

　　提示　需要知道，在删除这两个文件后，Web 应用程序中将不再有任何.NET 控制器可用。这并没有问题，因为我们也没有需要获取数据的 Angular 组件。不必担心，在后续章节中，我们将把它们添加回来。

本章要介绍的内容就是这些。请放心，我们很容易对其他组件做相同的操作，彻底重写它们的文本，包括导航菜单。在后续章节中，我们将完成这种操作，并且会更新 UI 布局和添加新组件等。现在，理解修改内容多么轻松，以及 Visual Studio、ASP.NET Core 和 Angular 多么快速地响应我们的修改就足够了。

2.6　小结

在本章中，我们探讨了示例项目的核心组件、它们如何协同工作以及各自扮演的特殊角色。为简单起见，我们把分析过程拆解为两个部分：.NET Core 后端生态系统和 Angular 前端架构，每个部分都有自己的配置文件、文件夹结构、命名约定和整体作用范围。

我们完成了本章的最终目标，学到了许多有用的知识：我们知道服务器端和客户端源代码文件的位置和作用，能够删除现有内容和添加新内容，并了解了缓存系统和其他设置参数等。

最后，我们还完成了一些快速测试，以了解是否为学习后续章节的内容打好了基础，这些内容包括设置改进的请求-响应周期、构建自己的控制器、定义额外的路由策略等。

2.7　推荐主题

Razor 页面、关注点分析、单一职责原则、JSON、Web 宿主、Kestrel、OWIN、中间件、依赖注入、Angular 工作空间、Jasmine、Karma、单元测试、服务器端渲染(SSR)、TypeScript、Angular 架构、Angular 初始化周期、浏览器缓存和客户端缓存。

第3章
前端与后端的交互

现在我们已经有了一个初步的、但可以工作的.NET Core 3 和 Angular 9 Web 应用程序,可以开始构建一些功能了。本章将学习客户端和服务器端交互的基础知识,换句话说,将学习前端(Angular)如何从后端(.NET Core)获取一些重要数据,并以可读方式在屏幕上显示出来。

等等,我们不是已经学习了前后端是如何交互的吗?在第 2 章删除 Angular 的 FetchDataComponent 和.NET Core 的 WeatherForecastController.cs 类和文件之前,我们看到 Angular 组件(前端)如何从.NET 控制器(后端)获取数据,然后显示到浏览器界面(UI)中。

这种说法肯定是正确的。但是,.NET Core 后端在把数据提供给前端时,并不是只有控制器这一种方式。后端还可提供静态文件、Razor 页面以及其他任何可以处理请求并输出响应流或某种内容的中间件,只要我们把它们添加到应用程序的管道中即可。这种高度模块化的方法是.NET Core 最重要的概念之一。本章将利用这种概念,介绍并使用一个内置的 HealthCheck 中间件,它与.NET 控制器没有什么关系,但能够像控制器那样处理请求和响应。

本章将介绍的主题
- 介绍.NET Core 的健康检查:健康检查是什么,以及如何使用它们来学习关于.NET Core 和 Angular 交互的一些有用概念。
- HealthCheckMiddleware:如何在.NET Core 后端中正确实现该中间件,在 Web 应用程序的管道中配置它,以及输出 Angular 应用可以使用的 JSON 结构的消息。
- HealthCheckComponent:如何构建一个 Angular 组件来从.NET Core 后端获取 HealthCheck 结构化数据,并以人类可读的方式把它们提供给前端。

准备好了吗?我们来开始工作。

3.1 技术需求

本章的技术需求与前面的章节相同,并不需要额外的资源、库或包。

本章的代码文件存储在以下地址:https://github.com/PacktPublishing/ASP.NET-Core-3-and-Angular-9-Third-Edition/tree/master/Chapter_03/。

3.2 .NET Core 健康检查简介

我们把第一个项目叫做 HealthCheck 是有原因的:将要构建的 Web 应用程序将作为一个监控和报告服务,检查目标服务器和/或其基础设施的健康状态,并将结果实时显示在屏幕上。

为此,我们将充分利用 Microsoft.AspNetCore.Diagnostics.HealthChecks 包,这是.NET Core 框架内置的一种功能,在 2.2 版本中引入,然后在 3.0 版本中优化和改进。该包可允许一个监控服务检查另一个正在运行的服务(例如另一个 Web 服务器)的状态，而这正是我们想做的。

注意 关于.NET Core 健康检查的更多信息，强烈建议阅读 Microsoft 的官方文档：
https://docs.microsoft.com/en-us/aspnet/core/host-anddeploy/health-checks?view=aspnetcore-3.0。

3.2.1 添加 HealthCheck 中间件

首先需要在 Web 应用中添加 HealthCheck 中间件。具体方式如下：

(1) 打开 Startup.cs 文件。

(2) 在 ConfigureServices 方法中添加下面的代码：

```
public void ConfigureServices(IServiceCollection services)
{
    services.AddControllersWithViews();
    // In production, the Angular files will be served
    // from this directory
    services.AddSpaStaticFiles(configuration =>
    {
        configuration.RootPath = "ClientApp/dist";
    });

    services.AddHealthChecks();
}
```

(3) 在 Configure 方法中添加如下代码：

```
public void Configure(IApplicationBuilder app,
IWebHostEnvironment env)
{
    // ...existing code...

    app.UseRouting();

    app.UseHealthChecks("/hc");

    app.UseEndpoints(endpoints =>
    {
        endpoints.MapControllerRoute(
            name: "default",
            pattern: "{controller}/{action=Index}/{id?}");
    });
    // ...existing code...
}
```

提示 // …existing code…注释只是表示我们应该保留现有的代码不变。每当我们需要在现有代码块中添加几行代码，但不重写没有变化的代码行时，就会使用这两个词来节省篇幅。

传递给 UseHealthCheck 中间件的/hc 参数将为健康检查创建服务器端路由。还需要指出，我们在 UseEndpoints 的前面紧挨着它添加该中间件，以免新路由被那里指定的、通用的控制器路由模式覆盖。

通过执行下面的操作，可以立即查看新路由的作用。

(1) 按 F5 键, 在调试模式下运行 Web 应用程序。

(2) 在 URL 的后面手动键入/hc, 然后按 Enter 键。

应该会看到如图 3-1 所示的结果。

图 3-1　运行结果

可以看到, 我们的系统是健康的(Healthy)。这一点很容易理解, 因为我们还没有定义检查。下一节将添加一个检查。

3.2.2　添加网际控制报文协议检查

首先将实现一个非常流行的检查: 对外部主机进行网际控制报文协议(Internet Control Message Protocol, ICMP)请求检查, 也称为 PING。

你很可能已经知道, PING 请求是检查局域网(Local Area Network, LAN)或广域网(Wide Area Network, WAN)连接中是否存在某个服务器及其是否可用的一种基本方法。简单来说, PING 的工作方式如下: 执行 PING 操作的机器向目标主机发送一个或多个 ICMP echo 请求包, 然后等待响应。如果收到响应, 就报告整个任务的往返用时, 否则将超时, 并报告一个 host not reachable 错误。

有许多场景可能造成 host not reachable 错误, 例如:

- 目标主机不可用。
- 目标主机可用, 但拒绝任何类型的 TCP/IP 连接。
- 目标主机可用, 也接受 TCP/IP 入站连接, 但被配置为明确拒绝 ICMP 请求和/或不发回 ICMP echo 响应。
- 目标主机可用, 也被正确配置为接收 ICMP 请求及发回 echo 响应, 但连接很慢, 或者受到某种阻碍(性能低、工作负载大等), 使得往返时间太长, 甚至超时。

可以看到, 这是进行健康检查的理想场景。如果我们正确配置目标主机, 使其接受 PING 并总是给出响应, 就可以执行 PING 来判断主机的状态是否健康。

1. 可能的结果

了解 PING 测试请求的常见场景后, 可以列出可能发生的结果, 如下所示。

- Healthy: 当 PING 成功返回, 没有错误, 也没有超时, 可认为主机是健康的。
- Degraded: 当 PING 成功返回, 但是往返时间太长, 可认为主机的性能降级了。
- Unhealthy: 当 PING 失败, 即在收到响应前超时, 可认为主机的状态不健康。

确定了这些状态后, 只需要在健康检查中正确实现它们。

2. 创建 ICMPHealthCheck 类

首先, 需要在项目的根文件夹中新建一个 ICMPHealthCheck.cs 类。

然后, 在该类中添加下面的代码。

```
using Microsoft.Extensions.Diagnostics.HealthChecks;
using System;
using System.Net.NetworkInformation;
using System.Threading;
using System.Threading.Tasks;

namespace HealthCheck
{
    public class ICMPHealthCheck : IHealthCheck
    {
        private string Host = "www.does-not-exist.com";
        private int Timeout = 300;

        public async Task<HealthCheckResult> CheckHealthAsync(
            HealthCheckContext context,
            CancellationToken cancellationToken = default)
        {
            try
            {
                using (var ping = new Ping())
                {
                    var reply = await ping.SendPingAsync(Host);
                    switch (reply.Status)
                    {
                        case IPStatus.Success:
                            return (reply.RoundtripTime > Timeout)
                                ? HealthCheckResult.Degraded()
                                : HealthCheckResult.Healthy();

                        default:
                            return HealthCheckResult.Unhealthy();
                    }
                }
            }
            catch (Exception e)
            {
                return HealthCheckResult.Unhealthy();
            }
        }
    }
}
```

可以看到，我们实现了 IHealthCheck 接口，因为这是.NET 中处理健康检查的正规方式。该接口需要一个 async 方法 CheckHealthAsync，用于判断 ICMP 请求是否成功。

这段代码很容易理解，它处理了上一节定义的 3 种可能发生的场景。我们来回顾一下主机可能有哪些健康状态：

- 如果 PING 请求成功收到响应，并且往返时间为 300ms 或更低，则目标主机是健康的。
- 如果 PIGN 请求成功收到响应，但往返时间超过 300ms，则目标主机的性能已经降级。
- 如果 PING 请求失败或者抛出了异常，则目标主机是不健康的。

 提示 我们把主机硬编码为不存在的名称，这是为了便于演示，使我们能够模拟一种不健康的场景。后面将改变这个名称。

基本上就是这些。我们已经能够准备执行健康检查了，只是还需要有一种方式把它加载到 Web

应用程序的管道中。

3. 将 ICMPHealthCheck 添加到管道中

为将 ICMP 健康检查加载到 Web 应用程序的管道中，需要把它添加到 HealthCheck 中间件。为此，打开 Startup.cs 类，对前面添加到 ConfigureServices 方法的代码进行修改，如下所示。

```
public void ConfigureServices(IServiceCollection services)
{
    /// ...existing code...

    services.AddHealthChecks()
      .AddCheck<ICMPHealthCheck>("ICMP");
}
```

现在，按 F5 键来测试代码，应该会看到如图 3-2 所示的效果。

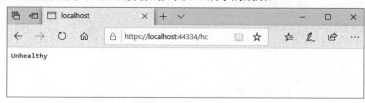

图 3-2　测试代码的结果

很棒，对吗？

其实没那么棒。我们的健康检查可以工作，但具有下面 3 个缺点。

- 硬编码的值：应该把 Host 和 Timeout 变量作为参数传递，从而能够在代码中设置它们。
- 响应信息不明确：返回 Healthy 和 Unhealthy 没有太大帮助。我们应该找到一种方式来给出更好的自定义输出消息。
- 输出没有类型化：现在，响应是用纯文本发送的。如果想用 Angular 获取响应，那么 JSON 内容类型肯定更好，也更容易使用。

接下来就逐个解决这些问题。

3.2.3　改进 ICMPHealthCheck 类

本节将改进 ICMPHealthCheck 类，添加 host 和 timeout 参数，为每种可能的状态自定义结果消息，并提供 JSON 结构的输出。

1. 添加参数和响应消息

打开 ICMPHealthCheck.cs 类文件，完成下面的修改(已经突出显示了要添加/修改的代码)。

```
using Microsoft.Extensions.Diagnostics.HealthChecks;
using System;
using System.Net.NetworkInformation;
using System.Threading;
using System.Threading.Tasks;

namespace HealthCheck
{
    public class ICMPHealthCheck : IHealthCheck
    {
```

```
        private string Host { get; set; }
        private int Timeout { get; set; }

        public ICMPHealthCheck(string host, int timeout)
        {
            Host = host;
            Timeout = timeout;
        }

public async Task<HealthCheckResult> CheckHealthAsync(
        HealthCheckContext context,
        CancellationToken cancellationToken = default)
{
        try
        {
            using (var ping = new Ping())
            {
                var reply = await ping.SendPingAsync(Host);

                switch (reply.Status)
                {
                        case IPStatus.Success:
                          var msg = String.Format(
                              "IMCP to {0} took {1} ms.",
                              Host,
                              reply.RoundtripTime);

                        return (reply.RoundtripTime > Timeout)
                              ? HealthCheckResult.Degraded(msg)
                              : HealthCheckResult.Healthy(msg);
                    default:
                        var err = String.Format(
                            "IMCP to {0} failed: {1}",
                            Host,
                            reply.Status);
                        return HealthCheckResult.Unhealthy(err);
                }
            }
        }
        catch (Exception e)
        {
          var err = String.Format(
              "IMCP to {0} failed: {1}",
              Host,
              e.Message);
          return HealthCheckResult.Unhealthy(err);
        }
    }
  }
}
```

我们修改了一些代码，如下所示。

- 添加了一个接收两个参数的构造函数，这两个参数是我们想在代码中设置的参数：host 和 timeout。之前硬编码的变量现在成为属性，所以我们能够在初始化时使用这两个属性来存储参数，并在类中使用它们(例如在主方法中使用)。

- 创建了不同的结果消息，在其中包含目标主机、Ping 的结果和往返时长(或者运行时错误)，并把它们作为参数添加到 HealthCheckResult 返回对象中。

基本就是这些。现在，因为我们不再使用硬编码的默认值，所以需要在代码中设置 host 的名称和 timeout 值。为此，需要在 Startup.cs 文件中更新中间件。

2. 更新中间件设置

打开 Startup.cs 文件，修改 ConfigureServices 方法中的中间件初始化代码，如下所示。

```
public void ConfigureServices(IServiceCollection services)
{
    /// ...existing code...

    services.AddHealthChecks()
        .AddCheck("ICMP_01", new ICMPHealthCheck("www.ryadel.com",
        100))
        .AddCheck("ICMP_02", new ICMPHealthCheck("www.google.com",
        100))
        .AddCheck("ICMP_03", new ICMPHealthCheck("www.does-notexist.
        com", 100));
}
```

可以看到，能够在代码中配置主机，这带来了另外一个优势：我们能够多次添加 ICMP 健康检查，分别对应于想要检查的每个主机。在上例中，我们检查了 3 个不同的主机：www.ryadel.com、www.google.com 和前面用过的一个不存在的主机，这允许我们模拟健康的和不健康的状态。

现在，我们可能想按 F5 键进行测试，但是，如果这么做，会看到一个令人失望的结果，如图 3-3 所示。

图 3-3　一个令人失望的结果

原因很明显，尽管我们在运行多个检查，但仍然依赖默认的结果消息，而这种消息只不过是所有被检查主机返回的状态的布尔和。因此，如果至少一个状态是 Unhealthy，则整个检查将被标记为 Unhealthy。

好在，通过解决 ICMPHealthCheck 的第三个缺点，实现一个自定义的、JSON 结构的输出消息，能够避免返回布尔和，而是获得粒度更细的输出。

3. 实现自定义的输出消息

要实现自定义的输出消息，需要重写 HealthCheckOptions 类。为此，在项目的根文件夹中添加一个 CustomHealthCheckOptions.cs 文件，并在其中添加下面的代码。

```
using Microsoft.AspNetCore.Diagnostics.HealthChecks;
using Microsoft.AspNetCore.Http;
using System.Linq;
using System.Net.Mime;
```

```
using System.Text.Json;

namespace HealthCheck
{
    public class CustomHealthCheckOptions : HealthCheckOptions
    {
      public CustomHealthCheckOptions() : base()
      {
          var jsonSerializerOptions = new JsonSerializerOptions()
          {
              WriteIndented = true
          };

          ResponseWriter = async (c, r) =>
          {
              c.Response.ContentType =
              MediaTypeNames.Application.Json;
              c.Response.StatusCode = StatusCodes.Status200OK;

              var result = JsonSerializer.Serialize(new
                {
                    checks = r.Entries.Select(e => new
                      {
                          name = e.Key,
                          responseTime =
                            e.Value.Duration.TotalMilliseconds,
                          status = e.Value.Status.ToString(),
                          description = e.Value.Description
                      }),
                    totalStatus = r.Status,
                    totalResponseTime =
                    r.TotalDuration.TotalMilliseconds,
                }, jsonSerializerOptions);
              await c.Response.WriteAsync(result);
          };
      }
    }
}
```

这段代码的含义很明显：我们使用自定义类重写了标准类(即输出一个单词的那个类)，从而能够修改 ResponseWriter 属性，使我们能够输出任何想要的内容。

更具体来说，我们希望输出一个自定义的 JSON 结构的消息，在其中包含每个检查提供的许多有用的信息，如下所示。

- name：在 Startup.cs 文件的 ConfigureServices 方法中把它添加到管道时提供的标识字符串 "ICMP_01" 和 "ICMP_02" 等。
- responseTime：一个检查的用时。
- status：不应与整个 HealthCheck 的状态(即全部内层检查的状态的布尔和)混淆。
- description：前面在改进 ICMPHealthCheck 类时配置的自定义消息。

所有这些值将成为 JSON 输出包含的数组项的属性，每个数组项对应一个检查。需要指出，除了该数组之外，JSON 文件中还包含下面的两个属性。

- totalStatus：所有内层检查的状态的布尔和。如果至少有一个主机的状态是 Unhealthy，则
  totalStatus 的值为 Unhealthy；如果至少有一个主机的状态为 Degraded，则 totalStatus 的值为
  Degraded；否则，totalStatus 的值为 Healthy。
- totalResponseTime：所有检查的总用时。

包含的有用信息很多，不是吗？我们只需要配置中间件来输出这些信息，而不是输出之前的只有
一个单词的响应。

4. 关于健康检查的响应和 HTTP 状态码

在继续介绍后面的内容之前需要注意，在前面的 CustomHealthCheckOptions 类中，我们将
ResponseWriter 的 HTTP 状态码设为固定的 StatusCodes.Status200OK。这么做有什么理由吗？

事实上，这么做确实有一个重要的理由。HealthCheck 中间件的默认行为要么返回 HTTP 状态码
200(表示所有检查都没有问题，返回的响应为 Healthy)，要么返回 HTTP 状态码 503(表示一个或多个
状态返回的响应为 Unhealthy)。因为我们改为返回一个 JSON 结构的输出，所以不再需要 503，否则
如果没有正确处理时，它很可能会破坏前端客户端 UI 逻辑。因此，为简单起见，无论最终结果是什
么，我们都强制返回一个 HTTP 200 响应。在后面将介绍的 Angular UI 中，我们将找到一种方式来恰
当地强调错误。

5. 配置输出消息

打开 Startup.cs 文件，向下滚动到 Configure 方法，并修改下面的代码(已经突出显示需要更新的
代码)。

```
public void Configure(IApplicationBuilder app, IWebHostEnvironment
env)
{
    /// ...existing code...

    app.UseHealthChecks("/hc", new CustomHealthCheckOptions());

    /// ...existing code...
}
```

然后，可以按 F5 键进行测试。这一次，结果不会让我们失望，如图 3-4 所示。

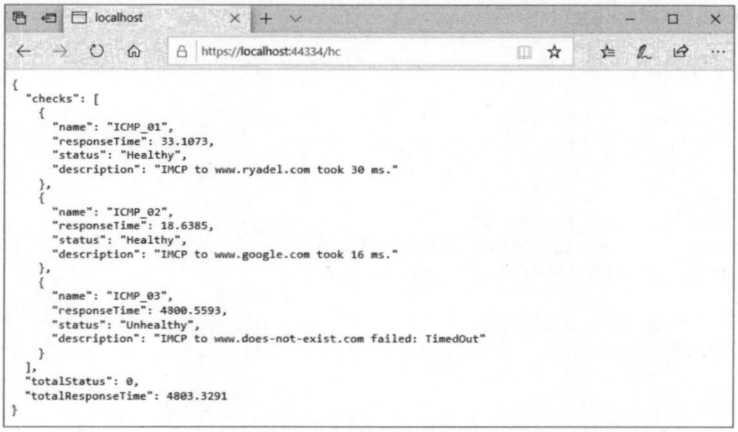

图 3-4　令人满意的响应

这是一个很不错的响应，不是吗？

现在，我们在一个 JSON 结构的对象中记录了每个检查以及总结果的数据。从下一节开始，将把该对象提供给一些 Angular 组件，并以人类可读且流行的方式在屏幕上显示这些组件。

3.3 Angular 中的健康检查

现在是时候构建一个 Angular 组件，使其能够获取和显示上一节生成的结构化 JSON 数据了。第 2 章介绍过，Angular 组件通常由 3 个单独的文件构成，如下所示。

- 使用 TypeScript 编写的组件(.ts)文件，其中包含组件类以及所有模块引用、函数、变量等。
- 使用 HTML 编写、通过 Angular 模板语法扩展的模板(.html)文件，定义了 UI 布局结构。
- 使用 CSS 编写的样式(.css)文件，包含用来绘制 UI 的层叠样式规则和定义。

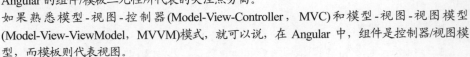

注意 尽管前面提到的三个文件的方法可能是最实用的方法，但唯一必须具有的文件是组件文件，因为模板和样式文件也可以作为内联元素嵌入组件文件中。选择使用单独的文件还是选择内联是个人喜好问题，不过，我们强烈建议采用三个文件的方法，因为它实施了 Angular 的组件/模板二元性所代表的关注点分离。

如果熟悉模型-视图-控制器(Model-View-Controller，MVC)和模型-视图-视图模型 (Model-View-ViewModel，MVVM)模式，就可以说，在 Angular 中，组件是控制器/视图模型，而模板则代表视图。

下一节将实现这些文件。

3.3.1 创建 Angular 组件

在 Solution Explorer 中，导航到/ClientApp/src/app 文件夹，创建一个新的 health-check 文件夹。在该文件夹中，创建下面的.ts、.html 和.css 文件。

- health-check.component.ts
- health-check.component.html
- health-check.component.css

然后，在这些文件中添加下面的内容。

1. health-check.component.ts

下面给出/ClientApp/src/app/health-check/health-check.component.ts 的源代码：

```
import { Component, Inject } from '@angular/core';
import { HttpClient } from '@angular/common/http';

@Component({
    selector: 'app-health-check',
    templateUrl: './health-check.component.html',
    styleUrls: ['./health-check.component.css']
})
export class HealthCheckComponent {
  public result: Result;

  constructor(
    private http: HttpClient,
```

```
    @Inject('BASE_URL') private baseUrl: string) {
  }

  ngOnInit() {
    this.http.get<Result>(this.baseUrl + 'hc').subscribe(result => {
        this.result = result;
    }, error => console.error(error));
  }
}

interface Result {
    checks: Check[];
    totalStatus: string;
    totalResponseTime: number;
}

interface Check {
    name: string;
    status: string;
    responseTime: number;
}
```

下面对这段代码中最重要的部分进行了分析。

- 在文件开头，我们使用 import，确保导入了在类中需要用到的所有 Angular 指令、管道、服务和组件，换句话说，就是导入了模块。
- 在组件的构造函数中，使用依赖注入(Dependency Injection，DI)实例化了一个 HttpClient 服务和一个 baseUrl 变量；其中 baseUrl 值是使用/ClientApp/src/main.ts 文件中定义的 BASE_URL 提供者设置的，我们在第 2 章简单介绍了该文件。从该文件的源代码可以看到，它将解析为应用程序的根 URL。HttpClient 服务需要这样的一个值来构建用来从服务器获取数据的 URL，有了这样的一个 URL，就可以向前面设置的.NET HealthCheck 中间件发送 HTTP GET 请求(注意'hc'字符串)。
- 最后，定义了两个接口，用于处理从 HealthCheck 中间件收到的两个 JSON 请求。这两个接口是 Result 和 Check，分别用于保存整个 JSON 结果对象和内部数组中的每个元素。

在继续介绍后面的内容之前，通过实现前面的代码来展开讨论刚介绍的一些非常重要的主题会很有帮助。

- 导入和模块
- DI
- ngOnInit(和其他生命周期钩子)
- 构造函数
- HttpClient
- Observable
- 接口

本书将会用到所有这些概念，因此现在就了解它们是一个好主意。

2. 导入和模块

在前面的 HealthCheckComponent 中多次使用的静态 import 语句用于导入其他 JavaScript 模块导出的绑定。

使用模块的概念始于 ECMAScript 2015，已被 TypeScript 彻底采纳，因此 Angular 中也采用了这种方法。模块基本上就是变量、函数和类的一个集合，只是被放到一个类中。每个模块在自己的作用域而不是全局作用域中执行，这意味着该模块中声明的所有元素在模块外部不可见，除非使用 export 语句显式导出了它们。反过来，要使用某个模块中包含(并导出)的一个变量、函数、类和接口等，必须使用 import 语句导入该模块。这与大部分编程语言中对命名空间做的处理很类似(例如，C#中有 using 语句)。

事实上，所有 Angular 指令、管道、服务和组件也被打包到 JavaScript 模块集合中，每当需要使用它们的时候，就需要把它们导入 TypeScript 类中。这些集合基本上就是模块的库，它们的名称带有 @angular 前缀，很容易识别出来。前面章节中看到的/ClientApp/packages.json 文件(NPM 包文件)包含大部分库。

注意　要想了解关于 ECMAScript 模块的更多信息，并更好地理解 TypeScript 中的模块解析策略，可以访问下面的 URL。

对于 TypeScript 模块，可访问 https://www.typescriptlang.org/docs/handbook/modules.html。

对于模块解析，可访问 https://www.typescriptlang.org/docs/handbook/moduleresolution.html。

切勿将 JavaScript 模块与 Angular 自己的模块系统(它是基于@NgModule 装饰器的)混淆。第 1 章和第 2 章介绍过，Angular 的 NgModule 是基本构造模块，即专门用于一个应用程序域、一种工作流或者一组常用功能的代码块的容器。从前面的章节可知，每个 Angular 应用至少有一个 NgModule 类，它是根模块，传统上被命名为 AppModule，保存在应用程序根文件夹的 app.module.ts 文件。在后续章节中，我们将添加更多 NgModule。

遗憾的是，JavaScript 的模块系统与 Angular 的 NgModule 系统使用了相当类似的词汇(import 与 imports，export 与 exports)，所以可能导致混淆，尤其考虑到 Angular 应用要求开发人员同时(甚至常常在同一个类文件中)使用这二者，情况似乎变得更糟。但好在，虽然一开始被迫混合使用这两种系统可能有些难以应付，但最终，我们将熟悉使用它们的不同上下文。

图 3-5 取自 HealthCheck 应用的 AppModule 类文件，可帮助你区分这两种不同的系统。

```
1  import { BrowserModule } from '@angular/platform-browser';
2  import { NgModule } from '@angular/core';
3  import { FormsModule } from '@angular/forms';
4  import { HttpClientModule, HTTP_INTERCEPTORS } from '@angular/common/http';
5  import { RouterModule } from '@angular/router';
6
7  import { AppComponent } from './app.component';
8  import { NavMenuComponent } from './nav-menu/nav-menu.component';
9  import { HomeComponent } from './home/home.component';
10 import { HealthCheckComponent } from './health-check/health-check.component';
11
12 @NgModule({
13   declarations: [
14     AppComponent,
15     NavMenuComponent,
16     HomeComponent,
17     HealthCheckComponent
18   ],
19   imports: [
20     BrowserModule.withServerTransition({ appId: 'ng-cli-universal' }),
21     HttpClientModule,
22     FormsModule,
23     RouterModule.forRoot([
24       { path: '', component: HomeComponent, pathMatch: 'full' },
25       { path: 'health-check', component: HealthCheckComponent }
26     ])
27   ],
28   providers: [],
29   bootstrap: [AppComponent]
30 })
31 export class AppModule { }
```

JavaScript 模块系统

`import {...}`

Angular 模块系统

`@NgModule({...});`

图 3-5　区分两种不同的系统

注意　关于 Angular 模块系统和 NgModule 装饰器的更多信息，请访问下面的 URL。

对于 NgModule，可访问 https://angular.io/guide/ngmodules。

对于 Angular 架构的 NgModule 和 JavaScript 模块，可访问 https://angular.io/guide/architecture-modules#ngmodules-and-javascript-modules。

3. DI

我们已经提到过几次 DI，这有很好的理由：无论对于.NET Core 还是 Angular，它都是一种重要的应用程序设计模式，因为这两种框架都大量使用 DI 来提高自己的效率和模块性。

要解释 DI，必须先解释类的依赖的概念。依赖是服务或对象，类把它们实例化为变量或属性来执行一个或多个任务。

在经典编码模式中，这些依赖是在类中实例化的，例如在实例化阶段(如在构造函数中)实例化。下面是一个典型例子。

```
public MyClass() {
    var myElement = new Element();
    myElement.doStuff();
}
```

在这个例子中，myElement 变量是 Element 类型的一个对象实例，也是 MyClass 的一个(局部)依赖。可以看到，它在构造函数中实例化，因为我们最有可能在这里使用它。然后，就可以把它用作一个局部变量，在构造函数的生命周期结束后死亡，或者把它赋值给一个类属性，以延长它的生存期，增加它的作用域。

DI 是一种不同的软件设计模式，让类从外部源请求依赖，而不是自己创建依赖。为了更好地理解这种概念，我们用 DI 方法改写上面的代码，如下所示。

```
public MyClass(Element myElement) {
    myElement.doStuff();
}
```

可以看到，现在不需要实例化 myElement 变量，因为依赖注入器已经完成了这项工作。依赖注入器是一段外部代码，负责创建可注入的对象，并把它们注入类中。

整个 DI 编码模式基于控制反转(Inversion of Control，IoC)的概念来解析依赖。这个概念围绕这样一种基本思想：如果 ObjectA 依赖于 ObjectB，那么 ObjectA 不应直接创建或导入 ObjectB，而是应该提供一种注入 ObjectB 的方式。在前面的代码示例中，显然 ObjectA 是 MyClass，ObjectB 是 myElement 实例。

注意　关于 DI 软件设计模式的更多信息，请访问下面的链接。

对于.NET Core 中的 DI，可访问 https://docs.microsoft.com/en-us/aspnet/core/fundamentals/dependency-injection。

对于 Angular 中的 DI，可访问 https://angular.io/guide/dependency-injection。

在 Angular 中，当实例化类的时候，DI 框架将把声明的依赖提供给该类。

在前面的 HealthCheckComponent 类中，我们在组件的构造函数中使用 DI 来注入一个 HttpClient 服务实例和一个 baseUrl 实例。可以看到，我们还利用这个机会，为这二者分配了 private 访问修饰符。这样一来，就能在组件类中访问这些变量。

注意　按照 Angular 的约定,如果在注入参数时没有指定访问修饰符,就只能在构造函数中访问该参数;反过来,如果为参数指定一个访问修饰符(如 private 或 public),就把它定义为类成员,所以其作用域也就改为类作用域。这种技术称为变量作用域,从现在开始,我们将在 Angular 组件中大量使用这种技术。

4. ngOnInit(和其他生命周期钩子)

我们在 HealthCheckComponent 类中使用的 ngOnInit 方法是组件的一个生命周期钩子方法。本节将介绍什么是生命周期钩子方法,因为本书中将大量使用它们。

每个 Angular 组件都有一个生命周期,由 Angular 进行管理。每次用户访问应用中的一个视图时,Angular 框架将创建并渲染必要的组件(和指令)及其子组件,并在用户与它们交互时做出反应,最终,当用户导航到其他视图时,将销毁并从文档对象模型(Document Object Model,DOM)中移除它们。所有这些"关键时刻"将触发一些生命周期钩子方法,Angular 把这些钩子方法公开给开发人员,使他们能够在这些"关键时刻"执行一些处理。事实上,这些钩子方法与 C#的事件处理程序非常相似。

下面尽量按照执行顺序列出可用的钩子(之所以说尽量,是因为一些钩子方法在组件的生命周期中会被多次调用)。

- ngOnChanges():当 Angular(重新)设置数据绑定输入属性时响应。该方法将收到包含当前和之前属性值的一个 SimpleChanges 对象。在 ngOnInit()之前调用,以及每当一个或多个数据绑定输入属性改变时调用。
- ngOnInit():当 Angular 第一次显示了数据绑定属性并设置了指令/组件的输入属性后,初始化指令/组件。在 ngOnChanges()方法后调用,但只会被调用一次。
- ngDoCheck():检测 Angular 不能或者不会自行检测的变化,并做出反应。每次运行变化检测的时候调用,以及在 ngOnChanges()和 ngOnInit()后立即调用。
- ngAfterContentInit():当 Angular 把外部内容投射到组件的视图/包含指令的视图后响应。在第一个 ngDoCheck()方法之后调用一次。
- ngAfterContentChecked():在 Angular 检查完投射到指令/组件中的内容后响应。在 ngAfterContentInit()方法后调用,并在后续每个 ngDoCheck()方法后调用。
- ngAfterViewInit():在 Angular 初始化组件的视图和子视图/包含指令的视图后响应。在第一个 ngAfterContentChecked()方法后调用一次。
- ngAfterViewChecked():在 Angular 检查完组件的视图和子视图/包含指令的视图后响应。在 ngAfterViewInit()方法后调用一次,并在后续每个 ngAfterContentChecked()方法后调用。
- ngOnDestroy():在 Angular 销毁指令/组件之前进行清理。将取消订阅 Observable,并断开事件。
- 避免内存泄漏的处理程序:在 Angular 销毁指令/组件之前调用。

上面的生命周期钩子方法对所有 Angular 组件和指令都是可用的。要调用这些方法,只需要把它们添加到组件类中,我们在前面的 HealthCheckComponent 类中就是这么做的。

理解了 ngOnInit()方法的角色后,应该花一些时间解释为什么把 HttpClient 源代码添加到 ngOnInit() 生命周期钩子方法中,而不是使用组件的 constructor()方法。我们不是应该使用后面这种方法吗?

下一节应该能够帮助你理解为什么做出这种选择。

5. 构造函数

你可能已经知道,所有 TypeScript 类都有一个 constructor()方法,每当创建该类的一个实例时就会调用该方法。因为 TypeScript 是 JavaScript 的超集,所以 TypeScript 的 constructor()方法将被转译为 JavaScript 的 constructor()函数。

下面的代码块显示了 TypeScript 类的一个示例:

```
class MyClass() {
  constructor() {
     console.log("MyClass has been instantiated");
  }
}
```

这将被转译为下面的 JavaScript 函数:

```
function MyClass() {
     console.log("MyClass has been instantiated");
}
```

如果在 TypeScript 中省略了构造函数,转译后的 JavaScript 函数将是空的。但是,每当框架需要实例化该类时,仍然会以下面的方式进行调用,无论该类是否有构造函数。

```
var myClassInstance = new MyClass();
```

理解这一点非常重要,因为这有助于我们理解组件的 constructor()方法与其 ngOnInit()生命周期钩子之间的区别。至少从组件初始化阶段角度看,这二者存在重要区别。

Angular 的启动过程可分为两个主要阶段:

● 实例化组件
● 执行变化检测

很容易猜到,constructor()方法是在前一个阶段调用的,而所有生命周期钩子(包括 ngOnInit()方法)是在后一个阶段调用的。

如果从该角度思考这些方法,就很容易理解下面的关键概念:

● 如果需要创建或者把一些依赖注入 Angular 组件,就应该使用 constructor()方法;事实上,这也是唯一能够采用的方法,因为只有构造函数才会在 Angular 注入器上下文中调用。
● 反过来,每当需要执行组件初始化和/或更新时,例如执行 HTTP 请求、更新 DOM 等,就应该使用生命周期钩子方法完成。

顾名思义,ngOnInit()方法对于初始化组件来说常常是一个很好的选择,因为它在设置了指令和/或组件的输入属性后立即发生。因此,我们使用了该方法和 Angular 内置的 HttpClient 服务来实现 HTTP 请求。

6. HttpClient

对于单页面应用程序(SPA)来说,能够有效地从.NET Core 控制器发送和接收 JSON 数据可能是最重要的需求了。我们选择使用 Angular 的 HttpClient 服务来实现这种需求。Angular 4.3.0-RC.0 中第一次引入了 HttpClient,这可能是该框架对于完成上述需求给出的最好答案之一。因此,在整本书中,我们将大量使用该服务。不过,首先应当理解 HttpClient 服务是什么,它为什么比之前的实现更好,以及如何正确实现这种服务。

新的 HttpClient 服务在 2017 年 7 月第一次引入,作为原来的 Angular HTTP 客户端 API(@angular/http,或者简单地称为 HTTP)的改进版。Angular 开发团队并没有直接替换@angular/http 包中的旧版本,而是把新类放到了另一个包,即@angular/common/http 中。之所以如此,是为了向后兼容现有的代码库，并确保能够缓慢但稳定地迁移到新的 API。

如果你用过原来的 Angular HTTP 服务类至少一次，就很可能还记得它的局限，如下所示。

- 默认没有启用 JSON，使得开发人员在使用 RESTful API 时，只能在请求头中显式设置 JSON，并对数据调用 JSON.parse/JSON.stringify。
- 没有一种简单的方法来访问 HTTP 请求/响应管道，所以在请求和/或响应调用被发出或收到后，如果不使用一些丑陋的、破坏模式的技巧，开发人员就无法拦截或修改它们。事实上，至少在全局作用域内，基本上只能使用扩展和封装器类来定制该服务。
- 对于请求和响应对象，不存在原生的强类型，不过通过把 JSON 转换为接口，可以解决这个问题。

好消息是，新的 HttpClient 完成了所有这些处理，并提供了更多功能，包括通过基于 Observable 的 API 支持测试并实现了更好的错误处理。

> **注意**　需要指出，将 HttpClient 服务放到组件自身中不是一种好的做法，因为这将在需要执行 HTTP 调用并处理其结果的各种组件中引入不必要的代码重复。这是一个显著影响生产级应用的问题，很可能需要对收到的数据进行处理，对错误进行处理，以及添加重试逻辑来处理连接不稳定的情况等。
>
> 为更好地处理这些场景，强烈建议把数据访问逻辑和数据展示隔开。可以把数据访问逻辑封装到一个单独的服务中，这样就能用一种标准的、集中的方式把它注入需要这种逻辑的所有组件中。第 7 章将更详细地讨论这种方法，并最终替换掉多个 HttpClient 实现，把它们的源代码集中到两个数据服务中。

7. Observable

Observable 是管理异步数据的一种强大方式，它们是 ReactiveX JavaScript(RxJS)库的基础。RxJS 库是 Angular 需要使用的依赖之一，ECMAScript 7 的最终发布版中计划包含这个库。如果你熟悉 ES6 中的 Promise，就可以把 Observable 想象成 Promise 的改进版。

Observable 可被配置为同步或者异步发送字面值、结构化的值、消息和事件。通过使用 subscribe 方法钩子注册到 Observable 自身，可以接收这些值，这意味着在 Observable 中处理整个数据流，直到在代码中取消订阅。这种方法的好处在于，无论选用哪种方法(同步还是异步)、流传输频率和数据类型，监听这些值和停止监听的编程接口是相同的。

Observable 具有的这些巨大优势，是 Angular 在处理数据时大量使用它们的原因。如果认真看看 HealthCheckComponent 的源代码就会看到，当 HttpClient 服务从服务器获取数据，并把结果存储到 this.result 局部变量时，也使用了 Observable。这种任务是通过连续调用 get<Result>()和 subscribe()方法来执行的。

下面总结一下它们完成的工作，如下所示。

- get<Result>()：顾名思义，该方法对.NET Core HealthCheck 中间件发出一个标准的 HTTP 请求，用于获取 Result JSON 响应对象。该方法需要一个 URL 参数，而我们通过在 Angular 应用程序的 BASE_URL 中添加 hc 字面量字符串(前面在 Startup.cs 文件的 Configure 方法中设置的字符串)，动态创建了这个 URL 参数。
- subscribe()：该方法实例化了一个 Observable 对象，它将在获取结果和/或发生错误时立即执行两种不同的动作。不必说，这些动作是异步执行的，意味着它们将在另一个线程中执行(或者调度到以后执行)，而其余代码将继续执行。

注意　如果想了解更多信息，可以访问 RxJS 官方文档中的以下 URL。

要查看 ReactiveX 库-Observable 指南，可访问 http://reactivex.io/rxjs/class/es6/Observable.js~Observable.html。

要查看 Angular.io-Observable 指南，可访问 https://angular.io/guide/observables。

需要理解的是，关于 Observable 能够实现的功能，我们只是介绍了冰山一角。但是，这些介绍已经足够满足目前的需要，后面还将继续介绍它们。

8. 接口

了解了 Angular 的 HttpClient 服务的工作方式之后，你可能会问两个问题：为什么要使用这些接口？不能使用早先定义的.NET Core HealthCheck 中间件发送的原始 JSON 数据，把它们作为匿名 JavaScript 对象使用吗？

从理论上讲，可以这么做，正如可以从控制器输出原始的 JSON，而不是创建视图模型类一样。但是，在一个好的应用程序中，总是应该避免处理原始 JSON 数据和/或使用匿名对象，这有一些很好的理由。

- 我们选择使用 TypeScript 而不是 JavaScript，正是因为我们想使用类型定义。匿名对象和属性恰恰相反，它们会导致以 JavaScript 的方式进行处理，而这是我们一开始就想避免的。
- 匿名对象及其属性不容易验证。我们不想让数据项容易出错，也不想被迫处理缺少的属性。
- 匿名对象难以重用，并且 Angular 的许多方便的功能要求对象是某个接口和/或类型的实际实例，例如对象映射，所以使用匿名对象就意味着无法使用这些功能。

前两个理由非常重要，在构建生产级应用程序的时候尤其如此。无论开发工作一开始看起来多么简单，在任何时候都不应该认为，对于应用程序的源代码，失去这种程度的控制是可以接受的。

只要我们想充分利用 Angular，第三个理由也是很重要的。对于这种情况，使用未定义的属性数组(如原始 JSON 数据)基本上不在考虑范围内；相反，对于以强类型的方式使用结构化的 JSON 数据，结构化的 TypeScript 接口可能是量级最轻的方法。

 注意　我们没有为接口添加 export 语句。这是有意而为，因为我们只会在 HealthCheckComponent 中使用该接口。如果以后需要修改这种行为，例如创建一个外部数据服务，就需要添加这样的一条语句(可能还需要把它们放到单独的文件中)，以便能够使用 import 把它们导入其他类中。

9. health-check.component.html

下面给出/ClientApp/src/app/health-check/healthcheck.component.html 的源代码：

```
<h1>Health Check</h1>

<p>Here are the results of our health check:</p>

<p *ngIf="!result"><em>Loading...</em></p>

<table class='table table-striped' aria-labelledby="tableLabel"
*ngIf="result">
    <thead>
     <tr>
        <th>Name</th>
        <th>Response Time</th>
```

```
        <th>Status</th>
        <th>Description</th>
    </tr>
</thead>
<tbody>
    <tr *ngFor="let check of result.checks">
        <td>{{ check.name }}</td>
        <td>{{ check.responseTime }}</td>
        <td class="status {{ check.status }}">{{ check.status }}</td>
        <td>{{ check.description }}</td>
    </tr>
  </tbody>
</table>
```

可以看到，我们的 Angular 组件的模板部分基本上就是一个 HTML 页面，其中有一个包含一些 Angular 指令的表格。在介绍后面的内容之前，先来仔细看看这里的代码。

- ngIf：这是一个结构指令，根据等号(=)后面指定的布尔表达式的值来决定是否包含容器 HTML 元素。当表达式的计算结果为 true 时，Angular 将渲染该元素，否则不渲染。可以把 ngIf 与一个 else 块连接起来，此时，如果表达式的计算结果为 false 或 null，将显示 else 块。在前面的代码中，我们在<table>元素中使用 ngIf，因此只有当 result 内部变量(前面在 Component 类中定义了这个变量)不再为 null，即已经从服务器上获取到数据时，才会显示表格。

- ngFor：另外一个结构指令，为给定集合中包含的每一项渲染一个模板。该指令被放到一个 元素上，该元素就成为克隆的模板的父元素。在前面的代码中，我们在一个主<table>元素 内使用了 ngFor，从而为 result.checks 数组中的每个 check 项创建并显示一个<tr>元素(一行)。

- {{ check.name }}、{{ check.responseTime }}等：它们称为插值，可用来把计算出的字符串添 加到 HTML 元素标签之间的文本中和/或赋值给特性。换句话说，可以把它们用作类变量的 属性值的占位符。可以看到，插值的默认限定符为双花括号{{和}}。

> **注意**　如果想理解关于 ngIf、ngFor、插值和其他 Angular UI 的基本概念的更多信息，强烈 建议阅读下面的官方文档。
>
> **显示数据**　https://angular.io/guide/displaying-data。
> **模板语法**　https://angular.io/guide/template-syntax。
> **结构指令**　https://angular.io/guide/structural-directives。

10. health-check.component.css

下面给出/ClientApp/src/app/health-check/healthcheck.component.css 的源代码：

```
.status {
    font-weight: bold;
}

.Healthy {
    color: green;
}

.Degraded {
    color: orange;
}
```

```
.Unhealthy {
    color: red;
}
```

这里没什么可说的，只是用来设置组件模板样式的一些常规 CSS。

 注意　由于篇幅限制，本书不详细介绍 CSS 样式，而是会假定 Web 程序员知道如何处理我们的示例中用到的简单定义、选择器和样式规则。

如果你想了解关于 CSS 和 CSS3 的更多信息，建议阅读下面这篇出色的在线教程：https://developer.mozilla.org/en-US/docs/Web/CSS。

注意，我们对表格单元格的样式做了一点调整，这些单元格将包含各个检查的状态。尽可能突出这些单元格是一个好主意，所以我们加粗显示文字，并使其颜色匹配状态的类型：为 Healthy 显示绿色，为 Degraded 显示橙色，为 Unhealthy 显示红色。

3.3.2　将组件添加到 Angular 应用

现在，我们已经准备好了组件，需要把它添加到 Angular 应用中。为此，需要对下面的文件做一点修改：

- app.module.ts
- nav-menu.component.ts
- nav-menu.component.html

接下来就完成这些工作。

1. AppModule

第 2 章介绍过，必须在 AppModule 中引用每个新组件，以便能够在应用中注册该组件。此外，还需要在 RoutingModule 配置中创建相关条目，使用户能够导航到该页面。

打开/ClientApp/src/app/app.module.ts 文件，添加下面突出显示的行：

```
import { BrowserModule } from '@angular/platform-browser';
import { NgModule } from '@angular/core';
import { FormsModule } from '@angular/forms';
import { HttpClientModule, HTTP_INTERCEPTORS } from
'@angular/common/http';
import { RouterModule } from '@angular/router';

import { AppComponent } from './app.component';
import { NavMenuComponent } from './nav-menu/nav-menu.component';
import { HomeComponent } from './home/home.component';
import { HealthCheckComponent } from './health-check/healthcheck.
component';

@NgModule({
  declarations: [
    AppComponent,
    NavMenuComponent,
    HomeComponent,
    HealthCheckComponent
  ],
  imports: [
```

```
    BrowserModule.withServerTransition({ appId: 'ng-cli-universal' }),
    HttpClientModule,
    FormsModule,
    RouterModule.forRoot([
        { path: '', component: HomeComponent, pathMatch: 'full' },
        { path: 'health-check', component: HealthCheckComponent }
    ])
  ],
  providers: [],
  bootstrap: [AppComponent]
})
export class AppModule { }
```

2. NavMenuComponent

将新组件的导航路径添加到 RoutingModule 中，是让用户能够导航到该组件的必要步骤，但除此之外，还需要添加一个链接让用户点击。因为 NavMenuComponent 是处理导航用户界面的组件，所以需要在那里完成一些处理。

打开 ClientApp/src/app/nav-menu/nav-menu.component.html 文件，添加下面突出显示的行。

```
// ... existing code...

<ul class="navbar-nav flex-grow">
    <li
        class="nav-item"
        [routerLinkActive]="['link-active']"
        [routerLinkActiveOptions]="{ exact: true }"
    >
        <a class="nav-link text-dark" [routerLink]="['/']">Home</a>
    </li>
    <li class="nav-item" [routerLinkActive]="['link-active']">
        <a class="nav-link text-dark" [routerLink]="['/health-check']"
            >Health Check</a
        >
    </li>
</ul>

// ... existing code...
```

现在就把新组件添加到 Angular 应用中，只需要进行测试即可。

3. 进行测试

要查看新的 HealthCheckComponent 的实际效果，只需要按 F5 键查看浏览器的结果。如果一切正常，结果应该与图 3-6 类似。

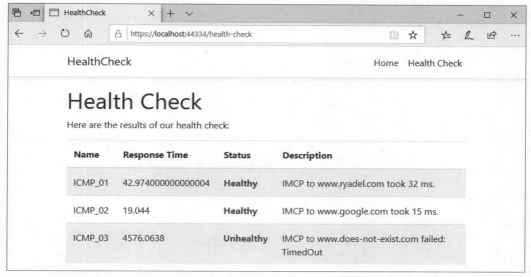

图 3-6　实际效果

看起来我们已经实现了需求。

健康检查组件开始工作，显示了我们在.NET Core 的 HealthCheck 中间件中设置的 3 个 ICMP 请求的结果。

3.4　小结

我们简单回顾一下本章学到的知识。首先，我们了解到，.NET 控制器并不是唯一可用的工具。事实上，应用程序管道中的任何中间件基本都能处理 HTTP 请求和响应周期。

为演示这个概念，我们介绍了 HealthCheck 中间件，这是.NET Core 内置的一项功能，可用于实现状态监视服务，而这正是本章做的工作。我们首先介绍.NET Core 后端，不断改进工作，直到能够创建一个 JSON 结构的输出；然后介绍了 Angular 前端，学习如何使用组件获取后端的输出，并通过浏览器的基于 HTML 的 UI，在屏幕上显示这些数据。最后，我们看到了最终结果，证明了我们的工作是有回报的。

对于健康检查，这些内容就目前来说已经足够了。从下一章开始，我们将回到标准的.NET 控制器模式，介绍一些使用控制器的新知识。

3.5　推荐主题

健康监控、健康检查、HealthCheck 中间件、HealthCheckOptions、HTTP 请求、HTTP 响应、ICMP、PING、ResponseWriter、JSON、JsonSerializerOptions、组件、路由、模块、AppModule、HttpClient、ngIf、ngFor、指令、结构指令、插值、NgModule、Angular 模块系统、JavaScript 模块系统(import/export)。

第4章
使用 Entity Framework Core
创建数据模型

从第 1 章开始,我们一直在开发 HealthCheck 示例应用,它可以工作,但缺少典型 Web 应用程序的一些重要特征,其中最重要的特征之一是从数据库管理系统(Database Management System,DBMS)中读写数据的能力,这是几乎所有 Web 相关任务的一个根本需求,例如在内容管理、知识分享、即时通信、数据存储和/或挖掘、跟踪和统计、用户身份验证、系统登录中,都需要使用 DBMS。

坦白说,甚至我们的 HealthCheck 应用也可利用其中一些任务,如跟踪一段时间内的主机状态会是一个不错的功能;用户身份验证是必备的功能,如果我们打算公开发布该应用,就更是如此;系统登录功能在任何时候都是一个不错的功能。但是,因为我们希望使项目尽可能简单,所以将创建一个新项目,在其中添加一些 DBMS 能力。

本章将介绍的主题

- 创建一个全新的.NET Core 3 和 Angular Web 应用程序项目,命名为 WorldCities,它是包含全球不同城市的一个数据库。
- 选择合适的数据源来获取一定数量的真实数据进行处理。
- 使用 Entity Framework Core 来定义和实现一个数据模型。
- 配置和部署项目将使用的一个 DBMS 引擎。
- 使用 Entity Framework Core 的数据迁移功能创建数据库。
- 实现数据 seed 策略将数据源加载到数据库。
- 使用.NET Core 读写数据,这要用到 Entity Framework Core 提供的对象-关系映射(Object-Relational Mapping,ORM)技术。

准备好了吗?

4.1 技术需求

本章将需要前面章节中列出的所有技术需求,以及下面的外部库:

- Microsoft.EntityFrameworkCore NuGet 包
- Microsoft.EntityFrameworkCore.Tools NuGet 包
- Microsoft.EntityworkCore.SqlServer NuGet 包
- SQL Server 2019(如果选择使用本地 SQL 实例)
- MS Azure 订阅(如果选择使用云数据库进行托管)

　　与前面一样,我们不会立即安装所有这些库,而是在创建项目的过程中逐渐安装,使你能够理解使用它们的上下文及它们在项目中的作用。

　　本章的代码文件存储在以下地址: https://github.com/PacktPublishing/ASP.NET-Core-3-and-Angular-9-Third-Edition/tree/master/Chapter_04/。

4.2　WorldCities Web 应用

　　我们首先将创建一个新的.NET Core 和 Angular Web 应用程序项目。还记得第 1 章后半部分做的工作吗?我们可以选择执行同样的操作(并像第 2 章那样对示例项目做必要的修改),也可以把现有的 HealthCheck 项目复制到另一个文件夹,重命名对 HealthCheck 的所有引用(包括源代码和文件系统),并撤销第 2 章和第 3 章做的所有处理。

　　虽然这两种方法都能满足需要,但前者无疑更实用,更不用说让我们有机会实践前面学到的知识,确认我们理解了每个重要步骤。

　　我们来简单回顾需要做的工作:

(1) 使用 dotnet new angular -o WorldCities 命令创建一个新项目。

(2) 编辑或删除下面的.NET Core 后端文件:

● Startup.cs(编辑)

● WeatherForecast.cs(删除)

● /Controllers/WeatherForecastController.cs(删除)

(3) 编辑或删除下面的 Angular 前端文件:

● /ClientApp/package.json(编辑)

● /ClientApp/src/app/app.module.ts(编辑)

● /ClientApp/src/app/nav-menu/nav-menu.component.html(编辑)

● /ClientApp/src/app/counter/(删除,整个文件夹)

● /ClientApp/src/app/fetch-data/(删除,整个文件夹)

　　提示　如果你选择复制粘贴 HealthCheck 项目——我们不推荐这种方法——就需要从 Startup.cs 文件中删除 HealthChecks 中间件引用,并从各个 Angular 配置文件中删除 Angular 组件引用。另外,需要删除相关的.NET 和 Angular 类文件(ICMPHealthCheck、CustomHealth-CheckOptions、/ClientApp/src/app/health-check 文件夹等)。

　　可以看到,复制项目意味着需要完成大量的撤销和/或重命名工作。因此,从头开始创建项目一般来说是更好的方法。

　　做完这些修改后,通过按 F5 键并检查结果,可以确认应用程序能够正常工作。如果修改没有问题,应该看到如图 4-1 所示的界面。

　　现在,我们就有了一个全新的.NET Core + Angular Web 应用程序。我们需要一个数据源和一个数据模型,以便通过后端 Web API 访问它们来获取数据。换句话说,我们需要一个数据服务器。

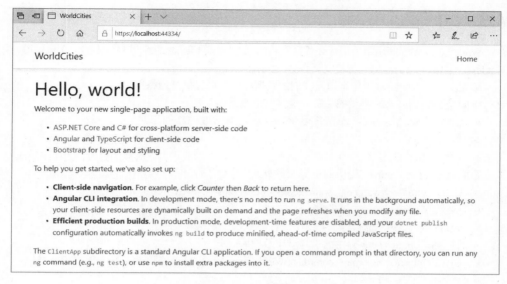

图 4-1　显示的界面

使用数据服务器的原因

在继续介绍后面的内容之前，花几分钟来回答以下问题会有帮助：我们确实需要一个真实的数据服务器吗？不能模拟一个数据服务器吗？毕竟，我们只是在运行代码示例。

事实上，确实可以不使用真实的数据服务器，这样就能跳过本章的介绍。为什么这么说？因为 Angular 提供了一个内存 Web API 包，用来替换 HttpClient 模块的 HttpBackend，并模拟 RESTful API 上的 CRUD 操作；这种模拟是通过拦截 Angular HTTP 请求，并把它们重定向到我们控制的一个内存数据存储来实现的。

这个包很有帮助，对于大部分测试场景的效果很好，例如：

- 模拟针对开发/测试服务器上尚未实现的数据集合执行的操作。
- 编写单元测试应用，使它们能够读写数据，而不必拦截多个 HTTP 调用或者生成响应序列。
- 执行端到端测试，但不影响真实的数据库，这对于持续集成(Continuation Integration，CI)很有帮助。

内存 Web API 服务的效果极好，以至于整个 Angular 文档(https://angular.io/)都依赖它。但是，我们现在不使用它，原因很简单，也很明显：本书的关注点不是 Angular，而是 Angular 和.NET Core 之间的客户端/服务器互操作。因此，开发一个真实的 Web API，并通过一个真实的数据模型将其连接到一个真实的数据源，是不能绕过的工作。

我们不想模拟 RESTful 后端的行为，因为我们需要理解 RESTful 后端的机制以及如何恰当地实现这种后端。我们不只想实现它，还想实现托管及提供数据的 DBMS。

这就是从下一节开始要做的工作。

　　注意　如果想了解关于 Angular 内存 Web API 服务的更多信息，请访问内存 Web API 在 GitHub 上的项目页面：https://github.com/angular/in-memoryweb-api/。

4.3　数据源

WorldCities Web 应用将使用什么数据？我们已经知道答案：包含全世界城市的一个数据库。有这样的存储库吗？

事实上，有几个选项可用来填充我们的数据库，然后提供给最终用户。

下面是 DSpace-CRIS 提供的免费的世界城市数据库。

- URL：https://dspace-cris.4science.it/handle/123456789/31。
- 格式：CSV。
- 许可：免费使用。

下面是 GeoDataSources 提供的世界城市数据库(免费版)。

- URL：http://www.geodatasource.com/world-cities-database/free。
- 格式：CSV。
- 许可：免费使用(需要注册)。

下面是 simplemaps.com 提供的世界城市数据库。

- URL：https://simplemaps.com/data/world-cities。
- 格式：CSV、XLSX。
- 许可：免费使用(CC By 4.0，https://creativecommons.org/licenses/by/4.0/)。

这些选项都足以满足我们的需要。我们将选择最后这个选项，因为它不需要注册，并且提供了更容易阅读的电子表格格式。

打开浏览器，键入或者复制上面的 URL，然后在 World Cities Database 部分找到 Basic 列，如图 4-2 所示。

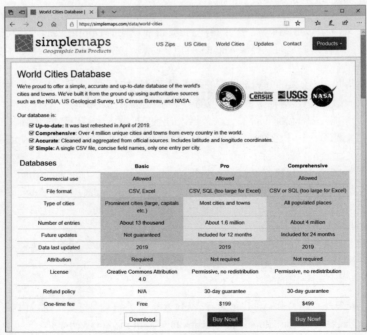

图 4-2　找到 Basic 列

单击 Download 按钮，下载并保存一个包含.csv 和.xlsx 文件的 ZIP 文件。现在不需要做更多操作，我们将在后面使用这个文件。

从下一节开始，我们将开始构建数据模型。这将是一个漫长但回报颇丰的旅程。

4.4　数据模型

有了原始数据源以后，需要找到一种方式来将其提供给 Web 应用程序，以便用户能够获取(可能还会修改)实际数据。

为了简单起见，我们不会浪费时间来介绍数据模型的完整概念。有经验的开发人员可能已经了解这些信息。在本书中提到数据模型的时候，指的是轻量级的、有准确类型的实体类集合，它们代表持久的、代码驱动的数据结构，可在 Web API 代码中用作资源。

前面提到"持久"这个词是有原因的。我们希望把数据结构存储到数据库中。对于任何基于数据的应用程序，这一点很明显。我们将创建的新 Web 应用程序也不例外，因为我们想把它用作一个记录的集合或存储库，使我们能根据需要读取、创建、删除和/或修改记录。

可以猜到，所有这些任务将由前端 UI(Angular 组件)触发的某种后端业务逻辑(.NET 控制器)执行。

4.4.1　Entity Framework Core 简介

我们将借助 Entity Framework Core(也称为 EF Core)来创建数据库。EF Core 是 Microsoft 开发出来，用于 ADO.NET 的一个著名的开源对象关系映射器(Object Relational Mapper，ORM)。选择使用 EF Core 的理由如下：

- 与 Visual Studio IDE 无缝集成。
- 基于实体类的概念模型，即实体数据模型(Entity Data Model，EDM)，允许我们使用域特定的对象来处理数据，而不需要编写数据访问代码。这正是我们想要获得的功能。
- 易于在开发和生产阶段部署、使用和维护。
- 与所有主流开源和商业 SQL 和 NoSQL 引擎兼容，包括 MSSQL、SQLite、Azure Cosmos DB、PostgreSQL、MySQL/MariaDB、MyCAT、Firebird、Db2/Informix、Oracle DB、MongoDB 等。这要归功于官方和/或第三方通过 NuGet 提供的提供者和/或连接器。

注意　需要指出，在最新的 RC 发布版之前，Entity Framework Core 一直被叫做 Entity Framework 7。其名称变化发生在前面介绍过的 ASP.NET 5/ASP.NET Core 视角转变之后，以强调 Entity Framework Core 是对之前版本的重大重写/重新设计。

你可能奇怪，为什么我们选择采用基于 SQL 的方法，而不是选择基于 NoSQL 的方法？有许多很好的 NoSQL 产品(如 MongoDB、RavenDB 和 CouchDB)都有 C#连接器库。使用它们怎么样呢？

答案很简单：虽然它们可作为第三方提供者，但还没有包含到 Entity Framework Core 的数据库提供者列表中(参加下面的"注意"部分中的链接)。因此，我们选择使用关系数据库，对于本书中将设计的简单数据库架构，这可能也是一种更加方便的方法。

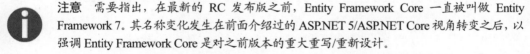

注意　如果想了解即将发布的版本的更多信息，并/或想使用该版本(可能还想使用一个 NoSQL 数据库)，那么强烈建议访问下面的链接和文档。

项目路线图：https://github.com/aspnet/EntityFramework/wiki/Roadmap。

GitHub 上的源代码：https://github.com/aspnet/EntityFramework。

官方文档: https://docs.efproject.net/en/latest/。

官方 Entity Framework Core 数据库提供者列表: https://docs.microsoft.com/en-us/ef/core/providers/?tabs=dotnetcore-cli。

4.4.2　安装 Entity Framework Core

要安装 Entity Framework Core, 需要把相关的包添加到项目文件的依赖项部分。通过按照下面的方式使用 GUI, 很容易完成这项工作:

(1) 在 WorldCities 项目上右击。

(2) 选择 Manage NuGet Packages。

(3) 确保 Package source 下拉列表设置为 All。

(4) 进入 Browse 选项卡, 搜索包含 Microsoft.EntityFrameworkCore 关键字的包, 如图 4-3 所示。

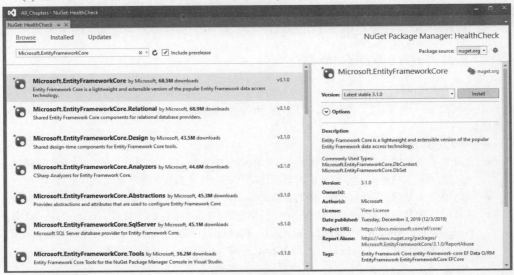

图 4-3　搜索包

出现搜索结果后, 选择并安装下面的包(这是撰写本书时最新版本的包):

- Microsoft.EntityFrameworkCore 版本 3.1.1
- Microsoft.EntityFrameworkCore.Tools 版本 3.1.1
- Microsoft.EntityFrameworkCore.SqlServer 版本 3.1.1

所有这些包还需要一些依赖项, 所以也需要安装这些依赖项, 如图 4-4 所示。

图 4-4 需要安装的依赖项

如果选择使用 NuGet 程序包管理器的命令行，则需要输入下面的命令：

```
PM> Install-Package Microsoft.EntityFrameworkCore -Version 3.1.1
PM> Install-Package Microsoft.EntityFrameworkCore.Tools -Version 3.1.1
PM> Install-Package Microsoft.EntityFrameworkCore.SqlServer -Version 3.1.1
```

需要注意，这里的版本号在撰写本书时是最新版本，但它们可能发生变化，所以在创建此项目时，一定要查看本书的 GitHub 存储库中的版本。

4.4.3 SQL Server 数据提供者

在安装的命名空间中，注意有一个 Microsoft.EntityFrameworkCore.SqlServer，这是用于 Entity Framework Core 的 Microsoft SQL 数据库提供者。它是一个十分灵活的连接器，为整个 Microsoft SQL Server 数据库系列(包括最新的 SQL Server 2019)提供了一个接口。

1. DBMS 许可模型

虽然 Microsoft SQL Server 有一个相当昂贵的许可模型，但在满足特定要求时，至少有 3 个版本可以免费使用：

- Evaluation Edition 是免费的，但是不能在生产环境中使用，而只能在开发服务器上使用。另外，这个版本只允许免费使用 180 天。之后，必须购买一个许可，否则只能卸载该版本(并迁移到另一种版本)。
- Developer Edition 也是免费的，也不能在生产环境中使用。但是，只要我们把它用于开发和/或测试场景，就没有其他使用限制。

● Express Edition 是免费的，可用在任何环境中，这意味着我们既可以在开发服务器上、也可以在生产服务器上使用它。但是，它有一些重要的性能和规模限制，可能会影响复杂的和/或高流量的 Web 应用程序的性能。

> **注意** 关于各种 SQL Server 版本的更多信息，包括需要付费许可的商业版本，请访问下面的链接:
> https://www.microsoft.com/en-us/sql-server/sql-server-2019。
> https://www.microsoft.com/en-us/sql-server/sql-server-2019-comparison。

可以看到，对于小型 Web 应用程序，例如本书中创建的这些，Developer Edition 和 Express Edition 是很好的选项。

2. Linux 上的选择

SQL Server 2019 也可在 Linux 上使用，它为以下 3 个发行版提供了官方支持:
● Red Hat Enterprise (RHEL)
● SUSE Enterprise Server
● Ubuntu

此外，还可在 Docker 中运行，甚至作为 Azure 中的一个虚拟机，如果我们不想安装一个本地 DBMS 实例，以节省宝贵的硬件资源，就可以选择后面这种选项。

至于许可模型，所有 SQL Server 产品对所有这些环境采用了相同的许可模型，这意味着我们可以任选平台使用自己的许可(包括免费许可)。

3. SQL Server 的替代产品

如果不想使用 Microsoft SQL Server，则可以自由选择另一种 DBMS 引擎，如 MySQL、PostgreSQL 或其他任何产品，只要 Entity Framework 官方或第三方为其提供了支持即可。

我们应该现在就做出这个决定吗? 这完全取决于我们想要采用的建模方法。目前，为了简单起见，我们将使用 Microsoft SQL Server 系统，这使我们能够在本地机器(开发和/或生产机器)或 Azure(它提供了价值 200 欧元的 12 个月免费试用的选项)上免费安装一个不错的 DBMS。现在不需要关心这些，后面将会讲到细节。

4.4.4 数据建模方法

现在我们已经安装了 Entity Framework，并多少知道了将要使用哪个 DBMS，接下来需要在 3 种数据结构建模方法中做出选择: 模型优先、数据库优先和代码优先。有经验的.NET 开发人员肯定知道，每种方法都有其优缺点。我们不会深入介绍这几种方法，但在做出选择之前，简单总结一下每种方法的优缺点会有帮助。

1. 模型优先

如果你不熟悉 Visual Studio IDE 的设计工具，如基于 XML 的 DataSet Schema(XSD)和 Entity Designer Model XML 可视界面(EDMX)，那么模型优先的方法可能让你感到困惑。理解这种方法的关键是认识到，在这里，"模型"这个词用于定义使用设计工具创建的视图。之后，框架将使用这个图形自动生成 SQL 脚本和数据模型的源代码文件。

总结一下，我们可以说，模型优先的方法意味着处理一个可视的 EDMX 图，让 Entity Framework 相应地创建/更新其余内容，如图 4-5 所示。

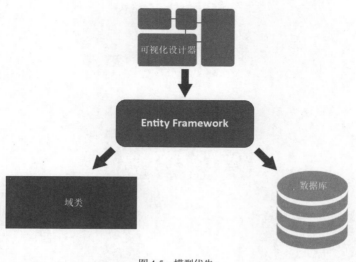

图 4-5　模型优先

接下来介绍这种方法的优缺点。

优点

这种方法有以下优点：

- 我们能够使用一个可视化设计工具，将数据库架构和类图作为一个整体创建出来，当数据结构非常大时，这种方法很有帮助。
- 每当数据库发生变化时，模型将会相应地更新，并不会丢失数据。

缺点

但是，这种方法也存在一些缺点，如下所示：

- 图驱动、自动生成的 SQL 脚本在发生更新时可能导致数据丢失。对于这种问题，一种简单的解决方法是在磁盘上生成脚本，然后手动修改它们，但这需要具备一定的 SQL 知识。
- 处理图不太容易，当我们想精确控制模型类时更加如此。处理图时，因为实际源代码是工具自动生成的，所以我们可能并不总是能够得到自己想要的代码。

2. 数据库优先

考虑到模型优先方法的缺点，我们可能认为应该使用数据库优先的方法。如果已经有了一个数据库，或者不介意提前创建一个数据库，那么确实可以选择这种方法。数据库优先方法与模型优先方法存在相似之处，只不过顺序要反过来；这种方法不是手动设计 EDMX，然后生成创建数据库的 SQL 脚本，而是我们自行创建脚本，然后使用 Entity Framework 的设计工具生成 EDMX。

总结一下，我们可以说，数据库优先方法意味着构建数据库，让 Entity Framework 相应地创建/更新其余内容，如图 4-6 所示。

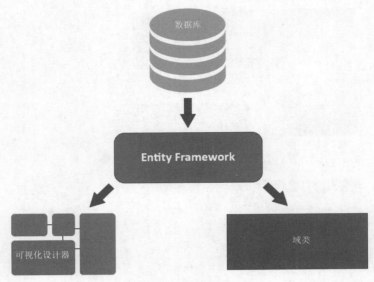

图 4-6　数据库优先

接下来介绍这种方法的优缺点。

优点

下面列出数据库优先方法的主要优点:

- 如果已经有一个数据库,可能应该选择这种方法,因为它使我们不必重新创建数据库。
- 因为任何结构修改或者数据库模型更新总是在数据库自身执行,所以这种方法将丢失数据的风险降至最低。

缺点

这种方法的缺点如下:

- 如果需要处理集群、多个实例或者许多开发/测试/生产环境,那么手动更新数据库比较难以操作,因为我们需要手动保持数据库同步,而不能依赖代码驱动的更新/迁移或自动生成的SQL 脚本。
- 与模型优先的方法相比,我们对自动生成的模型类(及其源代码)拥有的控制更少。这需要我们具备关于 EF 约定和标准的大量知识,否则很难得到想要的结果。

3. 代码优先

最后要介绍的是 Entity Framework 从版本 4 开始提供的旗舰方法,它带来了一种优雅的、高效的数据模型开发工作流。从其前提条件中就可以了解代码优先方法的吸引力所在。这种方法允许开发人员只使用标准类来定义模型对象,而不需要使用任何设计工具、XML 映射文件,不需要使用大量笨拙的、自动生成的代码。

总结一下,我们可以说,代码优先的方法意味着编写项目中将用到的数据模型实体类,让 Entity Framework 相应地生成数据库,如图 4-7 所示。

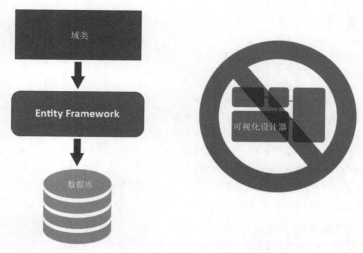

图 4-7　代码优先

接下来介绍这种方法的优缺点。

优点

下面列出这种方法的优点：

- 这种方法不需要图形和可视化设计工具，对于中小型项目来说，这节省了大量时间，所以很有帮助。
- 它有一个流畅的代码 API，允许开发人员采用"约定先于配置"的方法，从而能够处理最常见的场景，同时让开发人员仍然有机会切换到自定义的、基于特性的实现，从而不必自己编写数据库映射。

缺点

下面列出这种方法的缺点：

- 必须对 C# 和更新后的 EF 约定有深刻的理解。
- 维护数据库，以及在处理更新时不丢失数据有些难度。版本 4.3 中添加了迁移支持来应对这种问题，并且从该版本开始，这种支持一直在更新，所以能够大大减轻这些问题，但另一方面也增加了学习难度。

4. 做出选择

考虑这三种选项的优缺点后可以知道，并不存在整体上更好或者最好的方法。反过来，我们可以说在不同的项目场景中，可能存在最合适的方法。

对于我们的项目，考虑到我们还没有创建数据库，但想实现一个灵活的、可变的、小规模的数据结构，所以采用代码优先的方法可能是一个好主意。

但是，要采用这种方法，需要创建一些实体，并找到一个合适的 DBMS 来存储数据。在接下来的小节中，我们将完成这些工作。

4.5 创建实体

现在有了一个数据源,所以可以利用前面介绍的代码优先方法的一个主要优点,早早地开始编写实体类,而不必过于担心最终将使用哪种数据库引擎。

> **注意** 坦白说,我们已经对最终要使用什么样的数据库引擎有了一定的想法。我们不会采用 NoSQL 解决方案,因为它们现在还没有得到 Entity Framework Core 的官方支持;我们也不想购买昂贵的许可计划,所以 Oracle 的产品和 SQL Server 的商业版可能也不在考虑范围内。这样一来,选项就相对少了许多:SQL Server Developer(或 Express)Edition、MySQL/MariaDB 或其他知名度较低的解决方案,如 PostgreSQL。另外,我们还没有百分百确定是在开发机器或生产服务器上安装本地 DBMS 实例,还在使用一种云托管解决方案,如 Azure。
>
> 虽然如此,采用代码优先的方法时,可以推迟到准备好数据模型后再做决定。

但是,为了创建实体类,我们需要知道它们将包含什么样的数据,并决定它们的结构。这在很大程度上依赖于数据源,以及最终想要使用代码优先方法创建的数据库表。

在接下来的小节中,我们将学习如何完成这些任务。

4.5.1 定义实体

在 Entity Framework 以及其他大部分 ORM 框架中,实体是映射到给定数据库表的一个类。实体的主要作用是使我们能够以面向对象的方式处理数据,同时使用强类型的属性来访问每个行的表列(和数据关系)。我们将使用实体从数据库中获取数据,并把它们序列化为 JSON 格式供前端使用。还将完成反向工作,即每当存在前端问题时,从 POST 数据中反序列化状态,以便把它们持久化到数据库中。

如果从全局角度进行思考,就能发现,在 Web 应用程序的 DBMS、后端和前端之间的双向数据流中,实体扮演了一个中心角色。

为理解这种概念,我们来看如图 4-8 所示的图形。

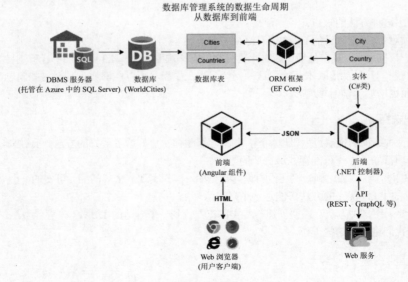

图 4-8　示意图

可以清晰地看到，Entity Framework Core 的主要作用是把数据库表映射到实体类，这正是我们现在要做的工作。

解压缩刚下载的世界城市压缩文件，打开 worldcities.xlsx 文件。如果你没有安装 MS Excel，则可以在 Google Drive 上使用 Google Sheets 导入该文件，如下面的 URL 所示：http://bit.ly/worldcities-xlsx。

提示　导入文件后，我利用这个机会对该文件做了一些可读性方面的改进，如加粗列名、调整列的大小、改变背景色以及冻结第一行等。

打开前面的 URL 会看到导入后的电子表格，如图 4-9 所示。

	A	B	C	D	E	F	G	H	I	J	K
1	city	city_ascii	lat	lng	country	iso2	iso3	admin_name	capital	population	id
2	Malishevë	Malisheve	42.4822	20.7458	Kosovo	XK	XKS	Malishevë	admin		1901597212
3	Prizren	Prizren	42.2139	20.7397	Kosovo	XK	XKS	Prizren	admin		1901360309
4	Zubin Potok	Zubin Potok	42.9144	20.6897	Kosovo	XK	XKS	Zubin Potok	admin		1901608808
5	Kamenicë	Kamenice	42.5781	21.5803	Kosovo	XK	XKS	Kamenicë	admin		1901851592
6	Viti	Viti	42.3214	21.3583	Kosovo	XK	XKS	Viti	admin		1901328795
7	Shtërpcë	Shterpce	42.2394	21.0272	Kosovo	XK	XKS	Shtërpcë	admin		1901828239
8	Shtime	Shtime	42.4331	21.0397	Kosovo	XK	XKS	Shtime	admin		1901598505
9	Vushtrri	Vushtrri	42.8231	20.9675	Kosovo	XK	XKS	Vushtrri	admin		1901107642
10	Dragash	Dragash	42.0265	20.6533	Kosovo	XK	XKS	Dragash	admin		1901112530
11	Podujevë	Podujeve	42.9111	21.1899	Kosovo	XK	XKS	Podujevë	admin		1901550082
12	Fushë Kosovë	Fushe Kosove	42.6639	21.0961	Kosovo	XK	XKS	Fushë Kosovë	admin		1901134407
13	Kaçanik	Kacanik	42.2319	21.2594	Kosovo	XK	XKS	Kaçanik	admin		1901200321
14	Klinë	Kline	42.6217	20.5778	Kosovo	XK	XKS	Klinë	admin		1901230162
15	Leposaviq	Leposaviq	43.1039	20.8028	Kosovo	XK	XKS	Leposaviq	admin		1901974597
16	Pejë	Peje	42.66	20.2922	Kosovo	XK	XKS	Pejë	admin		1901339694
17	Rahovec	Rahovec	42.3994	20.6547	Kosovo	XK	XKS	Rahovec	admin		1901336358
18	Gjilan	Gjilan	42.4689	21.4633	Kosovo	XK	XKS	Gjilan	admin		1901235642
19	Lipjan	Lipjan	42.5217	21.1258	Kosovo	XK	XKS	Lipjan	admin		1901682048
20	Obiliq	Obiliq	42.6869	21.0703	Kosovo	XK	XKS	Obiliq	admin		1901102771
21	Gjakovë	Gjakove	42.3803	20.4308	Kosovo	XK	XKS	Gjakovë	admin		1901089874
22	Pristina	Pristina	42.6666	21.1724	Kosovo	XK	XKS	Prishtinë	primary		1901760068

图 4-9　导入后的电子表格

查看该电子表格的列标题，可以推断出我们至少需要两个数据库表。

- Cities：提供列 A、B、C 和 D(如果想保留这些唯一 ID，则还包括列 K)的数据。
- Countries：提供列 E、F 和 G 的数据。

根据常识判断，使用两个数据库表是最方便的选择。另一种选择是把所有数据保存到一个 Cities 表中，但这意味着表中将有大量冗余内容，而我们并不想出现这种情况。

如果将处理两个数据库表，则意味着需要把两个实体类映射到它们，并且由于我们将采用代码优先方法，所以一开始就需要创建这两个实体类。

1. City 实体

首先来创建 City 实体。

在项目的 Solution Explorer 中，执行下面的操作。

(1) 在 WorldCities 项目的根级创建一个新的/Data/文件夹。我们将把 Entity Framework 相关的类放到这个文件夹中。

(2) 创建一个/Data/Models/文件夹。

(3) 添加一个新的 ASP.NET Core | Code | Class 文件，将其命名为 City.cs，并将其中的代码替换为如下内容：

```
using System;
using System.Collections.Generic;
using System.ComponentModel.DataAnnotations;
using System.ComponentModel.DataAnnotations.Schema;
```

```
using System.Linq;
using System.Threading.Tasks;

namespace WorldCities.Data.Models
{
    public class City
    {
        #region Constructor
        public City()
        {

        }
        #endregion

        #region Properties
        /// <summary>
        /// The unique id and primary key for this City
        /// </summary>
        [Key]
        [Required]
        public int Id { get; set; }

        /// <summary>
        /// City name (in UTF8 format)
        /// </summary>
        public string Name { get; set; }

        /// <summary>
        /// City name (in ASCII format)
        /// </summary>
        public string Name_ASCII { get; set; }

        /// <summary>
        /// City latitude
        /// </summary>
        public decimal Lat { get; set; }

        /// <summary>
        /// City longitude
        /// </summary>
        public decimal Lon { get; set; }
        #endregion

        /// <summary>
        /// Country Id (foreign key)
        /// </summary>
        public int CountryId { get; set; }
    }
}
```

可以看到，我们为前面的电子表格中的每个列添加一个专门的属性。另外包含一个 CountryId 属性，用来映射与城市相关的 Country 的外键(稍后将详细介绍)。我们还为每个属性添加了一些有用的注释，说明它们的用途，以提高实体类源代码的可读性。

最后，需要注意，我们使用数据注解特性来装饰实体类，这是覆盖默认的代码优先约定最便捷的方法。具体来说，我们使用了下面的注解。

- [Required]：将该属性定义为必要(不可为 null)的字段。
- [Key]：意味着该属性将保存数据库表的主键。
- [ForeignKey]：意味着该属性将保存一个外部表的主键。

使用过 Entity Framework(和关系数据库)的读者很可能会理解这些数据注解的用途：当使用代码优先的方法时，它们作为一种方便的方法，可指示 Entity Framework 如何恰当地构建数据库。这里没有什么复杂的，我们只是在告诉 Entity Framework，应该把为保存这些属性而创建出来的数据库列设置为必要的列，并且主键应该以一对多的关系绑定到其他表中的外键列。

 提示 使用[ForeignKey]数据注解声明的绑定将通过创建一个约束的方式被强制实施，前提是数据库引擎支持这种功能。

要使用数据注解，必须在类的开头添加对 System.ComponentModel.DataAnnotations 和 System.ComponentModel.DataAnnotations.Schema 命名空间的引用。查看前面的代码会发现，代码中使用了 using 语句来引用这两个命名空间。

 注意 如果想了解 Entity Framework 中的数据注解的更多信息，强烈建议阅读官方文档，其 URL 如下所示：https://docs.efproject.net/en/latest/modeling/index.html。

2. Country 实体

接下来要创建的实体用来代表国家/地区(注意，本书有一些虚拟的国家/地区)，它们与城市是一对多关系。

 提示 这一点并不奇怪：对于每个城市，我们期望它对应一个国家/地区，而对于一个国家/地区，我们期望它对应多个城市。这正是一对多关系的意义。

右击/Data/Models/文件夹，添加一个 Country.cs 类文件，然后在其中添加下面的代码：

```
using System;
using System.Collections.Generic;
using System.ComponentModel.DataAnnotations;
using System.ComponentModel.DataAnnotations.Schema;
using System.Linq;
using System.Threading.Tasks;
namespace WorldCities.Data.Models
{
    public class Country
    {
        #region Constructor
        public Country()
        {

        }
        #endregion

        #region Properties
        /// <summary>
        /// The unique id and primary key for this Country
        /// </summary>
        [Key]
        [Required]
        public int Id { get; set; }
```

```
                    /// <summary>
                    /// Country name (in UTF8 format)
                    /// </summary>
                    public string Name { get; set; }

                    /// <summary>
                    /// Country code (in ISO 3166-1 ALPHA-2 format)
                    /// </summary>
                    public string ISO2 { get; set; }

                    /// <summary>
                    /// Country code (in ISO 3166-1 ALPHA-3 format)
                    /// </summary>
                    public string ISO3 { get; set; }
                    #endregion
            }
    }
```

同样，对于每个电子表格中的列，都有一个带有相关数据注解和数值的属性。

注意   ISO 3166 是国际标准化组织(International Organization for Standardization，ISO)发布的一个标准，用于为国家/地区、附属领土、省和州的名称定义唯一代码。更多信息可访问下面的 URL:

https://en.wikipedia.org/wiki/ISO_3166。

https://www.iso.org/iso-3166-country-codes.html。

前一个标准(ISO 3166-1)中描述了国家/地区代码，它定义了 3 种可以采用的格式: ISO 3166-1 alpha-2(两个字母的国家/地区代码)、ISO 3166-1 alpha-3(3 个字母的国家/地区代码)和 ISO 3166-1 numeric(3 个数字的国家/地区代码)。关于 ISO 3166-1 AlPHA-2 和 ISO 3166-1 ALPHA-3 格式(也是我们的数据源和本书中使用的格式)的更多信息，请访问下面的 URL:

https://en.wikipedia.org/wiki/ISO_3166-1_alpha-2。

https://en.wikipedia.org/wiki/ISO_3166-1_alpha-3。

4.5.2 定义关系

现在已经构建了 City 和 Country 实体的骨架，需要实施已知它们之间存在的关系。我们希望能够以强类型的方式做一些操作，例如获取一个 Country，然后浏览到它的全部相关的 Cities。

为此，需要新添加两个与实体相关的属性，它们分别对应于每个实体类。具体来说，我们将添加下面的属性:

● 在 City 实体类中添加一个 Country 属性，用于保存与该城市相关的一个国家/地区(父)。

● 在 Country 实体类中添加一个 Cities 属性，用于保存与该国家/地区相关的一个城市集合(子)。

如果深入思考一下这些实体之间的关系，就会理解为什么前一个属性包含父亲(从每个孩子的角度看)，而后一个属性包含孩子(从父亲的角度看)。这种模式正是我们要处理的一对多关系所具备的特征。

在接下来的小节中，我们将学习如何实现这两个导航属性。

1. 在 City 实体类中添加 Country 属性

在文件末尾、靠近 Properties 底部的位置添加下面的代码行(已突出显示新行):

```
using System.ComponentModel.DataAnnotations.Schema;

// ...existing code...

/// <summary>
/// Country Id (foreign key)
/// </summary>
[ForeignKey("Country")]
public int CountryId { get; set; }
#endregion

#region Navigation Properties
/// <summary>
/// The country related to this city.
/// </summary>
public virtual Country Country { get; set; }
#endregion

// ...existing code...
```

可以看到，除了添加新的 Country 属性，还使用[ForeignKey("Country")]数据注解来装饰现有的 CountryId 属性。通过使用这个数据注解，Entity Framework 知道该属性将保存一个外部表的主键，并且 Country 导航属性将用于保存父实体。

 提示 需要指出，使用[ForeignKey]数据注解声明的绑定也将通过创建一个约束来正式实施，前提是数据库引擎支持这种功能。

从上面源代码的第一行可知，要使用[ForeignKey]数据注解，必须在类的开头添加对 System.ComponentModel.DataAnnotations.Schema 命名空间的引用。

2. 在 Country 实体类中添加 Cities 属性

同样，在属性区域的末尾添加下面的代码段(已突出显示新行):

```
// ...existing code...

#region Navigation Properties
/// <summary>
/// A list containing all the cities related to this country.
/// </summary>
public virtual List<City> Cities { get; set; }
#endregion

// ...existing code...
```

可以看到，我们没有为这个实体定义外键属性，因为一对多关系的父端不需要它们。因此，不需要添加[ForeignKey]数据注解，也不需要引用相应的命名空间。

3. Entity Framework Core 的加载模式

现在，Country 实体中有了 Cities 属性，在 City 实体中也有了对应的[ForeignKey]数据注解，你可能在想，如何使用这些导航属性来加载相关的实体呢？换句话说，如何在需要的时候，填充 Country 实体中的 Cities 属性呢？

这个问题给我们提供了一个机会，让我们能够花几分钟时间解释 Entity Framework Core 为加载这种相关数据支持的 3 种 ORM 模式。

- 预先加载(Eager Loading)：作为初始查询的一部分，从数据库中加载相关数据。
- 显式加载(Explicit Loading)：在后面某个时刻从数据库中显式加载相关数据。
- 延迟加载(Lazy Loading)：当第一次访问实体导航属性时，从数据库中透明地加载相关数据。这是三种模式中最复杂的一种，如果实现不当，可能导致严重的性能问题。

每当我们想加载一个实体的相关数据时，就需要激活或实现这三种模式之一，理解这一点很重要。这意味着在我们的具体场景中，每当从数据库中获取一个或多个国家/地区时，Country 实体的 Cities 属性将被设置为 NULL，除非我们显式告诉 Entity Framework Core 也加载城市。在处理 Web API 的时候，这是需要考虑的非常重要的一点，因为它肯定会影响.NET Core 后端向前端的 Angular 客户端提供 JSON 数据响应的方式。

为了理解我们在说什么，接下来看两个示例。

下面是通过给定 id 来检索 Country 的一个标准的 Entity Framework Core 查询：

```
var country = await _context.Countries
    .FindAsync(id);

return country; // country.Cities is still set to NULL
```

可以看到，在把 country 变量返回给调用者时，其 Cities 属性被设置为 NULL，因为我们并没有请求获取该属性。因此，如果把这个变量转换为 JSON 对象返回给客户端，该 JSON 对象中也将不包含城市。

下面是使用预先加载，通过给定 id 检索 country 的一个 Entity Framework Core 查询：

```
var country = await _context.Countries
    .Include(c => C.Cities)
    .FindAsync(id);

return country; // country.Cities is (eagerly) loaded
```

我们来试着理解这里发生了什么：

- 在查询开始位置指定的 Include()方法告诉 Entity Framework Core 激活预先加载数据检索模式。
- 使用这种模式时，EF 查询将在一个查询中获取 country 和所有对应的城市。
- 因此，返回的 country 变量将使用与该 country 相关的所有 cities 填充 Cities 属性。即 CountryID 值将等于该 country 的 id 值。

> **ⓘ 注意**　关于延迟加载、预先加载和显式加载的更多信息，强烈建议访问下面的 URL：https://docs.microsoft.com/en-US/ef/core/querying/related-data。

对实体的介绍先告一段落。接下来，我们需要获取一个 DBMS，以便能够实际创建数据库。

4.6　获取 SQL Server

我们来填补这个空白，为自己提供一个 SQL Server 实例。如前所述，我们面前有两个选项：

- 在开发机器上安装一个本地的 SQL Server 实例(Express 或 Developer Edition)。
- 使用 Azure 平台提供的选项，在 Azure 上设置一个 SQL Database(和/或 Server)。

前一种选项代表软件和 Web 开发人员一直以来采用的一种经典的、不使用云的方法：创建本地实例很简单，并且能够提供我们在开发和生产环境中需要的一些功能，但这也意味着我们不关心数据冗余、基础设施承担的沉重负担和可能产生的性能影响(对于高流量的网站)、伸缩以及由于我们的服务器是单个物理实体所导致的其他瓶颈。

在 Azure 中，情况则有所不同；把 DBMS 放到 Azure 中，使我们有机会让 SQL Server 工作负载作为托管基础设施(基础设施即服务，Infrastructure as a Service，IaaS)或作为托管服务(PaaS)运行。如果我们想自行处理数据库的维护任务，如打补丁或做备份，那么第一个选项很好；如果想把这些操作委托给 Azure，那么第二个选项很好。但无论选择哪种选项，都将得到一个可扩展的数据库服务，它支持完全冗余和非单点故障，并提供了其他许多性能和数据安全方面的优势。我们也很容易猜到它的缺点：成本会增加，并且因为我们把数据存储到其他某个位置，所以在特定场景中，这可能造成隐私和数据保护方面的问题。

在下面的小节中，我们将总结一下如何使用这两种选项，从而能够做出最方便的选择。

4.6.1　安装 SQL Server 2019

如果不想使用云端方案，而想采用经典方法，则可以选择在开发(以后会在生产)机器上安装 SQL Server Express(或 Developer)的本地实例。

为此，可执行下面的步骤。

(1) 从下面的 URL 下载 SQL Server 2019 本地安装包(可能 Windows 版本更好，但也提供了 Linux 安装程序)：https://www.microsoft.com/en-us/sql-server/sqlserver-downloads。

(2) 双击可执行文件，启动安装过程。当提示选择安装类型时，选择 Default 选项(除非你需要配置一些高级选项来满足特定需求，不过这要求你知道自己在做什么)。

安装包将开始下载必要的文件。完成后，需要单击 New SQL Server stand-alone installation(从上数第一个选项，如图 4-10 所示)，启动实际安装过程。

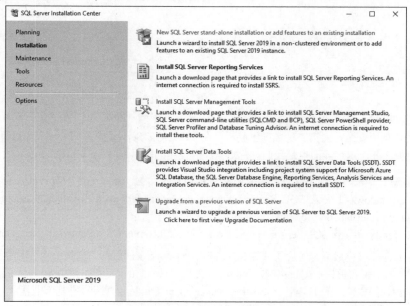

图4-10　选择第一个选项

接受许可条款并继续操作，保留所有默认选项，并在需要时执行必要的操作(如打开 Windows 防火墙)。

 提示 如果想把 SQL Server 占用的磁盘空间降到最低，则可以从 Feature Selection 界面中安全地取消 SQL Replication 和 Machine Learning 服务，从而节省大约 500GB 空间。

将 Instance Name 设置为 SQLExpress，将 Instance ID 设为 SQLEXPRESS。记住这里的选择，当我们需要写出连接字符串的时候还需要用到它们。

当提示选择 Authentication Mode 的时候(如图 4-11 所示)，可以选择下面的一个选项。

- Windows authentication mode：如果只想在本地机器上使用 Windows 凭据不受限制地访问数据库引擎，则选择这个选项。
- Mixed Mode：可启用 SQL Server 系统管理员(sa 用户)并为其设置密码。

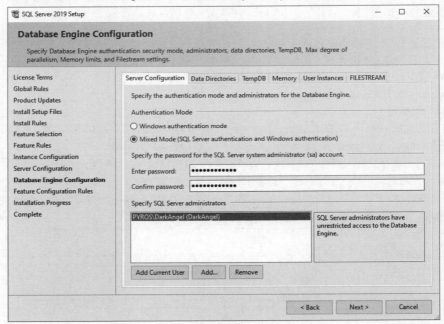

图 4-11 两个选项

第一种选项更安全，而第二种选项更灵活，在使用 SQL Server 内置的管理界面远程管理 SQL Server 时更加如此，这个界面也是我们创建数据库时使用的工具。

 注意 如果想详细了解如何本地安装 SQL Server 实例，可以查看下面的教程。

在 Windows 上安装 SQL Server: https://docs.microsoft.com/en-US/sql/database-engine/install-windows/installation-forsql-server。

在 Linux 上安装 SQL Server: https://docs.microsoft.com/enUS/sql/linux/sql-server-linux-setup。

SQL Server 安装完成后，还应该安装 SQL Server Management tools，这是一些有用的工具，可用来在本地和/或远程管理任何 SQL 实例，只要服务器是可以访问的，并且已被配置为允许远程访问即可。具体来说，需要使用的工具是 SQL Server Management Studio(SSMS)，它基本上就是一个 GUI 界面，可用于创建数据库、表、存储过程等，也可用于操纵数据。

注意　虽然在 SQL Server 的安装和设置工具中可以安装 SSMS，但它其实是一个单独的产品，可从下面的 URL 免费获取：https://docs.microsoft.com/en-us/sql/ssms/download-sql-server-management-studio-ssms。

但是，在使用该工具之前，需要花一些时间来介绍 Azure 选项。

4.6.2　在 Azure 上创建数据库

如果想放弃 DBMS 的本地实例，改为拥抱云端的 Azure 选项，则要做的工作取决于在 Azure 平台提供的主要方法中，我们选择使用哪一种。下面按照从价格最低到最高的顺序列出了最终用户可以使用的 3 个主要选项。

- SQL Database：这是一个完全托管的 SQL Database 引擎，基于 SQL Server Enterprise Edition。此选项允许设置和管理一个或多个单一关系数据库，并使用平台即服务(Platform-as-a-Service，PaaS)使用和计费模型把它们托管在 Azure 云中。具体来说，可以把这种方法定义为数据库即服务(Database-as-a-Service，DBaaS)方法。此选项提供了内置的高可用性、智能和管理，意味着对于想要获得一种灵活的解决方案，但不想配置、管理和为一个完整的服务器主机付费的那些人来说，这是一个非常有吸引力的选项。

- SQL 托管实例：这是 Azure 中一个专用的 SQL 托管实例，它是一种可伸缩的数据库服务，几乎完全兼容标准的 SQL Server 实例，并采用 IaaS 使用和计费模型。此选项提供了上一种选项(SQL Database)的所有 PaaS 优势，还添加了额外的一些基础设施相关的能力，如原生的 Virtual Network(VNet)、自定义的私网 IP 地址、共享资源的多个数据库等。

- SQL 虚拟机：这是一个完全托管的 SQL Server，由一个安装了 SQL Server 实例的 Windows 或 Linux 虚拟机组成。这种方法也采用了 IaaS 使用和计费模型，允许完全管理和控制整个 SQL Server 实例和底层 OS，所以是最复杂、可定制程度最高的选项。与其他两种选项(SQL Database 和 SQL 托管实例)最重要的区别是，SQL Server 虚拟机还允许完全控制数据库引擎。我们可以选择什么时候开始维护、修复，什么时候修改恢复模型，什么时候暂停、启动服务等。

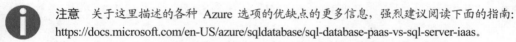 **注意**　关于这里描述的各种 Azure 选项的优缺点的更多信息，强烈建议阅读下面的指南: https://docs.microsoft.com/en-US/azure/sqldatabase/sql-database-paas-vs-sql-server-iaas。

所有这些选项都很好，而且虽然它们在总体成本上的区别很大，但都可以免费激活: SQL Database 可能是最廉价的选项，因为 Azure 提供了试用订阅计划，所以只要我们将数据库的大小保持在 250GB 之下，就可以免费使用这种选项 12 个月。SQL 托管实例和 SQL 虚拟机的价格相当高，因为它们都提供了虚拟化的 IaaS；但通过同一个 Azure 试用订阅计划提供的 200 欧元，可以免费激活它们(至少激活几周)。

在接下来的小节中，我们将学习如何设置一个 SQL Database，因为从长期看，它是更廉价的方法。唯一的缺点是，我们需要把它的大小控制在 250GB 以下，但这不是问题，因为我们的世界城市数据源文件的大小不到 1GB。

 注意　如果想使用 Azure SQL 托管实例(第二种选项)，则可以参考下面的指南来了解具体操作: https://docs.microsoft.com/en-us/azure/sql-database/sql-databasemanaged-instance-get-started。如果想设置安装在虚拟机中的 SQL Server(第三种选项)，则可以参考下面的教程: https://docs.microsoft.com/en-US/azure/virtual-machines/windows/sql/quickstart-sql-vm-create-portal。

1. 设置 SQL Database

首先访问下面的 URL：https://azure.microsoft.com/en-us/free/services/sql-database/。
这将打开如图 4-12 所示的 Web 页面，在这里可以创建一个 Azure SQL 托管实例。

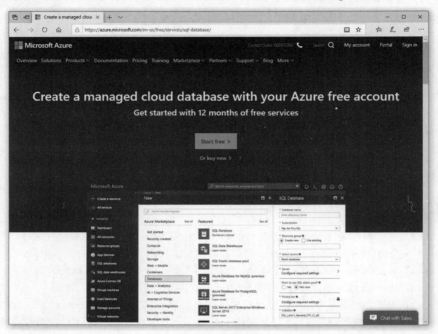

图4-12　Web 页面

单击 Start free 按钮来创建一个新账户。

提示　如果已经有一个有效的 MS 账户，则肯定可以使用该账户；但是，只有当你确定想使用该账户免费试用 Azure 时，才应该这么做，否则就应该考虑创建一个新账户。

简单地注册和登录后，我们将重定向到 Azure 门户。
如果登录的账户已经用完免费期，或者有一个激活的付费订阅计划，则会被重定向到如图 4-13 所示的页面。

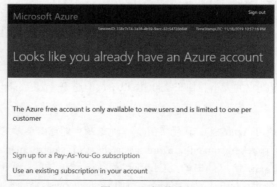

图4-13　订阅页面

最终，当完成所有必要步骤后，应该能够访问 Azure 门户(https://portal.azure.com)，如图 4-14 所示。

图 4-14　访问 Azure 门户

在这里，执行下面的操作：

(1) 单击 Create a resource 按钮来访问 Azure Marketplace。

(2) 搜索 Azure SQL。

(3) 单击 Create 来访问如图 4-15 所示的选择页面。

 提示　非常重要：注意不要选择 SQL managed instances 选项，这是用于创建 SQL Server 虚拟机的选项，也就是前面介绍过的第二种选项。

图 4-15　选择页面

在这个选择页面中，执行下面的操作：

(1) 选择第一个选项(SQL databases)。

(2) 将 Resource type 下拉列表设置为 Single database。

(3) 单击 Create 按钮来启动主设置向导。

在这个过程中，还将提示我们创建第一个 Azure Tenant(除非我们已经有了一个)。这是一个虚拟组织，拥有并管理特定的一组 Microsoft 云服务。租户是用如下格式的唯一 URL 来标识的：<TenantName>.onmicrosoft.com。指定一个合适的名称，然后继续操作。

2. 配置实例

单击 Create 按钮后，将出现一个向导式界面，要求配置 SQL Database。该向导包含下面的标签页。

- Basics：订阅类型、实例名称、管理员用户名和密码等。
- Networking：网络连接方法和防火墙规则。
- Additional settings：排序规则和时区。
- Tags：一组名称/值对，可用于按照逻辑把 Azure 资源组织为作用范围相同的功能分类或分组(如 Production 和 Test)。
- Review + create：检查并确认前面的所有配置。

在 Basics 标签页中，需要填入数据库的细节，如数据库名称和要使用的服务器。如果是第一次进入该页面，则还没有任何可用的服务器。因此，我们需要创建一个服务器。单击 Create new 链接，在弹出的表单中填入必要的信息。一定要设置 Server admin login，并为其指定一个复杂的 Password，因为后面在连接字符串中需要用到这些凭据。

图 4-16 是一个示例，展示了如何配置向导的这个部分。

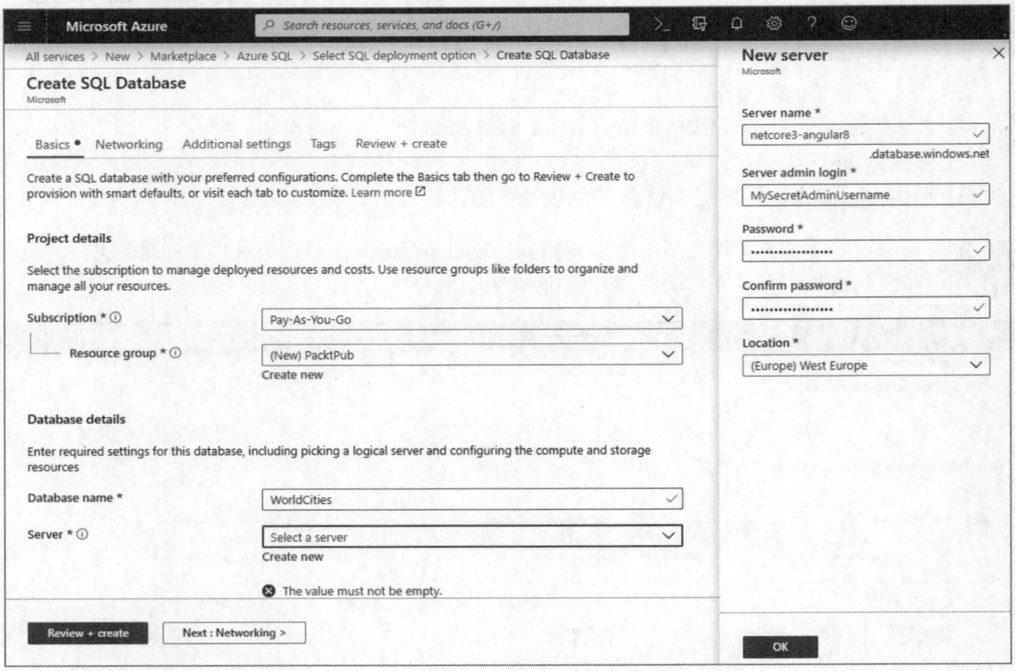

图 4-16　配置示例

Basics 标签页的最后一个选项要求指定计算和存储。对于我们的项目，可以选择最小的选项，即最大空间为 2GB 的 Basic 存储类型(如图 4-17 所示)。

但是，如果感觉自己很勇敢，可选择有 250GB 存储的 Standard 类型，它的免费使用时间是 12

个月。

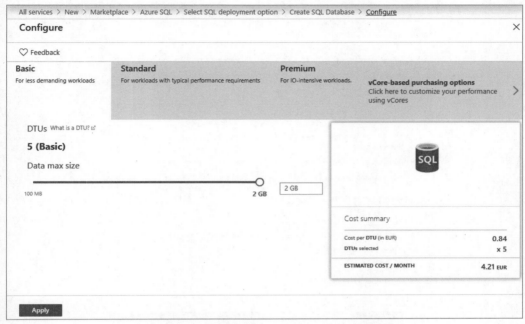

图 4-17 选择类型

在 Networking 标签页中，一定要选择 Public endpoint，以允许来自 Internet 的外部访问，使我们能够从各种环境连接到自己的数据库。还应该把两个防火墙规则都设置为 Yes，以允许 Azure 服务和资源访问服务器，即把当前的 IP 地址添加到允许 IP 的白名单中。

 注意 等等，这不会造成严重的安全问题吗？如果数据库中包含私人或敏感数据怎么办？事实上，这确实会造成安全问题：我们总是应该阻止来自 Internet 的公共访问，除非我们在处理一些公开的数据，以便进行测试、演示或者教学，不过这正是我们现在要做的工作。

Additional Settings 和 Tags 标签页中的默认设置没有问题。只有在需要修改一些选项(如最适合我们自己的语言和国家/地区的 Collation 和 Time zone)时，或者为了激活某些功能(如高级数据安全)时，才应该修改这两个标签页中的设置，但因为我们当前的需求用不到这些功能，所以使用默认设置就可以了。

Review + create 标签页是检查和修改设置的最后一个机会。如果我们不确定设置是否正确，还可以返回去进行修改。如果百分百确定，则可以单击 Create 按钮，如图 4-18 所示。几秒钟后，SQL Database 就会完成部署。

 提示 值得注意的是，如果想保存这些设置，以便在将来创建其他 SQL Databases 时使用，就可以单击 Download a template for automation 按钮。

接下来，我们将配置数据库。

图 4-18 可在此检查和修改设置

4.6.3 配置数据库

无论选择了哪个选项(本地实例或 Azure),现在应该准备好管理新创建的 SQL Database 了。

最实用的方法是使用 SSMS,这是一个免费的 SQL Server 管理 GUI 工具,可按照前面的说明免费下载。如果尚未安装该工具,则在下载后可以立即安装。

然后,我们只需要选择 SQL Server Authentication,输入在 Azure 中创建 SQL Database 时选择的 Server name、Login 和 Password,如图 4-19 所示。

图 4-19 准备连接到数据库服务器

单击 Connect 按钮后，应该能够连接到数据库服务器。当 SSMS 连接到 SQL Database Server 后，将显示一个 Server Explorer 窗口，其中包含一个树状视图，展示了 SQL Server 实例的结构。我们将使用这个界面创建数据库，以及应用程序在访问该数据库时使用的用户/密码。

1. 创建 WorldCities 数据库

如果选择使用 Azure SQL Database，就应该已经能够在左侧的 Object Explorer 树的 Databases 文件夹中看到 WorldCities 数据库，如图 4-20 所示。

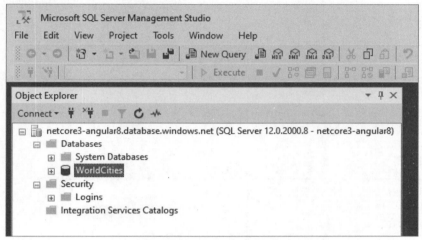

图 4-20 找到 WorldCities 数据库

如果在本地安装了 SQL Server Express 或 Development 实例，则必须执行下面的步骤手动创建该数据库。

(1) 右击 Databases 文件夹。

(2) 从上下文菜单中选择 Add Database。

(3) 键入 WorldCities 名称，然后单击 OK 创建该数据库。

创建数据库后，通过在 SSMS 的 GUI 中单击左侧的加号(+)可展开它的树节点，与它的所有子对象(表、存储过程、用户等)以可视化方式进行交互。不必说，如果现在单击加号，并不会看到任何表，因为我们还没有创建它们。Entity Framework 会在后面自动完成这项工作。但在那之前，我们将先添加一个登录账户，使 Web 应用程序能连接到数据库。

2. 添加 WorldCities 登录账户

返回到根 Databases 文件夹，展开其下方的 Security 文件夹。然后执行下面的操作：

(1) 右击 Logins 子文件夹，选择 New Login。

(2) 在弹出的模态窗口中，将登录名设为 WorldCities。

(3) 在登录名下方的单选按钮列表中，选择 SQL Server Authentication，并设置具有合理强度的合适密码(如 MyVeryOwn$721；从现在开始，我们将在代码示例和屏幕截图中使用这个密码)。

(4) 一定要禁用 User must change the password at next login 选项(它默认是选中的)，否则，Entity Framework Core 在后面将无法执行登录。

(5) 将用户的 Default Database 设为 WorldCities。

(6) 检查所有选项，然后单击 OK 按钮创建 WorldCities 账户。

注意   如果想使用一个比较简单的密码，例如 WorldCities 或 Password，则可能需要禁用 enforce password policy 选项。但是，我们强烈反对这么做：选择使用弱密码从来不是明智的决定，在生产环境中更加如此。建议总是使用一个强密码，即使在测试和开发环境中也是如此。只是需要确保不忘记密码，因为后面需要用到它们。

3. 将登录账户映射到数据库

接下来，我们需要把这个登录账户恰当地映射到之前添加的 WorldCities 数据库。这需要执行下面的操作：

(1) 在 Databases | Security 文件夹中双击 WorldCities 登录名，打开之前用过的模态对话框。

(2) 在左侧的导航菜单中，切换到 User Mapping 选项卡。

(3) 选中 WorldCities 数据库旁边的复选框，User 单元格中应该自动填充 WorldCities 值。如果没有自动填充，则需要手动键入 WorldCities。

(4) 在右下角窗格的 Database role membership for 框中，分配 db_owner 成员角色。

图 4-21 展示了上面的全部步骤。

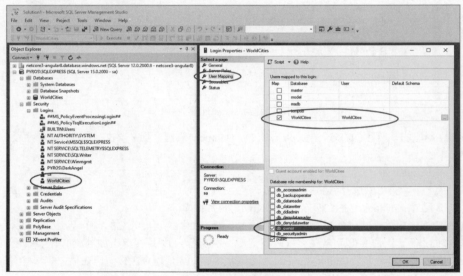

图 4-21   将登录账户映射到数据库

现在，我们就可以回到 Web 应用程序项目，添加连接字符串，并使用 Entity Framework 的代码优先方法来创建表和数据了。

4.7   使用代码优先方法创建数据库

在继续介绍后面的内容之前，我们先来检查一下完成了哪些工作：

- 创建好实体了吗？是的。
- 有一个 DBMS 和 WorldCities 数据库了吗？是的。
- 完成了所有必要步骤来使用代码优先方法创建和填充上述数据库了吗？没有。

事实上，还有两项工作要做：

- 设置合适的数据库上下文。
- 在项目中启用代码优先的数据迁移支持。

在接下来的小节中，我们将填补这些空白，最终填充 WorldCities 数据库。

4.7.1　设置 DbContext

为把数据作为对象/实体类型进行交互，Entity Framework Core 使用了 Microsoft.EntityFrameworkCore.DbContext 类，也叫做 DbContext，或者简单地叫做 Context。该类在运行时负责所有实体对象，包括使用数据库中的数据填充它们、跟踪变化以及在执行 CRUD 操作时把它们持久化到数据库中。

通过执行下面的步骤，很容易为项目创建自己的 DbContext 类，我们将把它命名为 ApplicationDbContext。

(1) 在 Solution Explorer 中，右击前面创建的/Data/文件夹，添加一个新的 ApplicationDbContext.cs 类文件。

(2) 在该文件中添加下面的代码：

```
using Microsoft.EntityFrameworkCore;
using WorldCities.Data.Models;

namespace WorldCities.Data
{
    public class ApplicationDbContext : DbContext
    {
        #region Constructor
        public ApplicationDbContext() : base()
        {
        }

        public ApplicationDbContext(DbContextOptions options)
          : base(options)
        {
        }
        #endregion Constructor

        #region Methods
        protected override void OnModelCreating(ModelBuilder
          modelBuilder)
        {
            base.OnModelCreating(modelBuilder);

            // Map Entity names to DB Table names
            modelBuilder.Entity<City>().ToTable("Cities");
          modelBuilder.Entity<Country>().ToTable("Countries");
        }
        #endregion Methods

        #region Properties
        public DbSet<City> Cities { get; set; }
        public DbSet<Country> Countries { get; set; }
        #endregion Properties
    }
}
```

这里做了两件重要的工作：

- 重写了 OnModelCreating 方法，为实体类手动定义了数据模型关系。注意，我们使用 modelBuilder.Entity<TEntityType>().ToTable 方法，为每个实体手动配置了表名。这么做只是为了向你展示，定制代码优先方法生成的数据库是多么简单。
- 为每个实体添加了一个 DbSet<T>属性，以方便以后访问它们。

4.7.2　数据库初始化策略

第一次创建数据库并不是我们唯一需要担心的事情。例如，如何跟踪数据模型肯定会发生的变化？

在以前的、非 Core 版本的 EF(直到 6.x)中，可以选择代码优先方法提供的某种数据库管理模式(称为数据库初始化器或 DbInitializers)，即选择符合具体需求的一种数据库初始化策略：CreateDatabaseIfNotExists、DropCreateDatabaseIfModelChanges、DropCreateDatabaseAlways 或 MigrateDatabaseToLatestVersion。另外，如果我们需要处理具体需求，还可以通过扩展前面的初始化器并重写它们的核心方法，设置自定义的初始化器。

DbInitializers 的主要缺陷在于，它们对于普通开发人员来说太过遥远，不够流线化。使用它们可以满足要求，但是如果对 Entity Framework 的逻辑没有足够的认识，使用起来会很吃力。

在 Entity Framework Core 中，这种模式已被明显简化。不再有 DbInitializers，并且自动数据迁移也已经被移除。数据库的初始化现在完全通过 PowerShell 命令处理，但有少量命令是例外，可以直接放到 DbContext 实现构造函数中，从而在一定程度上自动完成这个过程，这几个命令如下所示：

- Database.EnsureCreated()
- Database.EnsureDeleted()
- Database.Migrate()

目前还无法在代码中创建数据迁移。稍后将会看到，必须通过 PowerShell 添加数据迁移。

4.7.3　更新 appsettings.json 文件

在 Solution Explorer 中打开 appsettings.json 文件，在 Logging 节的上方添加下面的 ConnectionStrings JSON 属性节(已经突出显示新行)：

```
{
    "ConnectionStrings": {
        "DefaultConnection": "Server=localhost\\SQLEXPRESS;
        Database=WorldCities;
        User Id=WorldCities;Password=MyVeryOwn$721;
        Integrated Security=False;MultipleActiveResultSets=True"
    },
    "Logging": {
        "LogLevel": {
            "Default": "Warning"
        }
    },
    "AllowedHosts": "*"
}
```

> 提示　遗憾的是，JSON 不支持 LF/CR，所以我们需要把 DefaultConnection 值放到一行中。
> 如果你复制粘贴上面的文本，则要确保 Visual Studio 不会自动对这些行添加额外的双引号和
> /或转义符，否则连接字符串将无法工作。

我们在项目的 Startup.cs 文件中将引用这个连接字符串。

4.7.4　创建数据库

现在我们已经设置了自己的 DbContext，并定义了一个有效的连接字符串，使其指向 WorldCities
数据库，所以接下来很容易添加初始迁移并创建我们的数据库。

更新 Startup.cs

首先要做的是在应用程序的启动类中添加 EntityFramework 支持和 ApplicationDbContext 实现。打
开 Startup.cs 文件，按照下面的代码更新 ConfigureServices 方法(已经突出显示新行)：

```
// ...existing code...

public void ConfigureServices(IServiceCollection services)
{
    services.AddControllersWithViews();
    // In production, the Angular files will be served
    // from this directory
    services.AddSpaStaticFiles(configuration =>
    {
      configuration.RootPath = "ClientApp/dist";
    });

    // Add EntityFramework support for SqlServer.
    services.AddEntityFrameworkSqlServer();

    // Add ApplicationDbContext.
    services.AddDbContext<ApplicationDbContext>(options =>
      options.UseSqlServer(
          Configuration.GetConnectionString("DefaultConnection")
          )
    );
}

// ...existing code...
```

新代码还需要下面的命名空间引用：

```
using Microsoft.EntityFrameworkCore;
using WorldCities.Data;
```

4.7.5　添加初始迁移

打开 PowerShell 命令提示，导航到项目的根文件夹，对于我们的示例为：

```
C:\ThisBook\Chapter_04\WorldCities\
```

107

然后，输入下面的命令，以全局安装 dotnet-ef 命令行工具：

```
dotnet tool install –global dotnet-ef
```

等待安装完成。当看到绿色的输出消息时，键入下面的命令来添加第一次迁移：

```
dotnet ef migrations add "Initial" -o "Data\Migrations"
```

 提示 可选的-o 参数用于改变迁移代码生成的文件的创建位置；如果不指定此参数，则将创建一个根级 /Migrations/ 文件夹，并默认使用该文件夹。因为我们把所有 EntityFrameworkCore 类添加到/Data/文件夹中，所以把迁移也存储到该文件夹中是明智的做法。

前面的命令将生成如图 4-22 所示的输出。

```
C:\Projects\Book3\Chapter_04\WorldCities>dotnet ef migrations add "Initial" -o "Data\Migrations"
warn: Microsoft.EntityFrameworkCore.Model.Validation[30000]
      No type was specified for the decimal column 'Lat' on entity type 'City'. This will cause values to be silently truncated if they do not fit in
the default precision and scale. Explicitly specify the SQL server column type that can accommodate all the values using 'HasColumnType()'.
warn: Microsoft.EntityFrameworkCore.Model.Validation[30000]
      No type was specified for the decimal column 'Lon' on entity type 'City'. This will cause values to be silently truncated if they do not fit in
the default precision and scale. Explicitly specify the SQL server column type that can accommodate all the values using 'HasColumnType()'.
info: Microsoft.EntityFrameworkCore.Infrastructure[10403]
      Entity Framework Core 3.0.0 initialized 'ApplicationDbContext' using provider 'Microsoft.EntityFrameworkCore.SqlServer' with options: None
Done. To undo this action, use 'ef migrations remove'
C:\Projects\Book3\Chapter_04\WorldCities>_
```

图 4-22   命令的输出

等等，这些警告消息是什么？

我们来仔细读读这些警告消息，以了解它们代表什么问题。看起来，City 实体中的 Lat/Lon 属性(都是 decimal 类型)都缺少显式指定的精度值。如果我们不提供此信息，Entity Framework 将无法知道为这些属性创建数据库表列时，使用什么精度值，所以将采用默认值。如果实际数据的小数位比默认值更多，则可能导致丢失精度。

尽管在这个具体场景中，我们只是在试用数据，所以并不关心 Lat/Lon 坐标的精度，但一旦看到这种问题就进行修复是明智的做法。好消息是，通过对这些属性应用一些数据注解，很容易修复问题。

打开/Data/Models/City.cs 文件，相应地修改下面的代码(已经突出显示需要修改的行)：

```
// ...existing code...

/// <summary>
/// City latitude
/// </summary>
[Column(TypeName = "decimal(7,4)")]
public decimal Lat { get; set; }

/// <summary>
/// City longitude
/// </summary>
[Column(TypeName = "decimal(7,4)")]
public decimal Lon { get; set; }

// ...existing code...
```

然后，删除/Data/Models/Migration 文件夹(及其中的全部文件)，并再次执行 dotnet ef 命令：

```
dotnet ef migrations add "Initial" -o "Data\Migrations"
```

这次创建迁移后，应该不会显示警告消息，如图 4-23 所示。

图 4-23　警告消息

这意味着我们终于能够应用迁移了。

　注意　如果回到 Visual Studio，查看项目的 Solution Explorer，会看到一个新的 /Data/Migrations/文件夹，其中包含许多代码生成的文件。这些文件包含实际的底层 SQL 命令，Entity Framework Core 将使用它们来创建和/或更新数据库架构。

1. 更新数据库

应用数据迁移基本上意味着创建或更新数据库，以便将数据库的内容(表结构、约束等)与 DbContext 中的整体模式和定义以及各个实体类中的数据注解定义的规则进行同步。具体来说，第一次数据迁移将从头创建整个数据库，而后续的数据迁移将更新该数据库(创建表、添加/修改/删除表字段等)。

在我们的具体场景中，将执行第一次迁移。为此，需要在命令行执行下面一行命令(与前面一样，需要在项目的根文件夹中执行):

```
dotnet ef database update
```

按 Enter 键之后，命令行终端窗口中将输出许多 SQL 语句。完成后，如果一切顺利，就可以回到 SSMS 工具，刷新 Server Object Explorer 树状视图，确认已经创建了 WorldCities 数据库及所有相关的表，如图 4-24 所示。

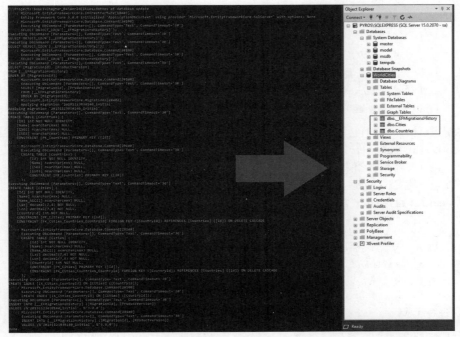

图 4-24　进行确认

注意 如果你以前使用过迁移，则可能有一个疑问：为什么不使用 Visual Studio 的 Package Manager Console 来执行这些命令呢？原因很简单：很遗憾，这样做不会得到期望的结果，因为我们需要在项目的根文件夹中执行命令，而 Package Manager Console 命令不会在根文件夹中执行。现在还不知道这种行为在未来是否会发生改变。但在真正发生改变之前，我们只能使用命令行。

2. "No executable found matching command dotnet-ef" 错误

在撰写本书时，有一个烦人的问题会影响许多基于.NET Core 的 Visual Studio 项目，阻止 dotnet ef 命令正确工作。具体来说，在尝试执行任何基于 dotnet ef 的命令时，可能会遇到下面的错误消息：

```
No executable found matching command "dotnet-ef"
```

遇到这个问题时，可以执行下面的检查：

- 检查我们是否正确添加了 Microsoft.EntityFrameworkCore.Tools 和 Microsoft.EntityFrameworkCore.Tools.DotNet 包库，因为命令要想正确工作，离不开它们。
- 确保我们在项目的根文件夹中执行 dotnet ef 命令，即<ProjectName>.csproj 文件所在的文件夹。在其他位置执行命令是无法工作的。

如果这两个检查没有问题，则可以尝试下面的解决办法：右击项目的根文件夹，选择 Edit <ProjectName>.csproj，这将在 Visual Studio 中打开该文件。在文件中查找下面的元素：

```
<ItemGroup>
  <DotNetCliToolReference Include="Microsoft.EntityFrameworkCore.Tools"
  />
  <DotNetCliToolReference
  Include="Microsoft.EntityFrameworkCore.Tools.DotNet" />
</ItemGroup>
```

提示 另一种方法是使用文本编辑器(如 Notepad++)来编辑<ProjectName>.csproj 文件。选择这种方法时，需要确保在完成编辑后重新加载项目。

这里的<ItemGroup>元素只是一个容器。我们需要查找的是突出显示的行(取决于我们使用的 Entity Framework Core 版本，可能有、也可能没有版本属性)。

如果没有找到这些行，那么这就是 dotnet ef 命令无法工作的原因所在。我们需要修复这种行为。为此，可以卸载/重新安装相关的 NuGet 包，或者手动把它们添加到项目的配置文件中。如果选择手动添加，则需要确保把它们包含在一个新的或者现有的<ItemGroup>块中。

修复项目的配置文件后，可以重启 Visual Studio(或重新加载项目)，并再次尝试从项目的根文件夹执行 dotnet ef 命令。在罕见的情况中，可能遇到一些 NuGet 包冲突，此时可以尝试执行 dotnet update 命令来修复它们，重新加载项目，然后重新执行 dotnet ef 命令。

提示 关于这个问题，有许多可探讨的地方，但这不在本书讨论范围内。我在撰写 *ASP.NET Core 2 and Angular 5* 一书时撰写了一篇介绍这个主题的文章，如果想了解更多信息，可以阅读这篇文章，其地址为 https://goo.gl/Ki6mdb。

3. 理解迁移

在继续介绍后面的内容之前，解释一下代码优先迁移到底是什么，以及使用它们能够带来什么优势会很有帮助。

当开发一个应用程序和定义数据模型时，可以肯定它们会多次发生变化，这有很合理的理由：产品负责人提出的新需求、优化过程、整合阶段等。许多属性会被添加、删除或者改变类型。我们或迟或早还有可能添加新的实体，以及/或者根据不断变化的需求改变它们的关系模式。

每次做这样的工作时，数据模型将不再与底层的、代码优先方法生成的数据库同步。在开发环境中调试应用时，这不是问题，因为这种场景通常允许我们在项目发生变化时，从头重新创建数据库。

但是，当把应用程序部署到生产环境后，情况则完全不同：处理真实数据时，删除并重新创建数据库不再是一个可以接受的选项。这正是代码优先迁移功能的用武之地，它使开发人员有机会修改数据库架构，而并不必删除/重新创建整个数据库。

 提示　我们不会深入探讨整个主题。Entity Framework Core 本身是一个庞大的主题，详细介绍它不在本书的讨论范围内。如果想了解更多信息，建议把 MS 官方的 Entity Framework Core 文档作为起点：https://docs.microsoft.com/en-us/ef/core/。

4. 必须进行数据迁移吗？

数据迁移可能非常有用，但并不是必要的功能，所以如果不想使用，就可以不用。事实上，对于许多开发人员，尤其是对 DBMS 设计和/或脚本不怎么感兴趣的开发人员，数据迁移可能是一个相当难以理解的概念。在大部分场景中，例如在由 IT 开发团队下级的人员(如外部 IT 顾问或专家)承担 DBA 角色的公司中，管理数据迁移可能非常复杂。

当我们在一开始就不想使用它们，或者当我们不再想使用它们的时候，就可以切换到数据库优先的方法，开始手动设计、创建和/或修改表：只要实体中定义的属性类型与对应的数据库表字段完全兼容，Entity Framework Core 的效果就很好。只要我们认为不需要使用这种技术，就肯定可以这么做，甚至在实际运用本书中的项目示例(包括 WorldCities 项目)时也是如此。

另一方面，我们也可以试试这种技术，看它的效果如何。选择权始终在你的手中。

4.8　填充数据库

现在，我们有了一个 SQL Database，以及可以读写该数据库的 DbContext，所以终于准备好使用世界城市数据填充这些表了。

为此，需要实现一个数据 seeding 策略。这可以使用 Entity Framework Core 支持的多种方法来完成：

- 模型数据种子
- 手动迁移定制
- 自定义初始化逻辑

下面这篇文章详细解释了这三种方法，以及每种方法的优缺点：https://docs.microsoft.com/en-us/ef/core/modeling/data-seeding。

因为我们必须处理一个较大的 Excel 文件，所以将采用可定制程度最高的模式：即使用一些依赖于专门的.NET Core 控制器的自定义初始化逻辑，每当需要 seed 数据库的时候，就可以手动甚至自动执行这些控制器。

1. 实现 SeedController

我们的自定义初始化逻辑实现将依赖一个全新的、专门的控制器，我们将其命名为 SeedController。在项目的 Solution Explorer 中，执行下面的操作：

(1) 右击/Controllers/文件夹。

(2) 单击 Add | Controller。

(3) 选择 API Controller – Empty 选项(在撰写本书时为从上数第 3 个选项)。

(4) 将控制器命名为 SeedController，然后单击 Add 按钮创建该控制器。

然后，打开新创建的/Controllers/SeedController.cs 文件，查看其源代码。你将注意到，文件中只包含一个空类，这正是我们期望空控制器具有的行为。对我们来说，这是一个好消息，因为我们需要理解一些关键概念，而且最重要的是，学习如何恰当地在源代码中实现它们。

还记得我们把 ApplicationDbContext 类添加到了 Startup.cs 文件中吗？从第 2 章的介绍可知，这意味着我们把 Entity Framework Core 中间件添加到应用程序的管道中。所以，现在可以利用.NET Core 架构提供的依赖注入加载功能，把该 DbContext 类的一个实例注入控制器中。

下面展示了如何把这种概念转换到源代码中(已经突出显示了新行)：

```
using System;
using System.Collections.Generic;
using System.Linq;
using System.Threading.Tasks;
using Microsoft.AspNetCore.Http;
using Microsoft.AspNetCore.Mvc;
using WorldCities.Data;

namespace WorldCities.Controllers
{
    [Route("api/[controller]")]
    [ApiController]
    public class SeedController : ControllerBase
    {
        private readonly ApplicationDbContext _context;
        public SeedController(ApplicationDbContext context)
        {
            _context = context;
        }
    }
}
```

可以看到，我们添加了一个_context 私有变量，在构造函数中用它来存储 ApplicationDbContext 类的一个对象实例。框架将通过依赖注入功能，在 SeedController 的构造函数中提供这样一个实例。

在使用该 DbContext 实例把许多实体插入到数据库之前，需要找到一种方式来从 Excel 文件读取世界城市值。怎么做呢？

2. 导入 Excel 文件

好消息是，有一个出色的第三方库正好能够满足我们的需要：读取(甚至写入)使用 Office Open XML 格式(xlsx)的 Excel 文件，从而能够在任何基于.NET 的应用程序中使用它们的内容。

这个工具的名称是 EPPlus。其作者 Jan Källman 在 GitHub 和 NuGet 上免费提供了该工具，对应的 URL 如下所示。

- GitHub(源代码)：https://github.com/JanKallman/EPPlus。
- NuGet(.NET 包)：https://www.nuget.org/packages/EPPlus/4.5.3.2。

可以看到，这个项目使用了 GNU Library General Public License(LGPL)v3.0 许可，意味着只要我们不做修改，就可以不受限制地把它集成到自己的软件中。

在 WorldCities 项目中安装 EPPlus 的最佳方式是使用 NuGet 包管理器 GUI 来添加 NuGet 包。

(1) 在项目的 Solution Explorer 中，右击 WorldCities 项目。

(2) 选择 Manage NuGet Packages…。

(3) 使用 Browse 选项卡搜索 EPPlus 包，并通过单击右上角的 Install 按钮来安装该包，如图 4-25 所示。

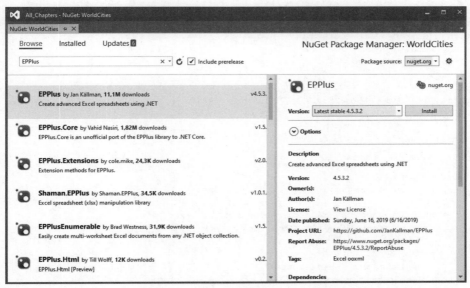

图 4-25　安装包

安装完成后，可回到 SeedController.cs 文件，使用 EPPlus 的功能来读取 worldcities.xlsx Excel 文件的内容。

但在那之前，将该 Excel 文件移到示例项目的/Data/文件夹是一个明智的做法，这样我们就能使用 System.IO 命名空间提供的.NET Core 文件系统功能来读取该文件。在/Data/文件夹中，创建一个/Data/Source/子文件夹，把该 Excel 文件添加到这里，以便与其他 Entity Framework Core 文件区分开，如图 4-26 所示。

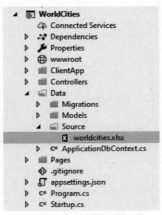

图 4-26　创建子文件夹

在 SeedController.cs 文件中添加下面的代码，以读取 worldcities.xlsx 文件，并把所有行存储到一个 Cities 实体列表中。

```
using System;
using System.Collections.Generic;
using System.Linq;
using System.Threading.Tasks;
using Microsoft.AspNetCore.Http;
using Microsoft.AspNetCore.Mvc;
using WorldCities.Data;
using OfficeOpenXml;
using System.IO;
using Microsoft.AspNetCore.Hosting;
using WorldCities.Data.Models;
using System.Text.Json;

namespace WorldCities.Controllers
{
    [Route("api/[controller]/[action]")]
    [ApiController]
    public class SeedController : ControllerBase
    {
        private readonly ApplicationDbContext _context;
        private readonly IWebHostEnvironment _env;

        public SeedController(
            ApplicationDbContext context,
            IWebHostEnvironment env)
        {
            _context = context;
            _env = env;
        }

        [HttpGet]
        public async Task<ActionResult> Import()
        {
            var path = Path.Combine(
                _env.ContentRootPath,
                String.Format("Data/Source/worldcities.xlsx"));

            using (var stream = new FileStream(
                path,
                FileMode.Open,
                FileAccess.Read))
            {
            using (var ep = new ExcelPackage(stream))
            {
                // get the first worksheet
                var ws = ep.Workbook.Worksheets[0];

                // initialize the record counters
                var nCountries = 0;
                var nCities = 0;

                #region Import all Countries
                // create a list containing all the countries
```

```csharp
// already existing into the Database (it
// will be empty on first run).
var lstCountries = _context.Countries.ToList();

// iterates through all rows, skipping the
// first one
for (int nRow = 2;
    nRow <= ws.Dimension.End.Row;
    nRow++)
{
    var row = ws.Cells[nRow, 1, nRow,
    ws.Dimension.End.Column];
    var name = row[nRow, 5].GetValue<string>();

    // Did we already created a country with
    // that name?
    if (lstCountries.Where(c => c.Name ==
      name).Count() == 0)
    {
        // create the Country entity and fill it
        // with xlsx data
        var country = new Country();
        country.Name = name;
        country.ISO2 = row[nRow,
        6].GetValue<string>();
        country.ISO3 = row[nRow,
        7].GetValue<string>();
        // save it into the Database
        _context.Countries.Add(country);
        await _context.SaveChangesAsync();
        // store the country to retrieve
        // its Id later on
        lstCountries.Add(country);
        // increment the counter
        nCountries++;
    }
}

#endregion

#region Import all Cities
// iterates through all rows, skipping the
// first one
for (int nRow = 2;
    nRow <= ws.Dimension.End.Row;
    nRow++)
{
    var row = ws.Cells[nRow, 1, nRow,
      ws.Dimension.End.Column];

    // create the City entity and fill it
    // with xlsx data
    var city = new City();
    city.Name = row[nRow, 1].GetValue<string>();
    city.Name_ASCII = row[nRow,
    2].GetValue<string>();
```

```
                  city.Lat = row[nRow, 3].GetValue<decimal>();
                  city.Lon = row[nRow, 4].GetValue<decimal>();

                  // retrieve CountryId
                  var countryName = row[nRow,
                  5].GetValue<string>();
                  var country = lstCountries.Where(c => c.Name
                    == countryName)
                      .FirstOrDefault();
                  city.CountryId = country.Id;

                  // save the city into the Database
                  _context.Cities.Add(city);
                  await _context.SaveChangesAsync();

                  // increment the counter
                  nCities++;
              }
              #endregion

              return new JsonResult(new {
                  Cities = nCities,
                  Countries = nCountries
              });
          }
      }
    }
  }
```

可以看到，这里做了许多有趣的工作。前面的代码中包含许多注释，所以理解起来应该不难，但是简单说明其中最重要的部分会有帮助：

- 就像对 ApplicationDbContext 那样，我们通过依赖注入来注入一个 IWebHostEnvironment 实例，以便能够获取 Web 应用程序的路径及读取 Excel 文件。
- 我们添加了一个 Import()动作方法，它将使用 ApplicationDbContext 和 EPPlus 包来读取 Excel 文件以及添加 Countries 和 Cities；为方便起见，我们把这两个任务分成两个部分。
- 首先导入 Countries，因为 City 实体需要 CountryId 外键值。当在数据库中把 Country 创建为一个新记录时，将返回其 CountryId。
- 我们定义了一个 List<Country>容器对象，用来在创建每个 Country 后立即存储它们，以便能够通过使用 LINQ 查询该列表来获取 CountryId，而不必执行大量 SELECT 查询。
- 最后，我们创建了一个 JSON 对象，用来在屏幕上显示结果。

需要注意，Import 方法被设计为导入 230+个国家/地区以及 12 000+个城市，所以这个工作可能需要一段时间才能完成。在一个普通的开发计算机上，可能需要 10~20 分钟的时间。这肯定是一次较大的数据 seed。我们在这里给了框架不小的压力。

> 提示　如果不想等待这么长时间,总是可以给 nEndRow 内部变量设置一个固定值(如 1000),以限制要读取并加载到数据库中的城市(和国家/地区)总数。
>
> 如果想更深入理解整个导入过程的工作方式，可在循环中添加一些断点，从而在代码执行过程中查看其效果。
>
> 最终，我们应该能在浏览器窗口中看到如图 4-27 所示的响应。

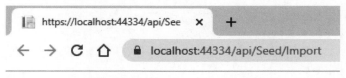

{"cities":12959,"counbtries/Regions":235}

图 4-27　响应

上面的输出意味着导入已经成功完成。现在，数据库中填充了 12 959 个城市和 235 个国家/地区，供我们使用。下一节将学习如何读取这些数据，从而把 Angular 也利用起来。

4.9　实体控制器

现在，数据库中已经填充了大量城市和国家/地区，需要找到一种方式把这些数据提供给 Angular，以及从 Angular 把数据保存到数据库中。从第 2 章的介绍可知，.NET 控制器能够帮助完成这些工作，所以我们将创建两个控制器：

- CityController，用于提供(和接收)城市的数据。
- CountryController，用于提供(和接收)国家/地区的数据。

下面就开始创建它们。

4.9.1　CitiesController

我们先为城市创建控制器。还记得在创建 SeedController 时做了什么吗？现在要做的工作十分类似，但是这一次，我们将充分利用 Visual Studio 的代码生成功能。

在项目的 Solution Explorer 中，执行下面的步骤：

(1) 右击/Controllers/文件夹。

(2) 单击 Add | Controller。

(3) 选择 Add API Controller with actions, using Entity Framework 选项(在撰写本书时为最底下的选项)。

(4) 在弹出的模态对话框中，选择 City 模型类和 ApplicationDbContext 数据上下文类，如图 4-28 所示。将控制器命名为 CityController，然后单击 Add 创建。

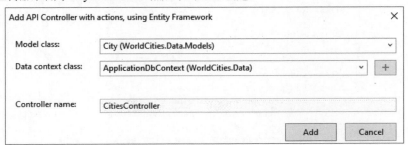

图 4-28　选择模型类和数据上下文类

Visual Studio 将使用我们在这个阶段指定的设置来分析实体(及 DbContext)，以及生成一个完整的 API 控制器，其中包含许多有用的方法。

生成的源代码如下所示:

```
using System;
using System.Collections.Generic;
using System.Linq;
using System.Threading.Tasks;
using Microsoft.AspNetCore.Http;
using Microsoft.AspNetCore.Mvc;
using Microsoft.EntityFrameworkCore;
using WorldCities.Data;
using WorldCities.Data.Models;

namespace WorldCities.Controllers
{
    [Route("api/[controller]")]
    [ApiController]
    public class CitiesController : ControllerBase
    {
        private readonly ApplicationDbContext _context;

        public CitiesController(ApplicationDbContext context)
        {
            _context = context;
        }

        // GET: api/Cities
        [HttpGet]
        public async Task<ActionResult<IEnumerable<City>>> GetCities()
        {
            return await _context.Cities.ToListAsync();
        }

        // GET: api/Cities/5
        [HttpGet("{id}")]
        public async Task<ActionResult<City>> GetCity(int id)
        {
            var city = await _context.Cities.FindAsync(id);

            if (city == null)
            {
                return NotFound();
            }
            return city;
        }

        // PUT: api/Cities/5
        // To protect from overposting attacks, please enable the
        // specific properties you want to bind to, for
        // more details see https://aka.ms/RazorPagesCRUD.
        [HttpPut("{id}")]
        public async Task<IActionResult> PutCity(int id, City city)
        {
            if (id != city.Id)
            {
                return BadRequest();
            }
```

```
        _context.Entry(city).State = EntityState.Modified;
        try
        {
           await _context.SaveChangesAsync();
        }
        catch (DbUpdateConcurrencyException)
        {
            if (!CityExists(id))
            {
                return NotFound();
            }
            else
            {
                throw;
            }
        }

        return NoContent();
    }

    // POST: api/Cities
    // To protect from overposting attacks, please enable the
    // specific properties you want to bind to, for
    // more details see https://aka.ms/RazorPagesCRUD.
    [HttpPost]
    public async Task<ActionResult<City>> PostCity(City city)
    {
        _context.Cities.Add(city);
        await _context.SaveChangesAsync();
        return CreatedAtAction("GetCity", new { id = city.Id },
        city);
    }

    // DELETE: api/Cities/5
    [HttpDelete("{id}")]
    public async Task<ActionResult<City>> DeleteCity(int id)
    {
        var city = await _context.Cities.FindAsync(id);
        if (city == null)
        {
            return NotFound();
        }

        _context.Cities.Remove(city);
        await _context.SaveChangesAsync();

        return city;
    }
    private bool CityExists(int id)
    {
        return _context.Cities.Any(e => e.Id == id);
    }
    }
}
```

可以看到，代码生成器做了许多有用的工作，同时，其采用的模式与我们在创建 SeedController 类时采用的模式很相似。下面按照出现顺序简单介绍了重要方法。

- GetCities()返回一个 JSON 数组，其中包含数据库中的所有城市。
- GetCity(id)返回包含一个 City 的 JSON 对象。
- PutCity(id, city)允许修改一个现有的 City。
- PostCity(city)允许添加一个新的 City。
- DeleteCity(id)允许删除一个现有的 City。

看起来，我们确实有了前端需要的所有功能。在开始介绍 Angular 之前，我们为 Countries 做相同的处理。

4.9.2　CountriesController

在 Solution Explorer 中，右击/Controllers/文件夹，执行与添加 CitiesController 相同的操作，只不过显然需要把控制器命名为 CountriesController。

为简单起见，我们不会再用几页重复自动生成的代码。毕竟，我们提供了一个专门的 GitHub 存储库供查看代码使用。不过，需要知道的是，我们将得到与前面相同的一组方法来处理国家/地区。

对 Entity Framework 的介绍到此结束。接下来，我们将使用前端框架展示这些信息。

4.10　小结

在本章一开始，我们列举了一些在没有合适数据提供者的情况下无法完成的工作。为了克服这些限制，我们决定为自己提供一个 DBMS 引擎和一个用来读写数据的持久化数据库。为了避免影响前面章节做的工作，我们创建了一个全新的 Web 应用程序项目，将其命名为 WorldCities。

然后，我们为新项目选择了一个合适的数据源：这是一个世界城市和国家/地区的列表，可免费下载到一个 MS Excel 文件中。

之后，我们介绍了数据模型。Entity Framework Core 显然能够提供我们需要的功能，所以我们把相应的包添加到项目中。在简单介绍了各种可用的数据建模方法后，我们决定采用代码优先方法，因为这种方法非常灵活。然后，我们创建了两个实体，City 和 Country，它们都基于需要存储到数据库中的数据源值以及一组数据注解和关系，这些注解和关系能够利用 Entity Framework Core 的"约定优先于配置"方法的优点。之后，我们相应地创建了 ApplicationDbContext 类。

创建数据模型后，我们分析了配置和部署 DBMS 引擎的各种选项，介绍了 DBMS 本地实例和基于云的解决方案(如 MS Azure)，并解释了如何实现它们。

最后，我们创建了.NET 控制器类来处理数据：SeedController 用于读取 Excel 文件和 seed 数据库，CitiesController 用于处理城市，CountriesController 用于处理国家/地区。

完成所有这些工作后，我们在调试模式下运行应用程序，以确认应用程序能够正确工作。现在，我们就准备好了处理应用程序的前端部分。下一章将学习如何从服务器正确地获取这些数据并把它们提供给用户。

Angular，我们来了！

4.11　推荐主题

Web API、内存 Web API、数据源、数据服务器、数据模型、数据提供者、ADO.NET、ORM、Entity Framework Core、代码优先、数据库优先、模型优先、实体类、数据注解、DbContext、CRUD 操作、数据迁移、依赖注入、ORM 映射、JSON、ApiController。

获取和显示数据

在第 4 章中，我们创建了一个新的 WorldCities Web 应用程序项目，并做了许多工作，通过使用 Entity Framework Core 的代码优先方法为该应用程序提供一个基于 DBMS 的数据提供者。有了数据库持久化，我们就准备好让用户能够与应用程序交互，这意味着实现一些必要的功能，下面是一些例子。

- 获取数据：在客户端使用 HTTP 请求查询数据提供者，从服务器端获取结构化的结果。
- 显示数据：填充典型的客户端组件，如表格、列表等，确保最终用户获得良好的用户体验。

本章将介绍这两个主题，添加许多由标准的 HTTP 请求/响应链处理的客户端-服务器交互。不必说，Angular 将在这里扮演一个重要的角色，另外有一些有用的包将帮助我们实现目标。

5.1 技术需求

本章将需要前面章节中列出的所有技术需求，以及下面的外部库：

- @angular/material(Angular npm 包)
- System.Linq.Dynamic.Core(.NET Core NuGet 包)

与前面一样，我们不会立即安装所有这些库，而是在创建项目的过程中逐渐安装，使你能够理解使用它们的上下文及它们在项目中的作用。

本章的代码文件存储在以下地址：https://github.com/PacktPublishing/ASP.NET-Core-3-and-Angular-9-Third-Edition/tree/master/Chapter_05/。

5.2 获取数据

从第 1 章的介绍可知，从数据库读取数据主要是让 Angular 前端向.NET Core 后端发送 HTTP 请求，并相应地获取对应的 HTTP 响应。这种数据转移主要使用 JavaScript Object Notation(JSON)实现，这是一种轻量级数据交换格式，得到了两种框架的原生支持。

本节将介绍 HTTP 请求和响应以及如何从.NET Core 后端获取数据，还将使用 Angular 组件展示一些基本 UI 的示例，后面的小节将进一步美化这个 UI。

准备好了吗？我们开始吧。

5.2.1 请求和响应

首先来看看我们将会处理的 HTTP 请求和响应：按 F5 键在调试模式下启动 WorldCities 项目，在浏览器的地址栏键入下面的 URL：https://localhost:44334/api/Cities/9793。

应该会看到如图 5-1 所示的结果。

```
{"id":9793,"name":"New York","name_ASCII":"New York","lat":40.6943,"lon":-73.9249,"countryId":235,"country":null}
```

图 5-1 显示的结果

注意 城市可能是、也可能不是 New York，这要取决于多个因素：世界城市文件的版本/进度、用来存储数据源的[Cities]数据库表的起始自增 id 等。不过这一点并不重要，只要得到了描述一个城市的有效 JSON，那么是哪个城市都没有关系。

JSON 约定和默认设置

可以看到，JSON 基本上就是 City 实体的序列化，但它有自己的一些约定。

- 使用 CamelCase 而不是 PascalCase：我们得到的是 name(而不是 Name)、countryId(而不是 CountryId)等，这意味着使用 PascalCase 的所有.NET 类名和属性在被序列化为 JSON 时，将被自动转为 camelCase。
- 不使用缩进和换行/回车(LF/CR)：所有内容将被放到一行文本中。

这些约定是.NET Core 在处理 JSON 输出时设置的默认选项。通过在 MVC 中间件中添加一些自定义选项，可以修改其中大部分选项。但是，并不需要修改它们，因为 Angular 完全支持这些设置。我们也将使用这些设置来处理字符串，只是需要确保在为实体类创建的 Angular 接口中，将它们的名称和属性设置为 camelCase。

提示 如果想了解为什么.NET Core 选择使用 camelCase 作为默认序列化选项，而不是使用 PascalCase，可以阅读下面的 GitHub 帖子：
https://github.com/aspnet/Mvc/issues/4283。

不过，为了方便阅读，我们将添加缩进，以便能够更深刻地理解这些输出。

打开 Startup.cs 文件，定位到 ConfigureServices 方法，然后添加下面的代码(已经突出显示了新代码/更新的代码)：

```
public void ConfigureServices(IServiceCollection services)
{
    services.AddControllersWithViews()
        .AddJsonOptions(options => {
            // set this option to TRUE to indent the JSON output
            options.JsonSerializerOptions.WriteIndented = true;
            // set this option to NULL to use PascalCase instead of
            // camelCase (default)
            // options.JsonSerializerOptions.PropertyNamingPolicy =
            // null;
        });
    );
```

提示 可以看到，我们还添加了必要的配置选项来强制使用 PascalCase 而不是 camelCase。但是，为了方便这里的示例项目，我们选择对 JSON 和 Angular 使用 camelCase 约定，所以选择注释掉该行。

如果想取消注释，则必须也对 Angular 接口使用 camelCase，并相应地修改示例代码。

保存文件，按 F5 键，并再次键入前面的 URL，可看到如图 5-2 所示的修改。

```
{
    "id": 9793,
    "name": "New York",
    "name_ASCII": "New York",
    "lat": 40.6943,
    "lon": -73.9249,
    "countryId": 235,
    "country": null
}
```

图 5-2　显示修改

现在，JSON 的可读性很好，同时 Angular 仍然能够正确地获取它。

5.2.2　一个长列表

现在，我们在 Angular 应用中创建一个示例组件，以显示 Cities 的一个列表。第 3 章已经创建了一个组件，所以我们知道怎么做。

在 Solution Explorer 中，执行下面的操作。

(1) 导航到/ClientApp/src/app/文件夹。

(2) 创建一个新的/cities/文件夹。

(3) 在该文件夹中，创建下面的新文件：

● city.ts

● cities.component.ts

● cities.component.html

● cities.component.css

然后，在这些文件中输入下面的内容。

1. city.ts

打开/ClientApp/src/app/cities/city.ts 文件，在其中添加下面的内容：

```
export interface City {
    id: number;
    name: string;
    lat: string;
    lon: string;
}
```

这个小文件包含 city 接口，我们将把它用在 CitiesComponent 类文件中。因为我们最终也将在其他组件中使用这个接口，所以最好在一个单独的文件中创建它，并添加 export 语句，以便能够在需要的时候在其他组件中使用该接口。

2. cities.component.ts

打开/ClientApp/src/app/cities/cities.component.ts 文件，在其中添加下面的内容：

```
import { Component, Inject } from '@angular/core';
import { HttpClient } from '@angular/common/http';

import { City } from './city';

@Component({
    selector: 'app-cities',
    templateUrl: './cities.component.html',
    styleUrls: ['./cities.component.css']
})
export class CitiesComponent {
  public cities: City[];

  constructor(
      private http: HttpClient,
      @Inject('BASE_URL') private baseUrl: string) {
  }

  ngOnInit() {
    http.get<City[]>(baseUrl + 'api/Cities')
      .subscribe(result => {
        this.cities = result;
    }, error => console.error(error));
  }
}
```

可以看到，我们添加了对刚才创建的 City 接口的 import 引用。还使用了 ngOnInit()生命周期钩子方法，用来执行获取城市的 HTTP 请求，正如第 3 章在 HealthCheck 应用中完成的操作。

3. cities.component.html

打开/ClientApp/src/app/cities/cities.component.html 文件，在其中添加下面的内容：

```html
<h1>Cities</h1>

<p>Here's a list of cities: feel free to play with it.</p>

<p *ngIf="!cities"><em>Loading...</em></p>

<table class='table table-striped' aria-labelledby="tableLabel"
[hidden]="!cities">
  <thead>
    <tr>
      <th>ID</th>
      <th>Name</th>
      <th>Lat</th>
      <th>Lon</th>
    </tr>
</thead>
<tbody>
  <tr *ngFor="let city of cities">
    <td>{{ city.id }}</td>
    <td>{{ city.name }}</td>
    <td>{{ city.lat }}</td>
    <td>{{ city.lon }}</td>
  </tr>
```

```
    </tbody>
</table>
```

4. [hidden]特性

如果仔细查看前面的 HTML 代码，可以看到<table>元素有一个奇怪的[hidden]特性。为什么要有这个特性？又为什么把它放到方括号中？

事实上，hidden 特性是 HTML5 中的一个有效的内容特性，可在任何 HTML 元素上合法设置。它起到的作用与 CSS 中的 display: none 设置非常类似：告诉浏览器该元素及其所有派生元素应该对任何用户不可见。换句话说，它只是向用户隐藏一些内容的另一种方式。

 注意　关于 hidden 特性的更多信息，请访问下面的 URL。

HTML Living Standard(最近一次更新于 2019 年 11 月 26 日)：https://html.spec.whatwg.org/multipage/interaction.html#the-hidden-attribute。

至于方括号，这只是 Angular 中定义属性绑定的语法，即它定义了组件模板(.html 文件)中的一个 HTML 属性或特性，该属性或特性从组件类(.ts 文件)中定义的一个变量、属性或表达式获取值。需要注意的是，这种绑定是单向流动的：从组件类(源)流向组件模板(目标)中的 HTML 元素。

其直接结果是，每次源值计算为 true 时，方括号中的 HTML 属性(或特性)也将被设为 true(反之亦然)；这是处理使用布尔值的大量 HTML 特性的好方法，因为我们能够在组件的整个生命周期中设置它们。在前面的代码块中，我们就对<table>元素执行了这样的操作：直到从服务器获取到实际的城市并把它们填充到 cities 组件变量之前，它的 hidden 特性将计算为 false，而只有当 HttpClient 模块完成其请求/响应任务后，才会填充 cities 组件变量。这很不错，不是吗？

等一下，这不正是第 3 章学习的*ngIf 结构指令的行为吗？为什么还要使用这个[hidden]特性？

这是一个很好的问题，让我们有机会解释这两个相似但不完全相同的方法之间的区别：

- *ngIf 结构指令根据对应的条件或表达式，在 DOM 中添加或删除元素；这意味着每当元素的状态改变时，将初始化和/或删除元素(及其所有子元素、事件等)。
- hidden 特性与 display: none CSS 设置相似，只是告诉浏览器向用户显示或隐藏元素。这意味着元素仍然是存在的，所以完全可被访问并使用(例如，JavaScript 或其他操纵 DOM 的操作可以使用该元素)。

查看前面的 HTML 代码可知，我们同时使用了这两种方法：*ngIf 结构指令会添加或删除显示 Loading 的<p>元素，而[hidden]特性绑定会显示或隐藏主<table>。我们选择这么做是有原因的：<p>元素没有依赖它的子元素或事件，而<table>元素将很快成为一个复杂对象，具有许多需要在 DOM 中初始化和保留的功能。

5. cities.component.css

/ClientApp/src/app/cities/cities.component.ts 文件的代码如下所示：

```
table {
    width: 100%;
}
```

因为我们使用 bootstrap 客户端框架，所以组件的 CSS 通常很小。

6. app.module.ts

我们已经知道，如果采用下面的方式把这个组件添加到 app.module.ts 文件中，就只能通过 Angular 客户端路由加载和访问该组件(代码中已经突出显示新行)。

```typescript
import { BrowserModule } from '@angular/platform-browser';
import { NgModule } from '@angular/core';
import { FormsModule } from '@angular/forms';
import { HttpClientModule, HTTP_INTERCEPTORS } from
    '@angular/common/http';
import { RouterModule } from '@angular/router';
import { AppComponent } from './app.component';
import { NavMenuComponent } from './nav-menu/nav-menu.component';
import { HomeComponent } from './home/home.component';
import { CitiesComponent } from './cities/cities.component';

@NgModule({
  declarations: [
  AppComponent,
  NavMenuComponent,
  HomeComponent,
  CitiesComponent
],
imports: [
    BrowserModule.withServerTransition({ appId: 'ng-cli-universal' }),
    HttpClientModule,
    FormsModule,
    RouterModule.forRoot([
        { path: '', component: HomeComponent, pathMatch: 'full' },
        { path: 'cities', component: CitiesComponent }
      ])
    ],
    providers: [],
    bootstrap: [AppComponent]
})
export class AppModule { }
```

7. nav-component.html

最后，我们需要在导航组件中添加对新的组件路由的引用，否则浏览器客户端不会在 UI 中看到并能够访问该组件。

为此，打开 nav-component.html 文件并添加下面(突出显示)的行：

```html
// ...existing code...

<ul class="navbar-nav flex-grow">
    <li
        class="nav-item"
        [routerLinkActive]="['link-active']"
        [routerLinkActiveOptions]="{ exact: true }"
>
    <a class="nav-link text-dark" [routerLink]="['/']">Home</a>
</li>
<li class="nav-item" [routerLinkActive]="['link-active']">
```

```
    <a class="nav-link text-dark" [routerLink]="['/cities']"
        >Cities</a
    >
    </li>
</ul>

// ...existing code...
```

现在，可按 F5 键启动应用，单击屏幕右上角的 Cities 链接，看到如图 5-3 所示的结果。

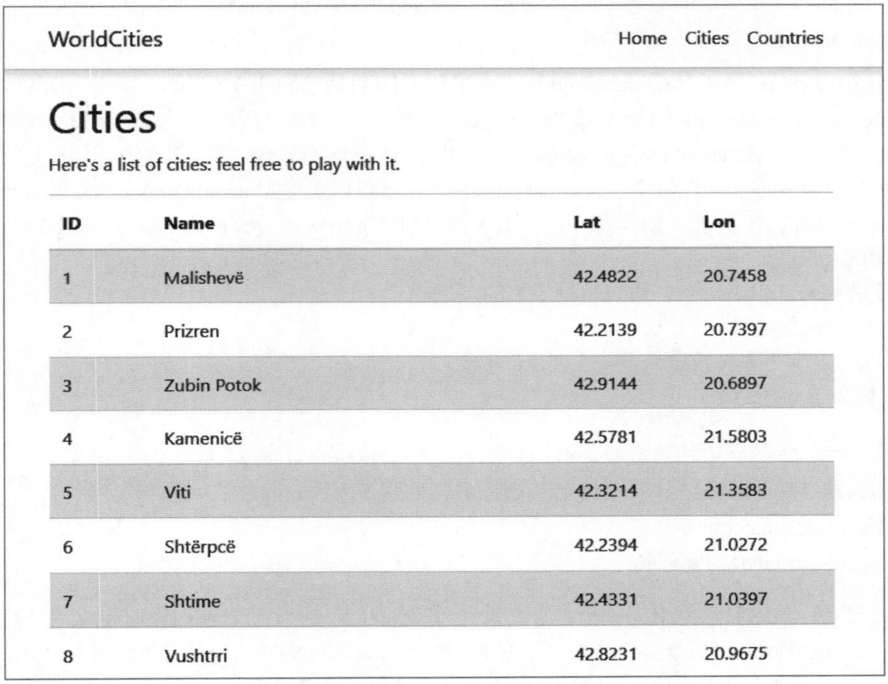

WorldCities　　　　　　　　　　　　　　　　　Home　Cities　Countries

Cities

Here's a list of cities: feel free to play with it.

ID	Name	Lat	Lon
1	Malishevë	42.4822	20.7458
2	Prizren	42.2139	20.7397
3	Zubin Potok	42.9144	20.6897
4	Kamenicë	42.5781	21.5803
5	Viti	42.3214	21.3583
6	Shtërpcë	42.2394	21.0272
7	Shtime	42.4331	21.0397
8	Vushtrri	42.8231	20.9675

图 5-3　看到的结果

从右侧的垂直滚动条可知，我们展示的是一个庞大的 HTML 表格(包含 12 959 行)。

对于.NET Core 和 Angular，这在性能方面产生了巨大压力，但是，这两种框架都非常擅长处理各自的任务，所以在任何普通的开发机器上运行这个应用都不会造成问题。

但从用户体验的角度看，这种 UI 结果并不可取：如果我们强迫用户使用浏览器在包含 13 000 行的 HTML 表格中进行导航，就不能指望他们会感到高兴。寻找目标城市的过程会让他们崩溃。

为解决这些严重的可用性问题，需要实现下面这几种重要功能，它们常用来处理庞大的 HTML 表格：分页、排序和过滤。

5.3　使用 Angular Material 提供数据

为实现一个具有分页、排序和过滤功能的表格，我们将使用 Angular Material，这是一个在 Angular 中实现 Material Design 的 UI 组件库。你可能已经知道，Material Design 是 Google 在 2014 年开发的一种 UI 设计语言，关注使用基于网格的布局、响应式动画、过渡、填充和深度效果(如光照和阴影)。

注意   2014 年 6 月 25 日，Google 设计师 Matías Duarte 在 2014 年的 Google I/O 大会上介绍了 Material Design。为了帮助 UI 设计人员熟悉 Material Design 的核心概念，他解释道："与真实的纸张不同，我们的数字材料能够智能地延展和变形。材料有物理表面和边缘。接缝和阴影是有意义的，说明了你可以触碰的地方。"

Material Design 的主要目的是创建一种新的 UI 语言，将优秀设计的原则与科技创新结合起来，从而不只在所有 Google 平台和应用程序间，也在寻求采用这种概念的其他 Web 应用程序间，提供一致的用户体验。2018 年，Material Design 语言被重新设计，提供了更大的灵活性和基于主题的定制功能。

截至 2019 年，几乎所有 Google Web 应用程序和工具(包括 Gmail、YouTube、Google Drive、Google Docs、Sheets、Slides、Google Maps)、放到 Google Play 中的应用程序以及大部分 Android 和 Google OS 的 UI 元素都采用了 Material Design。Angular 也采用了 Material Design，并为其提供了一个专门的 npm 包，通过把这个包添加到任何基于 Angular 的项目中，就可以实现 Material Design。这个 npm 包叫做 @angular/material，包含原生 UI 元素、组件开发工具包(Component Dev Kit，CDK)、动画集合和其他一些有用的功能。

要安装 Angular Material，可以执行下面的步骤。

(1) 打开命令提示。

(2) 导航到项目的/ClientApp/文件夹。

(3) 键入下面的命令：

```
> ng add @angular/material
```

这将启动 Angular Material 的命令行设置向导，安装下面的 npm 包：

● @angular/material

● @angular/cdk(前提条件)

提示   要重点注意，一定要安装本书 GitHub 项目的 package.json 文件中指定的 @angular/material 版本，在撰写本书时，使用的版本为 9.0.0。如果想改变或更新 Angular 版本，则也需要更新@angular/material 包，并/或手动修复不同版本间的突破性变化。

关于 Angular Material 的更多信息，请访问下面的 URL：

https://material.angular.io/

https://github.com/angular/components

在安装过程中，前面的命令将询问安装哪种预制主题，如图 5-4 所示。

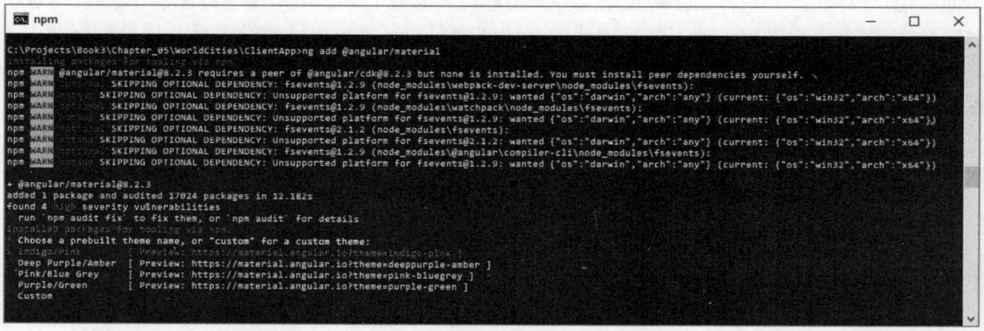

图 5-4　选择要安装的主题

本章将采用 Indigo/Pink，但是如果愿意，你也可以采用其他任何主题。如果想先看看这些主题，然后做决定，则可以访问上图列出的预览 URI。

向导还会询问是否要为识别手势设置 HammerJS(如果要把应用发布到移动设备上，则这种功能很有用)，并添加动画支持。对于本书的项目，将为这些功能选择 Y。

完成后，设置过程将更新下面的文件:

- package.json
- /src/main.ts
- /src/app/app.module.ts
- angular.json
- src/index.html
- src/styles.css

现在，就可以继续修改城市表格了。

5.3.1　MatTableModule

我们将使用的 Angular 组件是 MatTableModule，它提供了 Material Design 风格的 HTML 表格，可用来显示一行行数据。接下来看看如何在现有 Angular 应用中实现它。

在 Solution Explorer 中，导航到/ClientApp/src/app/文件夹，创建一个新的 angular-material.module.ts 文件，在其中输入下面的内容:

```
import { NgModule } from '@angular/core';
import { MatTableModule } from '@angular/material/table';

@NgModule({
    imports: [
        MatTableModule
    ],
    exports: [
        MatTableModule
    ]
})

export class AngularMaterialModule { }
```

这是一个新模块，我们将把它用于想要在应用程序中实现的所有 Angular Material 模块。把它们放到这里，而不是放到 app.module.ts 文件中，能够使后者更小，从而更方便地管理项目。

要想使这个模块容器能够正确工作，需要把它添加到现有的 app.module.ts 文件中。打开该文件，添加下面(突出显示)的行:

```
import { BrowserModule } from '@angular/platform-browser';
import { NgModule } from '@angular/core';
import { FormsModule } from '@angular/forms';
import { HttpClientModule, HTTP_INTERCEPTORS } from
  '@angular/common/http';
import { RouterModule } from '@angular/router';

import { AppComponent } from './app.component';
import { NavMenuComponent } from './nav-menu/nav-menu.component';
import { HomeComponent } from './home/home.component';
```

```
import { CitiesComponent } from './cities/cities.component';
import { BrowserAnimationsModule } from '@angular/platformbrowser/
animations';
import { AngularMaterialModule } from './angular-material.module';

@NgModule({
  declarations: [
    AppComponent,
    NavMenuComponent,
    HomeComponent,
    CitiesComponent
],
  imports: [
    BrowserModule.withServerTransition({ appId: 'ng-cli-universal' }),
    HttpClientModule,
    FormsModule,
    RouterModule.forRoot([
      { path: '', component: HomeComponent, pathMatch: 'full' },
      { path: 'cities', component: CitiesComponent }
    ]),
    BrowserAnimationsModule,
    AngularMaterialModule
  ],
  providers: [],
  bootstrap: [AppComponent]
})
export class AppModule { }
```

现在，添加到 angular-material.module.ts 文件中的所有项也将在应用程序中得到引用。

然后，就可以打开/ClientApp/src/app/cities/cities.component.ts 文件，添加下面(突出显示)的行：

```
// ...existing code...

export class CitiesComponent {
    public displayedColumns: string[] = ['id', 'name', 'lat', 'lon'];
    public cities: City[];

    constructor(
      private http: HttpClient,
      @Inject('BASE_URL') private baseUrl: string) {
    }
}

// ...existing code...
```

之后，打开/ClientApp/src/app/cities/cities.component.html 文件，将之前的表格实现替换为新的 MatTableModule，如下面的代码所示(已经突出显示更新后的代码)：

```
<h1>Cities</h1>

<p>Here's a list of cities: feel free to play with it.</p>

<p *ngIf="!cities"><em>Loading...</em></p>
```

```
<table mat-table [dataSource]="cities" class="mat-elevation-z8"
    [hidden]="!cities">
  <!-- Id Column -->
  <ng-container matColumnDef="id">
      <th mat-header-cell *matHeaderCellDef>ID</th>
      <td mat-cell *matCellDef="let city">{{city.id}}</td>
  </ng-container>

  <!-- Name Column -->
  <ng-container matColumnDef="name">
      <th mat-header-cell *matHeaderCellDef>Name</th>
      <td mat-cell *matCellDef="let city">{{city.name}}</td>
  </ng-container>

  <!-- Lat Column -->
  <ng-container matColumnDef="lat">
      <th mat-header-cell *matHeaderCellDef>Latitude</th>
      <td mat-cell *matCellDef="let city">{{city.lat}}</td>
  </ng-container>

  <!-- Lon Column -->
  <ng-container matColumnDef="lon">
      <th mat-header-cell *matHeaderCellDef>Longitude</th>
      <td mat-cell *matCellDef="let city">{{city.lon}}</td>
  </ng-container>

  <tr mat-header-row *matHeaderRowDef="displayedColumns"></tr>
  <tr mat-row *matRowDef="let row; columns: displayedColumns;"></tr>
</table>
```

可以看到，MatTableModule 在一定程度上模拟了标准 HTML 表格的行为，但为每一列采用了基于模板的方法。模板有一系列附加的结构指令(通过使用*<directiveName>语法来应用)，可用来标记特定的模板节及定义它们的实际角色。可以看到，所以这些指令都以 Def 后缀结尾。

下面解释了前面代码中用到的最重要的一些指令：

- [hidden]特性绑定没有什么奇怪的地方，因为前面的表格已经使用它来达到相同目的：在加载完城市之前，一直隐藏该表格。
- matColumnDef 指令使用一个唯一键标识给定列。
- matHeaderCellDef 指令定义了如何显示每个列的标题。
- matCellDef 指令定义了如何显示每个列的数据单元格。
- matHeaderRowDef 指令出现在前面代码的末尾，它为表格的标题行标识一个配置元素，并确定了标题列的显示顺序。可以看到，我们使这个指令表达式指向 displayedColumns，这是前面在 cities.component.ts 文件中定义的一个组件变量；该变量是一个数组，包含我们想显示的所有列键，它们必须与通过各个 matColumnDef 指令指定的名称相同。

按 F5 键，导航到 Cities 视图来查看新表格，如图 5-5 所示。

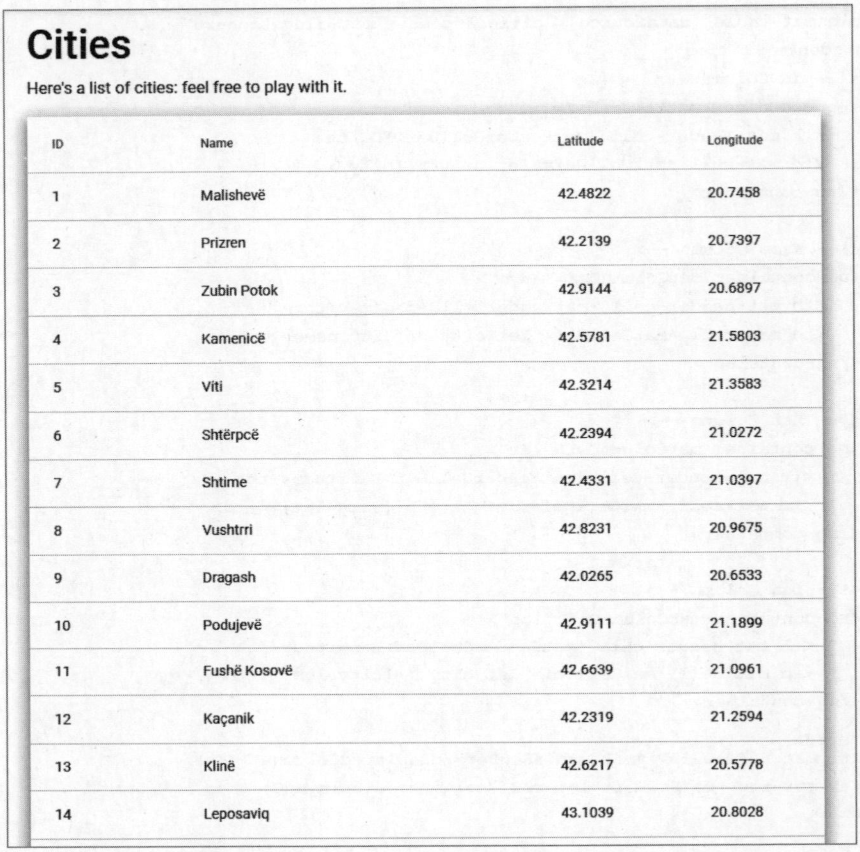

Cities

Here's a list of cities: feel free to play with it.

ID	Name	Latitude	Longitude
1	Malishevë	42.4822	20.7458
2	Prizren	42.2139	20.7397
3	Zubin Potok	42.9144	20.6897
4	Kamenicë	42.5781	21.5803
5	Viti	42.3214	21.3583
6	Shtërpcë	42.2394	21.0272
7	Shtime	42.4331	21.0397
8	Vushtrri	42.8231	20.9675
9	Dragash	42.0265	20.6533
10	Podujevë	42.9111	21.1899
11	Fushë Kosovë	42.6639	21.0961
12	Kaçanik	42.2319	21.2594
13	Klinë	42.6217	20.5778
14	Leposaviq	43.1039	20.8028

图 5-5　新表格

我们已经创建了 Material Design，但是表格仍然存在与前面相同的 UI/UX 问题。例如，表格仍然很长。接下来，我们将实现分页功能来解决这个问题。

5.3.2　MatPaginatorModule

使用 Angular Material 实现分页是十分简单的任务。首先，需要把 MatPaginatorModule 服务导入之前创建的 angular-material.module.ts 文件中。

1. 客户端分页

操作步骤如下所示(已经突出显示了新行)：

```
import { NgModule } from '@angular/core';
import { MatTableModule } from '@angular/material/table';
import { MatPaginatorModule } from '@angular/material/paginator';

@NgModule({
    imports: [
        MatTableModule,
        MatPaginatorModule
```

```
    ],
    exports: [
        MatTableModule,
        MatPaginatorModule
    ]
})

export class AngularMaterialModule { }
```

然后，需要打开 cities.component.ts 文件，导入 MatPaginator、MatTableDataSource 和 ViewChild 服务：

```
import { Component, Inject, ViewChild } from '@angular/core';
import { HttpClient } from '@angular/common/http';
import { MatTableDataSource } from '@angular/material/table';
import { MatPaginator } from '@angular/material/paginator';

import { City } from './city';

@Component({
    selector: 'app-cities',
    templateUrl: './cities.component.html',
    styleUrls: ['./cities.component.css']
})
export class CitiesComponent {
  public cities: City[];

  constructor(
  private http: HttpClient,
  @Inject('BASE_URL') private baseUrl: string) {
}

ngOnInit() {
  http.get<City[]>(baseUrl + 'api/Cities')
      .subscribe(result => {
          this.cities = result;
      }, error => console.error(error));
  }
}
```

最后，需要在 cities.component.html 文件中的</table>关闭标签后面，添加下面的分页指令：

```
// ...existing code...

  <tr mat-header-row *matHeaderRowDef="displayedColumns"></tr>
  <tr mat-row *matRowDef="let row; columns: displayedColumns;"></tr>
</table>

<!-- Pagination directive -->
<mat-paginator [hidden]="!cities"
    [pageSize]="10"
    [pageSizeOptions]="[10, 20, 50]"
    showFirstLastButtons></mat-paginator>
```

可以看到，我们再次使用了[hidden]特性绑定，在加载完城市之前隐藏分页组件。<mat-paginator>

元素上的其他属性配置了一些 MatPaginatorModule UI 选项，例如默认页面大小，以及想要提供给用户使用的所有页面大小选项的一个数组。

现在，按 F5 键查看效果，如图 5-6 所示。

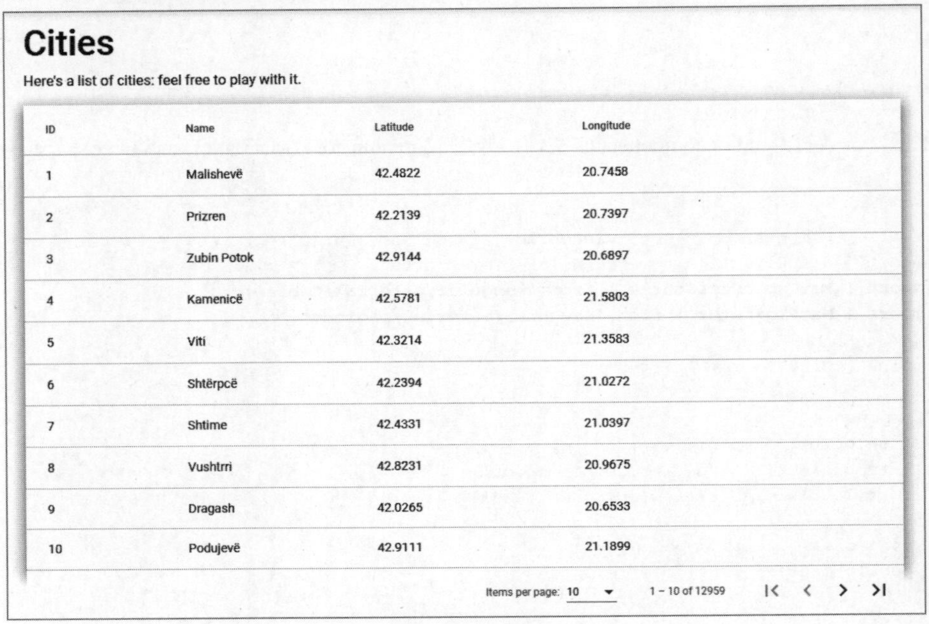

Cities

Here's a list of cities: feel free to play with it.

ID	Name	Latitude	Longitude
1	Malishevë	42.4822	20.7458
2	Prizren	42.2139	20.7397
3	Zubin Potok	42.9144	20.6897
4	Kamenicë	42.5781	21.5803
5	Viti	42.3214	21.3583
6	Shtërpcë	42.2394	21.0272
7	Shtime	42.4331	21.0397
8	Vushtrri	42.8231	20.9675
9	Dragash	42.0265	20.6533
10	Podujevë	42.9111	21.1899

Items per page: 10　　1 – 10 of 12959　　|< 　< 　> 　>|

图 5-6　显示效果

现在，表格只显示前 10 个城市。右下角有一个分页组件，允许使用箭头导航各个页面。最终用户甚至能够使用一个下拉列表，选择在一个页面中显示多少项(每页 10 个、20 个或 50 个城市)。看上去我们实现了目标。

但是，如果仔细思考一下，就会发现其实还没有真正实现目标。的确，现在用户能够方便地浏览表格，并不需要上下滚动页面。但其实可以想到，所有行仍然加载到页面：我们并没有告诉服务器来实际支持分页请求，所以仍然与之前一样，通过.NET Core API 控制器从数据提供者那里获取所有城市。事实上，它们只不过是被前端隐藏了起来。

这意味着与之前一样，在服务器端和客户端仍然存在性能问题：对于服务器端，体现在庞大的 SQL 查询结果和 JSON 结构；对于客户端，体现在每次分页操作都需要显示/隐藏大量 HTML 行，导致页面发生变化。

为减轻上述问题，需要把分页操作从客户端移到服务器端，这是下一节要介绍的内容。

2. 服务器端分页

实现服务器端分页比实现客户端分页更复杂一些。需要执行的操作如下。

- 修改 CitiesController.NET Core 类，使其支持分页的 HTTP GET 请求。
- 创建一个新的 ApiResult .NET 类，用于改善.NET Core 控制器的 JSON 响应。
- 修改 cities.controller.ts Angular 组件和当前的 MatPaginatorModule 配置，使其能够发出新的 GET 请求，并处理新的 JSON 响应。

接下来就实现这些修改。

3. CitiesController

CitiesController 的 GetCities 方法返回一个 JSON 数组，其中默认包含数据库中的全部 13 000 个城市。从服务器端性能的角度看，这显然不合适，所以需要修改这种行为。理想情况下，我们想只返回少量城市，通过在方法签名中添加一些必要的变量，如 pageIndex 和 pageSize，很容易实现这种行为。

接下来展示如何修改方法签名来实现这种行为(已经突出显示了更新后的行)：

```
// ...existing code...

[HttpGet]
public async Task<ActionResult<IEnumerable<City>>> GetCities(
    int pageIndex = 0,
    int pageSize = 10)
{
    return await _context.Cities
                .Skip(pageIndex * pageSize)
                .Take(pageSize)
                .ToListAsync();
    }
// ...existing code...
```

我们还为这些变量指定了一些合理的默认值，以免在默认情况下产生庞大的 JSON 响应。

我们来快速测试一下刚才的修改。按 F5 键，然后在浏览器地址栏中键入下面的 URL：https://localhost:44334/api/Cities/?pageIndex=0pageSize=10。

得到的结果如图 5-7 所示。


```
[
  {
    "id": 1,
    "name": "Malishevë",
    "name_ASCII": "Malisheve",
    "lat": 42.4822,
    "lon": 20.7458,
    "countryId": 1,
    "country": null
  },
  {
    "id": 2,
    "name": "Prizren",
    "name_ASCII": "Prizren",
    "lat": 42.2139,
    "lon": 20.7397,
    "countryId": 1,
    "country": null
  },
  {
    "id": 3,
    "name": "Zubin Potok",
    "name_ASCII": "Zubin Potok",
    "lat": 42.9144,
    "lon": 20.6897,
    "countryId": 1,
    "country": null
  },
  {
    "id": 4,
    "name": "Kamenicë",
    "name_ASCII": "Kamenice",
    "lat": 42.5781,
    "lon": 21.5803,
    "countryId": 1,
    "country": null
  },
  {
    "id": 5,
    "name": "Viti",
```


图 5-7　得到的结果

看起来我们的计划起作用了。

但是，还有一个重要的问题需要解决：如果只是返回包含 10 个城市的 JSON 数组，那么 Angular 应用将无法知道数据库中存在多少个城市。如果不知道该信息，分页组件就很难像前面实现的客户端分页那样合理工作。

简言之，需要采用一种方式向 Angular 应用提供额外信息，例如：

- 可用的总页数(和/或总记录数)
- 当前页面
- 每个页面上的记录数

坦白说，唯一必要的信息是第一条信息，因为知道了该信息，Angular 客户端就能跟踪另外两条信息；但是，既然我们要实现第一条信息，干脆返回上面的全部 3 条信息，从而简化前端的工作。

为此，最好创建一个专门的响应类型类，后面将大量使用该类。

4. ApiResult

在 Solution Explorer 中，右击 Data 文件夹，添加一个新的 ApiResult.cs C#类。然后，在其中添加下面的内容：

```
using Microsoft.EntityFrameworkCore;
using System;
using System.Collections.Generic;
using System.Linq;
using System.Threading.Tasks;

namespace WorldCities.Data
{
    public class ApiResult<T>
    {
        /// <summary>
        /// Private constructor called by the CreateAsync method.
        /// </summary>
        private ApiResult(
            List<T> data,
            int count,
            int pageIndex,
            int pageSize)
        {
            Data = data;
            PageIndex = pageIndex;
            PageSize = pageSize;
            TotalCount = count;
            TotalPages = (int)Math.Ceiling(count / (double)pageSize);
        }
        #region Methods
        /// <summary>
        /// Pages a IQueryable source.
        /// </summary>
        /// <param name="source">An IQueryable source of generic
        /// type</param>
        /// <param name="pageIndex">Zero-based current page index
        /// (0 = first page)</param>
        /// <param name="pageSize">The actual size of each
        /// page</param>
```

```
/// <returns>
/// A object containing the paged result
/// and all the relevant paging navigation info.
/// </returns>
public static async Task<ApiResult<T>> CreateAsync(
    IQueryable<T> source,
    int pageIndex,
    int pageSize)
{
    var count = await source.CountAsync();
    source = await source
        .Skip(pageIndex * pageSize)
        .Take(pageSize);

    var data = await source.ToListAsync();

    return new ApiResult<T>(
        data,
        count,
        pageIndex,
        pageSize);
}
#endregion

#region Properties
/// <summary>
/// The data result.
/// </summary>
public List<T> Data { get; private set; }

/// <summary>
/// Zero-based index of current page.
/// </summary>
public int PageIndex { get; private set; }

/// <summary>
/// Number of items contained in each page.
/// </summary>
public int PageSize { get; private set; }

/// <summary>
/// Total items count
/// </summary>
public int TotalCount { get; private set; }

/// <summary>
/// Total pages count
/// </summary>
public int TotalPages { get; private set; }

/// <summary>
/// TRUE if the current page has a previous page,
/// FALSE otherwise.
/// </summary>
public bool HasPreviousPage
{
```

```
            get
            {
                    return (PageIndex > 0);
            }
        }

        /// <summary>
        /// TRUE if the current page has a next page, FALSE otherwise.
        /// </summary>
        public bool HasNextPage
        {
            get
            {
                    return ((PageIndex +1) < TotalPages);
            }
        }
        #endregion
    }
}
```

这个 async 类包含一些值得注意的内容。下面总结一下其中最重要的地方。

- Data：List<T>类型的一个属性，用于保存分页后的数据(将被转换为一个 JSON 数组)。
- PageIndex：返回当前页面的基于 0 的索引(0 代表第一个页面，1 代表第二个页面，以此类推)。
- PageSize：返回总页面大小(TotalCount/PageSize)。
- TotalCount：返回总的 Item 个数。
- TotalPages：返回总页面数，考虑到了 Items 总数(TotalCount/PageSize)。
- HasPreviousPage：如果当前页面有上一个页面，则返回 True，否则返回 False。
- HasNextPage：如果当前页面有下一个页面，则返回 True，否则返回 False。

这些正是我们需要的属性；通过查看前面的代码，很容易理解这些值的计算逻辑。

除了这些属性外，该类基本上围绕着静态方法 CreateAsync<T> (IQueryable<T> source, int pageIndex, int pageSize)工作，该方法用于对一个 Entity Framework IQueryable 对象分页。

　　提示　需要指出，由于构造函数被标记为 private，所以不能在外部实例化 ApiResult 类，而只能使用静态的 CreateAsync 工厂方法来创建它。实现这种行为有很好的理由：因为无法定义 async 构造函数，所以只能使用一个静态的 async 方法来返回一个类实例；构造函数被设置为 private，是为了防止开发人员直接使用构造函数，而不是使用工厂方法，因为在设置为 private 后，就只能通过该工厂方法来实例化这个类。

接下来展示了如何在 CitiesController 的 GetCities 方法中使用新的 ApiResult 类：

```
// ...existing code...

// GET: api/Cities
// GET: api/Cities/?pageIndex=0&pageSize=10
[HttpGet]
public async Task<ActionResult<ApiResult<City>>> GetCities(
        int pageIndex = 0,
        int pageSize = 10)
{
    return await ApiResult<City>.CreateAsync(
            _context.Cities,
```

```
            pageIndex,
            pageSize
            );
}

// ...existing code...
```

现在，就能够获取 10 个城市，以及我们需要的全部信息。

像前面一样，按 F5 键，并导航到相同的 URL：https://localhost:44334/api/Cities/?pageIndex=0pageSize=10。

图 5-8 显示了更新后的 JSON 响应。

```
            "id": 9,
            "name": "Dragash",
            "name_ASCII": "Dragash",
            "lat": 42.0265,
            "lon": 20.6533,
            "countryId": 1,
            "country": null
        },
        {
            "id": 10,
            "name": "Podujevë",
            "name_ASCII": "Podujeve",
            "lat": 42.9111,
            "lon": 21.1899,
            "countryId": 1,
            "country": null
        }
    ],
    "pageIndex": 0,
    "pageSize": 10,
    "totalCount": 12959,
    "totalPages": 1296,
    "hasPreviousPage": false,
    "hasNextPage": true
}
```

图 5-8   更新后的 JSON 响应

如果向下滚动到页面的底部，会看到我们需要的那些属性都在这里。

这种实现的唯一缺点是，用于获取这种结果的 URL 很不好看。在继续介绍 Angular 之前，花一些时间来看看是否能够美化这个 URL 会很有用。

理论上讲，通过按照下面的方式，在 CitiesController.cs 文件中实现一个专门的路由，可以比前面做得更好(下面突出显示了需要更新的行，但是看看就好，不要真的在代码中做这种修改)：

```
// ...existing code...

// GET: api/Cities
// GET: api/Cities/?pageIndex=0&pageSize=10
// GET: api/Cities/0/10
[HttpGet]
[Route("{pageIndex?}/{pageSize?}")]
public async Task<ActionResult<ApiResult<City>>> GetCities(
        int pageIndex = 0,
        int pageSize = 10)
{
    return await ApiResult<City>.CreateAsync(
```

```
            _context.Cities,
            pageIndex,
            pageSize
            );
}

// ...existing code...
```

通过实现该路由，就可使用下面这个新的 URL 来调用 GetCities 动作方法：
https://localhost:44334/api/Cities/0/10。

相比下面的 URL，可以说新的 URL 更好一些：https://localhost:44334/api/Cities/?pageIndex=0pageSize=10。

但是，至少在现在，我们不做这种修改。这种修改意味着无法添加额外参数，从定制选项的角度看，这将是巨大损失，稍后就会看到这一点。

现在，我们更新 Angular 的 CitiesComponent，使其使用新的、优化后的方式从服务器获取城市。

5. CitiesComponent

我们只需要修改下面的 Angular 文件：

- CitiesComponent TypeScript 文件，这里添加了所有数据获取逻辑，现在需要更新它们。
- CitiesComponent HTML 文件，用于将具体事件绑定到 MatPaginator 元素。

现在就动手修改。

打开 cities.component.ts 文件，执行下面的修改(已经突出显示新的/更新后的行)：

```typescript
import { Component, Inject, ViewChild } from '@angular/core';
import { HttpClient, HttpParams } from '@angular/common/http';
import { MatTableDataSource } from '@angular/material/table';
import { MatPaginator, PageEvent } from '@angular/material/paginator';

import { City } from './city';

@Component({
    selector: 'app-cities',
    templateUrl: './cities.component.html',
    styleUrls: ['./cities.component.css']
})
export class CitiesComponent {
    public displayedColumns: string[] = ['id', 'name', 'lat', 'lon'];
    public cities: MatTableDataSource<City>;

    @ViewChild(MatPaginator) paginator: MatPaginator;

    constructor(
      private http: HttpClient,
      @Inject('BASE_URL') private baseUrl: string) {
    }

    ngOnInit() {
        var pageEvent = new PageEvent();
        pageEvent.pageIndex = 0;
        pageEvent.pageSize = 10;
        this.getData(pageEvent);
    }
```

```
getData(event: PageEvent) {
  var url = this.baseUrl + 'api/Cities;
  var url = this.baseUrl + 'api/Cities';
  var params = new HttpParams()
      .set("pageIndex", event.pageIndex.toString())
      .set("pageSize", event.pageSize.toString());
  this.http.get<any>(url, { params })
  .subscribe(result => {
      this.paginator.length = result.totalCount;
      this.paginator.pageIndex = result.pageIndex;
      this.paginator.pageSize = result.pageSize;
      this.cities = new MatTableDataSource<City>(result.data);
  }, error => console.error(error));
  }
}
```

接下来总结一下上面的修改：
- 我们使用@ViewChild装饰器来设置一个静态视图查询，并将其结果存储到paginator变量中；这允许我们访问和操纵前面在组件类的组件模板中设置的 MatPaginator 实例。
- 我们从 ngOnInit()生命周期钩子方法中移除了 HttpClient，并把整个数据获取逻辑放到一个单独的 getData()方法中。为此，我们定义了两个内部类变量来保存 HttpClient 和 baseUrl，以便能够在多个 getData()调用中多次使用它们。
- 我们修改了数据获取逻辑来匹配新的 JSON 响应对象。
- 我们修改了 paginator 配置策略，以手动设置从服务器端获取的值，而不是让服务器端自动确定它们；必须这么做，否则它将考虑从每个 HTTP 请求收到的少量城市(而不是全部城市)并对它们进行分页。

在前面的代码实现的各种新功能中，需要对@ViewChild 装饰器再多说几句：简言之，它可以用来在 Angular 组件中获取一个 DOM 模板元素的引用，所以每当需要操纵该元素的属性时，这都是一个很有用的功能。

从前面的代码可以看到，@ViewChild 装饰器使用了一个选择器来定义，必须使用这个选择器来访问该 DOM 元素。这个选择器可以是一个类名(如果类有@Component 或@Directive 装饰器)、一个模板引用变量或子组件树中定义的一个提供者等。在我们的具体场景中，使用了 MatPaginator 类名称，因为它有@Component 装饰器。

　　注意　@ViewChild 装饰器还接受另外一个参数，在 Angular 8 之前的版本中，该参数都是必需的参数，但到了 Angular 9，该参数成为可选参数。这个参数是一个静态标志，可以是 true 或 false(在 Angular 9 中，它默认为 false)。如果显式将这个标志设置为 true，则在运行变化检测阶段前从模板获取@ViewChild(即，甚至在 ngOnInit()生命周期钩子方法前获取)；反过来，如果该元素在一个嵌套视图(例如，一个具有*ngIf 条件显示指令的视图)内，则在变化检测阶段后完成组件/元素获取任务，否则在变化检测阶段之前完成这种任务。
　　因为我们在模板中使用了[hidden]特性绑定而不是*ngIf 指令，所以即使不把该标志设置为 true，MatPaginator 也不会遇到初始化问题。
　　关于@ViewChild 装饰器的更多信息，建议查看下面的 Angular 文档：
　　https://angular.io/api/core/ViewChild。

至于 cities.component.html 文件，只需要在<mat-paginator>指令中添加一行，将 getData()事件绑定到每个分页事件，如下面的代码所示(已经突出显示了新行)。

```
// ...existing code

<!-- Pagination directive -->
<mat-paginator [hidden]="!cities"
    (page)="pageEvent = getData($event)"
    [pageSize]="10"
    [pageSizeOptions]="[10, 20, 50]"
    showFirstLastButtons></mat-paginator>
```

这个简单的绑定扮演了一个重要角色：它确保每次用户与 paginator 元素交互来改变页面；请求上一个/下一个页面、第一个/最后一个页面，以及修改页面中显示的条目数等时，都会调用 getData()事件。很容易理解，进行服务器端分页需要用到这种调用，因为每次要显示不同的行时，都需要从服务器获取更新后的数据。

完成修改后，按 F5 键，导航到 Cities 视图来查看效果。如果一切正确，应该会看到与前面相同的 UI，如图 5-9 所示。

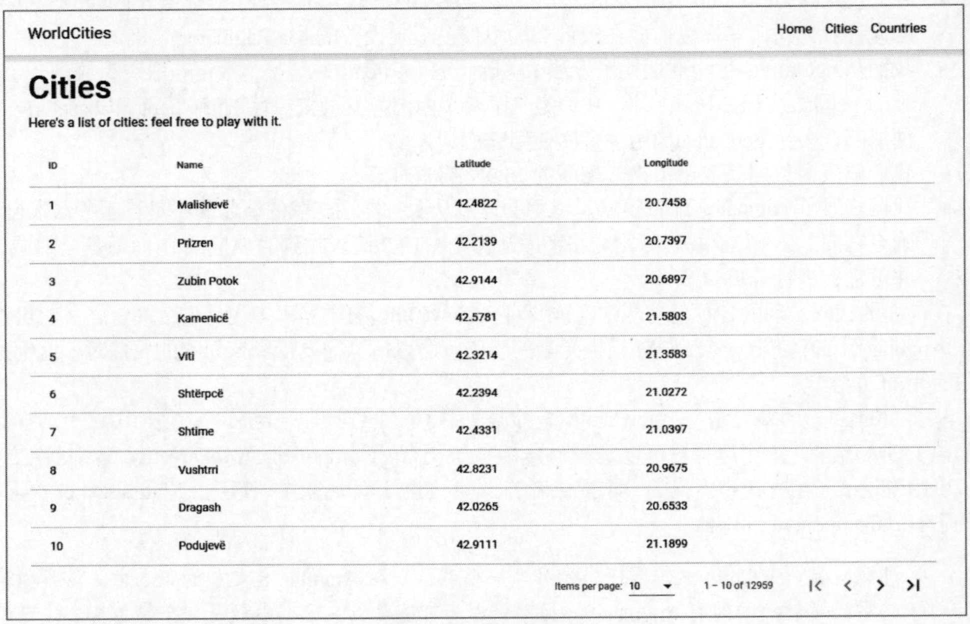

图 5-9　与前面相同的 UI

但这一次，整体性能更好，响应速度更快。这是因为我们没有在后端处理几千个 JSON 条目和HTML 表格行，而是使用改进后的服务器端逻辑，一次获取少量的记录(即我们看到的那些记录)。

完成分页逻辑后，终于能够处理排序了。

5.3.3　MatSortModule

为了实现排序，我们将使用 MatSortModule，可以像实现 paginator 模块一样实现它。

这一次，不会像前面实现分页时那样，先尝试在客户端实现排序，而是从一开始就选择在服务器端实现。

1. 扩展 ApiResult

首先处理.NET Core 后端部分。

还记得前面创建的 ApiResult 类吗？现在来改进其源代码，添加排序支持。

在 Solution Explorer 中，打开/Data/ApiResult.cs 文件，相应地更新其内容(已经突出显示新的/更新的行)：

```
using Microsoft.EntityFrameworkCore;
using System;
using System.Collections.Generic;
using System.Linq;
using System.Threading.Tasks;
using System.Linq.Dynamic.Core;
using System.Reflection;

namespace WorldCities.Data
{
    public class ApiResult<T>
    {
        /// <summary>
        /// Private constructor called by the CreateAsync method.
        /// </summary>
        private ApiResult(
            List<T> data,
            int count,
            int pageIndex,
            int pageSize,
            string sortColumn,
            string sortOrder)
        {
            Data = data;
            PageIndex = pageIndex;
            PageSize = pageSize;
            TotalCount = count;
            TotalPages = (int)Math.Ceiling(count / (double)pageSize);
            SortColumn = sortColumn;
            SortOrder = sortOrder;
        }

        #region Methods
        /// <summary>
        /// Pages and/or sorts a IQueryable source.
        /// </summary>
        /// <param name="source">An IQueryable source of generic
        /// type</param>
        /// <param name="pageIndex">Zero-based current page index
        /// (0 = first page)</param>
        /// <param name="pageSize">The actual size of each
        /// page</param>
        /// <param name="sortColumn">The sorting column name</param>
        /// <param name="sortOrder">The sorting order ("ASC" or
        /// "DESC")</param>
        /// <returns>
        /// A object containing the IQueryable paged/sorted result
        /// and all the relevant paging/sorting navigation info.
```

```
/// </returns>
public static async Task<ApiResult<T>> CreateAsync(
    IQueryable<T> source,
    int pageIndex,
    int pageSize,
    string sortColumn = null,
    string sortOrder = null)
{

    var count = await source.CountAsync();

    if (!String.IsNullOrEmpty(sortColumn)
        && IsValidProperty(sortColumn))
    {
        sortOrder = !String.IsNullOrEmpty(sortOrder)
            && sortOrder.ToUpper() == "ASC"
            ? "ASC"
            : "DESC";
        source = source.OrderBy(
            String.Format(
            "{0} {1}",
            sortColumn,
            sortOrder)
        );
    }
    source = source
        .Skip(pageIndex * pageSize)
        .Take(pageSize);
    var data = await source.ToListAsync();
    return new ApiResult<T>(
            data,
            count,
            pageIndex,
            pageSize,
            sortColumn,
            sortOrder);
}
#endregion
#region Methods
/// <summary>
/// Checks if the given property name exists
/// to protect against SQL injection attacks
/// </summary>
public static bool IsValidProperty(
    string propertyName,
    bool throwExceptionIfNotFound = true)
{
    var prop = typeof(T).GetProperty(
        propertyName,
        BindingFlags.IgnoreCase |
        BindingFlags.Public |
        BindingFlags.Instance);
    if (prop == null && throwExceptionIfNotFound)
        throw new NotSupportedException(
            String.Format(
                "ERROR: Property '{0}' does not exist.",
                propertyName)
```

```
            );
        return prop != null;
    }
    #endregion

    #region Properties
    /// <summary>
    /// The data result.
    /// </summary>
    public List<T> Data { get; private set; }

    /// <summary>
    /// Zero-based index of current page.
    /// </summary>
    public int PageIndex { get; private set; }

    /// <summary>
    /// Number of items contained in each page.
    /// </summary>
    public int PageSize { get; private set; }

    /// <summary>
    /// Total items count
    /// </summary>
    public int TotalCount { get; private set; }

    /// <summary>
    /// Total pages count
    /// </summary>
    public int TotalPages { get; private set; }

    /// <summary>
    /// TRUE if the current page has a previous page,
    /// FALSE otherwise.
    /// </summary>
    public bool HasPreviousPage
    {
        get
        {
            return (PageIndex > 0);
        }
    }

    /// <summary>
    /// TRUE if the current page has a next page, FALSE otherwise.
    /// </summary>
    public bool HasNextPage
    {
        get
        {
            return ((PageIndex +1) < TotalPages);
        }
    }

    /// <summary>
    /// Sorting Column name (or null if none set)
```

```
                /// </summary>
                public string SortColumn { get; set; }

                /// <summary>
                /// Sorting Order ("ASC", "DESC" or null if none set)
                /// </summary>
                public string SortOrder { get; set; }
                #endregion
        }
}
```

这里做的修改基本上就是对类的主静态方法添加两个新的 sortColumn 和 sortOrder 特性，并通过代码实现它们。另外定义了两个同名的新属性(采用大写形式)，使排序细节也包含在 JSON 响应中，就像分页那样。

需要注意，因为我们是在把 LINQ 到 SQL 的查询与来自客户端的字面量数据组合起来，所以还添加了一个新的 IsValidProperty()方法，它将检查指定的 sortColumn 确实是正在处理的泛型<T>实体的一个类型属性。正如该方法的注释所说，这实际上是一种安全举措，用来预防 SQL 注入攻击。这是一个非常重要的安全问题，稍后将会详细介绍。

如果在做完这些修改后立即生成项目，则很可能会遇到一些编译错误，例如：

```
Error CS0246: The type or namespace name System.Linq.Dynamic could not
be found (are you missing a using directive or an assembly
reference?).
```

不必担心，这完全是正常的：我们只需要在项目中添加一个新的 NuGet 包。

2. 安装 System.Linq.Dynamic.Core

在改进的 ApiResult 源代码中，使用了 IQueryable<T>.OrderBy()扩展方法来应用列排序，它包含在 System.Linq.Dynamic.Core 命名空间中；通过使用这个库，能够在 IQueryable 上编写动态 LINQ 查询(基于字符串)，正如前面的代码所示。

遗憾的是，System.Linq.Dynamic.Core 没有直接包含在.NET Core 的二进制文件中，所以要使用这些功能，需要通过 NuGet 添加这个库。

为此，最快捷的方式是打开 Visual Studio 的 Package Manager Console，执行下面的命令：

```
> Install-Package System.Linq.Dynamic.Core
```

确保安装 System.Linq.Dynamic.Core，而不是 System.Linq.Dynamic，后者是.NET Framework 4.0 中使用的库，无法用于.NET Core Web 应用程序项目。

提示 在撰写本书时，System.Linq.Dynamic.Core 包的最新版本是 1.0.19，对于我们的目的来说完全没有问题。

如果想了解这个包的更多信息，建议阅读下面的资源。

NuGet 网站：

https://www.nuget.org/packages/System.Linq.Dynamic.Core/。

GitHub 项目：

https://github.com/StefH/System.Linq.Dynamic.Core。

3. LINQ 是什么?

考虑到你可能没有听说过 LINQ,在介绍后面的内容之前,我们先简单介绍一下 LINQ。

LINQ 的全称是 Language-Integrated Query(语言集成查询),它是 Microsoft .NET Framework 的一套技术的代号,为.NET 语言(如 C#和 VB.NET)添加了数据查询能力。LINQ 于 2007 年第一次发布,当时是.NET Framework 3.5 的主要新功能之一。

LINQ 的主要目的是使开发人员能够使用一级语言结构编写结构化数据查询,而不需要针对每种类型的数据源(集合类型、SQL、XML、CSV 等)学习不同的查询语言。对于这些主流数据源类型,都存在一个 LINQ 实现,为对象(LINQ to Objects)、Entity Framework 实体(LINQ to Entities)、关系数据库(LINQ to SQL)、XML(LINQ to XML)等提供了相同的查询体验。

通过使用两种不同但是互补的方法,可以表达 LINQ 结构化查询:

- lambda 表达式,例如:

```
var city = _context.Cities.Where(c => c.Name == "New York").First();
```

- 查询表达式,例如:

```
var city = (from c in _context.Cities where c.Name == "New York" select c).First();
```

这两种方法将得到相同的结果,并且性能是相同的,因为在编译查询表达式之前,将先把它们转换为对应的 lambda 表达式形式。

> **注意**　关于 LINQ、lambda 表达式和查询表达式的更多信息,请访问下面的链接。
>
> LINQ:
> https://docs.microsoft.com/en-us/dotnet/csharp/linq/。
> LINQ lambda 表达式(C# Programming Guide):
> https://docs.microsoft.com/en-us/dotnet/csharp/programmingguide/statements-expressions-operators/lambda-expressions。
> LINQ 查询表达式的基础知识:
> https://docs.microsoft.com/en-us/dotnet/csharp/linq/queryexpression-basics。

4. Linq.Dynamic.Core 的优缺点

.NET Framework 自从 v3.5 版本以来就内置了 LINQ,.NET 也提供了这种功能,那么,System.Linq.Dynamic.Core 包实际做什么工作? 我们为什么要使用它?

从前面的两个例子可以看到,lambda 表达式和查询表达式都采用了强类型的方法:每当使用 LINQ 查询任何类型的对象时,编译器必须知道源类型(以及我们想让查询检查的所有属性)。这意味着无法将这些技术用于泛型对象(object)或类型(<T>)。Linq.Dynamic 能够在这种场景中一展拳脚,允许开发人员使用字符串字面量编写 lambda 表达式和查询表达式,并使用反射把它们转换成为强类型的对应表达式。

下面使用 System.Linq.Dynamic.Core 重写了前面的查询:

```
var city = _context.Cities.Where("Name = @1", "New York").First();
```

我们可以立即看到区别,以及这种方法带来的巨大优势。使用这种方法时,无论处理的是强类型对象还是泛型类型,都能够动态构建查询,就像之前在 ApiResult 的源代码中做的那样。

但是,这种方法也有一个重要缺点:代码变得更难测试,并且更容易出错,这至少有两个重要原因。

- 使用不正确的字符串字面量将造成查询错误，这几乎总会导致程序崩溃。
- 取决于构建查询的方式和/或动态字符串的来源，出现不当查询(包括 SQL 注入攻击)的概率会呈指数级增长。

第一个原因已经很糟糕，第二个原因更严重：不能防御 SQL 注入攻击可能导致灾难性后果，因此一定要尽力避免出现这种情况，包括移除 System.Linq.Dynamic.Core 包。

 注意　如果不知道 SQL 注入是什么，以及/或 SQL 注入的危险性，建议阅读 Cisco Security Intelligence 团队的 Tim Sammut 和 Mike Schiffman 撰写的如下指南。

理解 SQL 注入：

https://tools.cisco.com/security/center/resources/sql_injection。

5. 防止 SQL 注入

好消息是，我们并不需要那么做。虽然从客户端取得了两个具有潜在危险的变量字符串(sortColumn 和 sortOrder)，但是在前面的 ApiResult 源代码中，已经添加了有效的防御措施。

对于 sortOrder，我们采取了下面的防御措施：

```
//... existing code...

sortOrder = !String.IsNullOrEmpty(sortOrder)
    && sortOrder.ToUpper() == "ASC"
    ? "ASC"
    : "DESC";

//... existing code...
```

可以看到，在其他地方使用它之前，我们先把它转换为 ASC 或 DESC，从而不给 SQL 注入留出机会。

处理 sortColumn 参数要复杂得多，因为理论上，它可以包含映射到任何实体的任何列名：id、name、lat、log、iso2、ios3 等。如果全部检查它们，将需要一个非常长的条件语句块！而且，当我们在项目中添加新的实体和/或属性时，代码将变得很难维护。

因此，我们选择一种完全不同的、可能更好的方法，这种方法依赖于下面的 IsValidProperty 方法：

```
// ...existing code...

public static bool IsValidProperty(
    string propertyName,
    bool throwExceptionIfNotFound = true)
{
    var prop = typeof(T).GetProperty(
        propertyName,
        BindingFlags.IgnoreCase |
        BindingFlags.Public |
        BindingFlags.Instance);
    if (prop == null && throwExceptionIfNotFound)
        throw new NotSupportedException(
            String.Format(
                "ERROR: Property '{0}' does not exist.",
                propertyName)
```

```
        );
    return prop != null;
}

// ...existing code...
```

可以看到，该方法检查给定 propertyName 是否对应于<T>泛型实体类中现有的类型化 Property。如果对应，则返回 True，否则，抛出一个 NotSupportedException(或者返回 False，具体返回什么要取决于如何调用该方法)。这是防止代码遭受 SQL 注入的一种好方法，因为有潜在危险的字符串不可能匹配到实体的属性。

> **提示**　属性名检查是通过使用 System.Reflection 实现的，这种技术用于在运行时审查和/或获取类型的元数据。要使用反射，需要在类中包含 System.Reflection 命名空间。在改进的 ApiResult 的源代码中，我们在开头位置包含了该命名空间。
> 关于 System.Reflection 的更多信息，请查看下面的指南:
> https://docs.microsoft.com/en-us/dotnet/csharp/programmingguide/concepts/reflection。

分析 ApiResult 的源代码可知，我们采用下面的方式调用该方法:

```
if (!String.IsNullOrEmpty(sortColumn)
    && IsValidProperty(sortColumn))
{
    /// if we are here, sortColumn is safe to use
}
```

这些花括号定义了防范 SQL 注入的安全区域，只要我们在这里处理 sortColumn，就没有什么可担心的。

> **注意**　坦白说，即使实现了这种防御性方法，仍然可能遭受一种小威胁: 如果有一些保留的列/属性(如系统列)，不想让客户端与它们交互，前面的防御措施并不能阻止客户端与它们交互。即使无法确认它们的存在或者读取它们的数据，但只要通过某种方式知道了它们的准确名称，有经验的用户就仍然能够按照它们对表格结果进行"排序"。
> 如果想防止这种不太可能发生、但理论上有可能存在的问题，就可以把这些属性设置为 private(因为我们告诉 IsValidProperty 方法只检查 public 属性)，重新思考整个方法逻辑，使其更适合我们的安全需求。

6. 更新 CitiesController

改进 ApiResult 类之后，就可以在 CitiesController 中实现它了。

打开/Controllers/CitiesController.cs 文件，并相应地修改其内容(已经突出显示了更新后的行):

```
// ..existing code...

// GET: api/Cities
// GET: api/Cities/?pageIndex=0&pageSize=10
// GET: api/Cities/?pageIndex=0&pageSize=10&sortColumn=name&
// sortOrder=asc
[HttpGet]
public async Task<ActionResult<ApiResult<City>>> GetCities(
        int pageIndex = 0,
```

```
        int pageSize = 10,
        string sortColumn = null,
        string sortOrder = null)
{
    return await ApiResult<City>.CreateAsync(
            _context.Cities,
            pageIndex,
            pageSize,
            sortColumn,
              sortOrder);
}

// ..existing code...
```

后端部分已经完成了，接下来就处理前端。

7. 更新 Angular 应用

与前面一样，需要修改三个文件：

- 在 angular-material.module.ts 文件中添加新的@angular/material 模块。
- 在 cities.component.ts 文件中实现排序业务逻辑。
- 在 cities.component.html 文件中绑定 UI 模板对应的.ts 文件中定义的新变量、方法和引用。

8. angular-material.module.ts

打开/ClientApp/src/app/angular-material.module.ts 文件，按照如下所示修改其内容(已经突出显示了更新后的行)：

```
import { NgModule } from '@angular/core';
import { MatTableModule } from '@angular/material/table';
import { MatPaginatorModule } from '@angular/material/paginator';
import { MatSortModule } from '@angular/material/sort';

@NgModule({
  imports: [
    MatTableModule,
    MatPaginatorModule,
    MatSortModule
  ],
  exports: [
    MatTableModule,
    MatPaginatorModule,
    MatSortModule
  ]
})

export class AngularMaterialModule { }
```

从现在开始，就能够在任何 Angular 组件中使用 import 导入 MatSortModule 相关的类。

9. cities.component.ts

打开 cities.component.ts 文件，进行如下所示的修改(已经突出显示了更新后的行)：

```
import { Component, Inject, ViewChild } from '@angular/core';
```

```typescript
import { HttpClient, HttpParams } from '@angular/common/http';
import { MatTableDataSource } from '@angular/material/table';
import { MatPaginator, PageEvent } from '@angular/material/paginator';
import { MatSort } from '@angular/material/sort';

import { City } from './city';

@Component({
  selector: 'app-cities',
  templateUrl: './cities.component.html',
  styleUrls: ['./cities.component.css']
})
export class CitiesComponent {
public displayedColumns: string[] = ['id', 'name', 'lat', 'lon'];
public cities: MatTableDataSource<City>;

defaultPageIndex: number = 0;
defaultPageSize: number = 10;
public defaultSortColumn: string = "name";
public defaultSortOrder: string = "asc";

@ViewChild(MatPaginator) paginator: MatPaginator;
@ViewChild(MatSort) sort: MatSort;

constructor(
  private http: HttpClient,
  @Inject('BASE_URL') private baseUrl: string) {
}

ngOnInit() {
    this.loadData();
}

loadData() {
    var pageEvent = new PageEvent();
    pageEvent.pageIndex = this.defaultPageIndex;
    pageEvent.pageSize = this.defaultPageSize;
    this.getData(pageEvent);
}

getData(event: PageEvent) {
  var url = this.baseUrl + 'api/Cities';
  var params = new HttpParams()
    .set("pageIndex", event.pageIndex.toString())
    .set("pageSize", event.pageSize.toString())
    .set("sortColumn", (this.sort)
      ? this.sort.active
      : this.defaultSortColumn)
    .set("sortOrder", (this.sort)
      ? this.sort.direction
      : this.defaultSortOrder);
    this.http.get<any>(url, { params })
      .subscribe(result => {
          console.log(result);
          this.paginator.length = result.totalCount;
          this.paginator.pageIndex = result.pageIndex;
```

```
            this.paginator.pageSize = result.pageSize;
            this.cities = new MatTableDataSource<City>(result.data);
    }, error => console.error(error));
  }
}
```

下面解释了最重要的一些修改:

- 从@angular/material 包中导入 MatSort 引用。
- 添加了 4 个新的类变量来设置分页和排序的默认值: defaultPageIndex、defaultPageSize、defaultSortColumn 和 defaultSortOrder。其中两个变量被定义为 public,因为我们需要通过双向绑定在 HTML 模板中使用它们。
- 将一开始的 getData()调用从类的构造函数移到 loadData()函数中,以便能将其绑定到表格(稍后将会看到)。
- 在 HttpParams 对象中添加了 sortColumn 和 sortOrder HTTP GET 参数,以便能够将排序信息发送到服务器端。

10. cities.component.html

然后,打开 cities.component.html 文件,执行如下所示的修改(已经突出显示了更新后的行):

```
// ...existing code
<table mat-table [dataSource]="cities" class="mat-elevation-z8"
  [hidden]="!cities"
    matSort (matSortChange)="loadData()"
    matSortActive="{{defaultSortColumn}}"
    matSortDirection="{{defaultSortOrder}}">

  <!-- Id Column -->
  <ng-container matColumnDef="id">
    <th mat-header-cell *matHeaderCellDef mat-sort-header>ID</th>
    <td mat-cell *matCellDef="let city"> {{city.id}} </td>
  </ng-container>

  <!-- Name Column -->
  <ng-container matColumnDef="name">
    <th mat-header-cell *matHeaderCellDef mat-sort-header>Name</th>
    <td mat-cell *matCellDef="let city"> {{city.name}} </td>
  </ng-container>

  <!-- Lat Column -->
  <ng-container matColumnDef="lat">
    <th mat-header-cell *matHeaderCellDef mat-sort-header>Latitude
    </th>
    <td mat-cell *matCellDef="let city"> {{city.lat}} </td>
  </ng-container>

  <!-- Lon Column -->
  <ng-container matColumnDef="lon">
    <th mat-header-cell *matHeaderCellDef mat-sort-header>Longitude
    </th>
    <td mat-cell *matCellDef="let city"> {{city.lon}} </td>
  </ng-container>
```

```
        <tr mat-header-row *matHeaderRowDef="displayedColumns"></tr>
        <tr mat-row *matRowDef="let row; columns: displayedColumns;"></tr>
    </table>
// ...existing code...
```

下面简单介绍了上面做的工作。

- 在<table mat-table>元素中添加了下面的特性。
  - ◆ matSort：对前面添加到 cities.component.ts 文件中的局部变量 matSort 的引用。
  - ◆ (matSortChange)：这是一个事件绑定，在用户每次进行排序时执行 sortData()方法(也定义在前面的.ts 文件中)。
  - ◆ matSortActive 和 matSortDirection：前面定义在.ts 文件中的 defaultSortColumn 和 defaultSort-Order 变量的两个数据绑定。
- 对每个<th mat-header-cell>元素添加了 mat-sort-header 特性(对每个表格列添加一个)。

 注意　现在就能理解为什么不使用前面在.NET Core CitiesController 中定义的简明 URL，而是选择使用标准 GET 参数：借助于@angular/common/http 包中的 HttpParams 类，这种方法允许我们在代码中对请求添加任意数量的 HTTP GET 参数。

通过按 F5 键并导航到 Cities 视图，快速测试一下效果。应该会看到如图 5-10 所示的结果。 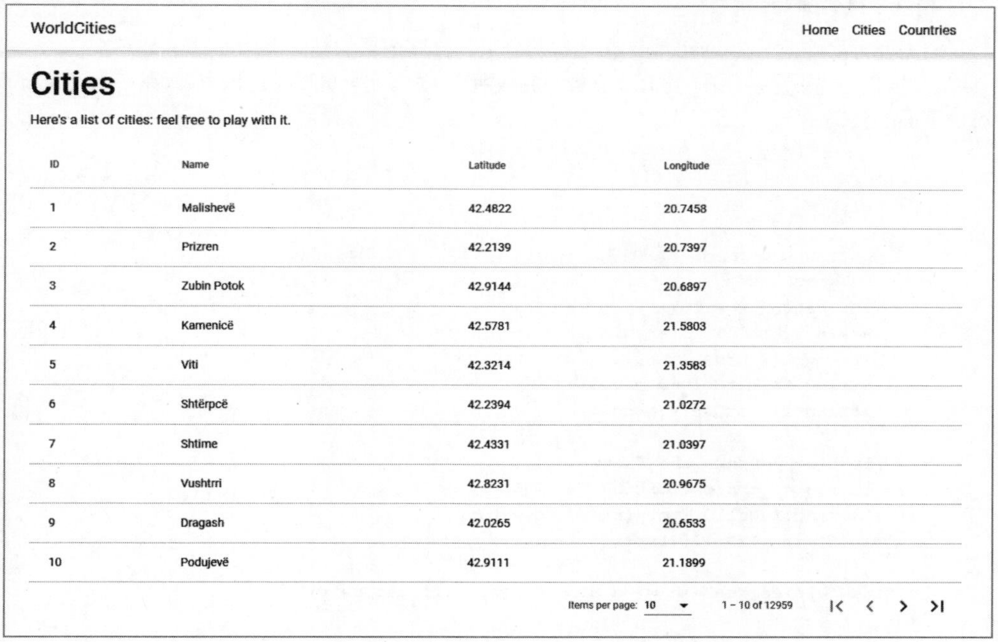

WorldCities			Home　Cities　Countries

Cities

Here's a list of cities: feel free to play with it.

ID	Name	Latitude	Longitude
1	Malishevë	42.4822	20.7458
2	Prizren	42.2139	20.7397
3	Zubin Potok	42.9144	20.6897
4	Kamenicë	42.5781	21.5803
5	Viti	42.3214	21.3583
6	Shtërpcë	42.2394	21.0272
7	Shtime	42.4331	21.0397
8	Vushtrri	42.8231	20.9675
9	Dragash	42.0265	20.6533
10	Podujevë	42.9111	21.1899

Items per page: 10　▼　　1 – 10 of 12959　　|< 　< 　> 　>|

图 5-10　测试结果

可以看到，现在城市按照字母顺序升序排列。单击列标题可按照我们的需要改变排序：第一次单击将按升序排列内容，第二次单击将按降序排列内容。

 提示　分页和排序功能同时存在，并没有造成问题；不必说，每当改变表格排序时，分页将返回到第一页。

实现排序后，只剩下最后一个功能了：过滤。

5.3.4　添加过滤功能

如果你认为能够通过创建另一个组件来实现过滤功能，就要失望了：Angular Material 没有为过滤提供一个专门的模块。这意味着我们无法使用标准方法在表格中添加过滤，而必须自己找到一种合理的方式。

一般来说，当需要自己开发一个功能时，首先要做的工作最好是设想一下这种功能是什么样子的。例如，在表格上方有一个 Search 输入字段，每当在其中输入一些内容时，将触发 CitiesComponent 的 getData()方法，从服务器上重新加载城市数据。这听起来怎么样？

我们来创建一个行动计划。

(1) 与前面一样，需要扩展 ApiResult 类，以便在服务器端通过代码处理过滤。

(2) 还需要修改.NET CitiesController 的 GetCities()动作方法的签名，以便能从客户端获取额外信息。

(3) 然后，必须在 Angular CitiesComponent 中实现过滤逻辑。

(4) 最后，需要在 CitiesComponent HTML 模板文件中添加输入文本框，并为其绑定一个事件，以便能够在该文本框中输入内容时触发获取数据的操作。

创建了行动计划后，接下来就将其付诸实施。

1. 再次扩展 ApiResult

我们需要再次修改 ApiResult 类，在现有的分页和排序逻辑的基础上添加过滤支持。

坦白说，我们并不是必须在 ApiResult 类中完成所有工作。完全可以跳过该类，而在 CitiesController 中添加下面的代码：

```
// ...existing code...
[HttpGet]

public async Task<ActionResult<ApiResult<City>>> GetCities(
        int pageIndex = 0,
        int pageSize = 10,
        string sortColumn = null,
        string sortOrder = null,
        string filterColumn = null,
        string filterQuery = null)
{
    // first we perform the filtering...
    var cities = _context.Cities;
    if (!String.IsNullOrEmpty(filterColumn)
        && !String.IsNullOrEmpty(filterQuery))
    {
    cities= cities.Where(c => c.Name.Contains(filterQuery));
    }

    // ... and then we call the ApiResult
    return await ApiResult<City>.CreateAsync(
            cities,
            pageIndex,
            pageSize,
            sortColumn,
            sortOrder);
}
```

```
// ...existing code...
```

这肯定是一种可行的方法。事实上，如果我们没有使用 System.Linq.Dynamic.Core 包库，可能这会是唯一可行的方法，因为在那种情况下，将无法使用一个处理泛型 IQueryable<T>对象的外部类在代码中设置列过滤器，也就无法知道实体的类型和属性的名称。

好在，我们确实能够使用该包，所以可以避免做出前面的修改(如果你已经修改了代码，则需要撤销修改)，而是按照如下方式修改/Data/ApiResult.cs 类文件：

```csharp
using Microsoft.EntityFrameworkCore;
using System;
using System.Collections.Generic;
using System.Linq;
using System.Threading.Tasks;
using System.Linq.Dynamic.Core;

namespace WorldCities.Data
{
    public class ApiResult<T>
    {
        /// <summary>
        /// Private constructor called by the CreateAsync method.
        /// </summary>
        public ApiResult(
            List<T> data,
            int count,
            int pageIndex,
            int pageSize,
            string sortColumn,
            string sortOrder,
            string filterColumn,
            string filterQuery)
        {
            Data = data;
            PageIndex = pageIndex;
            PageSize = pageSize;
            TotalCount = count;
            TotalPages = (int)Math.Ceiling(count / (double)pageSize);
            SortColumn = sortColumn;
            SortOrder = sortOrder;
            FilterColumn = filterColumn;
            FilterQuery = filterQuery;
        }

        #region Methods
        /// <summary>
        /// Pages, sorts and/or filters a IQueryable source.
        /// </summary>
        /// <param name="source">An IQueryable source of generic
        /// type</param>
        /// <param name="pageIndex">Zero-based current page index
        /// (0 = first page)</param>
        /// <param name="pageSize">The actual size of
        /// each page</param>
```

```
/// <param name="sortColumn">The sorting colum name</param>
/// <param name="sortOrder">The sorting order ("ASC" or
/// "DESC")</param>
/// <param name="filterColumn">The filtering column
name</param>
/// <param name="filterQuery">The filtering query (value to
/// lookup)</param>
/// <returns>
/// A object containing the IQueryable paged/sorted/filtered
/// result
/// and all the relevant paging/sorting/filtering navigation
/// info.
/// </returns>
public static async Task<ApiResult<T>> CreateAsync(
    IQueryable<T> source,
    int pageIndex,
    int pageSize,
    string sortColumn = null,
    string sortOrder = null,
    string filterColumn = null,
    string filterQuery = null)
{
    if (!String.IsNullOrEmpty(filterColumn)
        && !String.IsNullOrEmpty(filterQuery)
        && IsValidProperty(filterColumn))
    {
        source = source.Where(
            String.Format("{0}.Contains(@0)",
            filterColumn),
            filterQuery);
    }

    var count = await source.CountAsync();

    if (!String.IsNullOrEmpty(sortColumn)
        && IsValidProperty(sortColumn))
    {
        sortOrder = !String.IsNullOrEmpty(sortOrder)
            && sortOrder.ToUpper() == "ASC"
            ? "ASC"
            : "DESC";
        source = source.OrderBy(
            String.Format(
                "{0} {1}",
                sortColumn,
                sortOrder)
            );
    }

    source = source
        .Skip(pageIndex * pageSize)
        .Take(pageSize);

    var data = await source.ToListAsync();
    return new ApiResult<T>(
        data,
```

```
                count,
                pageIndex,
                pageSize,
                sortColumn,
                sortOrder,
                filterColumn,
                filterQuery);
        }
        #endregion

        #region Methods
        /// <summary>
        /// Checks if the given property name exists
        /// to protect against SQL injection attacks
        /// </summary>
        public static bool IsValidProperty(
            string propertyName,
            bool throwExceptionIfNotFound = true)
        {
            var prop = typeof(T).GetProperty(
                propertyName,
                BindingFlags.IgnoreCase |
                BindingFlags.Public |
                BindingFlags.Instance);
            if (prop == null && throwExceptionIfNotFound)
                throw new NotSupportedException(
                    String.Format(
                        "ERROR: Property '{0}' does not exist.",
                        propertyName)
                    );
            return prop != null;
        }
        #endregion

        #region Properties
        /// <summary>
        /// The data result.
        /// </summary>
        public List<T> Data { get; private set; }

        /// <summary>
        /// Zero-based index of current page.
        /// </summary>
        public int PageIndex { get; private set; }

        /// <summary>
        /// Number of items contained in each page.
        /// </summary>
        public int PageSize { get; private set; }

        /// <summary>
        /// Total items count
        /// </summary>
        public int TotalCount { get; private set; }

        /// <summary>
```

```
            /// Total pages count
            /// </summary>
            public int TotalPages { get; private set; }

            /// <summary>
            /// TRUE if the current page has a previous page,
            /// FALSE otherwise.
            /// </summary>
            public bool HasPreviousPage
            {
                get
                {
                    return (PageIndex > 0);
                }
            }

            /// <summary>
            /// TRUE if the current page has a next page, FALSE otherwise.
            /// </summary>
            public bool HasNextPage
            {
                get
                {
                    return ((PageIndex +1) < TotalPages);
                }
            }

            /// <summary>
            /// Sorting Column name (or null if none set)
            /// </summary>
            public string SortColumn { get; set; }

            /// <summary>
            /// Sorting Order ("ASC", "DESC" or null if none set)
            /// </summary>
            public string SortOrder { get; set; }

            /// <summary>
            /// Filter Column name (or null if none set)
            /// </summary>
            public string FilterColumn { get; set; }

            /// <summary>
            /// Filter Query string
            /// (to be used within the given FilterColumn)
            /// </summary>
            public string FilterQuery { get; set; }
            #endregion
    }
}
```

可以看到，借助于 System.Linq.Dynamic.Core 包中提供的另一个有用的扩展方法，能在代码中实现 IQueryable<T>.Where()方法，该方法实际执行过滤任务。

我们利用这个机会，再次使用 IsValidProperty 方法来防止代码遭受 SQL 攻击：只有它返回 True，即 filterColumn 参数的值与现有的实体公有属性匹配时，才执行与过滤相关的逻辑(和动态 LINQ 查询)。

我们还添加了另外两个属性(FilterColumn 和 FilterQuery)，以便在 JSON 响应对象中包含它们，并相应地修改了构造函数。

2. CitiesController

现在，打开/Controllers/CitiesController.cs 文件，进行下面的修改：

```
[HttpGet]
public async Task<ActionResult<ApiResult<City>>> GetCities(
    int pageIndex = 0,
    int pageSize = 10,
    string sortColumn = null,
    string sortOrder = null,
    string filterColumn = null,
    string filterQuery = null)
{
    return await ApiResult<City>.CreateAsync(
        _context.Cities,
        pageIndex,
        pageSize,
        sortColumn,
        sortOrder,
        filterColumn,
        filterQuery);
}
```

这里的代码与前一节介绍的另一种实现非常相似。如前所述，这两种方法都是可行的，具体使用哪种取决于我们自己的选择。但是，因为稍后将为国家/地区使用相同的实现，所以使用 System.Linq.Dynamic.Core 并把所有 IQueryable 逻辑放到一起可能是更好的方法，可以让我们的代码尽可能遵守 DRY 原则。

注意　"不要重复自己"(Don't Repeat Yourself，DRY)是一个被普遍遵循的软件开发原则。如果违反这种原则，就会采用 WET 方法，取决于你喜欢哪种表达，WET 可代表 "任何东西都写两次"(Write Everything Twice)、"我们喜欢敲代码"(We Enjoy Typing)或 "浪费每个人的时间"(Waste Everyone's Time)。

现在就完成了.NET 部分，接下来看 Angular。

3. CitiesComponent

打开/CitiesApp/src/app/cities/cities.component.ts 文件，按照如下所示更新其内容(已经突出显示了修改的行)：

```
import { Component, Inject, ViewChild } from '@angular/core';
import { HttpClient, HttpParams } from '@angular/common/http';
import { MatTableDataSource } from '@angular/material/table';
import { MatPaginator, PageEvent } from '@angular/material/paginator';
import { MatSort } from '@angular/material/sort';

import { City } from './city';

@Component({
    selector: 'app-cities',
```

```
            templateUrl: './cities.component.html',
            styleUrls: ['./cities.component.css']
    })
    export class CitiesComponent {
        public displayedColumns: string[] = ['id', 'name', 'lat', 'lon'];
        public cities: MatTableDataSource<City>;

        defaultPageIndex: number = 0;
        defaultPageSize: number = 10;
        public defaultSortColumn: string = "name";
        public defaultSortOrder: string = "asc";

        defaultFilterColumn: string = "name";
        filterQuery:string = null;
        @ViewChild(MatPaginator) paginator: MatPaginator;
        @ViewChild(MatSort) sort: MatSort;

        constructor(
            private http: HttpClient,
            @Inject('BASE_URL') private baseUrl: string) {
        }

        ngOnInit() {
             this.loadData(null);
        }

        loadData(query: string = null) {
            var pageEvent = new PageEvent();
            pageEvent.pageIndex = this.defaultPageIndex;
            pageEvent.pageSize = this.defaultPageSize;
            if (query) {
                this.filterQuery = query;
            }
            this.getData(pageEvent);
        }

        getData(event: PageEvent) {
          var url = this.baseUrl + 'api/Cities';
          var params = new HttpParams()
            .set("pageIndex", event.pageIndex.toString())
            .set("pageSize", event.pageSize.toString())
            .set("sortColumn", (this.sort)
              ? this.sort.active
              : this.defaultSortColumn)
            .set("sortOrder", (this.sort)
              ? this.sort.direction
              : this.defaultSortOrder);
            if (this.filterQuery) {
              params = params
                .set("filterColumn", this.defaultFilterColumn)
                .set("filterQuery", this.filterQuery);
            }

            this.http.get<any>(url, { params })
              .subscribe(result => {
                  this.paginator.length = result.totalCount;
```

```
                this.paginator.pageIndex = result.pageIndex;
                this.paginator.pageSize = result.pageSize;
                this.cities = new MatTableDataSource<City>(result.data);
        }, error => console.error(error));
    }
}
```

这一次，新代码只包含额外的几行代码。我们只是修改了 loadData()方法的签名(使其有一个 null 默认值，以避免破坏现有功能)，并根据条件在 HTTP 请求中添加了两个参数。

4. CitiesComponent 的模板(HTML)文件

接下来看需要在/ClientApp/src/app/cities/cities.component.html 模板文件中添加什么：

```
<h1>Cities</h1>

<p>Here's a list of cities: feel free to play with it.</p>

<p *ngIf="!cities"><em>Loading...</em></p>

<mat-form-field [hidden]="!cities">
    <input matInput (keyup)="loadData($event.target.value)"
        placeholder="Filter by name (or part of it)...">
</mat-form-field>

<table mat-table [dataSource]="cities" class="mat-elevation-z8"
[hidden]="!cities"
    matSort (matSortChange)="loadData()"
    matSortActive="{{defaultSortColumn}}"
matSortDirection="{{defaultSortOrder}}">

// ...existing code...
```

可以看到，我们只是添加了一个<mat-form-field>元素，使其包含[hidden]特性绑定(使其只有在加载了城市后才显示)，并为其添加一个(keyup)事件绑定，在每次按键时触发 loadData()方法；该调用还包含输入值，Component 类将通过我们实现的机制处理该输入值。

5. CitiesComponet 的样式(CSS)文件

在进行测试前，还需要在/ClientApp/src/app/cities/cities.component.css 文件中做一点小修改：

```
table {
    width: 100%;
}

.mat-form-field {
    font-size: 14px;
    width: 100%;
}
```

必须做出这种修改，新的 MatInputModule 才能充满全部可用空间的宽度(默认情况下被限制为 180px)。

6. AngularMaterialModule

等等，前面是说 MatInputModule 吗？没错。事实上，看来我们确实使用了一个 Angular Material

模块。不过这么做有很充分的理由：它的效果看起来比 HTML 输入文本框好多了。

但是，因为使用了这个模块，所以需要在 AngularMaterialModule 容器中引用它，否则将得到编译错误。为此，打开/ClientApp/src/app/angular-material.module.ts 文件，在其中添加下面的行：

```
import { NgModule } from '@angular/core';
import { MatTableModule } from '@angular/material/table';
import { MatPaginatorModule } from '@angular/material/paginator';
import { MatSortModule } from '@angular/material/sort';
import { MatInputModule } from '@angular/material/input';

@NgModule({
  imports: [
    MatTableModule,
    MatPaginatorModule,
    MatSortModule,
    MatInputModule
  ],
  exports: [
    MatTableModule,
    MatPaginatorModule,
    MatSortModule,
    MatInputModule
  ]
})

export class AngularMaterialModule { }
```

现在，按 F5 键，导航到 Cities 视图，测试新的过滤功能。如果一切顺利，应该会看到如图 5-11 所示的结果。

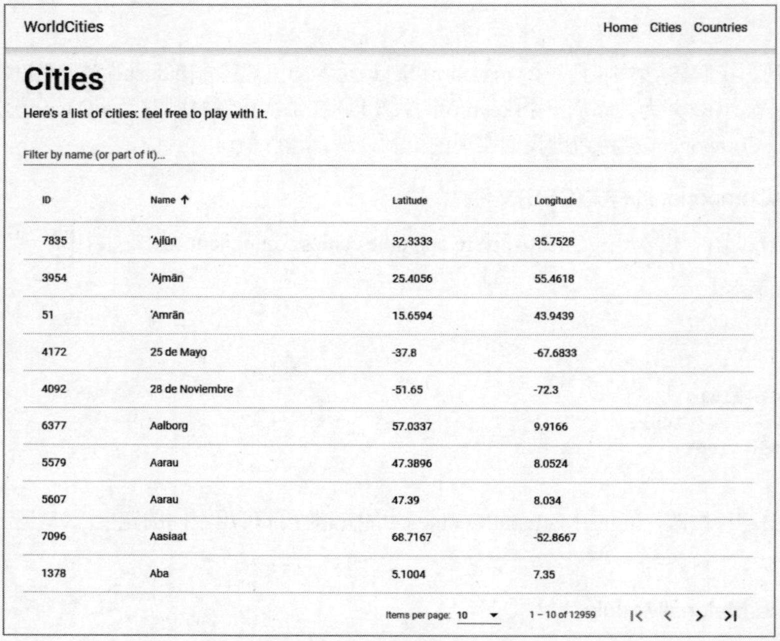

WorldCities			Home　Cities　Countries

Cities

Here's a list of cities: feel free to play with it.

Filter by name (or part of it)...

ID	Name ↑	Latitude	Longitude
7835	'Ajlūn	32.3333	35.7528
3954	'Ajmān	25.4056	55.4618
51	'Amrān	15.6594	43.9439
4172	25 de Mayo	-37.8	-67.6833
4092	28 de Noviembre	-51.65	-72.3
6377	Aalborg	57.0337	9.9166
5579	Aarau	47.3896	8.0524
5607	Aarau	47.39	8.034
7096	Aasiaat	68.7167	-52.8667
1378	Aba	5.1004	7.35

Items per page: 10　▼　　1 – 10 of 12959　　|< 　< 　> 　>|

图 5-11　测试新的过滤功能

看上去很不错，不是吗？

如果试着在过滤文本框中输入内容，会看到表格和分页组件实时更新。图 5-12 展示了键入 New York 时的效果。

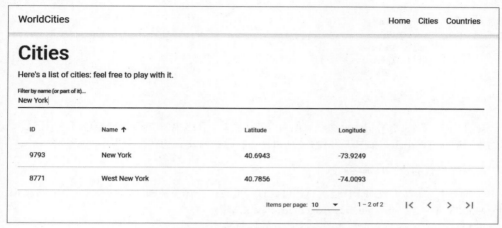

图 5-12　键入 New York 时的效果

这显然是一个不错的实时过滤功能。

5.4　更新国家/地区

在继续介绍后面的内容之前，也要让国家/地区具备类似的功能。这意味着再次执行前面做过的工作，不过，因为我们已经知道怎么实现这些功能，所以实现起来应该简单了许多。

现在就应该花一些时间完成这些工作，因为这种练习有助于熟悉前面学到的内容。

接下来就开始更新代码。为了避免浪费纸张，这里只关注最重要的步骤，其他步骤可参照前面对城市所做的修改，也可参照本书在 GitHub 上的存储库，其中包含完整的源代码。

5.4.1　.NET Core

首先来看.NET Core 部分。

1. CountriesController

第 4 章已经创建了 CountriesController。现在打开该文件，使用下面的代码替换默认的动作方法 GetCountries()：

```
// ...existing code...

[HttpGet]
public async Task<ActionResult<ApiResult<Country>>> GetCountries(
        int pageIndex = 0,
        int pageSize = 10,
        string sortColumn = null,
        string sortOrder = null,
        string filterColumn = null,
        string filterQuery = null)
```

```
{
    return await ApiResult<Country>.CreateAsync(
            _context.Countries,
            pageIndex,
            pageSize,
            sortColumn,
            sortOrder,
            filterColumn,
            filterQuery);
}

// ...existing code...
```

好消息是，我们的 ApiResult 类是类型无关的，因此可在这里使用它，并没有什么问题。另外，因为我们把所有繁重工作集中放到那里，所以现在就已经完成了.NET 服务器端部分。

2. 一个奇怪的 JSON 命名问题

在继续介绍之前，我们来快速测试组件。按 F5 键，在浏览器的地址栏中输入下面的 URL：https://localhost:44334/api/Countries/?pageIndex=0pageSize=2。

按 Enter 键后，应该会看到如图 5-13 所示的界面。

```
{
    "items": [
        {
            "id": 1,
            "name": "Kosovo",
            "isO2": "XK",
            "isO3": "XKS",
            "cities": null
        },
        {
            "id": 2,
            "name": "Svalbard",
            "isO2": "XR",
            "isO3": "XSV",
            "cities": null
        }
    ],
    "pageIndex": 0,
    "pageSize": 2,
    "totalCount": 235,
    "totalPages": 118,
    "hasPreviousPage": false,
    "hasNextPage": true,
    "sortColumn": null,
    "sortOrder": null,
    "filterColumn": null,
    "filterQuery": null
}
```

图 5-13　按 Enter 键显示的界面

看上去很不错。但 isO2 和 isO3 属性名称是怎么回事？它们不应该采用这种大写形式。

为理解这里发生了什么，需要回过头重新思考一个可能被忽视的地方：当把.NET 类序列化为 JSON 时，全新的 System.Text.Json API(.NET Core 3 引入)会自动进行 camelCase 转换。本章前面在第一次看到.NET CitiesController JSON 输出时，已经提到过这个问题，当时说，这不是什么大问题，因为 Angular 也采用 camelCase，我们只是也需要使用 camelCase 来定义各个接口。

但在处理全部大写的属性(如这里的两个属性)时，这种自动转换为 camelCase 的处理可能导致一些不合适的副作用；当发生这种情况时，需要调整源代码进行处理。

- 最明显的办法是在 Angular 接口中按照完全相同的方式来定义它们(即,使用完全相同的大小写形式);但这将意味着在整个 Angular 代码中处理 isO2 和 isO3 变量名称,得到的代码相当丑陋,带有很强的误导性。
- 如果不想采用这些丑陋的属性名称,还有另一种可能更好的方法:使用[JsonPropertyName]数据注解装饰发生问题的属性,这允许我们强制使用 JSON 属性名称,而不管 Startup 类中指定的默认大小写约定是什么(camelCase 或 PascalCase)。

对于我们的具体场景,[JsonPropertyName]方法似乎是最合理的解决办法,所以我们将使用该数据注解,彻底解决这个问题。

打开/Data/Country.cs 文件,在现有代码中添加下面的代码行(已经突出显示了新行):

```
// ...existing code...

/// <summary>
/// Country code (in ISO 3166-1 ALPHA-2 format)
/// </summary>
[JsonPropertyName("iso2")]
public string ISO2 { get; set; }

/// <summary>
/// Country code (in ISO 3166-1 ALPHA-3 format)
/// </summary>
[JsonPropertyName("iso3")]
public string ISO3 { get; set; }

// ...existing code...
```

现在按 F5 键,并在浏览器的地址栏中输入下面的 URL,查看这些属性是否遵守这种行为:
https://localhost:44334/api/Countries/?pageIndex=0pageSize=2。如图 5-14 所示。

```
{
  "items": [
    {
      "id": 1,
      "name": "Kosovo",
      "iso2": "XK",
      "iso3": "XKS",
      "cities": null
    },
    {
      "id": 2,
      "name": "Svalbard",
      "iso2": "XR",
      "iso3": "XSV",
      "cities": null
    }
  ],
  "pageIndex": 0,
  "pageSize": 2,
  "totalCount": 235,
  "totalPages": 118,
  "hasPreviousPage": false,
  "hasNextPage": true,
  "sortColumn": null,
  "sortOrder": null,
  "filterColumn": null,
  "filterQuery": null
}
```

图 5-14 查看大小写是否正确

看起来它们确实遵守了这种行为。由于发生了这种意想不到的问题，我们有机会在自己的.NET Core 武器库中增加了一种新的、强大的武器。

现在，我们只需要创建和配置 Angular 组件。

5.4.2　Angular

相比.NET Core 部分，Angular 实现要更复杂一些，因为我们需要处理多个方面：

- 添加 CountriesComponent 的 TS、HTML 和 CSS 文件，并实现 Countries 表，以及分页、排序和过滤功能，正如对城市所做的修改。
- 配置 AppModule，以正确引用该组件并添加相应的路由。
- 更新 NavComponent 来添加导航链接。

在 Solution Explorer 中，执行下面的操作：

(1) 导航到/ClientApp/src/app/文件夹。

(2) 创建一个新的/countries/文件夹。

(3) 在该文件夹中，创建下面的新文件：

- country.cs
- countries.component.ts
- countries.component.html
- countries.component.css

然后，在这些文件中添加下面的内容。

1. country.cs

/ClientApp/src/app/countries/country.ts 接口文件的源代码如下所示：

```
export interface Country {
      id: number;
      name: string;
      iso2: string;
      iso3: string;
}
```

这里没什么新内容。代码与 city.ts 接口文件非常相似。

2. countries.component.ts

/ClientApp/src/app/countries/countries.component.ts 文件的源代码如下所示：

```
import { Component, Inject, ViewChild } from '@angular/core';
import { HttpClient, HttpParams } from '@angular/common/http';
import { MatTableDataSource } from '@angular/material/table';
import { MatPaginator, PageEvent } from '@angular/material/paginator';
import { MatSort } from '@angular/material/sort';
import { Country } from './country';

@Component({
  selector: 'app-countries',
  templateUrl: './countries.component.html',
  styleUrls: ['./countries.component.css']
})
```

```
export class CountriesComponent {
  public displayedColumns: string[] = ['id', 'name', 'iso2', 'iso3'];
  public countries: MatTableDataSource<Country>;

  defaultPageIndex: number = 0;
  defaultPageSize: number = 10;
  public defaultSortColumn: string = "name";
  public defaultSortOrder: string = "asc";

  defaultFilterColumn: string = "name";
  filterQuery: string = null;

  @ViewChild(MatPaginator) paginator: MatPaginator;
  @ViewChild(MatSort) sort: MatSort;

  constructor(
    private http: HttpClient,
    @Inject('BASE_URL') private baseUrl: string) {
  }

  ngOnInit() {
    this.loadData(null);
  }

  loadData(query: string = null) {
    var pageEvent = new PageEvent();
    pageEvent.pageIndex = this.defaultPageIndex;
    pageEvent.pageSize = this.defaultPageSize;
    if (query) {
      this.filterQuery = query;
    }
    this.getData(pageEvent);
  }

  getData(event: PageEvent) {
    var url = this.baseUrl + 'api/Countries';
    var params = new HttpParams()
.set("pageIndex", event.pageIndex.toString())
      .set("pageSize", event.pageSize.toString())
      .set("sortColumn", (this.sort)
      ? this.sort.active
      : this.defaultSortColumn)
      .set("sortOrder", (this.sort)
        ? this.sort.direction
        : this.defaultSortOrder);

    if (this.filterQuery) {
      params = params
        .set("filterColumn", this.defaultFilterColumn)
        .set("filterQuery", this.filterQuery);
    }

    this.http.get<any>(url, { params })
      .subscribe(result => {
        this.paginator.length = result.totalCount;
        this.paginator.pageIndex = result.pageIndex;
```

```
            this.paginator.pageSize = result.pageSize;
            this.countries = new MatTableDataSource<Country>(result.data);
        }, error => console.error(error));
    }
}
```

同样，这里的代码与 cities.component.ts 文件基本相同。

3. countries.component.html

/ClientApp/src/app/countries/countries.component.html 文件的源代码如下所示：

```
<h1>Countries</h1>

<p>Here's a list of countries: feel free to play with it.</p>

<p *ngIf="!countries"><em>Loading...</em></p>

<mat-form-field [hidden]="!countries">
  <input matInput (keyup)="loadData($event.target.value)"
     placeholder="Filter by name (or part of it)...">
  </mat-form-field>

  <table mat-table [dataSource]="countries" class="mat-elevation-z8"
   [hidden]="!countries"
       matSort (matSortChange)="loadData()"
       matSortActive="{{defaultSortColumn}}"
         matSortDirection="{{defaultSortOrder}}">

  <!-- Id Column -->
  <ng-container matColumnDef="id">
      <th mat-header-cell *matHeaderCellDef mat-sort-header>ID</th>
      <td mat-cell *matCellDef="let country"> {{country.id}} </td>
  </ng-container>

  <!-- Name Column -->
  <ng-container matColumnDef="name">
      <th mat-header-cell *matHeaderCellDef mat-sort-header>Name</th>
      <td mat-cell *matCellDef="let country"> {{country.name}} </td>
  </ng-container>

  <!-- Lat Column -->
  <ng-container matColumnDef="iso2">
      <th mat-header-cell *matHeaderCellDef mat-sort-header>ISO 2</th>
      <td mat-cell *matCellDef="let country"> {{country.iso2}} </td>
  </ng-container>

  <!-- Lon Column -->
  <ng-container matColumnDef="iso3">
      <th mat-header-cell *matHeaderCellDef mat-sort-header>ISO 3</th>
      <td mat-cell *matCellDef="let country"> {{country.iso3}} </td>
  </ng-container>

  <tr mat-header-row *matHeaderRowDef="displayedColumns"></tr>
  <tr mat-row *matRowDef="let row; columns: displayedColumns;"></tr>
  </table>
```

```
<!-- Pagination directive -->
<mat-paginator [hidden]="!countries"
        (page)="pageEvent = getData($event)"
        [pageSize]="10"
        [pageSizeOptions]="[10, 20, 50]"
        showFirstLastButtons></mat-paginator>
```

正如我们的期望，这个模板的代码与 cities.component.html 模板文件几乎完全相同。

4. countries.component.css

/ClientApp/src/app/countries/countries.component.css 文件的源代码如下所示：

```
table {
    width: 100%;
}

.mat-form-field {
    font-size: 14px;
    width: 100%;
}
```

这个文件与 cities.components.css 文件极为相似，以至于我们甚至可引用该文件，而不是创建一个新文件；但是，考虑到以后可能会对 Cities 和 Countries 表做不同的修改，使用单独的文件几乎总是更好的选择。

5. AppModule

现在，我们在 AppModule 配置文件中注册新的组件。

打开/ClientApp/src/app/app.module.ts 文件，在其中添加下面突出显示的行：

```
import { BrowserModule } from '@angular/platform-browser';
import { NgModule } from '@angular/core';
import { FormsModule } from '@angular/forms';
import { HttpClientModule, HTTP_INTERCEPTORS } from
'@angular/common/http';
import { RouterModule } from '@angular/router';

import { AppComponent } from './app.component';
import { NavMenuComponent } from './nav-menu/nav-menu.component';
import { HomeComponent } from './home/home.component';
import { CitiesComponent } from './cities/cities.component';
import { CountriesComponent } from './countries/countries.component';
import { BrowserAnimationsModule } from '@angular/platformbrowser/
animations';
import { AngularMaterialModule } from './angular-material.module';

@NgModule({
  declarations: [
    AppComponent,
    NavMenuComponent,
    HomeComponent,
    CitiesComponent,
    CountriesComponent
],
```

```
imports: [
    BrowserModule.withServerTransition({ appId: 'ng-cli-universal' }),
    HttpClientModule,
    FormsModule,
    RouterModule.forRoot([
      { path: '', component: HomeComponent, pathMatch: 'full' },
      { path: 'cities', component: CitiesComponent },
      { path: 'countries', component: CountriesComponent }
    ]),
    BrowserAnimationsModule,
    AngularMaterialModule
  ],
  providers: [],
  bootstrap: [AppComponent]
})
export class AppModule { }
```

当客户端浏览器指向/countries 专用路由时，前面的 RouterModule 配置将导致 Angular 提供新创建的 CountriesComponent 组件。但是，如果不在 NavComponent 菜单中添加一个可见的链接，用户将不知道存在这样一个路由。下一节，我们就来添加这个链接。

6. NavComponent

打开/ClientApp/src/app/nav-menu/nav-menu.component.html 文件，在现有代码中添加下面突出显示的行：

```
// ...existing code...

<ul class="navbar-nav flex-grow">
  <li
    class="nav-item"
    [routerLinkActive]="['link-active']"
    [routerLinkActiveOptions]="{ exact: true }"
  >
    <a class="nav-link text-dark" [routerLink]="['/']">Home</a>
  </li>
  <li class="nav-item" [routerLinkActive]="['link-active']">
    <a class="nav-link text-dark" [routerLink]="['/cities']"
      >Cities</a
    >
  </li>
  <li class="nav-item" [routerLinkActive]="['link-active']">
    <a class="nav-link text-dark" [routerLink]="['/countries']"
      >Countries</a
    >
  </li>
</ul>

// ...existing code...
... and that's it!
```

现在就完成了 CountriesComponent。如果我们没有犯错，则它的行为将与我们花了大量时间创建的 CitiesComponent 相同。

7. 测试 CountriesComponent

现在是时候看看我们的工作成果了。按 F5 键，导航到 Countries 视图，将看到如图 5-15 所示的结果。

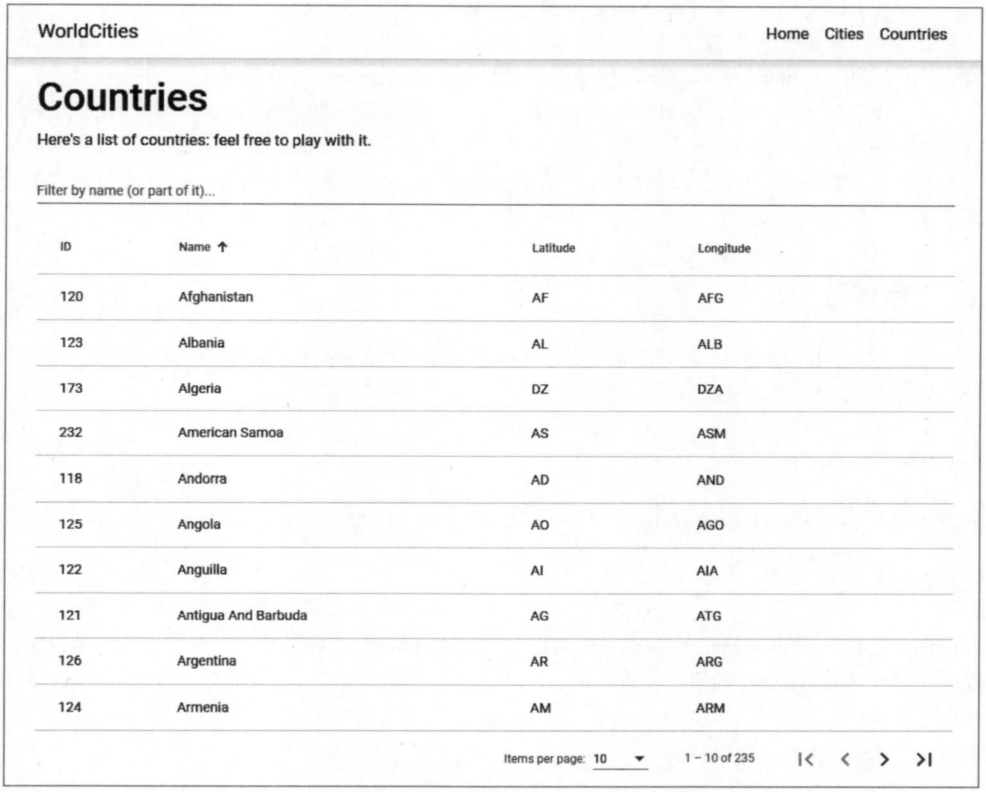

WorldCities			Home Cities Countries

Countries

Here's a list of countries: feel free to play with it.

Filter by name (or part of it)...

ID	Name ↑	Latitude	Longitude
120	Afghanistan	AF	AFG
123	Albania	AL	ALB
173	Algeria	DZ	DZA
232	American Samoa	AS	ASM
118	Andorra	AD	AND
125	Angola	AO	AGO
122	Anguilla	AI	AIA
121	Antigua And Barbuda	AG	ATG
126	Argentina	AR	ARG
124	Armenia	AM	ARM

Items per page: 10 ▼   1 – 10 of 235 |< < > >|

图 5-15　导航到 Countries 视图

如果第一次尝试就能够得到这个输出，则说明我们学会了相关知识；如果没能得到这个输出，也不必担心，只需要检查什么地方发生了问题，然后修复问题即可。这是个熟能生巧的过程。

提示　对于调试服务器端和客户端错误，浏览器的控制台是一个很有用的工具：大部分 Angular 错误都有清晰描述的异常上下文，以及指向相应文件和源代码行的上下文链接，使开发人员很容易理解底层发生了什么。

5.5　小结

本章介绍了如何从.NET Core 后端读取数据，并使用 Angular 前端将这些数据恰当地显示在浏览器中。

首先，通过现有的 CitiesController，使用 Angular 组件获取了大量城市。虽然这两个框架都能处理大量数据，但我们很快理解到，我们需要改进整个数据请求、响应和渲染的过程，使用户能够获得一个不错的用户体验。

因此，我们选择采用 System.Linq.Dynamic.Core .NET 包来改进服务器端业务逻辑，使用 Angular Material npm 包来改进客户端 UI。通过结合这两个包的强大功能，得以实现一些有趣的功能：分页、排序和过滤。在开发过程中，我们还识别、处理和减轻了一些重要的安全问题，如 SQL 注入攻击。

在处理完 Cities 后，处理了 Countries，并利用这个机会巩固了之前学到的知识。

完成这些工作后，可以肯定地说，我们做得不错，完成了设定的目标：能够从.NET Core 后端读取数据，并借助 Angular，在前端优雅地展示这些数据，从而使最终用户能够看到数据并与之交互。

现在，我们让用户能够使用 HTML 表单修改现有数据和/或添加新数据。对于大部分交互式 Web 应用程序，如 CMS、论坛、社交网络、聊天室等，这是必不可少的功能。下一章将介绍如何使用响应式表单完成这种任务，响应式表单是一个关键的 Angular 模块，用于处理其值会随着时间发生变化的表单输入。

5.6　推荐主题

JSON、RESTful 约定、HTTP 动词、HTTP 状态、生命周期钩子、客户端分页、服务器端分页、排序、过滤、依赖注入、SQL 注入。

.NET Core

System.Linq、System.Linq.Dynamic.Core、IQueryable、Entity Framework Core。

Angular

组件、路由、模块、AppModule、HttpClient、ngIf、hidden、数据绑定、属性绑定、特性绑定、ngFor、指令、结构指令、插值、模板。

第 6 章
表单和数据验证

本章主要讨论表单、数据输入和验证技术。我们已经知道，HTML 表单是任何商业应用程序最重要、最不易处理的方面之一。如今，表单用于完成几乎任何需要用户提交数据的任务，例如注册账户、登录网站、进行付款、预定酒店房间、订购产品、执行搜索和获取搜索结果等。

如果从开发人员的角度定义表单，则可以说：表单是一个基于 UI 的接口，允许获得授权的用户输入一些数据，这些数据将被发送到服务器进行处理。如果接受这个定义，则还有两点需要考虑：

- 每个表单应该提供足够好的数据输入体验，从而能够高效地引导用户完成期望的工作流；否则，用户将不能恰当地使用表单。
- 只要表单可能把具有潜在风险的数据发送到服务器，就会在数据完整性、数据安全和系统安全方面产生重要影响，除非开发人员掌握了必要的技能，能够采用和实现合适的防御措施。

这两点很好地总结了本章将要完成的工作。我们将尽力引导用户以最合适的方式提交数据，并将学习如何恰当地检查这些输入值，以预防、避免和/或尽可能降低各种数据完整性问题和安全威胁。需要理解的是，这两个主题通常纠缠在一起，所以常常会同时处理它们。

本章将介绍的主题
- **Angular 表单**。我们将在 Angular 表单中处理模板驱动的表单，以及响应式表单。在此过程中，将介绍这两种方法各自的优缺点，并解释对于不同的常见场景，哪种方法最适用。
- **数据验证**。我们将学习如何在前端和后端对用户输入数据进行双重检查，还将学到当用户发送不正确或者无效的值时，为他们提供视觉反馈的各种技术。
- **表单生成器**。我们将使用一些工厂方法实现另一个响应式表单，而不是手动实例化各种表单模型元素。

在完成每个任务后，将花一些时间使用 Web 浏览器验证工作成果。

6.1 技术需求

本章将用到前面章节中提到的所有技术，以及下面的外部库：
- System.Linq.Dynamics.Core(可选)

同样，并不建议立即安装它们。我们将在本章进行过程中逐渐安装它们，以便能够理解它们在项目中的使用上下文。

本章的代码文件存储在以下地址：https://github.com/PacktPublishing/ASP.NET-Core-3-and-Angular-9-Third-Edition/tree/master/Chapter_06/。

6.2　探索 Angular 表单

查看目前完成的.NET Core 和 Angular 项目可以发现，它们都不允许用户与数据交互。

- 对于 HealthCheck 应用来说，这是期望的行为，因为应用中没有可以处理的数据。这是一个监控应用程序，并不存储任何数据，也不需要用户的输入。
- 但是，WorldCities 应用则是另外一种情况：应用中有一个数据库，可用来向用户返回结果，并且至少在理论上，允许用户修改数据。

不必说，WorldCities 应用程序最适合用来实现表单。在接下来的小节中，我们将实现表单。首先实现 Angular 前端，然后处理.NET Core 后端。

6.2.1　Angular 中的表单

我们来简单回顾第 5 章结束时的 WorldCities 应用。查看 CitiesComponent 和 CountriesComponent 模板可知，我们实际上已经有了一个数据输入元素：<mat-form-field>，这是 Angular Material 的 MatInputModule 的选择器。第 5 章添加了 MatInputModule，以允许用户使用名称来过滤城市和国家/地区。

相关的代码段如下所示：

```
<mat-form-field [hidden]="!cities">
    <input matInput (keyup)="loadData($event.target.value)"
        placeholder="Filter by name (or part of it)...">
</mat-form-field>
```

这意味着我们已经在接受某种用户操作(包括一个输入字符串)，并相应地做出反应：这种操作和反应链是用户与应用进行交互的基础，而绝大部分表单处理的就是用户与应用的交互。

但是，如果查看生成的 HTML 代码，可以清晰地看到，HTML 代码中并不实际存在任何<form>元素。通过在浏览器窗口中右击该视图的输入元素，然后选择 Inspect element，可以确认这一点，如图 6-1。

图 6-1　并不存在<form>元素

可以看到，这里没有主表单，而只有一个 input 字段，它完美处理了我们交给它的任务。没有表单这一点并无影响，因为我们没有使用表单数据提交任何东西，而是使用 Angular 的 HttpClient 模块来获取数据，从技术角度看，它通过 JavaScript 使用异步的 XMLHttpRequest(XHR)实现这种操作，即它使用了 AJAX 技术。

这种方法不需要<form>容器元素使用下面的方法来处理数据编码和传输任务：

- application/x-www-form-urlencoded
- multipart/form-data
- text/plain

它只需要使用实际输入元素获取用户的输入。

> **注意** 关于 HTML <form>元素支持的编码方法的更多信息，可查看下面的规范。
> URL Living Standard, -URL-encoded Form Data:
> https://url.spec.whatwg.org/#concept-urlencoded。
> HTML Living Standard, section 4.10.21.7-Multipart Form Data:
> https://html.spec.whatwg.org/multipage/form-controlinfrastructure.html#multipart-form-data。
> HTML Living Standard, section 4.10.21.8-Plain Text Form Data:
> https://html.spec.whatwg.org/multipage/form-controlinfrastructure.html#plain-text-form-data。

虽然并不是必要的，但是 form 元素(或可包含输入元素的任何 HTML 容器)对于数据编码和传输之外的许多重要任务非常有用。接下来，我们解释一下什么是表单，以及为什么需要使用它们。

6.2.2 使用表单的理由

我们来总结一下现在这种不使用表单的方法最明显的缺点：

- 无法跟踪全局表单状态，因为我们无法判断输入文本是否有效。
- 没有一种简单的方法向用户显示错误消息，告诉他们如何输入有效的表单数据。
- 没有验证输入数据，只是收集数据并直接交给服务器。

在我们的具体场景中，这是没有问题的，因为我们只是在处理单个文本字符串，并不关心其长度、输入文本等。但是，如果必须处理多个输入元素和不同的值类型，那么从数据流控制、数据验证和用户体验的角度看，这种局限会严重影响我们的工作。

当然，通过在基于表单的组件中实现一些自定义方法，很容易绕过前述大部分问题；例如，我们可使用 isValid()、isNumber()等抛出一些错误，然后把它们连接到模板语法，借助*ngIf、*ngFor 等结构指令来显示/隐藏验证消息。但这并不是解决问题的好方法；我们选择 Angular 这个功能丰富的客户端框架，并不是为了按照这种方式工作。

好消息是，我们不需要这么做。对于这些常见的、与表单有关的场景，Angular 提供了下面两种策略：

- 模板驱动的表单
- 模型驱动的表单，也称为响应式表单

这两种策略都与框架密切关联在一起，所以可行性极高；它们都属于@angular/form 库，并且具有一组公共的表单控件类。但是，它们也都有自己的特殊功能集合和各自的优缺点，最终决定了我们选择使用其中哪种策略。

接下来快速总结这些区别。

6.2.3　模板驱动的表单

如果你有 AngularJS 的使用经验，则很可能觉得模板驱动的方法看起来很熟悉。顾名思义，模板驱动的表单在模板代码中包含大部分逻辑；使用模板驱动的表单意味着在.html 模板文件中构建表单，使用 ngModel 实例将数据绑定到各个输入字段，并使用一个专门的 ngForm 对象来执行必要的有效性验证，该对象与整个表单相关，包含所有输入，其中每个输入可通过名称访问。

为帮助理解这一点，下面列出模板驱动的表单的代码：

```
<form novalidate autocomplete="off" #form="ngForm"
      (ngSubmit)="onSubmit(form)">
    <input type="text" name="name" value="" required
        placeholder="Insert the city name..."
        [(ngModel)]="city.Name" #title="ngModel"
        />

    <span *ngIf="(name.touched || name.dirty) &&
name.errors?.required">
        Name is a required field: please enter a valid city name.
    </span>

    <button type="submit" name="btnSubmit"
        [disabled]="form.invalid">
        Submit
    </button>

</form>
```

可以看到，我们可使用一些方便的别名(带有#符号的特性)来访问任意元素，包括表单自身，并检查它们的当前状态，以创建自己的验证工作流。这些状态由框架提供，并且取决于不同的因素，它们将实时变化。例如，当访问了控件至少一次时，touched 将变为 True；dirty 的意义与 pristine 相反，意味着控件的值已经发生改变。前面的例子中使用了这两个状态，因为我们希望只有当用户把焦点移动到<input name="name">，删除该元素的值或者不设置该元素的值，然后离开该元素时，才显示验证消息。

上面简单介绍了模板驱动的表单，接下来总结这种方法的优缺点。

优点
模板驱动的表单的主要优点如下：
- 模板驱动的表单很容易编写。我们可以重用已经掌握的大部分 HTML 知识。除此之外，如果有 AngularJS 背景，就知道在掌握了这种技术后，能够让表单很好地工作。
- 至少从 HTML 的角度看，阅读和理解模板驱动的表单很容易。在这种方法中，有一个普通的、易于理解的 HTML 结构包含所有输入字段和验证器。每个元素有一个名称、与底层 ngModel 的一个双向绑定和(可能存在的)模板驱动的逻辑，这种逻辑以别名作为基础，而这些别名则连接到我们也可看到的其他元素，或者连接到表单自身。

缺点
它们的缺点如下所示：
- 模板驱动的表单需要大量 HTML 代码，导致难以维护，而且相比纯粹的 TypeScript，它们也更容易出错。

- 由于上面的原因，不能对这些表单进行单元测试。除非在浏览器中运行端到端测试，否则无法测试这些表单的验证器，或者确保实现的逻辑能够工作。但是，对于复杂的表单，这并不是理想的方法。
- 随着添加越来越多的验证器和输入标签，表单的可读性会迅速下降。对于小表单来说，将所有逻辑保留到模板中可能没有问题，但是当处理复杂的数据项时，这种方法不能很好地扩展。

可以说，当需要构建小表单，并为其使用简单的数据验证规则时，模板驱动的表单是一种好方法，其简单性能够为我们提供更大帮助。而且，它们非常类似于我们已经熟悉的典型 HTML 代码(假设你用过 HTML 开发)：我们只需要学习如何使用别名装饰标准的<form>和<input>元素，并添加一些由结构指令(前面已经看到过一些结构指令)处理的验证器，然后表单就可以工作了。

 注意 关于模板驱动表单的更多信息，强烈建议阅读 Angular 官方文档：https://angular.io/guide/forms。

尽管如此，由于使用模板驱动的表单时无法进行单元测试，HTML 代码会逐渐膨胀，并且难以扩展，所以对于复杂的表单，我们决定使用另一种方法。

6.2.4 模型驱动的/响应式表单

模型驱动的方法是在 Angular 2+中专门添加的，用于处理模板驱动方法的已知问题。使用这种方法实现的表单称为模型驱动的表单或响应式表单，这二者的含义是相同的。

这种方法与模板驱动方法的主要区别是，模板中不做处理，它只是一个复杂 TypeScript 对象的引用，该对象即表单模型，在组件内中定义、实例化和配置。

为理解这个概念，我们用模型驱动的/响应式方法重写前面的表单(已经突出显示了相关的部分)。修改结果如下所示：

```
<form [formGroup]="form" (ngSubmit)="onSubmit()">

    <input formControlName="name" required />

    <span *ngIf="(form.get('name').touched || form.get('name').dirty)
        && form.get('name').errors?.required">
        Name is a required field: please enter a valid city name.
    </span>

    <button type="submit" name="btnSubmit"
        [disabled]="form.invalid">
        Submit
    </button>

</form>
```

可以看到，需要的代码量少多了。

需要在组件类文件中定义的底层表单模型如下所示(下面的代码中已经突出显示了相关的部分)：

```
import { FormGroup, FormControl } from '@angular/forms';

class ModelFormComponent implements OnInit {
    form: FormGroup;
```

```
ngOnInit() {
    this.form = new FormGroup({
        title: new FormControl()
    });
}
```

我们来理解这里发生了什么:

- form 属性是 FormGroup 的一个实例,代表表单自身。
- 顾名思义,FormGroup 是实现共同目的的表单控件的一个容器。可以看到,form 自身作为一个 FormGroup,这意味着可在 FormGroup 中嵌套 FormGroup 对象(不过本例中没有那么做)。
- 表单模板中的每个数据输入元素(在前面的代码中为 name)由 FormControl 的一个实例代表。
- 每个 FormControl 实例封装了相关控件的当前状态,例如 valid、invalid、touched 和 dirty,包括其实际的值。
- 每个 FormGroup 实例封装了其每个子控件的状态,这意味着只有其所有子控件有效时,它才有效。

另外注意,我们无法像在模板驱动的表单中那样直接访问 FormControl,而是必须使用主 FormGroup(即表单自身)的.get()方法来获取它们。

一开始看上去,模型驱动的表单与模板驱动的表单没有太大区别;我们仍然有一个<form>元素,连接到<span>验证器的一个<input>元素和一个 submit 按钮。除此之外,检查输入元素状态需要更多源代码,因为没有别名可供我们使用。那么,为什么还要使用模型驱动的模板呢?

为了帮助理解这两种方法的区别,我们来看两幅图。图 6-2 描述了模板驱动的表单的工作方式。

模板驱动的表单

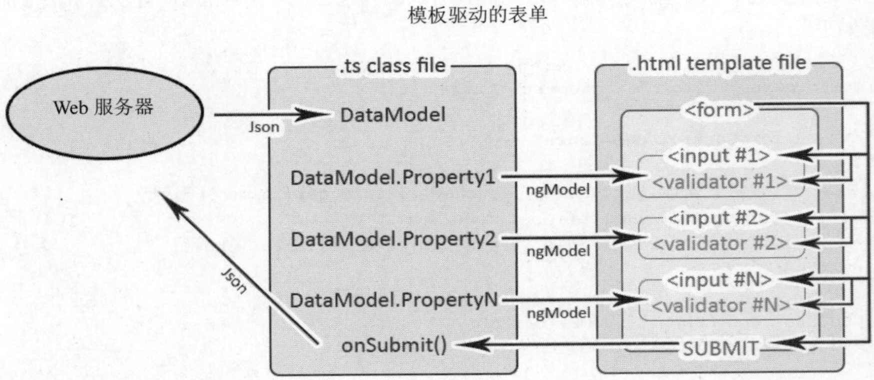

图 6-2　模板驱动的表单的工作方式

查看箭头可知,在模板驱动的表单中,所有操作发生在模板中;HTML 表单元素直接绑定到 DataModel 组件中的某个属性,该组件包含将发送给 Web 服务器的异步 HTML 请求,就像我们对城市和国家/地区表所做的处理一样。一旦用户修改了元素的值,并且验证器通过该修改,DataModel 就会更新。如果思考一下,很容易理解,整个工作流中没有哪个部分受到我们自己控制;Angular 使用模板中定义的数据绑定,自己完成所有处理。这就是模板驱动的实际含义:模板控制着整个流程。

现在来看看模型驱动的表单(或响应式表单)方法,如图 6-3 所示。

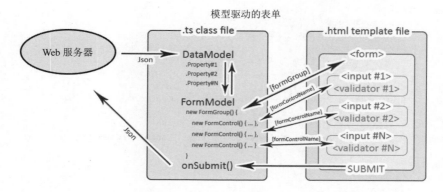

图 6-3　模型驱动的表单的工作方式

可以看到，描述模型驱动表单工作流的箭头呈现了另一种场景。它们展示了数据在 DataModel 组件(我们从 Web 服务器获取该组件)和面向 UI 的表单模型之间如何流动，其中面向 UI 的表单模型保留了 HTML 表单(及其子输入元素)的状态和值，并把它们展示给用户。这意味着我们能在数据和表单控件对象之间执行许多任务：推入和取出数据，检测和响应用户修改，实现自己的验证逻辑，执行单元测试等。

因为控制流程的表单模型是一个 TypeScript 类，所以我们能在代码中跟踪和影响工作流，而不是让一个不在我们控制范围内的模板掌控局面。这就是模型驱动表单的意义所在。另外，这也解释了为什么它们叫做响应式表单，即它们采用响应式编程风格，在工作流中采用显式数据处理和变更管理。

 注意 关于模型驱动/响应式表单的更多信息，强烈建议阅读 Angular 官方文档：https://angular.io/guide/reactive-forms。

我们已经介绍了足够的理论知识，接下来将使用一些响应式表格来增强组件。

6.3　构建第一个响应式表单

本节将创建我们的第一个响应式表单。具体来说，将构建一个 CityEditComponent，使用户有机会编辑一个现有的城市记录。

为此，我们将执行下面的操作：
- 在 AppModule 类中添加对 ReactiveFormsModule 的引用。
- 创建 CityEditComponent 的 TypeScript 和模板文件。

6.3.1　ReactiveFormsModule

要使用响应式表单，首先要做的是在 AppModule 类中添加对 ReactiveFormsModule 的引用。

在 Solution Explorer 中，打开/ClientApp/src/app.app.module.ts 文件，在其中添加下面的代码(已经突出显示了更新的代码)。

```
import { BrowserModule } from '@angular/platform-browser';
import { NgModule } from '@angular/core';
import { FormsModule } from '@angular/forms';
```

```
import { HttpClientModule, HTTP_INTERCEPTORS } from
'@angular/common/http';
import { RouterModule } from '@angular/router';
import { AppComponent } from './app.component';
import { NavMenuComponent } from './nav-menu/nav-menu.component';
import { HomeComponent } from './home/home.component';
import { CitiesComponent } from './cities/cities.component';
import { CountriesComponent } from './countries/countries.component';
import { BrowserAnimationsModule } from '@angular/platformbrowser/
animations';
import { AngularMaterialModule } from './angular-material.module';
import { FormControl, ReactiveFormsModule } from '@angular/forms';

@NgModule({
  declarations: [
    AppComponent,
    NavMenuComponent,
    HomeComponent,
    CitiesComponent,
    CountriesComponent
  ],
  imports: [
    BrowserModule.withServerTransition({ appId: 'ng-cli-universal' }),
    HttpClientModule,
    FormsModule,
    RouterModule.forRoot([
        { path: '', component: HomeComponent, pathMatch: 'full' },
        { path: 'cities', component: CitiesComponent },
        { path: 'countries', component: CountriesComponent }
    ]),
    BrowserAnimationsModule,
    AngularMaterialModule,
    ReactiveFormsModule
  ],
  providers: [],
  bootstrap: [AppComponent]
})
export class AppModule { }
```

现在，我们已经在应用的 AppModule 文件中添加了对 ReactiveFormsModule 的引用，所以可以实现一个 Angular 组件来保存实际表单了。

6.3.2　CityEditComponent

因为 CityEditComponent 用于允许用户修改城市，所以需要让它知道从服务器获取哪个城市以及向服务器发送哪个城市。为此，最好的方法是使用一个 GET 参数，例如城市的 id。

因此，我们将实现一个标准的主从表 UI 模式，如图 6-4 所示。

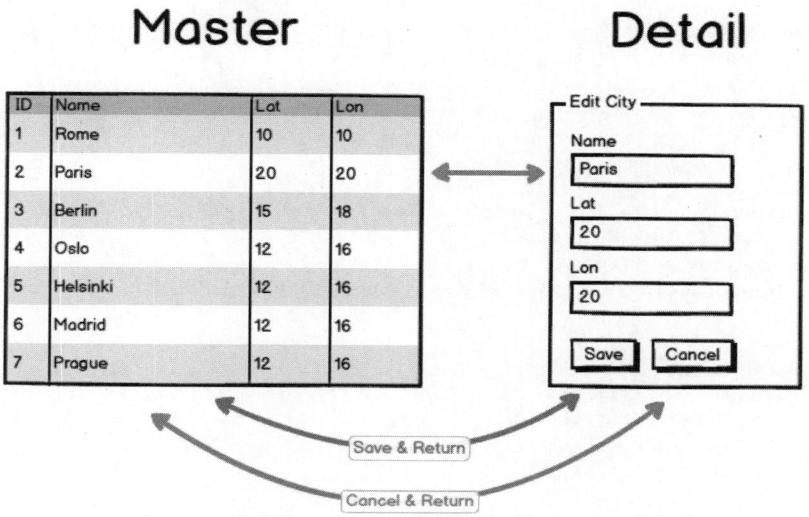

图 6-4　实现一个标准的主从表 UI 模式

听起来很合理，所以接下来就开始实现这种模式。

在 WorldCities 项目的 Solution Explorer 中，执行下面的操作。

(1) 导航到/ClientApp/src/app/cities 文件夹。

(2) 右击该文件夹的名称，使用 Add | New Item 三次，创建下面的文件：

- city-edit.component.ts
- city-edit.component.html
- city-edit.component.css

根据第 3 章的介绍，我们知道这里在做什么：创建一个新的 Angular 组件。

1. city-edit.component.ts

完成前面的操作后，打开这 3 个新的空文件，在其中添加下面的内容。

/ClientApp/src/app/cities/city-edit.component.ts 文件的源代码如下所示：

```
import { Component, Inject } from '@angular/core';
import { HttpClient } from '@angular/common/http';
import { ActivatedRoute, Router } from '@angular/router';
import { FormGroup, FormControl } from '@angular/forms';

import { City } from './City';

@Component({
    selector: 'app-city-edit',
    templateUrl: './city-edit.component.html',
    styleUrls: ['./city-edit.component.css']
})
export class CityEditComponent {

  // the view title
  title: string;
```

```
// the form model
form: FormGroup;

// the city object to edit
city: City;

constructor(
    private activatedRoute: ActivatedRoute,
    private router: Router,
    private http: HttpClient,
    @Inject('BASE_URL') private baseUrl: string) {
}

ngOnInit() {
  this.form = new FormGroup({
    name: new FormControl(''),
    lat: new FormControl(''),
    lon: new FormControl('')
  });
}

loadData() {
// retrieve the ID from the 'id' parameter
var id = +this.activatedRoute.snapshot.paramMap.get('id');

// fetch the city from the server
var url = this.baseUrl + "api/cities/" + id;
    this.http.get<City>(url).subscribe(result => {
    this.city = result;
    this.title = "Edit - " + this.city.name;

    // update the form with the city value
    this.form.patchValue(this.city);
  }, error => console.error(error));
}

onSubmit() {

  var city = this.city;

  city.name = this.form.get("name").value;
  city.lat = +this.form.get("lat").value;
  city.lon = +this.form.get("lon").value;

  var url = this.baseUrl + "api/cities/" + this.city.id;
  this.http
    .put<City>(url, city)
      .subscribe(result => {

          console.log("City " + city.id + " has been updated.");

          // go back to cities view
          this.router.navigate(['/cities']);
        }, error => console.log(error));
    }
```

```
    }
}
```

代码量不少，但我们添加了许多注释，应该能够帮助你理解每个相关步骤的作用。

我们来总结一下代码中的相关操作。

- 添加一些 import 语句来引用这个类中将用到的一些模块，其中有两个新模块：@angular/router 和@angular/form。前者用于定义一些内部路由模式，后者则包含 FormGroup 和 FormControl 类，我们需要用它们来构建表单。

- 在类定义下面，我们在一个 form 变量中创建了一个 FormGroup 实例，这就是我们的表单模型。

- form 变量实例包含 3 个 FormControl 对象，用于存储想允许用户修改的城市值：name、lat 和 lon。我们不希望用户修改 Id 或 CountryId，至少现在不希望如此。

- 在 form 变量下面，定义了一个 city 变量，用于存储从数据库获取的实际城市。

- loadData()方法负责获取城市，它与 cities.component.ts 文件中实现的方法非常类似：通过使用在 constructor()注入的 HttpClient 模块，完成标准的数据获取任务。这里最重要的区别是，在 HTTP 请求/响应周期后，该方法主动把获取到的城市数据加载到表单模型(通过使用该表单的 patchValue()方法完成此操作)，而不是依赖 Angular 的数据绑定功能。这一点并不奇怪，因为我们在使用模型驱动/响应式方法，而不是使用模板驱动的方法。

- onSubmit()方法完成了更新操作：HttpClient 在这里也扮演了一个重要角色，它向服务器发出一个包含 city 变量的 PUT 请求。当处理完 Observable 订阅后，使用 router 实例将用户重定向，回到 CitiesComponent(主视图)。

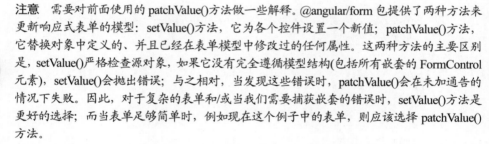

注意　需要对前面使用的 patchValue()方法做一些解释。@angular/form 包提供了两种方法来更新响应式表单的模型：setValue()方法，它为各个控件设置一个新值；patchValue()方法，它替换对象中定义的、并且已经在表单模型中修改过的任何属性。这两种方法的主要区别是，setValue()严格检查源对象，如果它没有完全遵循模型结构(包括所有嵌套的 FormControl 元素)，setValue()会抛出错误；与之相对，当发现这些错误时，patchValue()会在未加通告的情况下失败。因此，对于复杂的表单和/或当我们需要捕获嵌套的错误时，setValue()方法是更好的选择；而当表单足够简单时，例如现在这个例子中的表单，则应该选择 patchValue()方法。

需要特别说明一下@angular/router 包，因为这是我们第一次在组件的 TypeScript 文件中看到它。前面只用过两次：

- 在 app.module.ts 文件中用来定义客户端路由规则。

- 在 nav.component.html 文件中用来实现前述路由规则，以及使它们在 Web 应用程序的主菜单中显示为导航链接。

这一次需要使用 import 导入该包，因为我们需要采用一种方式从 URL 获取城市 id 参数。为此，使用了 ActivatedRoute 接口，用来获取当前激活路由的信息，以及想要知道的 GET 参数。

2. city-edit.component.html

/ClientApp/src/app/cities/city-edit.component.html 模板文件的内容如下所示：

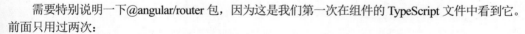

```
<div class="city-edit">
    <h1>{{title}}</h1>
```

```
<p *ngIf="!city"><em>Loading...</em></p>

<div class="form" [formGroup]="form" (ngSubmit)="onSubmit()">

    <div class="form-group">
      <!--
        <div class="form-group" [ngClass]="{ 'has-error hasfeedback'
          : hasError('name') }">
      -->

        <label for="name">City name:</label>
        <br />
        <input type="text" id="name"
            formControlName="name" required
            placeholder="City name..."
            class="form-control" />
    <!--
      <span *ngIf="hasError('name')"
        class="glyphicon glyphicon-remove form-controlfeedback"
          aria-hidden="true"></span>
      <div *ngIf="hasError('name')"
          class="help-block">
          Name is a required field: please insert a valid name.
      </div>
    -->
</div>

<div class="form-group">
  <!--
      <div class="form-group" [ngClass]="{ 'has-error hasfeedback'
        : hasError('name') }">
  -->

    <label for="lat">City latitude:</label>
    <br />
    <input type="text" id="lat"
        formControlName="lat" required
        placeholder="Latitude..."
        class="form-control" />
<!--
  <span *ngIf="hasError('lat')"
      class="glyphicon glyphicon-remove form-controlfeedback"
      aria-hidden="true"></span>
  <div *ngIf="hasError('lat')"
        class="help-block">
      Latitude is a required field: please insert a valid
        latitude value.
  </div>
  -->
</div>

<div class="form-group">
  <!--
      <div class="form-group" [ngClass]="{ 'has-error hasfeedback'
        : hasError('name') }">
  -->
```

```
<label for="lon">City longitude:</label>
<br />
<input type="text" id="lon"
       formControlName="lon" required
       placeholder="Latitude..."
       class="form-control" />
<!--
  <span *ngIf="hasError('lon')"
       class="glyphicon glyphicon-remove form-controlfeedback"
       aria-hidden="true"></span>
  <div *ngIf="hasError('lon')"
           class="help-block">
           Longitude is a required field: please insert a valid
           longitude value.
  </div>
  -->
</div>

<div class="form-group commands">
   <button type="submit"
          (click)="onSubmit()"
          class="btn btn-success">
    Create City
   </button>
   <button type="submit"
           [routerLink]="['/countries']"
           class="btn btn-default">
         Cancel
     </button>
   </div>
  </div>
</div>
```

等等，<form> HTML 元素在哪里呢？我们不是说过，使用基于表单的方法是因为它们比到处添加一些单独的<input>字段更好吗？

事实上，确实有一个表单，只不过这里使用了<div>而不是经典的<form>元素。你可能已经猜到，Angular 中的表单并不是必须使用<form> HTML 元素创建，因为我们并不会使用它的特殊功能。因此，可以使用<div>、<p>或任何能够合理包含<input>字段的 HTML 块级元素来定义它们。

3. city-edit.component.css

最后，/ClientApp/src/app/cities/city-edit.component.css 的内容如下所示：

```
/* empty */
```

没错，就是这么简单。现在还不需要使用特定样式，所以将其留空。

6.3.3　添加导航链接

准备好 CityEditComponent 之后，需要实现主从表模式。为此，需要添加一个导航链接，使用户能够从城市列表(主)导航到城市编辑表单(从)。

这需要执行两个任务。

- 在 app.module.ts 文件中创建一个新路由。
- 在 CitiesComponent 的模板代码中实现这个路由。

下面就开始动手。

1. app.module.ts

打开/ClientApp/src/app/app.module.ts 文件，使用下面的源代码定义一个新路由(已经突出显示了新行):

```typescript
import { BrowserModule } from '@angular/platform-browser';
import { NgModule } from '@angular/core';
import { FormsModule } from '@angular/forms';
import { HttpClientModule, HTTP_INTERCEPTORS } from
'@angular/common/http';
import { RouterModule } from '@angular/router';

import { AppComponent } from './app.component';
import { NavMenuComponent } from './nav-menu/nav-menu.component';
import { HomeComponent } from './home/home.component';
import { CitiesComponent } from './cities/cities.component';
import { CityEditComponent } from './cities/city-edit.component';
import { CountriesComponent } from './countries/countries.component';
import { BrowserAnimationsModule } from '@angular/platformbrowser/
animations';
import { AngularMaterialModule } from './angular-material.module';
import { FormControl, ReactiveFormsModule } from '@angular/forms';

@NgModule({
  declarations: [
    AppComponent,
    NavMenuComponent,
    HomeComponent,
    CitiesComponent,
    CityEditComponent,
    CountriesComponent
  ],
  imports: [
    BrowserModule.withServerTransition({ appId: 'ng-cli-universal' }),
    HttpClientModule,
    FormsModule,
    RouterModule.forRoot([
      { path: '', component: HomeComponent, pathMatch: 'full' },
      { path: 'cities', component: CitiesComponent },
      { path: 'city/:id', component: CityEditComponent },
      { path: 'countries', component: CountriesComponent },
    ]),
    BrowserAnimationsModule,
    AngularMaterialModule,
    ReactiveFormsModule
  ],
  providers: [],
  bootstrap: [AppComponent]
})
export class AppModule { }
```

可以看到，我们导入了 CityEditComponent，将其添加到@NgModule 声明列表中，最后定义了与该路由对应的 city/:id。使用的语法将路由任何由 city 和注册到 id 名称的一个参数组成的 URL。

2. cities.component.html

创建导航路由后，需要在主视图中实现它，从而能够访问从视图。

打开/ClientApp/src/app/cities/cities.component.html 文件，按照下面的代码修改城市的 Name 列的 HTML 模板代码：

```
<!-- ...existing code... -->

<!-- Name Column -->
<ng-container matColumnDef="name">
  <th mat-header-cell *matHeaderCellDef mat-sort-header>Name</th>
  <td mat-cell *matCellDef="let city">
    <a [routerLink]="['/city', city.id]">{{city.name}}</a>
  </td>
</ng-container>

<!-- ...existing code... -->
```

完成后，按 F5 键并导航到 Cities 视图进行测试。如图 6-5 所示，城市名称现在是可以点击的链接。

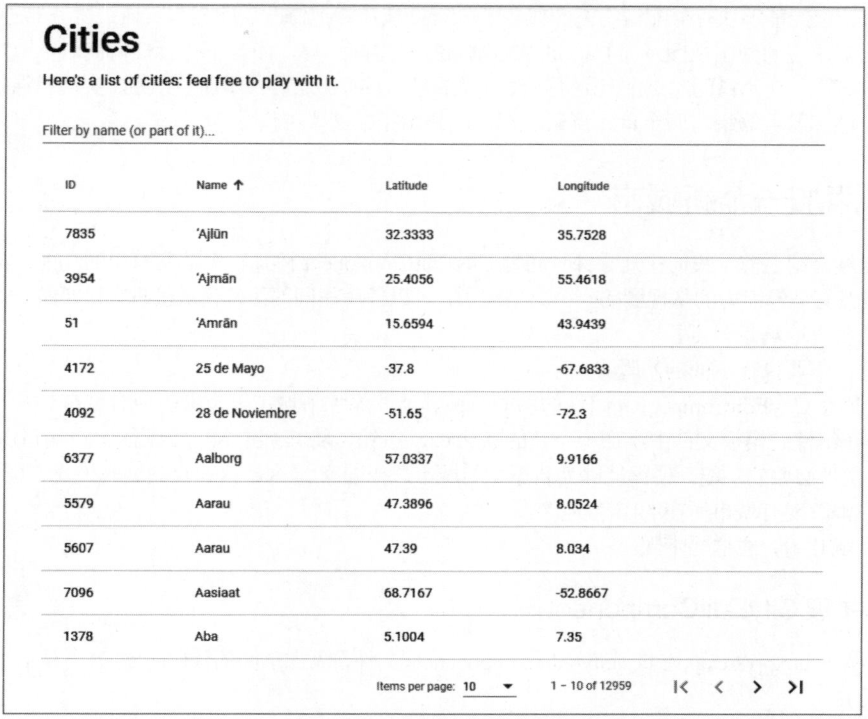

Cities

Here's a list of cities: feel free to play with it.

Filter by name (or part of it)...

ID	Name ↑	Latitude	Longitude
7835	'Ajlūn	32.3333	35.7528
3954	'Ajmān	25.4056	55.4618
51	'Amrān	15.6594	43.9439
4172	25 de Mayo	-37.8	-67.6833
4092	28 de Noviembre	-51.65	-72.3
6377	Aalborg	57.0337	9.9166
5579	Aarau	47.3896	8.0524
5607	Aarau	47.39	8.034
7096	Aasiaat	68.7167	-52.8667
1378	Aba	5.1004	7.35

Items per page: 10 ▾　　1 – 10 of 12959　　|< 　< 　> 　>|

图 6-5　导航到 Cities 视图

然后，将表格过滤到 Paris，然后单击第一个结果来访问 CityEditComponent，现在终于能够看到该视图了(如图 6-6 所示)。

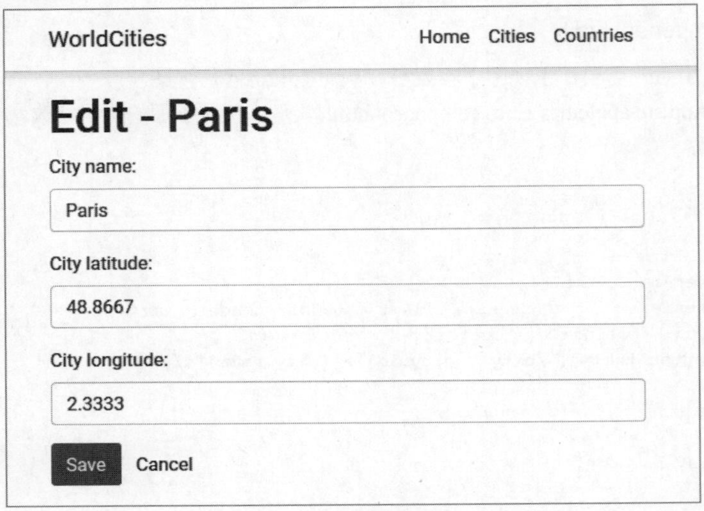

图 6-6　看到了视图

可以看到，结果符合我们的期望。视图中包含 3 个文本框、一个 Save 按钮和一个 Cancel 按钮，这两个按钮已经能够执行分配给它们的任务了。Save 按钮将把修改后的文本发送给服务器进行更新，然后把用户重定向到主视图，而 Cancel 按钮则直接重定向用户，而且不执行任何修改。

我们有了一个不错的起点，但是还远没有完成最终目标。还需要添加验证器、实现错误处理，以及为客户端和服务器编写两个单元测试。现在就开始完成这些工作。

6.4　添加一个新城市

在继续介绍之前，我们花几分钟时间为 CityEditComponent 添加一个非常有用的功能：添加新城市。这是具有编辑能力的从视图的一个典型需求，可以使用相同的组件完成处理，只要做一点小修改来处理两种可能场景即可。

为此，需要执行下面的步骤。

(1) 扩展 CityEditComponent 组件的功能，使其能够添加新城市以及编辑现有城市。

(2) 在组件的模板文件中添加一个新的 Add City 按钮，将其绑定到一个新的客户端路由。

(3) 实现必要的功能，使得能够为新添加的城市选择国家/地区，这一点在编辑模式下也很有用，允许用户修改现有城市所在的国家/地区。

现在就开始完成这些步骤。

6.4.1　扩展 CityEditComponent

打开/ClientApp/src/app/cities/city-edit.component.ts 文件，添加下面的代码(已经突出显示了新的/更新后的行)：

```
import { Component, Inject } from '@angular/core';
import { HttpClient } from '@angular/common/http';
```

```
import { ActivatedRoute, Router } from '@angular/router';
import { FormGroup, FormControl } from '@angular/forms';

import { City } from './City';

@Component({
    selector: 'app-city-edit',
    templateUrl: './city-edit.component.html',
    styleUrls: ['./city-edit.component.css']
})
export class CityEditComponent {

  // the view title
  title: string;

  // the form model
  form: FormGroup;

  // the city object to edit or create
  city: City;

  // the city object id, as fetched from the active route:
  // It's NULL when we're adding a new city,
  // and not NULL when we're editing an existing one.
  id?: number;
  constructor(
    private activatedRoute: ActivatedRoute,
    private router: Router,
    private http: HttpClient,
    @Inject('BASE_URL') private baseUrl: string) {
    }

  ngOnInit() {
    this.form = new FormGroup({
      name: new FormControl(''),
      lat: new FormControl(''),
      lon: new FormControl('')
    });
    this.loadData();
  }

  loadData() {

    // retrieve the ID from the 'id'
    this.id = +this.activatedRoute.snapshot.paramMap.get('id');
    if (this.id) {
    // EDIT MODE

    // fetch the city from the server
    var url = this.baseUrl + "api/cities/" + this.id;
    this.http.get<City>(url).subscribe(result => {
        this.city = result;
        this.title = "Edit - " + this.city.name;

        // update the form with the city value
        this.form.patchValue(this.city);
```

```
    }, error => console.error(error));
  }
  else {
    // ADD NEW MODE

    this.title = "Create a new City";
  }
}

onSubmit() {

var city = (this.id) ? this.city : <City>{};

city.name = this.form.get("name").value;
city.lat = +this.form.get("lat").value;
city.lon = +this.form.get("lon").value;

if (this.id) {
  // EDIT mode

  var url = this.baseUrl + "api/cities/" + this.city.id;
  this.http
    .put<City>(url, city)
    .subscribe(result => {
      console.log("City " + city.id + " has been updated.");

      // go back to cities view

      this.router.navigate(['/cities']);
    }, error => console.log(error));
}
else {
  // ADD NEW mode
  var url = this.baseUrl + "api/cities";
  this.http
    .post<City>(url, city)
    .subscribe(result => {

      console.log("City " + result.id + " has been created.");

      // go back to cities view
      this.router.navigate(['/cities']);
      }, error => console.log(error));
  }
 }
}
```

HTML 模板文件也可以执行一点小更新，通知用户有这种新功能可用。

打开/ClientApp/src/app/cities/cities.component.html 文件，按照下面的方式进行修改(已经突出显示了新的/更新后的行)。

在文件开始位置添加下面突出显示的代码：

```
<!-- ... existing code ... -->

<p *ngIf="this.id && !city"><em>Loading...</em></p>
```

```
<!-- ... existing code ... -->
```

完成这些改进后，将确保在添加新城市时，不会显示"Loading…"消息，因为 city 变量在这个时候是空的。

在靠近文件末尾的位置添加下面突出显示的代码：

```
<!-- ... existing code ... -->

<div class="form-group commands">
    <button *ngIf="id" type="submit"
            (click)="onSubmit()"
            class="btn btn-success">
      Save
    </button>
    <button *ngIf="!id" type="submit"
            (click)="onSubmit()"
            class="btn btn-success">
      Create
    </button>
    <button type="submit"
            [routerLink]="['/cities']"
            class="btn btn-default">
      Cancel
    </button>
</div>


<!-- ... existing code ... -->
```

这里添加的功能很小、但很有用，能够让我们知道表单是否正确工作：每当添加一个新城市时，将看到一个更合理的 Create 按钮，而不是 Save 按钮。同时，在编辑模式下，仍然会显示 Save 按钮。

现在，需要执行两个操作：

(1) 找到一种好的方式来告诉用户，他们既可以添加新城市，也可以编辑现有城市。

(2) 使用户能够访问这个新功能。

添加一个简单的 Create a new City 按钮能同时解决这两个问题。我们将在 CitiesComponent 中添加这个按钮。

6.4.2　添加 Create a new City 按钮

打开/ClientApp/src/app/cities/cities.component.html 文件，添加下面的代码：

```
<!-- ... existing code ... -->

<h1>Cities</h1>

<p>Here's a list of cities: feel free to play with it.</p>

<p *ngIf="!cities"><em>Loading...</em></p>

<div class="commands text-right" *ngIf="cities">
  <button type="button"
          [routerLink]="['/city']"
          class="btn btn-success">
    Create a new City
  </button>
</div>
```

```
<!-- ... existing code ... -->
```

这里没什么新东西。我们在一个容器中添加了基于路由的按钮，还添加了一个*ngIf 结构指令，使其在 cities 数组可用后才显示该按钮。

添加一个新路由

现在，需要为 Create a new City 按钮添加前面引用的路由。

为此，打开/ClientApp/src/app/app.module.ts 文件，更新其代码，如下所示：

```
// ...existing code...

RouterModule.forRoot([
    { path: '', component: HomeComponent, pathMatch: 'full' },
    { path: 'cities', component: CitiesComponent },
    { path: 'city/:id', component: CityEditComponent },
    { path: 'city', component: CityEditComponent },
    { path: 'countries', component: CountriesComponent },
]),

// ...existing code...
```

可以看到，添加新城市的(新)路由和编辑现有城市的(现有)路由非常相似，因为它们把用户重定向到相同的组件。唯一的区别是，前者没有 id 参数，我们采用这种技术让组件知道需要执行什么任务。如果存在 id 参数，则用户在编辑现有城市，否则，他们在添加一个新城市。

进展不错，但还没有完成功能。如果现在按 F5 键，并试着添加一个新城市来测试已经完成的工作，会发现 HttpClient 模块从服务器收到一个 HTTP 500 – Internal Server Error，如图 6-7 所示。

图 6-7　收到错误消息

完整的错误文本如下所示(已经突出显示了相关部分)：

```
---> Microsoft.Data.SqlClient.SqlException (0x80131904): The INSERT
statement conflicted with the FOREIGN KEY constraint
```

"FK_Cities_Countries_CountryId". The conflict occurred in database
"WorldCities", table "dbo.Countries", column 'Id'.
The statement has been terminated.

看起来我们忘记了 City 实体的 CountryId 属性：我们在定义 Angular 城市接口时故意这么做，因为当时不需要用到它。实现城市编辑模式时，这没有造成问题，因为不加通告地从服务器获取了该属性，将其存储到 Angular 局部变量中，当 HTTP PUT 请求执行更新时，就把该变量发送给服务器。但是，因为现在想从头创建一个新城市，缺少这个属性就造成了问题。

为解决这个问题，需要按照下面的方式，把 CountryId 属性添加到/ClientApp/src/app/cities/city.ts 文件(已经突出显示了新行)：

```
export interface City {
    id: number;
    name: string;
    lat: number;
    lon: number;
    countryId: number;
}
```

但是，这么做还不够。还需要让用户能够为新城市指定 Country。除非在代码中为 countryid 属性指定一个固定值，否则该属性将不会有值，但指定固定值是一种很不好的方法。

为解决这个问题，我们在 CityEditComponent 中添加一个国家/地区列表，使用户在点击 Create 按钮前，能够从该列表中选择一个国家/地区。即使在编辑模式下，这种新功能也很有用，因为它允许用户修改现有城市所在的国家/地区。

6.4.3　HTML select

要允许用户从一个列表中选择国家/地区，最简单的方法是使用一个<select>元素，然后通过 CountriesController 的 GetCountries()方法从.NET 后端获取数据，填充到<select>元素中。现在就实现这种方法。

打开/ClientApp/src/app/cities/city-edit.component.ts 文件，在其中添加下面的代码(已经突出显示了新行)：

```
import { Component, Inject } from '@angular/core';
import { HttpClient, HttpParams } from '@angular/common/http';
import { ActivatedRoute, Router } from '@angular/router';
import { FormGroup, FormControl } from '@angular/forms';

import { City } from './City';
import { Country } from './../countries/Country';

@Component({
    selector: 'app-city-edit',
    templateUrl: './city-edit.component.html',
    styleUrls: ['./city-edit.component.css']
})
export class CityEditComponent {

    // the view title
    title: string;
```

```
// the form model
form: FormGroup;

// the city object to edit or create
city: City;

// the city object id, as fetched from the active route:
// It's NULL when we're adding a new city,
// and not NULL when we're editing an existing one.
id?: number;

// the countries array for the select
countries: Country[];

constructor(
  private activatedRoute: ActivatedRoute,
  private router: Router,
  private http: HttpClient,
  @Inject('BASE_URL') private baseUrl: string) {
}

ngOnInit() {
  this.form = new FormGroup({
      name: new FormControl(''),
      lat: new FormControl(''),
      lon: new FormControl(''),
      countryId: new FormControl('')
  });

  this.loadData();
}

loadData() {

  // load countries
  this.loadCountries();

  // retrieve the ID from the 'id'
  this.id = +this.activatedRoute.snapshot.paramMap.get('id');
  if (this.id) {
      // EDIT MODE

      // fetch the city from the server
      var url = this.baseUrl + "api/cities/" + this.id;
      this.http.get<City>(url).subscribe(result => {
          this.city = result;
          this.title = "Edit - " + this.city.name;

          // update the form with the city value
          this.form.patchValue(this.city);
      }, error => console.error(error));
  }
  else {
    // ADD NEW MODE

    this.title = "Create a new City";
```

```
    }
  }

  loadCountries() {
    // fetch all the countries from the server
    var url = this.baseUrl + "api/countries";
    var params = new HttpParams()
      .set("pageSize", "9999")
      .set("sortColumn", "name");

    this.http.get<any>(url, { params }).subscribe(result => {
      this.countries = result.data;
    }, error => console.error(error));
  }

onSubmit() {

  var city = (this.id) ? this.city : <City>{};

  city.name = this.form.get("name").value;
  city.lat = +this.form.get("lat").value;
  city.lon = +this.form.get("lon").value;
  city.countryId = +this.form.get("countryId").value;

  if (this.id) {
    // EDIT mode

    var url = this.baseUrl + "api/cities/" + this.city.id;
    this.http
        .put<City>(url, city)
        .subscribe(result => {

        console.log("City " + city.id + " has been updated.");

        // go back to cities view
        this.router.navigate(['/cities']);
    }, error => console.log(error));
  }
  else {
      // ADD NEW mode
      var url = this.baseUrl + "api/cities";
      this.http
        .post<City>(url, city)
        .subscribe(result => {

          console.log("City " + result.id + " has been created.");

          // go back to cities view
          this.router.navigate(['/cities']);
        }, error => console.log(error));
    }
  }
}
```

这里做了哪些操作呢？

● 在@angular/common/http 的 import 列表中添加了 HttpParams 模块。

- 添加了对 Country 接口的引用,因为我们也需要处理国家/地区。
- 添加了一个 countries 变量来存储国家/地区。
- 在表单中添加了一个 countryId 表单控件(带有一个必要的验证器,因为它是一个必填值)。
- 添加了一个 loadCountries()方法,用于从服务器获取国家/地区。
- 在 loadData()方法中添加了对 loadCountries()方法的调用,从而在执行 loadData()中的其他操作(如加载城市和/或设置表单)时,异步获取国家/地区。
- 在 onSubmit()方法中更新了城市的 countryId,使其与在表单中选择的国家/地区相匹配,以便在执行插入或更新任务时将其发送给服务器。

提示 值得注意的是,在 loadCountries()方法中,需要为/api/countries URL 设置一些 GET 参数,以符合第 5 章设置的严格的默认值。这里不需要分页,因为我们需要获取完整的国家/地区列表来填充选项列表。具体来说,我们将 pageSize 设置为 9999,以确保能够获取全部国家/地区,还设置了一个合适的 sortColumn 来按名称排列它们。

现在,可在 HTML 模板中使用全新的 countries 变量。

打开/ClientApp/src/app/cities/city-edit.component.html 文件,添加下面的代码(已经突出显示了新行):

```html
<!-- ...existing code... -->

<div class="form-group">
    <label for="lon">City longitude:</label>
    <br />
    <input type="text" id="lon"
            formControlName="lon" required
            placeholder="Latitude..."
            class="form-control" />
</div>

<div class="form-group" *ngIf="countries">
    <label for="lon">Country:</label>
    <br />
    <select id="countryId" class="form-control"
      formControlName="countryId">
      <option value="">--- Select a country ---</option>
      <option *ngFor="let country of countries" [value]="country.id">
        {{country.name}}
      </option>
    </select>
</div>

<!-- ...existing code... -->
```

如果按 F5 键测试代码,导航到 Create a new City 或 Edit City 视图,将看到如图 6-8 所示的输出。
现在,通过单击---Select a country---选项列表,用户能够选择一个可用的国家/地区。还不错吧?
但是,还可以继续改进。通过将标准的 HTML select 替换为 Angular Material 包库 MatSelectModule 中一个更强大的组件,能够改善这个视图的用户体验。

图6-8　输出结果

6.4.4　Angular Material select(MatSelectModule)

因为以前没有用过 MatSelectModule，所以需要把它添加到 /ClientApp/src/app/angular-material.component.ts 文件中，就像第 5 章对 MatPaginatorModule、MatSortModule 和 MatInputModule 所做的那样。

实现方法如下所示(已经突出显示了新行)。

```
import { NgModule } from '@angular/core';
import { MatTableModule } from '@angular/material/table';
import { MatPaginatorModule } from '@angular/material/paginator';
import { MatSortModule } from '@angular/material/sort';
import { MatInputModule } from '@angular/material/input';
import { MatSelectModule } from '@angular/material/select';

@NgModule({
  imports: [
    MatTableModule,
    MatPaginatorModule,
    MatSortModule,
    MatInputModule,
    MatSelectModule
  ],
  exports: [
    MatTableModule,
    MatPaginatorModule,
    MatSortModule,
    MatInputModule,
    MatSelectModule
  ]
})
```

```
export class AngularMaterialModule { }
```

然后，可以采用下面的方式，替换前面添加到/ClientApp/src/app/cities/city-edit.component.ts 文件
中的<select> HTML 元素(已经突出显示了更新的行)：

```
<!-- ...existing code... -->

<div class="form-group">
    <label for="lon">Country:</label>
    <br />
    <mat-form-field *ngIf="countries">
        <mat-label>Select a Country...</mat-label>
        <mat-select id="countryId" formControlName="countryId">
          <mat-option *ngFor="let country of countries"
            [value]="country.id">
            {{country.name}}
          </mat-option>
        </mat-select>
    </mat-form-field>
</div>

<!-- ...existing code... -->
```

现在，可按 F5 键查看更新后的结果(输出如图 6-9 所示)。

图 6-9   更新后的结果

MatSelectModule 比 HTML <select>元素好看许多，同时仍然保留了相同的功能。我们甚至不需要
修改底层的 Component 类文件，因为它使用了相同的绑定接口。

现在，可以把新添加的城市添加到数据库中。我们使用下面的数据：

- **Name**: New Tokyo
- **Latitude**: 35.685

- **Longitude**: 139.7514
- **Country**: Japan

将这些值填入 Create a new City 表单，然后单击 Create 按钮。如果一切正常，应该会返回 Cities 视图。在该视图中，通过使用过滤器，能够找到 New Tokyo 城市(如图 6-10 所示)。

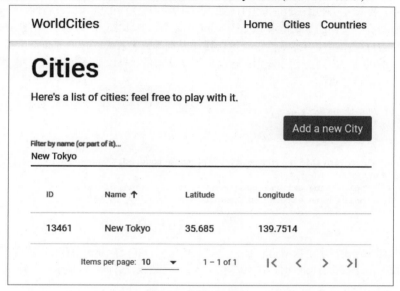

图 6-10　找到 New Tokyo

现在，我们就成功添加了第一个城市。

响应式表单已经能够正常工作，并且我们也了解了它的基本工作方式，所以接下来就可以花一些时间调整表单，添加一些在生产场景中很有用的功能：一些错误处理能力。我们将通过添加一些数据验证器来实现这种能力。

6.5　理解数据验证

在表单中添加数据验证不是一种选项，而是一项必须具有的功能。通过验证想要或需要收集的数据，检查用户输入的准确性和完整性，以提高数据的总体质量。对于用户体验，这也很有帮助，因为数据验证提供的错误处理能力使用户能够理解表单为什么不能工作，以及他们做些什么就能修复问题并提交数据。

为理解这个概念，我们以 CityEditComponent 响应式表单为例：如果用户填入所有必填字段，表单就能正确工作；但是，用户不知道必填值是什么，或者如果他们没有填写所有必填值，会发生什么？当然，如果他们具备相关知识，可以查看 console.log 错误消息，当 PUT 和 POST 请求导致发生后端错误时，源代码会在 console.log 中记录错误消息。

本节将学习如何在前端 UI 中验证用户输入，并使用目前的响应式表单显示有用的验证消息。在此过程中，还会创建一个 Edit Country/Add new Country 表单，并从中学习一些新知识。

6.5.1　模板驱动的验证

为简单起见，我们没有选择使用模板驱动的表单，而将注意力放到模型驱动/响应式表单。但是，花几分钟时间了解如何对模板驱动的表单添加验证，可能是明智的做法。

好消息是，我们可以使用在验证原生 HTML 表单时通常会用到的标准验证特性。Angular 框架使用指令在内部以完全透明的方式把它们匹配到验证器函数。具体来说，每当表单控件的值改变时，Angular 就会运行这些函数，生成一个验证错误列表(从而导致无效状态)或者 null(意味着表单有效)。

通过把 ngModel 导出到一个局部模板变量，可检查表单的状态以及每个表单控件的状态。下面这个示例有助于理解这一点：

```
<input id="name" name="name" class="form-control" required
minlength="4"
        [(ngModel)]="city.name" #name="ngModel">

<div *ngIf="name.invalid && (name.dirty || name.touched)" class="alert
alert-danger">
        <div *ngIf="name.errors?.required">Name is required.</div>
        <div *ngIf="name.errors?.minlength">Name must be at least 4
            characters long.</div>
</div>
```

上面的代码中突出显示了数据验证指令。可以看到，当城市的 name 不存在，或者其字符数小于4(这是名称输入允许的最小长度)时，这个表单会引发一个错误，并向用户显示一个警告样式的\<div\>元素。

需要注意，我们检查了两个听起来可能有点奇怪的属性：name.dirty 和 name.touched。下面简单解释它们的含义，以及为什么检查它们的状态是明智的做法：

- dirty 属性一开始为 false，当用户修改其初始值时将变为 true。
- touched 属性一开始为 false，当用户使表单控件元素获得焦点，然后离开该元素时，touched 属性会变为 true。

了解这些属性如何工作后，应该就能够理解为什么检查它们。只有当用户离开一个控件，并使该控件具有一个无效值或者没有值的时候，我们才想让用户看到数据验证错误。

 注意　本书对模板驱动验证的介绍到此结束。如果想了解更多信息，可以访问下面的指南：https://angular.io/guide/forms#template-driven-forms。

安全导航操作符

在继续介绍后面的内容之前，花几分钟时间解释一下问号?的含义很有帮助。前面每当需要检查是否存在表单错误时，就使用了这个符号，如下面这个例子(摘自前面的代码)所示：

```
name.errors?.required
```

这种问号是 Angular 的安全导航操作符，也称为 Elvis 操作符，对于防范属性路径中出现的 null 值和 undefined 值很有用。当存在安全导航操作符时，Angular 将在遇到第一个 null 值后停止计算表达式。在上面的代码中，如果 name.errors 是 null，则整个表达式将返回 false，并不检查 required 属性，从而避免了下面的 null 引用异常：

TypeError: Cannot read property 'required' of null.。

　　事实上，安全导航运算符通过返回对象路径的值(如果存在)或 null，允许导航该对象路径，即使我们并不知道这种路径是否存在。如果想根据条件检查 Angular 表单中是否存在错误，则这种行为非常理想；此时 null 返回值的含义与 false(不存在错误)相同。因此，从现在开始，我们将大量使用安全导航操作符。

 注意　关于安全导航操作符的更多信息，请访问下面的 URL：https://angular.io/guide/templatesyntax#safe-navigation-operator。

6.5.2　模型驱动的验证

　　当使用响应式表单时，整个验证方法发生了很大变化。简单来说，大部分验证工作将发生在组件类中。我们不是使用 HTML 特性在模板中添加验证器，而是需要把验证函数直接添加到组件类的表单控件模型中，使 Angular 能够在控件值发生变化时调用它们。

　　因为我们将主要处理函数，所以还能选择使它们同步或异步执行，因而有机会添加同步和/或异步验证器：

● 同步验证器将立即返回一组验证错误或者 null。当实例化验证器需要检查的 FormControl 时，可以使用第二个实参设置它们(第一个实参是默认值)。

● 异步验证器返回一个 Promise 或 Observable，它们已被配置为发射一组验证错误或 null。当实例化验证器需要检查的 FormControl 时，可使用第三个实参设置它们。

 提示　需要重点注意，只有当同步验证器全部执行完毕且成功通过时，才会执行/检查异步验证器。这是为了提高性能而做出的架构选择。

在接下来的小节中，我们将创建这两种验证器，并把它们添加到表单中。

第一组验证器

我们已经介绍了足够的理论知识，接下来在 CityEditComponent 的表单中添加第一组验证器。打开/ClientApp/src/app/cities/city-edit.component.ts 文件，在其中添加下面的代码：

```
import { Component, Inject } from '@angular/core';
import { HttpClient, HttpParams } from '@angular/common/http';
import { ActivatedRoute, Router } from '@angular/router';
import { FormGroup, FormControl, Validators } from '@angular/forms';

import { City } from './City';
import { Country } from './../countries/Country';

@Component({
    selector: 'app-city-edit',
    templateUrl: './city-edit.component.html',
    styleUrls: ['./city-edit.component.css']
})
export class CityEditComponent {

  // the view title
  title: string;

  // the form model
  form: FormGroup;
```

```
    // the city object to edit or create
    city: City;

    // the city object id, as fetched from the active route:
    // It's NULL when we're adding a new city,
    // and not NULL when we're editing an existing one.
    id?: number;

    // the countries array for the select
    countries: Country[];

    constructor(
        private activatedRoute: ActivatedRoute,
        private router: Router,
        private http: HttpClient,
        @Inject('BASE_URL') private baseUrl: string) {
    }
    ngOnInit() {
    this.form = new FormGroup({
        name: new FormControl('', Validators.required),
        lat: new FormControl('', Validators.required),
        lon: new FormControl('', Validators.required),
        countryId: new FormControl('', Validators.required)
    }, null, this.isDupeCity());

    this.loadData();
    }

// ...existing code...
```

可以看到，我们添加了下面的内容：
- 对@angular/forms 包中的 Validators 类的 import 引用。
- 对每个 FormCotnrol 元素添加一个 Validators.required。顾名思义，这种验证器要求这些字段具有非 null 值，否则将返回 invalid 状态。

提示　Validators.required 是 Validators 类内置的同步验证器之一。该类提供的其他内置验证器包括 min、max、requiredTrue、email、minLength、maxLength、pattern、nullValidator、compose 和 composeAsync。

关于 Angular 内置验证器的更多信息，请访问下面的 URL：https://angular.io/api/forms/Validators。

完成之后，打开/ClientApp/src/app/cities/city-edit.component.html 文件，在其中添加下面的代码：

```
<div class="city-edit">
    <h1>{{title}}</h1>

    <p *ngIf="this.id && !city"><em>Loading...</em></p>

    <div class="form" [formGroup]="form" (ngSubmit)="onSubmit()">
        <div class="form-group">
            <label for="name">City name:</label>
            <br />
            <input type="text" id="name"
                formControlName="name" required
                placeholder="City name..."
```

```
                        class="form-control"
                        />

            <div *ngIf="form.get('name').invalid &&
                    (form.get('name').dirty || form.get('name').touched)"
                    class="invalid-feedback">
                    <div *ngIf="form.get('name').errors?.required">
                      Name is required.
                    </div>
            </div>
        </div>

        <div class="form-group">
            <label for="lat">City latitude:</label>
            <br />
            <input type="text" id="lat"
                formControlName="lat" required
                placeholder="Latitude..."
                class="form-control" />

            <div *ngIf="form.get('lat').invalid &&
                    (form.get('lat').dirty || form.get('lat').touched)"
                    class="invalid-feedback">
                    <div *ngIf="form.get('lat').errors?.required">
                      Latitude is required.
                    </div>
            </div>
        </div>

    <div class="form-group">
        <label for="lon">City longitude:</label>
        <br />
        <input type="text" id="lon"
                formControlName="lon" required
                placeholder="Latitude..."
                class="form-control" />
        <div *ngIf="form.get('lon').invalid &&
                (form.get('lon').dirty || form.get('lon').touched)"
                class="invalid-feedback">
                <div *ngIf="form.get('lon').errors?.required">
                  Longitude is required.
                </div>
        </div>
    </div>

<div class="form-group">
    <label for="lon">Country:</label>
    <br />
    <mat-form-field *ngIf="countries">
        <mat-label>Select a Country...</mat-label>
        <mat-select id="countryId" formControlName="countryId">
            <mat-option *ngFor="let country of countries"
                [value]="country.id">
                {{country.name}}
            </mat-option>
        </mat-select>
```

```
        </mat-form-field>

        <div *ngIf="form.get('countryId').invalid &&
             (form.get('countryId').dirty ||
             form.get('countryId').touched)"
             class="invalid-feedback">
             <div *ngIf="form.get('countryId').errors?.required">
               Please select a Country.
             </div>
        </div>
    </div>

    <div class="form-group commands">
        <button *ngIf="id" type="submit"
                (click)="onSubmit()"
                [disabled]="form.invalid"
                class="btn btn-success">
            Save
        </button>
        <button *ngIf="!id" type="submit"
                (click)="onSubmit()"
                [disabled]="form.invalid"
                class="btn btn-success">
            Create
        </button>
        <button type="submit"
                [routerLink]="['/cities']"
                class="btn btn-default">
            Cancel
        </button>
    </div>
  </div>
</div>
```

在这里，我们添加了 4 个<div>元素(分别对应于每个输入)，以检查输入值，并根据条件返回错误。
可以看到，这些验证器以相同的方式工作：

- 第一个<div>(父元素)检查 FormControl 是否有效。只有它有效，并且 dirty 或 touched 为 true，才会显示该元素，这可以保证它显示的时候，用户已经能够设置值。
- 第二个<div>(子元素)检查 required 验证器。

我们采用这种方法，是因为这种方法能为每个 FormControl 使用多个验证器。因此，为每个 FormControl 使用一个单独的子元素，并使用一个父元素来包含它们，是一种很有用的方法(每当配置的任何验证器没有通过时，就将 invalid 设为 true)。

我们还添加了[disabled]属性，将其绑定到 Create 和 Save 按钮，以便在表单进入 invalid 状态时禁用它们。这是防止用户提交错误或无效值的一种好方法。

现在，打开/ClientApp/src/app/cities/city-edit.component.css 文件，在其中添加下面的代码：

```css
input.ng-valid {
  border-left: 5px solid green;
}

input.ng-invalid.ng-dirty,
input.ng-invalid.ng-touched {
    border-left: 5px solid red;
```

```
}

input.ng-valid ~ .valid-feedback,
input.ng-invalid ~ .invalid-feedback {
    display: block;
}
```

这些简单但强大的样式利用现有的 Angular 和 Bootstrap CSS 类，使得当输入字段具有有效或无效的状态时，它们会装饰输入字段。

现在快速检查一下到现在为止完成的工作：按 F5 键，导航到 Cities 视图，单击 Create a new City 按钮，然后随便操作表单来触发验证器。

当我们遍历各个输入值，但是不真正键入任何值的时候，将得到如图 6-11 所示的结果。

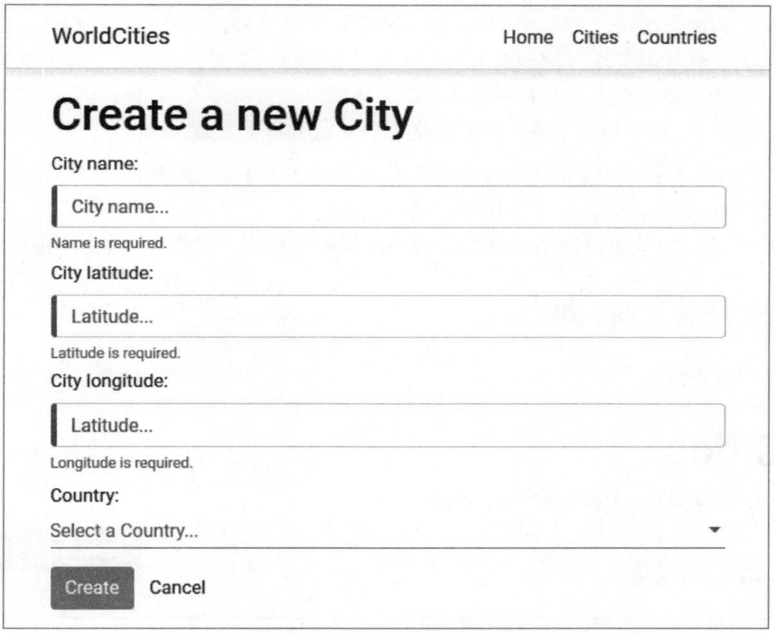

图 6-11　单击 Create a new City 按钮显示的结果

看上去还不错吧？输入错误很明显，并且在修复这些错误前，Create 按钮将被禁用，从而防止不小心提交错误的数据。这些红色警告有助于用户理解什么地方发生了问题，从而帮助他们修复问题。

在结束关于数据验证的介绍之前，还需要介绍另一个主题：服务器端验证。很多时候，这是阻止一些复杂错误的唯一合理的方式。

6.5.3　服务器端验证

服务器端验证是在服务器端检查并相应地处理错误的过程，即当数据已经被发送给后端进行检查并处理的过程。这与客户端验证是完全不同的方法，因为客户端验证方法在前端，即在把数据发送给服务器之前检查数据。

在客户端处理错误，对于速度和性能而言是一种优势，因为用户能立即知道输入数据是否有效，并不需要查询服务器。但是，任何还不错的 Web 应用程序都必须进行服务器端验证，因为这种验证可阻止许多有潜在危害的场景，例如：

- 客户端验证过程存在实现错误，没能阻止格式错误的数据。
- 有经验的用户、浏览器扩展或者插件执行了一些客户端技巧，允许用户向后端发送不支持的输入值。
- 请求伪造，即在假的 HTTP 请求中包含错误或恶意数据。

这些技术的基础都是绕过客户端验证器。因为我们无法阻止用户(或黑客)跳过、修改或移除验证器，所以这总是可能发生的。与之相反，服务器端验证器是不能被绕过的，因为它们由处理输入数据的相同后端执行。

因此，可以合理地说，客户端验证是一种可选的、方便的功能，但对于任何关心输入数据质量的合格 Web 应用程序，服务器端验证是一项必不可少的功能。

提示　为避免混淆，理解下面这一点很重要：虽然服务器端验证是在后端实现的，但是它也需要一种前端实现，例如调用后端，然后将验证结果显示给用户。客户端验证和服务器端验证的主要区别是，客户端验证只存在于客户端，从不会调用后端，而服务器端验证则依赖于前端+后端协同工作，从而让实现和测试变得更复杂。

另外，在某些场景中，只能通过服务器端验证来检查特定的条件或需求，仅依靠客户端验证是不能验证它们的。为解释这个概念，我们来看一个简单例子。

按 F5 键，在调试模式下启动 WorldCities 应用，导航到 Cities 视图，然后在过滤器文本框中输入 paris。

应该会看到如图 6-12 所示的结果。

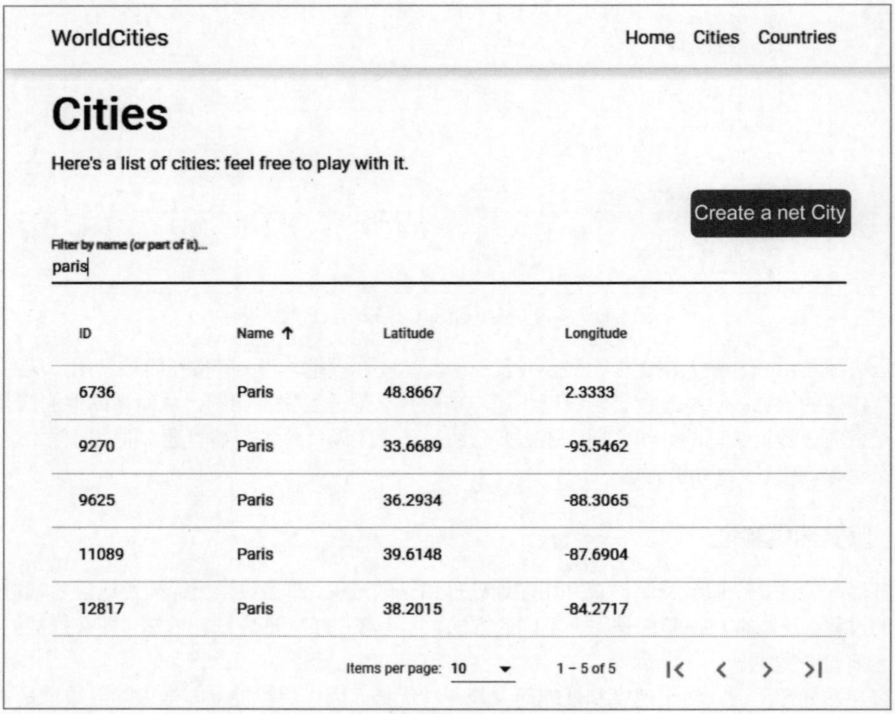

WorldCities				Home Cities Countries

Cities

Here's a list of cities: feel free to play with it.

Create a net City

Filter by name (or part of it)....

paris

ID	Name ↑	Latitude	Longitude
6736	Paris	48.8667	2.3333
9270	Paris	33.6689	-95.5462
9625	Paris	36.2934	-88.3065
11089	Paris	39.6148	-87.6904
12817	Paris	38.2015	-84.2717

Items per page: 10 ▼   1 – 5 of 5 |<   <   >   >|

图 6-12　在过滤器文本框中输入 paris

上图告诉我们以下两点:

- 全世界至少有 5 个城市叫做 Paris。
- 多个城市可以有相同的名称。

这一点并不奇怪:当采用代码优先的方法,使用 Entity Framework 创建数据库时,并没有使 name 字段唯一,因为我们知道很有可能存在同名的城市。好在,这不是一个问题,因为我们仍然能够通过查看 lat、long 和 country 值来区分它们。

 提示 例如,如果在 Google Maps 上查看前 3 个结果,会看到第一个结果在法国,第二个结果在美国得克萨斯州,第三个结果在美国田纳西州。它们有相同的名称,但是不同的城市。

现在,我们来添加一个验证器,使其检查要添加的城市是否与数据库中已经存在的某个城市有相同的 name、lat 和 lon 值。这种功能可以阻止用户多次插入相同的城市,从而避免真正意义上的重复值,同时不会阻止用户插入同名、但是具有不同坐标的城市。

遗憾的是,仅在客户端是无法实现这种功能的。为完成这项任务,我们需要创建一个 Angular 自定义验证器,使其让服务器异步地检查这些值,然后返回有效或无效结果。换句话说,就是执行一个服务器端验证任务。

现在就来实现这种功能。

1. DupeCityValidator

本节将创建一个自定义验证器,它将异步调用.NET Core 后端,确保要添加的城市没有与现有的某个城市具有相同的 name、lat、long 和 country。

2. city-edit.component.ts

首先,需要创建验证器自身,并将其绑定到响应式表单。为此,打开/ClientApp/src/app/cities/city-edit.component.ts 文件,按照如下所示修改其内容(已经突出显示了新的/更新的行):

```
import { Component, Inject } from '@angular/core';
import { HttpClient, HttpParams } from '@angular/common/http';
import { ActivatedRoute, Router } from '@angular/router';
import { FormGroup, FormControl, Validators, AbstractControl,
AsyncValidatorFn } from '@angular/forms';
import { Observable } from 'rxjs';
import { map } from 'rxjs/operators';

import { City } from './City';
import { Country } from './../countries/Country';

// ...existing code...
  ngOnInit() {
    this.form = new FormGroup({
        name: new FormControl('', Validators.required),
        lat: new FormControl('', Validators.required),
        lon: new FormControl('', Validators.required),
        countryId: new FormControl('', Validators.required)
    }, null, this.isDupeCity());

    this.loadData();
  }

  // ...existing code...
```

```
    isDupeCity(): AsyncValidatorFn {
        return (control: AbstractControl): Observable<{ [key: string]: any
} | null> => {

        var city = <City>{};
        city.id = (this.id) ? this.id : 0;
        city.name = this.form.get("name").value;
        city.lat = +this.form.get("lat").value;
        city.lon = +this.form.get("lon").value;
        city.countryId = +this.form.get("countryId").value;

        var url = this.baseUrl + "api/cities/IsDupeCity";
        return this.http.post<boolean>(url, city).pipe(map(result => {

            return (result ? { isDupeCity: true } : null);
        }));
    }
  }
}
```

可以看到，我们在上面的代码中做了一些重要修改：

- 添加了一些 import 引用(AbstractControl、AsyncValidatorFn、Observable 和 map)，用于实现新的异步自定义验证器。如果不明白为什么需要使用它们，不必担心，后面将介绍这个主题。
- 创建了一个新的 isDupeCity()方法，其中包含异步自定义验证器的完整实现。
- 配置新的验证器，让主 FormGroup(即与整个表单相关的 FormGroup)使用该验证器。

这个自定义验证器没有看起来那么复杂。我们来总结一下它执行的操作：

- 首先需要知道，该函数被定义为返回一个 Observable 的 AsyncValidatorFn，这意味着不是返回一个值，而是返回一个订阅者函数实例，后者将最终返回一个值(可能是键/值对象，也可能是 null)。只有当执行 Observable 时，才会发射这个值。
- 内层函数创建一个临时的 city 对象，使用实时表单数据填充该对象，调用一个我们还不知道(但很快会知道)的 IsDupeCity 后端 URL，并最终返回 true 或 null(取决于得到的结果)。需要注意，这一次，我们没有像过去经常做的那样订阅 HttpClient，而是使用 pipe 和 map ReactJS(RxJS)操作符来操纵它。稍后将介绍这些操作符。

> 注意　关于自定义异步验证器的更多信息，请访问下面的指南：https://angular.io/guide/formvalidation#implementing-custom-async-validator。

因为自定义验证器依赖于向.NET Core 后端发送一个 HTTP 请求，所以还需要实现这个方法。

3. CitiesController

打开/Controllers/CitiesController.cs 文件，在文件底部添加下面的代码：

```
// ...existing code...

private bool CityExists(int id)
{
    return _context.Cities.Any(e => e.Id == id);
}


[HttpPost]
[Route("IsDupeCity")]
```

```
public bool IsDupeCity(City city)
{
    return _context.Cities.Any(
        e => e.Name == city.Name
        && e.Lat == city.Lat
        && e.Lon == city.Lon
        && e.CountryId == city.CountryId
        && e.Id != city.Id
    );
}

// ...existing code...
```

这个.NET 方法很直观，它检查 City 的数据模型是否有与前端提供的城市相同的 Name、Lat、Lon 和 CountryId(以及不同的 Id)，并相应地返回 true 或 false。添加 Id 检查是为了避免在用户编辑现有城市时执行重复值检查。如果用户在编辑现有城市，则允许使用相同的 Name、Lat、Lon 和 CountryId，因为用户实际上是在重写相同的城市，而不是创建一个新城市。当用户添加新城市时，Id 值将总是被设置为 0，从而防止重复值检查被禁用。

4. city-edit.component.html

现在就准备好后端代码，需要为 UI 创建一条合适的消息。打开/ClientApp/src/app/cities/city-edit.component.html 文件，按照如下所示更新其内容(已经突出显示了新行):

```
<div class="city-edit">
    <h1>{{title}}</h1>

    <p *ngIf="this.id && !city"><em>Loading...</em></p>

    <div class="form" [formGroup]="form" (ngSubmit)="onSubmit()">

        <div *ngIf="form.invalid && form.errors?.isDupeCity"
             class="alert alert-danger">
             <strong>ERROR</strong>:
             A city with the same <i>name</i>, <i>lat</i>,
             <i>lon</i> and <i>country</i> already exists.
        </div>

<!-- ...existing code... -->
```

如上面的代码所示，只有当表单无效时，才会显示 alert <div>。只有当表单自身发生错误，并且 isDupeCity 错误返回 true 时，才会满足所有条件，否则可能在不必要的情况下显示这种警告。

5. 进行测试

现在就设置好了组件 HTML 模板，可以测试工作成果了。按 F5 键，导航到 Cities 视图，单击 Create a new City 按钮，插入下面的值:

- **Name**: New Tokyo
- **Latitude**: 35.685
- **Longitude**: 139.7514
- **Country**: Japan

此时，应该看到如图 6-13 所示的错误消息。

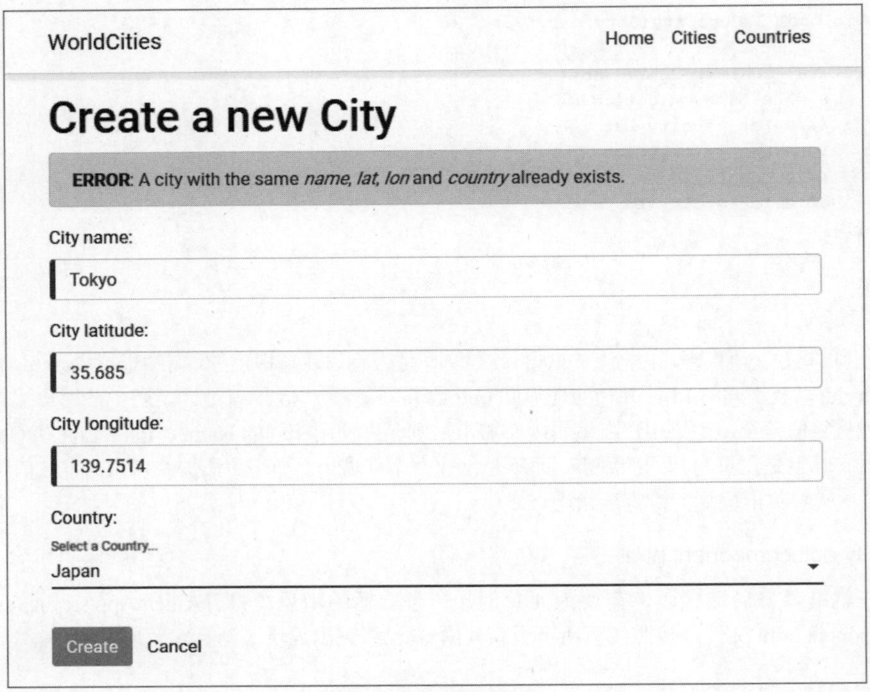

图 6-13　显示错误消息

自定义异步验证器能够正确工作，触发前端和后端的验证逻辑。

6. Observable 和 RxJS 操作符

用来执行调用的异步逻辑大量使用了 Observable/RxJS 模式，不过，这一次没有依赖前面多次使用的 subscribe()方法，而是选择了使用 pipe + map 的方法。这是两个非常重要的 RxJS 操作符，允许在执行数据操纵任务的同时，保持返回值的 Observable 状态，订阅仍然会执行 Observable 并返回实际数据。

理解这个概念可能有些困难。我们来换一种表达方式：

- 当我们希望执行 Observable 并获取其实际结果(如一个 JSON 结构的响应)时，应该使用 subscribe()方法。该方法返回的订阅可被取消，但不能被再次订阅。
- 当我们想要变换/操纵 Observable 的数据事件，但不执行该 Observable，以便可将其传递给其他也会操纵(并最终执行)该 Observable 的异步操作者时，应该使用 map()操作符。该方法返回一个可被订阅的 Observable。

pipe()则只是将其他操作符(如 map、filter 等)组合/链接在一起的一个 RxJS 操作符。

Observable 方法和 RxJS 操作符之间最重要的区别是，后者总是返回 Observable，而前者则返回一个在大部分情况下都是 final 的不同对象类型。这让你想起来什么了吗？

回顾一下第 5 章介绍的.NET Entity Framework 的相关知识，则这里的行为看起来有点熟悉。还记得我们如何使用 IQueryable<T>接口吗？在构建 ApiResult 类时使用的各个 Where、OrderBy 和 CountAsync IQueryable 方法，与在 Angular 中通过使用 pipe 操作符链接多个 map 函数所能实现的操作相似。反过来，subscribe()方法则与我们在.NET 中用来执行 IQueryable 并在一个可用对象中获取其结果时使用的各个 ToListAsync()/ToArrayAsync()相似。

7. 性能问题

在继续介绍后面的内容前，先来回答这个问题：什么时候检查这个验证器呢？换句话说，考虑到每次检查都会执行服务器端 API，这是否会造成性能问题？

前面提到，只有当所有同步验证器返回 true 的时候，才会检查异步验证器。因为 isDupeCity 是异步的，所以只有当前面在所有 FormControl 元素中设置的全部 Validators.required 返回 true 的时候，才会调用它。这是一个好消息，因为当 name、lat、lon 和/或 countryId 为 null 或空时，检查是否存在现有城市并没有意义。

根据上面的介绍，我们可以期望在每次表单提交中，只会调用一两次 isDupeCity 验证器，从性能的角度看，这完全没有问题。那么，一切都顺利。我们继续介绍后面的内容。

6.6 FormBuilder 简介

完成 CityEditComponent 之后，我们可能想重用相同的技术来创建一个 CountryEditComponent，就像第 5 章对 CitiesComponent 和 CountryComponent 文件所做的处理那样。但是，我们不会那么做，而将借这个机会介绍一个新工具，它在处理多个表单时非常有用。这个新工具就是 FormBuilder 服务。

在接下来的小节中，我们将完成下面的任务：

- 创建 CountryEditComponent，使其具备必要的 TypeScript、HTML 和 CSS 文件。
- 学习如何使用 FormBuilder 服务，以更好的方式生成表单控件。
- 在新的表单实现中添加一组新的验证器(包括全新的 isDupeCountry 自定义验证器)。
- 测试新的、基于 FormBuilder 的实现，确认一切工作正常。

到本节结束时，我们将有一个功能完备的 CountryEditComponent，它的工作方式与 CityEditComponent 相同，但基于一种稍微不同的方法。

6.6.1 创建 CountryEditComponent

首先创建需要的文件。在 WorldCities 项目的 Solution Explorer 中，执行下面的操作：

(1) 导航到/ClientApp/src/app/countries 文件夹。

(2) 右击文件夹的名称，使用 Add | New Item 三次来创建下面的文件：

- country-edit.component.ts
- country-edit.component.html
- country-edit.component.css

完成后，在这些文件中添加下面的内容。

1. country-edit.component.ts

打开/ClientApp/src/app/countries/country-edit.component.ts 文件，在其中添加下面的代码。注意突出显示的部分，它们与前面的 CityEdityComponent 有很大的区别。我们没有突出显示其他一些小区别，如使用 country 而不是 city，因为这些是意料中的修改：

```
import { Component, Inject } from '@angular/core';
import { HttpClient, HttpParams } from '@angular/common/http';
import { ActivatedRoute, Router } from '@angular/router';
import { FormGroup, FormBuilder, Validators, AbstractControl,
AsyncValidatorFn } from '@angular/forms';
import { map } from 'rxjs/operators';
```

```
import { Observable } from 'rxjs';

import { Country } from './../countries/Country';

@Component({
    selector: 'app-country-edit',
    templateUrl: './country-edit.component.html',
    styleUrls: ['./country-edit.component.css']
})
export class CountryEditComponent {

  // the view title
  title: string;

  // the form model
  form: FormGroup;

  // the city object to edit or create
  country: Country;

  // the city object id, as fetched from the active route:
  // It's NULL when we're adding a new country,
  // and not NULL when we're editing an existing one.
  id?: number;

  constructor(
    private fb: FormBuilder,
    private activatedRoute: ActivatedRoute,
    private router: Router,
    private http: HttpClient,
    @Inject('BASE_URL') private baseUrl: string) {
      this.loadData();
  }

  ngOnInit() {
    this.form = this.fb.group({
      name: ['',
        Validators.required,
        this.isDupeField("name")
      ],
      iso2: ['',
        [
          Validators.required,
          Validators.pattern('[a-zA-Z]{2}')
        ],
        this.isDupeField("iso2")
      ],
      iso3: ['',
        [
          Validators.required,
          Validators.pattern('[a-zA-Z]{3}')
        ],
        this.isDupeField("iso3")
      ]
    });
```

```
    this.loadData();
}

loadData() {

    // retrieve the ID from the 'id'
    this.id = +this.activatedRoute.snapshot.paramMap.get('id');
    if (this.id) {
      // EDIT MODE

      // fetch the country from the server
      var url = this.baseUrl + "api/countries/" + this.id;
      this.http.get<Country>(url).subscribe(result => {
            this.country = result;
            this.title = "Edit - " + this.country.name;

            // update the form with the country value
            this.form.patchValue(this.country);
    }, error => console.error(error));
}
else {
    // ADD NEW MODE

    this.title = "Create a new Country";
  }
}

onSubmit() {

    var country = (this.id) ? this.country : <Country>{};

    country.name = this.form.get("name").value;
    country.iso2 = this.form.get("iso2").value;
    country.iso3 = this.form.get("iso3").value;

    if (this.id) {
        // EDIT mode
        var url = this.baseUrl + "api/countries/" + this.country.id;
        this.http
          .put<Country>(url, country)
          .subscribe(result => {

          console.log("Country " + country.id + " has been updated.");

            // go back to cities view
            this.router.navigate(['/countries']);
        }, error => console.log(error));
    }
    else {
        // ADD NEW mode
        var url = this.baseUrl + "api/countries";
        this.http
            .post<Country>(url, country)
            .subscribe(result => {
            console.log("Country " + result.id + " has been created.");
```

```
                    // go back to cities view
                    this.router.navigate(['/countries']);
                }, error => console.log(error));
        }
    }

    isDupeField(fieldName: string): AsyncValidatorFn {
        return (control: AbstractControl): Observable<{ [key: string]: any
        } | null> => {

            var params = new HttpParams()
                .set("countryId", (this.id) ? this.id.toString() : "0")
                .set("fieldName", fieldName)
                .set("fieldValue", control.value);
            var url = this.baseUrl + "api/countries/IsDupeField";
            return this.http.post<boolean>(url, null, { params })
                .pipe(map(result => {
                    return (result ? { isDupeField: true } : null);
                }));
        }
    }
}
```

可以看到，这个组件的源代码与 CityEditComponent 十分相似，但也有少量非常重要的区别，我们将其总结如下:

- 我们把 FormBuilder 服务添加到@Angular/form import 列表中，取代了不再需要的 FormControl 引用。事实上，我们仍然会创建表单控件，但将通过 FormBuilder 创建它们，而不是手动实例化这些控件，所以这意味着不再需要显式引用 FormControl。
- 现在使用一种不同方法来实例化 form 变量，这种方法依赖于新的 FormBuilder 服务。
- 在 form 中实例化的 FormControl 元素有了一些之前没见过的验证器。

FormBuilder 服务提供了 3 个工厂方法，可用来创建表单结构: control()、group()和 array()。每个工厂方法都生成对应的 FormControl、FormGroup 和 FormArray 类的一个实例。在我们的例子中，创建了一个组，该组中包含 3 个控件，每个控件都有自己的一组验证器。

对于验证器，我们看到了两个新条目。

- Validator.pattern: 这是一个内置的验证器，要求控件的值匹配给定的正则表达式(regex)模式。因为 ISO2 和 ISO3 国家/地区字段是使用一种严格的格式定义的，所以我们将使用它们来确保用户输入了正确的值。
- isDupeField: 这是一个自定义的异步验证器，我们在这里第一次实现它。这个验证器与前面为 CityEditComponent 创建的 isDupeCity 验证器相似，但存在一些关键区别。下一节将总结这些区别。

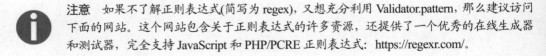

注意　如果不了解正则表达式(简写为 regex)，又想充分利用 Validator.pattern，那么建议访问下面的网站。这个网站包含关于正则表达式的许多资源，还提供了一个优秀的在线生成器和测试器，完全支持 JavaScript 和 PHP/PCRE 正则表达式: https://regexr.com/。

2. isDupeField 验证器

查看前面组件的源代码可知，isDupeField 自定义验证器没有像 isDupeCity 那样被赋值给主 FormGroup。相反，它被设置了 3 次，分别对应它需要检查的 3 个 FormControl。原因很简单，isDupeCity

使用包含 4 个字段的重复键来检查重复的城市，而 isDupeField 则需要单独检查为它赋值的每个字段。需要这么做，是因为我们不想让多个国家/地区具有相同的 name、iso2 或 iso3。

这也解释了为什么需要指定一个 fieldName 和一个对应的 fieldValue，而不是传递一个 Country 接口：isDupeField 服务器端 API 需要对传递的每个 fieldName 执行不同的检查，而不是像 isDupeCity API 那样执行一个通用检查。

之所以需要使用 countryId 参数，是为了防止在编辑现有国家/地区时，重复值检查引发一个验证错误。在 isDupeCity 验证器中，将它作为 city 类的一个属性传递。现在，需要把它显式添加到 POST 参数中。

3. IsDupeField 服务器端 API

现在，需要实现自定义验证器的后端 API。

打开/Controllers/CountriesController.cs 文件，在该文件的底部添加下面的方法：

```
// ...existing code...

private bool CountryExists(int id)
{
    return _context.Countries.Any(e => e.Id == id);
}

[HttpPost]
[Route("IsDupeField")]
public bool IsDupeField(
    int countryId,
    string fieldName,
    string fieldValue)
{
    case "name":
        return _context.Countries.Any(
            c => c.Name == fieldValue && c.Id != countryId);
    case "iso2":
      return _context.Countries.Any(
          c => c.ISO2 == fieldValue && c.Id != countryId);
    case "iso3":
        return _context.Countries.Any(
            c => c.ISO3 == fieldValue && c.Id != countryId);
    default:
        return false;
}
```

虽然这段代码与 IsDupeCity 服务器端 API 很相似，但在这里，我们对 fieldName 参数进行了分支处理，根据它的值执行不同的重复值检查。这种逻辑是使用标准的 switch/case 条件块实现的，并为我们期望用到的每个字段使用强类型的 LINQ lambda 表达式。同样，我们还检查 countryId 是否不同，以允许用户编辑现有的国家/地区。

如果从客户端收到的 fieldName 与支持的 3 个值不同，则这个 API 将返回 false。

4. 使用 Linq.Dynamic 的另一种方法

在继续介绍后面的内容之前，你可能有一个疑问：为什么在 switch…case 块中使用强类型的 lambda 表达式实现 isDupeField API，而不是使用 System.Linq.Dynamic.Core 库？

　　事实上，这么做是为了简单起见，因为如果使用了动态方法，则还需编写额外的代码来防止方法遭受 SQL 注入攻击。但是，因为我们已经在 ApiResult 类的 IsValidProperty()方法中实现了这个任务，所以也许可以使用该方法来缩减前面的代码。毕竟，我们将该方法设置为 public 和 static，就是为了能在任何地方使用它。

　　下面是使用前述工具的另一种实现(这里注释掉了旧代码，并突出显示了新代码)：

```
using System.Linq.Dynamic.Core;

// ...existing code...

[HttpPost]
[Route("IsDupeField")]
public bool IsDupeField(
    int countryId,
    string fieldName,
    string fieldValue)
{
    // Default approach (using strongly-typed LAMBA expressions)
    //switch (fieldName)
    //{
    // case "name":
    // return _context.Countries.Any(c => c.Name == fieldValue);
    // case "iso2":
    // return _context.Countries.Any(c => c.ISO2 == fieldValue);
    // case "iso3":
    // return _context.Countries.Any(c => c.ISO3 == fieldValue);
    // default:
    // return false;
    //}

    // Alternative approach (using System.Linq.Dynamic.Core)
    return (ApiResult<Country>.IsValidProperty(fieldName, true))
        ? _context.Countries.Any(
            String.Format("{0} == @0 && Id != @1", fieldName),
            fieldValue,
            countryId)
        : false;
}
```

　　还不错吧？

　　相比前一种实现，这种动态方法看起更符合 DRY 原则，也更灵活，仍然保留了相同的安全级别，能够防范 SQL 注入攻击。唯一的缺点可能来自引入 System.Linq.Dynamics.Core 库所带来的额外开销，对性能造成一点小影响。尽管在大部分场景中，这不会造成问题，但每当我们想让 API 尽快响应 HTTP 请求的时候，则可能应该选择前一种方法。

5. country-edit.component.html

　　接下来实现 CountryEditComponent 的模板。

　　打开/ClientApp/src/app/countries/country-edit.component.html 文件，在其中添加下面的代码。同样，应该特别关注突出显示的部分，因为它们与 CityEditComponent 的模板有很大区别。其他一些小区别是意料之中的，如使用 country 而不是 city，所以没有突出显示它们。

```
<div class="country-edit">
    <h1>{{title}}</h1>

    <p *ngIf="this.id && !country"><em>Loading...</em></p>

    <div class="form" [formGroup]="form" (ngSubmit)="onSubmit()">
        <div class="form-group">
            <label for="name">Country name:</label>
            <br />
            <input type="text" id="name"
                formControlName="name" required
                placeholder="Country name..."
                class="form-control"
                />

            <div *ngIf="form.get('name').invalid &&
                (form.get('name').dirty || form.get('name').touched)"
                class="invalid-feedback">
                <div *ngIf="form.get('name').errors?.required">
                  Name is required.
                </div>
                <div *ngIf="form.get('name').errors?.isDupeField">
                  Name already exists: please choose another.
                </div>
            </div>
        </div>


        <div class="form-group">
            <label for="iso2">ISO 3166-1 ALPHA-2 Country Code (2
                letters)</label>
            <br />
            <input type="text" id="iso2"
                    formControlName="iso2" required
                    placeholder="2 letters country code..."
                    class="form-control" />

            <div *ngIf="form.get('iso2').invalid &&
                    (form.get('iso2').dirty || form.get('iso2').touched)"
                    class="invalid-feedback">
                <div *ngIf="form.get('iso2').errors?.required">
                  ISO 3166-1 ALPHA-2 country code is required.
                </div>
                <div *ngIf="form.get('iso2').errors?.pattern">
                  ISO 3166-1 ALPHA-2 country code requires 2 letters.
                </div>
                <div *ngIf="form.get('iso2').errors?.isDupeField">
                  This ISO 3166-1 ALPHA-2 country code already exist:
                    please choose another.
                </div>
            </div>
        </div>

        <div class="form-group">
        <label for="iso3">ISO 3166-1 ALPHA-3 Country Code (3
        letters)</label>
        <br />
```

219

```html
    <input type="text" id="iso3"
          formControlName="iso3" required
          placeholder="3 letters country code..."
          class="form-control" />

  <div *ngIf="form.get('iso3').invalid &&
        (form.get('iso3').dirty || form.get('iso3').touched)"
        class="invalid-feedback">
      <div *ngIf="form.get('iso3').errors?.required">
        ISO 3166-1 ALPHA-3 country code is required.
      </div>
      <div *ngIf="form.get('iso3').errors?.pattern">
        ISO 3166-1 ALPHA-3 country code requires 3 letters.
      </div>
      <div *ngIf="form.get('iso3').errors?.isDupeField">
        This ISO 3166-1 ALPHA-3 country code already exist:
          please choose another.
      </div>
    </div>
  </div>
  <div class="form-group commands">
      <button *ngIf="id" type="submit"
            (click)="onSubmit()"
            [disabled]="form.invalid"
            class="btn btn-success">
        Save
      </button>
      <button *ngIf="!id" type="submit"
            (click)="onSubmit()"
            [disabled]="form.invalid"
            class="btn btn-success">
        Create
      </button>
      <button type="submit"
            [routerLink]="['/countries']"
            class="btn btn-default">
        Cancel
      </button>
    </div>
  </div>
</div>
```

可以看到，最重要的区别都与显示新模式和 isDupeField 验证器需要用到的 HTML 代码有关。现在，字段有 3 个不同的验证器，这一点很有帮助，因为用户将不会有机会输入错误的值。

6. country-edit.component.css

最后，我们来应用 UI 样式。

打开/ClientApp/src/app/countries/country-edit.component.css 文件，在其中输入下面的代码：

```css
input.ng-valid {
    border-left: 5px solid green;
}

input.ng-invalid.ng-dirty,
input.ng-invalid.ng-touched {
```

```
    border-left: 5px solid red;
}
input.ng-valid ~ .valid-feedback,
input.ng-invalid ~ .invalid-feedback {
    display: block;
}
```

这里没有可奇怪的地方。前面的样式表代码与我们为 CityEditComponent 使用的样式表代码相同。
我们终于完成了这个组件! 现在，需要在 AppModule 文件中引用该组件，并在 CountriesComponent
中实现导航路由。

7. AppModule

打开/ClientApp/src/app/app.module.ts 文件，在其中添加下面的代码(已经突出显示了新行):

```
import { BrowserModule } from '@angular/platform-browser';
import { NgModule } from '@angular/core';
import { FormsModule } from '@angular/forms';
import { HttpClientModule, HTTP_INTERCEPTORS } from
'@angular/common/http';
import { RouterModule } from '@angular/router';

import { AppComponent } from './app.component';
import { NavMenuComponent } from './nav-menu/nav-menu.component';
import { HomeComponent } from './home/home.component';
import { CitiesComponent } from './cities/cities.component';
import { CityEditComponent } from './cities/city-edit.component';
import { CountriesComponent } from './countries/countries.component';
import { CountryEditComponent } from './countries/countryedit.
component';
import { BrowserAnimationsModule } from '@angular/platformbrowser/
animations';
import { AngularMaterialModule } from './angular-material.module';
import { FormControl, ReactiveFormsModule } from '@angular/forms';
@NgModule({
  declarations: [
    AppComponent,
    NavMenuComponent,
    HomeComponent,
    CitiesComponent,
    CityEditComponent,
    CountriesComponent,
    CountryEditComponent
  ],
  imports: [
    BrowserModule.withServerTransition({ appId: 'ng-cli-universal' }),
    HttpClientModule,
    FormsModule,
    RouterModule.forRoot([
        { path: '', component: HomeComponent, pathMatch: 'full' },
        { path: 'cities', component: CitiesComponent },
        { path: 'city/:id', component: CityEditComponent },
        { path: 'city', component: CityEditComponent },
        { path: 'countries', component: CountriesComponent },
        { path: 'country/:id', component: CountryEditComponent },
        { path: 'country', component: CountryEditComponent }
```

```
    ]),
    BrowserAnimationsModule,
    AngularMaterialModule,
    ReactiveFormsModule
  ],
  providers: [],
  bootstrap: [AppComponent]
})
export class AppModule { }
```

现在，我们创建了两个路由，从而能够编辑和添加国家/地区。接下来还需要在 CountriesComponents 模板文件中实现它们。

8. countries.component.ts

打开/ClientApp/src/app/countries/countries.component.html 文件，在其中添加下面的代码(已经突出显示了新行)：

```
<h1>Countries</h1>

<p>Here's a list of countries: feel free to play with it.</p>

<p *ngIf="!countries"><em>Loading...</em></p>

<div class="commands text-right" *ngIf="countries">
  <button type="submit"
          [routerLink]="['/country']"
          class="btn btn-success">
      Add a new Country
  </button>
</div>

<mat-form-field [hidden]="!countries">
    <input matInput (keyup)="loadData($event.target.value)"
        placeholder="Filter by name (or part of it)...">
</mat-form-field>

<table mat-table [dataSource]="countries" class="mat-elevation-z8"
[hidden]="!countries"
    matSort (matSortChange)="loadData()"
    matSortActive="{{defaultSortColumn}}"
matSortDirection="{{defaultSortOrder}}">

  <!-- Id Column -->
  <ng-container matColumnDef="id">
      <th mat-header-cell *matHeaderCellDef mat-sort-header>ID</th>
      <td mat-cell *matCellDef="let country"> {{country.id}} </td>
  </ng-container>

  <!-- Name Column -->
  <ng-container matColumnDef="name">
      <th mat-header-cell *matHeaderCellDef mat-sort-header>Name</th>
      <td mat-cell *matCellDef="let country">
        <a [routerLink]="['/country', country.id]">{{country.name}}</a>
      </td>
  </ng-container>
```

```
<!-- ...existing code... -->
```

现在，就可以进行测试了。

6.6.2　测试 CountryEditComponent

按 F5 键，查看我们的工作成果。

在调试模式下启动应用后，导航到 Countries 视图，查看 Add a new Country 按钮和各个国家/地区名称上的编辑链接，如图 6-14 所示。

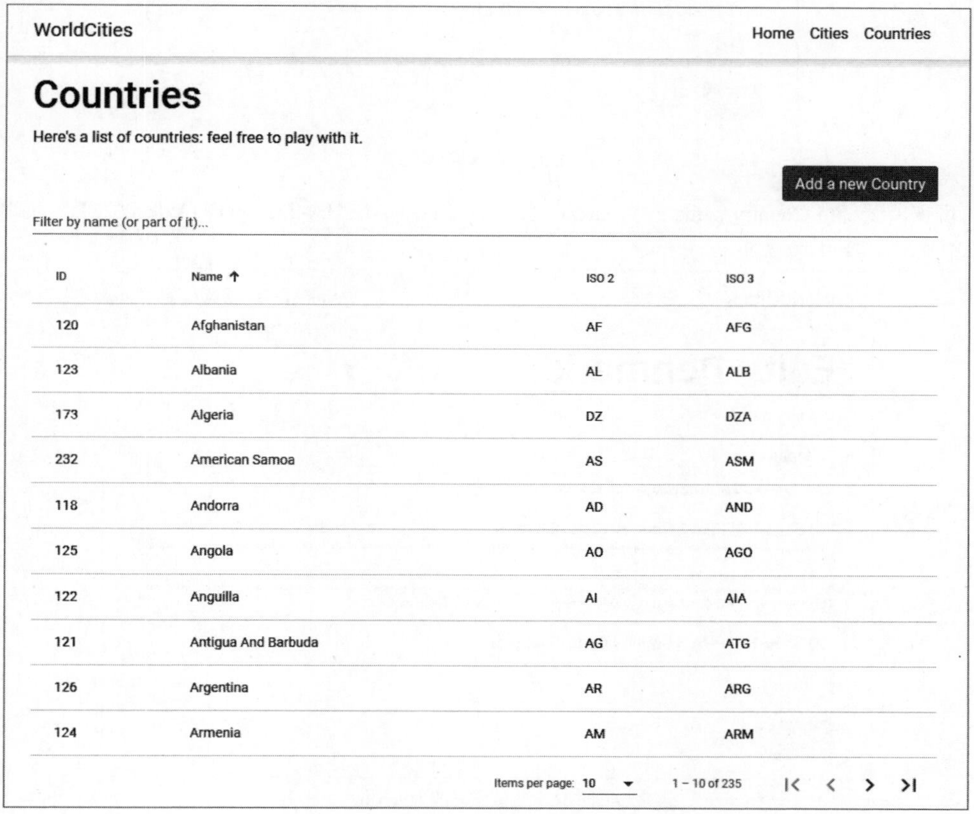

WorldCities			Home　Cities　Countries

Countries

Here's a list of countries: feel free to play with it.

Add a new Country

Filter by name (or part of it)...

ID	Name ↑	ISO 2	ISO 3
120	Afghanistan	AF	AFG
123	Albania	AL	ALB
173	Algeria	DZ	DZA
232	American Samoa	AS	ASM
118	Andorra	AD	AND
125	Angola	AO	AGO
122	Anguilla	AI	AIA
121	Antigua And Barbuda	AG	ATG
126	Argentina	AR	ARG
124	Armenia	AM	ARM

Items per page: 10 ▾　　1 – 10 of 235　　|< 　< 　> 　>|

图 6-14　导航到 Countries 视图

现在，使用过滤器搜索 Denmark，然后在结果中单击其名称，进入编辑模式下的 CountryEditComponent。如果一切正常，name、iso2 和 iso3 字段应该显示为绿色(本书是黑白印刷，未显示颜色)，意味着 isDupeField 自定义验证器没有引发错误，如图 6-15 所示。

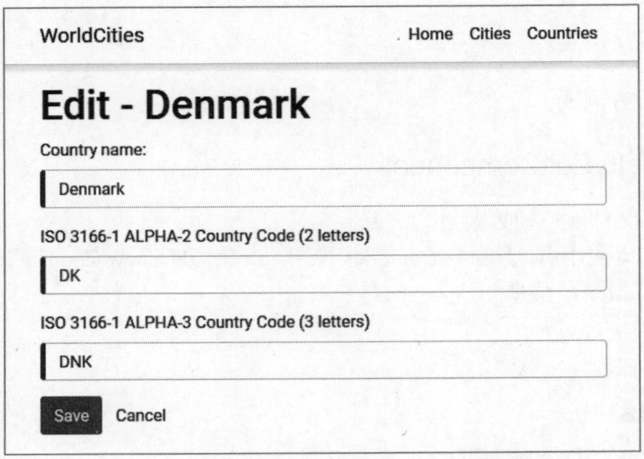

图 6-15　进入编辑模式

现在，试着将 Country name 改为 Japan，将 ISO 3166-1 ALPHA-2 Country Code 改为 IT，看看会发生什么。如图 6-16 所示。

图 6-16　将国家名改为 Japan

这是一个很好的结果，意味着自定义验证器在完成它们的工作。验证器发现这些值已经用于现有国家/地区(分别用于 Japan 和 Italy)，所以引发了重复值错误。

现在，单击 Cancel 按钮，返回 Countries 视图。在该视图中，单击 Add a new Country 按钮，试着插入一个具有如下值的国家/地区：

- Country name: New Japan
- ISO 3166-1 ALPHA-2 Country Code: JP
- ISO 3166-1 ALPHA-2 Country Code: NJ2

如果一切正常，应该会引发两个验证错误，如图 6-17 所示。

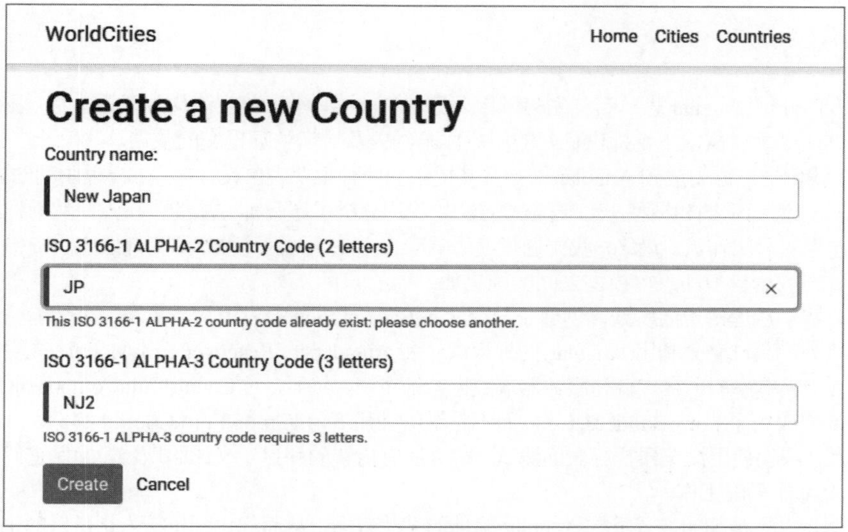

图 6-17 引发验证错误

第一个错误由 isDupeField 自定义验证器引发，原因是 ALPHA-2 国家代码已经用于一个现有的国家(Japan)；第二个错误由内置的 Validators.pattern 引发，我们使用正则表达式'[a-zA-Z]{3}'配置了该模式，不允许使用数字。

通过键入下面的值来修复这些错误：

- Country name: New Japan
- ISO 3166-1 ALPHA-2 Country Code: NJ
- ISO 3166-1 ALPHA-2 Country Code: NJP

完成后，单击 Create 按钮创建新国家。如果一切正常，我们将被重定向到主 Countries 视图。

在该视图中，在文本过滤器中键入 New Japan，确保已将新国家/地区插入数据库中，如图 6-18 所示。

图 6-18 在文本过滤器中键入 New Japan

我们看到了结果！这意味着我们终于完成 CountryEditCompnonent，准备好应对新任务了！

6.7 小结

本章专门介绍 Angular 表单。首先解释什么是表单，并列举表单应该具备哪些功能。我们把这些功能分组到两个主要需求下：提供良好的用户体验，以及恰当处理提交的数据。

然后，我们把注意力放到 Angular 框架及其提供的两种主要表单设计模型：模板驱动的方法(主要从 AngularJS 继承而来)和模型驱动/响应式方法。我们分析了这两种方法的优缺点，然后详细比较了它们的底层逻辑和工作流。最终，我们选择使用响应式方法，因为这种方法为开发人员提供了更大的控制权，并在数据模型和表单模型之间实施更加一致的职责分离。

之后，我们从理论走向实践，创建了一个 CityEditComponent，用它来实现一个功能完备的响应式表单。另外，通过充分利用 Angular 的模板语法和 Angular 的 ReactiveFormsModule 提供的类和指令，还为这个表单添加了客户端和服务器端数据验证逻辑。然后，对 CountryEditComponent 执行了相同的步骤，但改用了 FormBuilder 服务，而不是继续使用 FormGroup/FormControl 实例。

完成后，我们使用浏览器执行表面测试，检查所有内置的和自定义的验证器，确保它们在前端和后端 API 上都能正确工作。

下一章将以更精细的方式重构 Angular 组件的某些方面，从而优化到目前为止所做的工作。通过这种方式，我们将学习如何对数据进行后处理、添加合适的错误处理、实现某些重试逻辑来处理连接问题、使用 Visual Studio 的客户端调试器调试表单，并且更加重要的是，执行一些单元测试。

6.8 推荐主题

模板驱动的表单、模型驱动的表单、响应式表单、JOSN、RFC 7578、RFC 1341、URL Living Standard、HTML Living Standard、数据验证、Angular 验证器、自定义验证器、异步验证器、正则表达式(RegEx)、Angular 管道、FormBuilder、RxJS、Observable、安全导航操作符(Elvis 操作符)。

第 7 章
代码调整和数据服务

现在，WorldCities Web 应用程序已经是一个完整的项目，提供了许多有趣的功能。我们可以获取 DBMS 中可用的所有城市和国家/地区的一个列表，并通过支持排序和过滤的分页表浏览它们；由于采用了主/从 UI 模式，还可访问每个城市和每个国家/地区的详细信息视图，并读取和/或编辑最重要的字段；最后，通过前述详细信息视图提供的新建功能，还可以创建新的城市和国家/地区。

在继续介绍其他主题之前，花一些时间巩固到目前为止学到的知识，并改进我们采用的基本模式，是一种明智的做法。毕竟，优化前后端和它们依赖的整体逻辑，肯定能够在后面添加更多功能时使它们更加灵活，更不容易发生问题。

本章将介绍的主题
- **优化和调整**。我们将实现一些高层面的源代码和 UI 改进。
- **bug 修复和改进**。我们将利用前面的调整，增强应用的一致性，并添加一些新功能。
- **数据服务**。我们将学习如何从当前的简化实现(在组件内直接使用原生 HttpClient 服务)迁移到一个更加灵活的方法，从而能够添加后处理、错误处理、重试逻辑等功能。

所有这些修改都是值得花时间去做的，因为它们能够增强应用的源代码，使其为下一章将介绍的调试和测试阶段做好准备。

现在就开始工作。

7.1 技术需求

本章对技术的需求与前面的章节相同，并不需要额外的资源、库或包。

本章的代码文件存储在以下地址：https://github.com/PacktPublishing/ASP.NET-Core-3-and-Angular-9-Third-Edition/tree/master/Chapter_07/。

7.2 优化和调整

在计算机编程中，常常使用"代码膨胀"这个术语来描述冗长、缓慢或者浪费资源的源代码。这种代码不是良好代码，它们肯定会导致应用程序更容易发生人为错误、回归 bug、逻辑不一致、资源浪费等，还使得调试和测试变得更困难。由于前述这些原因，我们应该尽力避免出现代码膨胀。

为对抗代码膨胀，最有效的方法是采用并遵守 DRY 原则，这是任何开发人员都应该尽可能遵守的一种原则。如第 5 章所述，"不要重复自己"(Don't Repeat Yourself，DRY)是一个被普遍遵守的软件开发原则。如果违反这种原则，就会变成 WET 方法；取决于你喜欢哪种表达，WET 可以代表"任何东西都写两次"(Write Everything Twice)、"我们喜欢敲代码"(We Enjoy Typing)或"浪费每个人的时间"(Waste Everyone's Time)。

本节将处理当前代码中 WET 程度相当高的部分代码，看看如何让它们更加符合 DRY 原则，这有助于以后进行调试和测试。

7.2.1　模板改进

如果再看看 CityEditComponent 和 CountryEditComponent 的模板文件，肯定能够发现相当数量的代码膨胀。每个表单调用了不少于 10 次的 form.get()方法，大大影响了模板的可读性。而这里的表单还只不过是非常小、非常简单的表单。如果处理更大的表单，会发生什么情况？有什么办法来应对这个问题吗？

事实上，有一种方法：当我们感觉自己编写了过多的代码，或者太多次重复一个复杂的任务时，可以在组件类中创建一个或多个帮助方法，用来把底层逻辑集中到一起。我们可以把这些帮助逻辑作为一种快捷方式进行调用，从而避免重复整个验证逻辑。接下来，我们把它们添加到使用表单的 Angular 组件中。

表单验证快捷方式

我们来看看如何在 CityEditComponent 类中实现帮助方法。

打开/ClientApp/src/app/cities/city-edit.component.ts 文件，在其中添加下面的方法：

```
// retrieve a FormControl
getControl(name: string) {
        return this.form.get(name);
}

// returns TRUE if the FormControl is valid
isValid(name: string) {
    var e = this.getControl(name);
    return e && e.valid;
}

// returns TRUE if the FormControl has been changed
isChanged(name: string) {
    var e = this.getControl(name);
    return e && (e.dirty || e.touched);
}

// returns TRUE if the FormControl is raising an error,
// i.e. an invalid state after user changes
hasError(name: string) {
    var e = this.getControl(name);
    return e && (e.dirty || e.touched) && e.invalid;
}
```

注释解释得很清楚，所以没有什么可说的。这些帮助方法使我们有机会缩减前面的验证代码，如下所示：

```
<!-- ...existing code... -->

<div *ngIf="hasError('name')"
        class="invalid-feedback">
        <div *ngIf="form.get('name').errors?.required">
            Name is required.
```

```html
            </div>
    </div>

    <!-- ...existing code... -->

    <div *ngIf="hasError('lat')"
            class="invalid-feedback">
        <div *ngIf="form.get('lat').errors?.required">
            Latitude is required.
        </div>
    </div>

    <!-- ...existing code... -->
```

好多了，不是吗？

我们来为 CityEditComponent 的所有表单组件完成相同的处理，然后对 CountryEditComponent 做相同的处理。

等等，前面不是说应该尽可能遵守 DRY 模式吗？如果要在不同的类中复制粘贴相同的方法，怎么能期望做到遵循 DRY 模式呢？如果我们有 10 个基于表单的组件要修改，而不是两个，怎么办？这显然陷入了 WET 模式。我们现在已经找到一种好方法来缩减模板代码，还需要找到一种不错的方式来实现这些表单相关的方法，而不会到处使用克隆的代码。

好在 TypeScript 为处理这类场景提供了一种好方法：类继承。接下来看看怎样利用这些功能。

7.2.2　类继承

面向对象编程(Object-Oriented Programming，OOP)通常由两个核心概念定义：多态性和继承。虽然这两个概念存在关联，但它们并不相同。下面简单解释这两个概念。

- 多态性允许向同一个实体(如变量、函数、对象或类型)分配多个接口，和/或将同一个接口分配给不同的实体。换句话说，多态性允许实体具有多种形式。
- 继承允许通过从一个对象(基于原型的继承)或类(基于类的继承)进行派生，同时仍然保留相似实现来扩展一个对象或类；扩展的类常被称为子类，而被继承的类常被称为超类或基类。

我们现在把注意力放到继承上。在 TypeScript 中，与在大部分基于类的、面向对象的语言中一样，通过继承创建的类型(子类)将获得父类型的所有属性和行为，但不包括基类的构造函数、析构函数、重载的操作符和私有成员。

思考一下可知，这正是我们的场景所需的行为：如果创建一个基类，并在基类中实现所有表单相关的方法，则只需要扩展当前的组件类，而不需要多次编写该类。

现在看看如何完成这个任务。

1. 实现 BaseFormComponent

在 Solution Explorer 中，右击/ClientApp/src/app/文件夹，创建一个新的 base.form.component.ts 文件。打开该文件，在其中添加下面的内容：

```typescript
import { Component } from '@angular/core';
import { FormGroup } from '@angular/forms';

@Component({
    template: ''
})
```

```
export class BaseFormComponent {

  // the form model
  form: FormGroup;
  constructor() { }

  // retrieve a FormControl
  getControl(name: string) {
    return this.form.get(name);
  }

  // returns TRUE if the FormControl is valid
  isValid(name: string) {
    var e = this.getControl(name);
    return e && e.valid;
  }

  // returns TRUE if the FormControl has been changed
  isChanged(name: string) {
    var e = this.getControl(name);
    return e && (e.dirty || e.touched);
  }

  // returns TRUE if the FormControl is raising an error,
  // i.e. an invalid state after user changes
  hasError(name: string) {
    var e = this.getControl(name);
    return e && (e.dirty || e.touched) && e.invalid;
  }
}
```

现在，我们有了一个 BaseFormComponent 超类，可以用来扩展子类。可以看到，该类中没有多少内容，只包含表单相关的方法和 form 变量自身，因为这些方法必须使用该变量。

与前面一样，在使用新的超类前，需要按照如下所示，在/ClientApp/src/app/app.module.ts 文件中引用它：

```
// ... existing code...

import { AppComponent } from './app.component';
import { BaseFormComponent } from './base.form.component';

// ... existing code...

@NgModule({
  declarations: [
    AppComponent,
    BaseFormComponent,
    NavMenuComponent,
    HomeComponent,
    CitiesComponent,
    CityEditComponent,
    CountriesComponent,
    CountryEditComponent
  ],
```

```
// ... existing code...
```

 提示　到现在为止，已经介绍了代码示例背后的全部逻辑。因此，此后将采用更简洁的方式来呈现示例代码，以避免浪费纸张。请了解这一点。毕竟，如果需要查看完整的文件，总是可以在 GitHub 上查看本书的源代码存储库。

然后，就可以更新当前的 CityEditComponent TypeScript 文件，以相应地扩展该类。

2. 扩展 CityEditComponent

打开/ClientApp/src/app/cities/city-edit.component.ts 文件，在文件开头位置的 import 列表的末尾添加 BaseFormComponent 超类：

```
import { Component, Inject } from '@angular/core';
import { HttpClient, HttpParams } from '@angular/common/http';
import { ActivatedRoute, Router } from '@angular/router';
import { FormGroup, FormControl, Validators, AbstractControl,
  AsyncValidatorFn } from '@angular/forms';
import { Observable } from 'rxjs';
import { map } from 'rxjs/operators';

import { City } from './city';
import { Country } from '../countries/country';

import { BaseFormComponent } from '../base.form.component';

// ...existing code...
```

现在，需要在类声明的后面使用 extends 修饰符来实现类继承：

```
// ...existing code...

export class CityEditComponent
    extends BaseFormComponent {

// ...existing code...
```

现在，CityEditComponent 正式成为 BaseFormComponent 超类的一个子类。

最后，需要在子类的构造函数实现中调用 super()来调用超类的构造函数：

```
// ...existing code...
constructor(
    private activatedRoute: ActivatedRoute,
    private router: Router,
    private http: HttpClient,
    @Inject('BASE_URL') private baseUrl: string) {
    super();
}

// ...existing code...
```

现在，可以自由删除之前添加到 CityEditComponent 类文件中的表单相关的方法，包括 getControl、isValid、isChanged 和 hasError，因为子类将自动从超类继承它们。

> **提示**　对于 form 变量，需要知道的是，我们实际上在子类的源代码中重写了该变量：在 TypeScript 中，不需要任何修饰符就能实现这种行为。我们只需要重新定义该变量。因为已经有了这个变量，所以什么都不需要做。

现在测试一下已经完成的工作。按 F5 键，并试着在编辑和新建模式下使用 CityEditComponent。如果一切正确，应该不会看到任何问题。所有功能应该与之前一样，只不过源代码量减少了许多。

> **提示**　不要忘记测试验证器，因为我们已经实现的表单相关的方法会影响它们。如果表单验证器仍然工作，并在触发时展示错误，则意味着子类能够继承并使用基类的方法，从而证明了全新的超类/子类实现是能够正常工作的。

3. 扩展 CountryEditComponent

确认一切正确工作后，可以扩展 CountryEditComponent 类，使其也成为 BaseFormComponent 的一个子类。我们快速完成这个任务，然后继续介绍后面的内容。

这里不再展示源代码修改，因为需要做的步骤与刚刚看到的步骤几乎完全相同；如果有任何疑问，可以参考本章在 GitHub 存储库中的源代码。

7.3　Bug 修复和改进

坦白说，虽然在前面做了不错的工作，构建了主/从 UI 模式，并使用最重要的城市和国家/地区字段创建了这两种视图，但应用中仍然缺少用户可能想要看到的信息。具体来说，还缺少下面的详细信息：

- 城市详细信息视图没有恰当地验证 lat 和 lon 输入值。例如，我们能够输入字母而非数字，这将导致表单崩溃。
- 国家/地区视图未显示每个国家/地区实际包含的城市个数。
- 城市视图未显示列出的每个城市所在国家/地区的名称。

接下来修复这些问题。

7.3.1　验证 lat 和 lon

首先来处理上述问题中唯一真正的 bug。任何时候都应该避免让前端破坏表单，即使.NET Core API 会在后端隐式检查这些输入类型也是如此。

好在，我们已经知道如何修复这类问题：需要为 CityEdityComponent 的 lat 和 lon 表单控件添加一些基于模式的验证器，就像在 CountryEditComponent 文件中对 iso2 和 iso3 控件所做的那样。我们已经知道，需要更新两个文件：

- CityEditComponent 的类文件，以实现验证器并基于正则表达式定义一个验证模式。
- CityEditComponent 的模板文件，以实现验证器的错误消息和显示/隐藏逻辑。

现在就开始动手实现。

1. city-edit.component.ts

打开/ClientApp/src/app/cities/city-edit.component.ts 文件，按照如下所示更新其内容(已经突出显示了新的/更新的行)。

```
// ...existing code...

ngOnInit() {
    this.form = new FormGroup({
        name: new FormControl('', Validators.required),
        lat: new FormControl('', [
            Validators.required,
            Validators.pattern('^[-]?[0-9]+(\.[0-9]{1,4})?$')
        ]),
        lon: new FormControl('', [
            Validators.required,
            Validators.pattern('^[-]?[0-9]+(\.[0-9]{1,4})?$')
        ]),
        countryId: new FormControl('', Validators.required)
    }, null, this.isDupeCity());

    this.loadData();
}

// ...existing code...
```

从第 6 章的介绍可知，这个表单的实现仍然基于手动实例化的 FormGroup 和 FormControl 对象，而没有使用 FormBuilder。但是，没有必要现在进行修改，因为我们仍然能够实现 Validator.pattern，并没有任何问题。

我们来花几分钟时间解释这里使用的正则表达式。

- ^定义了需要检查的用户输入字符串的开头。
- [-]?允许存在可选的负号。当处理负坐标时，必须使用负号。
- [0-9]+要求使用 0~9 的一个或多个数字。
- (\.[0-9]{1,4})?定义了一个可选组(末尾的?决定了这一点)。如果存在该组，则它需要遵守下面的规则：
  - \.：必须以一个点(句点)开头。点被转义，因为它是一个保留的正则表达式字符串，如果没有转义，则它代表任何字符。
  - [0-9]{1,4}要求 1 个到 4 个 0~9 的数字(因为我们确实希望在点号后面有 1 个到 4 个小数值)。
- $定义了用户输入字符串的结尾。

 提示　我们本可用\d(任何数字)代替[0-9]，因为前者是一种更简洁的语法。但是，为了更容易阅读，我们选择使用[0-9]。你可以在任何时候自由地把它改为\d 形式。

设置了验证器后，需要在 CityEditComponent 模板文件中添加错误消息。

2. city-edit.component.html

打开/ClientApp/src/app/cities/city-edit.component.html 文件，按照如下所示更新其内容(已经突出显示了新的/更新的行)：

```
<!-- ...existing code -->

        <div *ngIf="form.get('lat').errors?.required">
          Latitude is required.
        </div>
        <div *ngIf="form.get('lat').errors?.pattern">
```

```
        Latitude requires a positive or negative number with 0-4
            decimal values.
    </div>

<!-- ...existing code -->

    <div *ngIf="form.get('lon').errors?.required">
      Longitude is required.
    </div>
    <div *ngIf="form.get('lon').errors?.pattern">
        Longitude requires a positive or negative number with 0-4
        decimal values.
    </div>

<!-- ...existing code -->
```

我们来快速进行测试：

(1) 按 F5 键，在调试模式下启动应用。

(2) 导航到 Cities 视图。

(3) 过滤列表来找到 Madrid。

(4) 在 City latitude 和 City longitude 输入字段中输入一些无效字符。

如果正确实现了验证器，则应该看到对应的错误消息，并且 Save 按钮将被禁用，如图 7-1 所示。

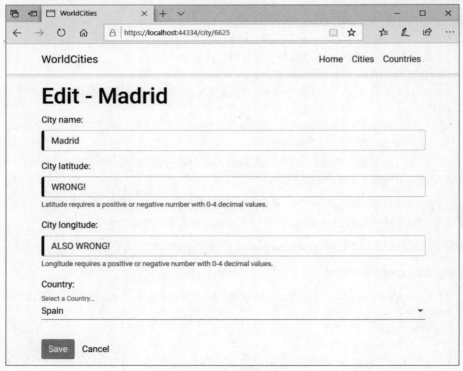

图 7-1　Save 按钮被禁用

现在就修复了第一个 UI bug。接下来完成下一个任务。

7.3.2　添加城市个数

现在，需要找到一种方式，在 Countries 视图中显示额外的一列，使用户能够立即看到列出的每个国家/地区的城市个数。为了实现这个目的，肯定需要改进后端 Web API，因为现在没有办法从服务器获取这些信息。

从技术角度看，有一种方法：使用 CitiesController 的 GetCities()方法，为其设置一个庞大的 pageSize 参数(如 99 999)，并使用一个合适的过滤器来获取每个给定国家/地区的全部城市，然后统计该集合并输出个数。

但这么做会对性能造成巨大影响。我们不仅需要为列出的所有国家/地区获取全部城市，而且必须为每个表格行发出一个单独的 HTTP 请求。如果想采用一种巧妙的、高效的方式来完成任务，则这肯定不是我们想用的方法。

我们将采用下面的方法：

- 找到一种巧妙的、高效的方法，在后端统计列出的每个国家/地区的城市个数。
- 对 country Angular 接口添加一个 TotCities 属性，用来将找到的城市个数存储到客户端。

现在就动手实现。

1. CountriesController

首先来处理后端。找到一种巧妙的、高效的方法来统计每个国家/地区的城市个数，这没有看起来那么简单。

如果想一次性获取这种值，即不使用 Angular 发出额外的 API 请求，则无疑需要改进 CountriesController 现有的 GetCountries()方法——我们目前使用该方法来获取国家/地区数据。

打开/Controllers/CountriesController.cs 文件，看.NET Core 和 Entity Framework Core(EF Core)如何帮助我们执行想要的操作。

需要更新的 GetCountries()方法如下所示：

```
public async Task<ActionResult<ApiResult<Country>>> GetCountries(
        int pageIndex = 0,
        int pageSize = 10,
        string sortColumn = null,
        string sortOrder = null,
        string filterColumn = null,
        string filterQuery = null)
{
    return await ApiResult<Country>.CreateAsync(
            _context.Countries,
            pageIndex,
            pageSize,
            sortColumn,
            sortOrder,
            filterColumn,
            filterQuery);
}
```

可以看到，这里没有处理 Cities。虽然我们知道，Country 视图包含一个 Cities 属性，用于存储一个城市列表，但第 4 章提到过，这个属性被设置为 null，因为我们并没有告诉 EF Core 加载该实体的相关数据。

如果现在这么做，会发生什么？我们可能想通过激活立即加载模式来解决这个问题，使用将提供给 Angular 客户端的实际值来填充 Cities 属性。实现方法如下所示：

```
return await ApiResult<Country>.CreateAsync(
        _context.Countries
                .Include(c => c.Cities),
        pageIndex,
        pageSize,
        sortColumn,
        sortOrder,
        filterColumn,
        filterQuery);
```

但是，很显然，这种方法不巧妙、也不高效：国家/地区实体可能有许多城市，有些国家/地区有几百个城市。让后端从 DBMS 获取全部城市真的可以接受吗？真的要使用这些庞大的 JSON 数组击垮 Angular 前端吗？

这肯定是不可接受的，我们肯定还可以做得更好。尤其是，考虑到我们只是需要知道每个国家/地区的城市个数，所以并不需要获取每个国家/地区的城市的完整数据。

可以采用如下所示的方法：

```
[HttpGet]
public async Task<ActionResult<ApiResult<CountryDTO>>> GetCountries(
int pageIndex = 0,
int pageSize = 10,
string sortColumn = null,
string sortOrder = null,
string filterColumn = null,
string filterQuery = null)
{
        return await ApiResult<CountryDTO>.CreateAsync(
                _context.Countries
                        .Select(c => new CountryDTO()
                        {
                                Id = c.Id,
                                Name = c.Name,
                                ISO2 = c.ISO2,
                                ISO3 = c.ISO3,
                                TotCities = c.Cities.Count
                        }),
                pageIndex,
                pageSize,
                sortColumn,
                sortOrder,
                filterColumn,
                filterQuery);
}
```

可以看到，我们采用了一种完全不同的方法，并没有再使用 Include()方法。我们没有立即加载城市，而是使用 Select()方法将结果国家/地区投射到一个新的 CountryDTO 对象上，它包含与源对象相同的属性，以及一个新的 TotCities 变量。这样一来，我们并没有获取城市，只是获取了它们的个数。

 提示 需要注意，因为我们从使用 Country 实体类改为使用新的 CountryDTO 类，所以还必须修改方法返回类型中的 ApiResult 泛型类型(从 ApiResult<Country> 改为 ApiResult<CountryDTO>)。

虽然实现这个方法更复杂一些，但是它肯定是处理这种任务的一种巧妙、高效的方式。其唯一的缺点是需要创建一个还不存在的 CountryDTO 类。

2. 创建 CountryDTO 类

在 Solution Explorer 中，右击/Data/文件夹，添加一个新的 CountryDTO.cs 文件，打开该文件，然后在其中添加下面的内容：

```
using System.Text.Json.Serialization;

namespace WorldCities.Data
{
    public class CountryDTO
    {
        public CountryDTO() { }

        #region Properties
        public int Id { get; set; }

        public string Name { get; set; }

        [JsonPropertyName("iso2")]
        public string ISO2 { get; set; }

        [JsonPropertyName("iso3")]
        public string ISO3 { get; set; }

        public int TotCities { get; set; }
        #endregion
    }
}
```

可以看到，上面的 CountryDTO 类包含 Country 实体类已经提供的大部分属性，但没有 Cities 属性(我们知道在该类中不需要这个属性)，另外多了一个 TotCities 属性。它是一个数据传输对象(Data Transfer Object，DTO)类，其作用只是向客户端提供我们需要发送的数据。

> **注意**　顾名思义，DTO 是一个对象，用来在不同过程之间传递数据。这是在开发 Web 服务和微服务时广泛使用的一个概念，因为在这些服务中，每个 HTTP 调用都是高开销的操作，应该被减小到只包含最低数量的必要数据。
> DTO 与业务对象和/或数据访问对象(如 DataSet、DataTable、DataRow、IQueryable、Entity 等)的区别是，DTO 只应该存储、序列化和反序列化自己的数据。

注意，在这里必须使用[JsonPropertyName]特性，因为这个类将被转换为 JSON，而 ISO2 和 ISO3 属性不会按照我们的期望进行转换(在第 5 章已经看到过这一点)。

3. Angular 前端更新

在对后端做出修改后，接下来处理 Angular 部分，并相应地更新前端。

执行下面的步骤。

(1) 打开/ClientApp/src/app/countries/country.ts 文件，按照如下所示在 Country 接口中添加 totCities 属性：

```
export interface Country {
    id: number;
    name: string;
    iso2: string;
    iso3: string;
    totCities: number;
}
```

(2) 打开/ClientApp/src/app/countries/countries.component.ts 文件，按照如下所示更新 displayedColumns 内部变量：

```
// ...existing code...

public displayedColumns: string[] = ['id', 'name', 'iso2',
'iso3', 'totCities'];

// ...existing code...
```

(3) 打开/ClientApp/src/app/countries/countries.component.html 文件，按照如下所示在 Angular Material 的 MatTable 模板中添加 Tot-Cities 列(已经突出显示了更新的行)：

```
<!-- ...existing code... -->

<!-- Lon Column -->
<ng-container matColumnDef="iso3">
    <th mat-header-cell *matHeaderCellDef mat-sort-header>
      ISO 3
    </th>
    <td mat-cell *matCellDef="let country"> {{country.iso3}}
</td>
</ng-container>

<!-- TotCities Column -->
<ng-container matColumnDef="totCities">
  <th mat-header-cell *matHeaderCellDef mat-sort-header>
    Tot. Cities
  </th>
  <td mat-cell *matCellDef="let country">
{{country.totCities}} </td>
</ng-container>

<tr mat-header-row *matHeaderRowDef="displayedColumns"></tr>
<tr mat-row *matRowDef="let row; columns:
displayedColumns;"></tr>

<!-- ...existing code... -->
```

(4) 按 F5 键查看工作成果。如果一切正确，应该会看到一个新的 Tot.Cities 列，如图 7-2 所示。

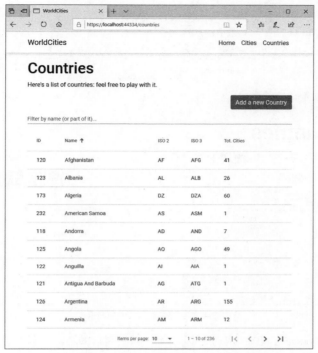

图 7-2　出现一个新列

还不错。不止如此，新列还是可排序的，这意味着可通过一两次单击，根据列出的城市个数来按升序或降序排列国家/地区。通过使用这种功能，我们知道了美国拥有最多列出的城市(4864)，而第 6 章创建的假想国家 New Japan 只有 0 个列出的城市。

我们来快速修复这个问题。进入 Cities 视图，编辑 New Tokyo，然后修改其国家/地区，如图 7-3 所示。

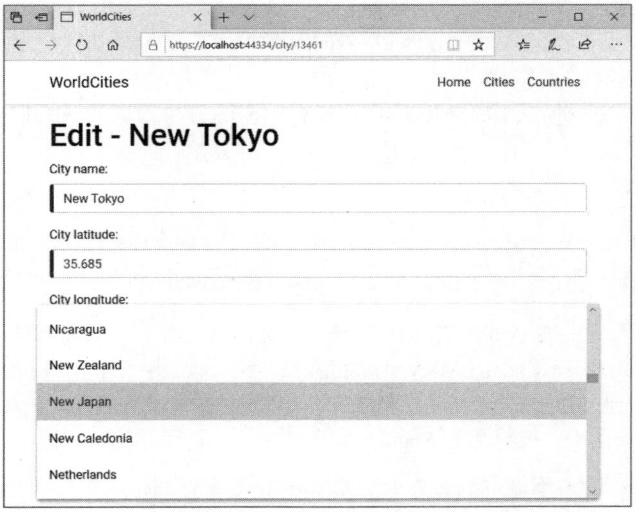

图 7-3　进行编辑

如果将 New Tokyo 的国家设为 New Japan，单击 Save 按钮应用修改，然后回到 Countries 视图，应该会看到 New Japan 现在有 1 个城市，如图 7-4 所示。

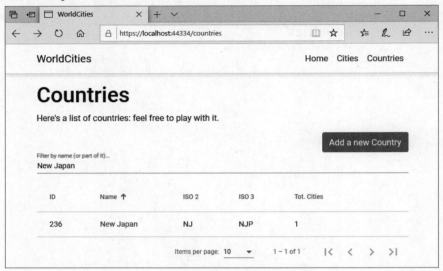

图 7-4 New Japan 只有一个城市

现在，我们在 Countries 视图中成功地显示了每个国家/地区的城市个数，并且在此过程中将 New Japan 与 New Tokyo 绑定在一起，所以接下来就可以完成第三个改进了。

但是，在此之前，思考一下需要创建什么 DTO 类来完成这个任务会有帮助。

7.3.3 DTO 类——真的应该使用它们吗?

在看到 Country 实体类和 CountryDTO 类实际上非常相似后，我们应该问自己一个问题：是不是还有更好的方法？例如，我们可让 CountryDTO 类继承 Country 实体，从而避免重复编写 4 个属性；或者可以完全避免创建 CountryDTO 类，而只是将 TotCities 属性添加到 Country 实体中。

确实可以使用这些方法，从而避免创建额外的属性(或类)，使代码更符合 DRY 原则。那么，为什么没有那么做呢？

答案很简单：上述两种方法具有相关的设计和安全缺陷。我们试着讨论它们，并理解为什么应该尽量避免使用这些方法。

1. 关注点分离

一般来说，如果属性只是用来满足客户端需要，就不应该把这种属性包含到实体类中：每当需要创建这些属性时，最好创建一个中间类，然后将实体与通过 Web API 发送给客户端的输出对象分离。

 提示 如果使用过 ASP.NET MVC 框架，可以将这种关注点分离与模型-视图-视图模型 (Model-View-ViewModel，MVVM)中将模型与视图模型区分开的关注点分离联系起来。场景基本上是相同的：二者都是具有特性的简单类；但是具有不同的受众，即控制器和视图。在我们的场景中，视图就是 Angular 客户端。

不必说，将 TotCities 属性放到实体类中就破坏了关注点分离。在 Countries 数据库表中没有 TotCities 列，所以使用该属性只是为了向前端发送一些额外的数据。

除此之外，TotCities 属性和已经存在的 Cities 属性之间没有关系：即使激活 EF Core 立即加载模式并填充 Cities 属性，TotCities 属性仍将被设置为 0(反之亦然)。这种误导性行为意味着糟糕的设计决策，如果期望实体类是数据源的 C#版本，这甚至可能导致实现错误。

2. 安全考虑

将实体类与客户端 API 输出类分隔开，通常是一个好主意，即使从安全的角度看也是如此。我们现在处理的是城市和国家/地区，所以不存在安全问题。但是，如果要处理用户表，其中包含私人数据和/或登录数据，会发生什么情况？实际上，在许多场景中，取出数据库中的所有字段，并采用 JSON 格式把它们发送给客户端，并不是明智的做法。在 Visual Studio 中添加控制器时(如第 4 章所述)，.NET Core Web API 控制器创建的默认方法并不关心这一点，这对于代码示例甚至基于 API 的简单项目而言并不是问题。但当项目变得更复杂时，建议以受控方式向客户端提供有限的数据。

要实现这种行为，在.NET 中，最有效的方式是创建和提供更小、更安全的 DTO 类，而不是主实体类。上一节创建的 CountryDTO 类就采用了这种方法。

3. DTO 类与匿名类型对比

相比前述 DTO 类，唯一可以接受的替代方法是使用 Select()方法将主实体类投射到匿名类型，然后提供匿名类型。

下面给出之前的 CountriesController 的 GetCountries()方法的另一个版本，这个版本使用了匿名类型而不是 CountryDTO 类(代码中已经突出显示了相关的修改)：

```
[HttpGet]
public async Task<ActionResult<ApiResult<dynamic>>> GetCountries(
    int pageIndex = 0,
    int pageSize = 10,
    string sortColumn = null,
    string sortOrder = null,
    string filterColumn = null,
    string filterQuery = null)
{
    return await ApiResult<dynamic>.CreateAsync(
            _context.Countries
                .Select(c => new
                {
                    id = c.Id,
                    name = c.Name,
                    iso2 = c.ISO2,
                    iso3 = c.ISO3,
                    totCities = c.Cities.Count
                }),
            pageIndex,
            pageSize,
            sortColumn,
            sortOrder,
            filterColumn,
            filterQuery);
}
```

正如我们的期望，必须在代码中和方法的返回值中将 ApiResult 泛型类型改为 dynamic。除此之外，这个方法看起来没有问题，肯定能够与之前的方法一样工作。

那么，我们应该使用哪种方法呢？DTO 类还是匿名类型？

坦白说，两种方法都很好。匿名类型常常是一种很好的替代方法，当我们需要快速定义 JSON 返回类型时尤其如此；但在一些特定场景中，例如后面将介绍的单元测试，我们选择处理命名的类型。具体选择哪种方法取决于具体场景。在目前的场景中，将使用 CountryDTO 类，但是在后面也会用到匿名类型。

注意　关于 C#的匿名类型的更多信息，请阅读下面的文档：
https://docs.microsoft.com/en-us/dotnet/csharp/programmingguide/classes-and-structs/anonymoustypes。

4. 保护实体

如果不想使用 DTO 类，也不喜欢匿名类型，那么还可以考虑第三种方法：保护实体，防止它们向 EF Core 发出错误指令(如创建错误的列)或通过 RESTful API 发送太多数据。如果能做到这两点，则仍然能够使用它们，并保持 Web API 代码遵守 DRY 原则。

通过使用一些具体的数据注解特性来装饰实体的属性，可以实现这种结果，如下所示。

- [NotMapped]：防止 EF Core 为该属性创建数据库列。
- [JsonIgnore]：防止属性被序列化或反序列化。
- [JsonPropertyName("name")]：允许在 JSON 类序列化和反序列化时重写属性名称，可重写属性名称以及 JsonNamingPolicy 在 Startup.cs 文件中指定的任何命名策略。

第一个特性需要 Microsoft.EntityFrameworkCore 命名空间，而另外两个特性则包含在 System.Text.Json.Serialization 命名空间中。

在第 5 章已经用过[JsonPropertyName]特性，为 Country 实体的 ISO2 和 ISO3 属性指定一个 JSON 属性名称。接下来实现另外两个特性。

5. [NotMapped]和[JsonIgnore]特性

打开/Data/Models/Country.cs 文件，按照如下所示在文件底部更新现有代码(已经突出显示了新的/更新后的行)：

```
#region Client-side properties
/// <summary>
/// The number of cities related to this country.
/// </summary>
[NotMapped]
public int TotCities
{
    get
    {
        return (Cities != null)
            ? Cities.Count
            : _TotCities;
    }
    set { _TotCities = value; }
}

private int _TotCities = 0;
#endregion

#region Navigation Properties
```

```
/// <summary>
/// A list containing all the cities related to this country.
/// </summary>
[JsonIgnore]
public virtual List<City> Cities { get; set; }
#endregion
```

我们来简单总结一下这里的操作。

- 在实体代码中实现了 TotCities 属性，并使用[NotMapped]特性装饰该属性，从而使得 EF Core 在执行任何迁移和/或更新任务时，不会创建对应的数据库列。
- 编写了一些额外的逻辑，把这个属性链接到 Cities 属性值(前提是该属性值不为 null)。这样一来，实体就不会提供误导性信息，例如在 Cities 列表属性中包含 20 多个城市，但同时 TotCities 的值为0。
- 最后，向 Cities 属性添加了[JsonIgnore]特性，从而防止将此信息发送给客户端；不管该属性的值是什么，即使为 null，也不会发送。

注意 我们之前从来没有使用[NotMapped]特性。这个特性可以减轻下面这一点的影响：我们使用实体来存储前端需要的属性(所以它们与数据模型完全没有关系)。简单来说，这个特性告诉 EF Core，我们不想在数据库中为该属性创建一个数据库列。因为我们采用 EF Core 的代码优先的方法(参见第4章)来创建数据库，并且使用迁移来保持数据库结构最新，所以每当想要在实体类上创建一个额外属性时，就需要使用这个特性。如果忘记这么做，肯定将得到不想要的数据库字段。

使用[JsonIgnore]来防止服务器发送 Cities 属性，看起来有点小题大做。它的值现在是 null，为什么还想跳过这个值呢？

事实上，做出这个决定是一种防范措施。因为我们在直接使用实体，而不是依赖于 DTO 类或匿名类型，所以想对数据实现一种限制性方法。每当不需要某个属性时，应用[JsonIgnore]特性是明智的做法，可确保我们不会透露不必要的信息。可以将其叫做"默认数据保护"方法；该方法有助于我们控制 Web API，防止 Web API 发送过多信息。毕竟，有需要的时候，我们总是可以移除这个特性。

不必说，如果想采用保护实体的方法，就不再需要 CountryDTO.cs 类。此时，可撤销之前在 /Controllers/CountriesController.cs 文件中对 GetCountries()方法所做的修改，并恢复 Country 引用：

```
return await ApiResult<Country>.CreateAsync(
    _context.Countries
        .Select(c => new Country()
        {
            Id = c.Id,
            Name = c.Name,
            ISO2 = c.ISO2,
            ISO3 = c.ISO3,
            TotCities = c.Cities.Count
        }),
    pageIndex,
    pageSize,
    sortColumn,
    sortOrder,
    filterColumn,
    filterQuery);
```

提示 本节讨论的 GetCountries()方法的三种实现,即使用 CountryDTO、dynamic 和 Country 的实现,都包含在本书第 7 章在 GitHub 上的源代码的/Controllers/CountriesController.cs 文件 中。本书的示例将采用第一种实现,所以在源代码中注释掉了另外两种实现,仅供参考使 用。不过,你可以自由使用它们。

接下来,就可以完成第三个也是最后一个任务了。

7.3.4 添加国家/地区名称

现在,需要找到一种方式,在 Cities 视图中添加一个 Country 列,使得用户能够看到列出的每个 城市所在的国家/地区名称。考虑到前面对国家/地区所做的改进,这个任务应该相当简单。

1. CitiesController

同样,首先处理 Web API。执行下面的步骤。

(1) 打开/Controllers/CitiesController.cs 文件,按照如下所示修改 GetCities()方法:

```
// ...existing code...

[HttpGet]
public async Task<ActionResult<ApiResult<CityDTO>>> GetCities(
        int pageIndex = 0,
        int pageSize = 10,
        string sortColumn = null,
        string sortOrder = null,
        string filterColumn = null,
        string filterQuery = null)
{
    return await ApiResult<CityDTO>.CreateAsync(
        _context.Cities
            .Select(c => new CityDTO()
            {
                Id = c.Id,
                Name = c.Name,
                Lat = c.Lat,
                Lon = c.Lon,
                CountryId = c.Country.Id,
                CountryName = c.Country.Name
            }),
            pageIndex,
            pageSize,
            sortColumn,
            sortOrder,
            filterColumn,
            filterQuery);
}

// ...existing code...
```

可以看到,我们使用了基于 DTO 的模式,这意味着需要创建一个 CountryDTO 类。

(2) 使用 Visual Studio 的 Solution Explorer 添加一个新的/Data/CityDTO.cs 文件,在其中添加下面 的内容。

```
namespace WorldCities.Data
{
    public class CityDTO
    {
        public CityDTO() { }

        public int Id { get; set; }

        public string Name { get; set; }

        public string Name_ASCII { get; set; }

        public decimal Lat { get; set; }

        public decimal Lon { get; set; }

        public int CountryId { get; set; }

        public string CountryName { get; set; }
    }
}
```

现在就准备好了 Web API，可以处理 Angular 部分了。

 提示　正如前面在处理 CountriesController 的 GetCountries()方法时看到，在这里也可以使用匿名类型或保护的 City 实体来实现 Web API，从而避免编写 CityDTO 类。

2. Angular 前端更新

首先来处理/ClientApi/src/app/cities/city.ts 接口，在其中添加 countryName 属性。打开该文件，按照如下所示更新其内容：

```
interface City {
    id: number;
    name: string;
    lat: number;
    lon: number;
    countryId: number;
countryName: string;
}
```

然后，打开/ClientApi/src/app/cities/cities.component.ts 类，添加 countryName 列定义：

```
// ...existing code...

public displayedColumns: string[] = ['id', 'name', 'lat', 'lon',
'countryName'];

// ...existing code...
```

然后，打开/ClientApi/src/app/cities/cities.component.html 类，相应地添加一个新的<ng-container>：

```
<!-- ...existing code... -->
```

```
<!-- Lon Column -->
<ng-container matColumnDef="lon">
    <th mat-header-cell *matHeaderCellDef mat-sort-header>Longitude</th>
    <td mat-cell *matCellDef="let city"> {{city.lon}} </td>
</ng-container>


<!-- CountryName Column -->
<ng-container matColumnDef="countryName">
    <th mat-header-cell *matHeaderCellDef mat-sort-header>Country</th>
    <td mat-cell *matCellDef="let city">
      <a [routerLink]="['/country',
        city.countryId]">{{city.countryName}}</a>
    </td>
</ng-container>


<!-- ...existing code... -->
```

可以看到，我们把 countryName 放到 routerLink 中，将其指向 Edit Country 视图，从而使用户能将其用作一个导航元素。

下面来测试工作成果。按 F5 键，在调试模式下启动应用，然后导航到 Cities 视图。如果一切正确，应该会看到如图 7-5 所示的结果。

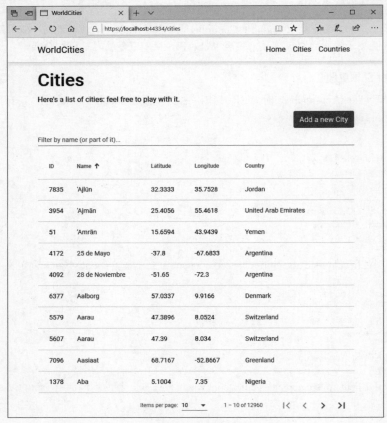

图 7-5 Cities 视图

还不错吧？

然后，如果单击一个国家/地区名称，例如 Jordan，则会进入 Edit Country 视图，如图 7-6 所示。

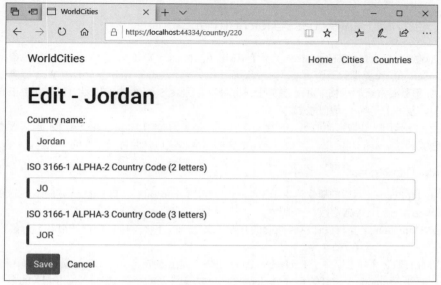

图 7-6 进行编辑

看起来很不错。

本节对代码和 UI 做了一点小改进。下一节将面对一个更具挑战性的任务，需要对我们到目前为止创建的所有 Angular 组件进行代码重构。

注意 在软件开发中，代码重构指的是改变现有源代码的结构，但不改变其外部行为。有许多原因可能导致重构代码，例如改善代码的可读性、可扩展性或性能，使代码更加安全，降低代码的复杂度等。

关于代码重构概念的更多信息，可访问下面的 URL：

https://docs.microsoft.com/en-us/visualstudio/ide/refactoring-in-visual-studio。

7.4 数据服务

到目前为止创建的两个 Web 应用程序(第 1 章到第 3 章创建的 HealthCheck 和第 4 章到第 7 章创建的 WorldCities)都涉及前后端在 HTTP(S)协议上进行通信。为建立这种通信，我们使用了 HttpClient 类，这是@angular/common/http 包中内置的一个 Angular HTTP API 客户端，包含在 XMLHttpRequest 接口中。

Angular 的 HttpClient 类提供了许多优势，包括可测试性功能、请求和响应类型对象、请求和响应拦截、Observable API 以及流线化错误处理。它甚至提供了一个内存 Web API 包含来模拟 RESTful API 上的 CRUD 操作，所以在没有数据服务器时也可以使用。第 4 章开头在考虑是否真的需要一个数据服务器的时候简单提到了这个包(当时问题的答案肯定的，所以没有使用该包)。

由于上述原因，如果想使用 Angular 框架开发前端 Web 应用，那么使用 HttpClient 类可能是最符合逻辑的选择。不过，取决于我们想如何使用它的功能，有多种方式来实现该类。

本节首先简单介绍其他可用的选项，然后讨论如何重构应用，以便基于专门的 HTTP 数据服务，将当前的 HttpClient 实现改为一种更灵活的方法。

7.4.1　对比 XMLHttpRequest 与 fetch(和 HttpClient)

前面提到，Angular 的 HttpClient 类基于 XMLHttpRequest(XHR)。这是一个 API，包含浏览器通过其 JavaScript 引擎提供的一个对象，该对象可用来以异步方式在 Web 浏览器和 Web 服务器之间传输数据，并不需要重新加载整个页面。这种技术前不久刚刚度过其 20 岁的生日，直到 2017 年 fetch API 问世之前，基本上是唯一可用的方法。

fetch API 是用来获取资源的另一个接口，其目标是成为 XMLHttpRequest API 的现代版本，提供了更加强大的、灵活的功能集。下一节将简单介绍这两种接口，并讨论它们的优缺点。

1. XMLHttpRequest

XMLHttpRequest 背后的概念诞生于 1999 年，当时 Microsoft 为 MS Exchange Server 2000 发布了 Outlook Web Access (OWA)的第一个版本。

Alex Hopmann 是参与设计这种概念的开发人员之一。下面这段话摘自他很早之前撰写的一篇文章：

"XMLHTTP 实际上诞生于 Exchange 2000 团队。我在 1996 年 11 月加入 Microsoft，在 1997 年春天被分配到 Redmond，一开始负责 Outlook 的发展方向涉及的一些 Internet 标准相关的东西。当时我在做一些网站元数据相关的工作，包括一个叫做 Web Collections 的早期提案。有一天，Thomas Reardon 向我引荐了 Jean Paoli。当时 Jean 刚刚加入公司，正在开发一个新东西，叫做 XML，一些人认为它有着光明的前景(尽管当时还无法给出清晰的理由)。"

----Alex Hopmann, *The Story of XMLHTTP*, http://www.alexhopmann.com/xmlhttp.htm

Alex 说的没错。几个月后，他的团队发布了一个叫做 IXMLHTTPRequest 的接口，该接口被实现到 Microsoft XML Core Services(MSXML)库的第 2 版中，1999 年 5 月，该版本随着 Internet Explorer 5.0 一起发布，而 Internet Explorer 5.0 可能是能够通过 ActiveX 访问该接口的第一个浏览器。

之后不久，Mozilla 项目开发了一个叫做 nsIXMLHttpRequest 的接口，并将其实现到 Gecko 布局引擎中。该接口与 Microsoft 的接口非常类似，但是还提供了一个包装器，允许通过 JavaScript 和浏览器返回的一个对象来使用该接口。2000 年 12 月 6 日发布的 Gecko v0.6 中提供了该对象，即 XMLHttpRequest。

在接下来的几年中，XMLHttpRequest 对象成为所有主流浏览器的事实标准，被实现到 Safari 2.1(2004 年 2 月)、Opera 8.0(2005 年 4 月)、iCab 3.0b352(2005 年 9 月)和 Internet Explorer 7(2006 年 10 月)。这种早期采用使 Google 的工程师能够开发并发布 Gmail(2004 年)和 Google Maps(2005 年)，这是两个开拓性 Web 应用程序，完全基于 XMLHttpRequest API。看看这些应用，就能够理解 Web 开发进入了一个新时代。

这种激动人心的技术还缺少一个名称。2005 年 2 月 18 日，Jess James Garrett 在一篇标志性的文章中为它起了一个名称 AJAX，这篇文章就是 *AJAX: A New Approach to Web Applications*。

这是术语 AJAX 第一次出现，它是 Asynchronous JavaScript + XML(异步 JavaScript 和 XML)的缩写，代表一组 Web 开发技术，可用于在客户端创建异步 Web 应用程序。XMLHttpRequest 在其中扮演了关键角色。

2006 年 4 月 5 日，万维网联盟(World Wide Web Consortium，W3C)发布了 XMLHttpRequest 对象

的第一个草稿规范，试图为其创建一个官方 Web 标准。

 提示　XMLHttpRequest 对象的最新草稿规范发布于 2016 年 10 月 6 日，可在下面的 URL 访问：

https://www.w3.org/TR/2016/NOTE-XMLHttpRequest-20161006/。

W3C 草稿规范为 AJAX 开发得到广泛采用铺平了道路。但是，由于不同浏览器在实现相关 API 时存在重要区别，所以该规范的最初实现对于大部分 Web 开发人员来说很难使用。好在，许多跨浏览器 JavaScript 库(如 jQuery、Axios 和 MooTools)的出现，让情况变得简单了许多。这些库的设计者非常明智，将 AJAX 添加到了库提供的工具集中。这就允许开发人员通过一组标准化的高级方法，间接使用底层的 XMLHttpRequest 对象的功能。

随着时间的推移，XHR 数据格式很快从 XML 转变到 JSON、HTML 和纯文本，它们非常适合用于 DOM 页面，并不需要修改整体方法。而且，当 Reactive Extensions for JavaScript(RxJS)库问世后，很容易把 XMLHttpRequest 对象放到 Observable 后面，从而获得大量优势(例如能与其他 Observable 混搭使用、订阅/取消订阅、pipe/map 等)。

这是 Angular 的 HttpClient 类的主要思想，可以把它描述为 Angular 中处理 XMLHttpRequest 的方式：HttpClient 是一个很方便的包装器，允许开发人员通过 Observable 模式有效地使用 XMLHttpRequest。

2. fetch

在早年间，使用原生 XMLHttpRequest 对象对大部分 Web 开发人员来说是相当困难的任务，很容易导致大量难以阅读和理解的 JavaScript 源代码。最终，jQuery 等库引入的超级结构解决了这些问题，但代价是不可避免地增加了代码(和资源)开销。

fetch API 被发布出来，以便以一种更整洁的方式，采用内置的、基于 Promise 的方法解决这种问题。使用 fetch API 可以更简单地执行相同的异步服务器请求，而不需要使用第三方库。

下面是使用 XHR 的一个 HTTP 请求的例子：

```
var oReq = new XMLHttpRequest();
oReq.onload = function() {
    // success
    var jsonData = JSON.parse(this.responseText);
};
oReq.onerror = function() {
    // error
    console.error(err);
};
oReq.open('get', './api/myCmd', true);
oReq.send();
```

下面是使用 fetch 执行的同一个请求：

```
fetch('./api/myCmd')
    .then((response) => {
      response.json().then((jsonData) => {
          // success
      });
    })
      .catch((err) => {
        // error
```

```
        console.error(err);
    });
```

可以看到，基于 fetch 的代码的可读性更好。其泛型接口提供了更好的一致性，原生的 JSON 能力使代码更符合 DRY 原则，并且其返回的 Promise 更便于进行链接和执行 async/await 任务，并不需要定义回调。

简单来说，如果将原生 XHR 实现与新的 fetch() API 进行对比，显然后者更好。

3. HttpClient

因为 Angular 提供了 HttpClient 类，所以使用原生 XHR 不在考虑范围内。我们将使用客户端提供的内置抽象，这允许按照如下所示编写前面的代码：

```
this.http.get('./api/myCmd')
    .subscribe(jsonData => {
        // success
    },
    error => {
        // error
        console.error(error));
    };
```

可以看到，这里基于 Observable 的 HttpClient 代码提供了与前面基于 fetch 的代码类似的优势：一致的接口，原生 JSON 能力，链接和 async/await 任务。

除此之外，Observable 也可被转换为 Promise，意味着甚至可以使用下面的代码：

```
this.http.get('./api/myCmd')
    .toPromise()
    .then((response) => {
     response.json().then((jsonData) => {
        // success
    });
    })
    .catch((err) => {
     // error
     console.error(err);
    });
```

 提示　反过来，通过使用 RxJS 库，也可以把 Promise 转换为 Observable。

总之，JavaScript 原生的 fetch API 和 Angular 原生的 HttpClient 类都是很好的选项，都可以在 Angular 应用中有效使用。

使用 fetch 的主要优点如下所示。

- 它是用于处理 HTTP 请求和响应的最新行业标准。
- 它是 JavaScript 原生的，所以不仅可用在 Angular 中，还可用在其他任何基于 JavaScript 的前端框架中，如 React、Vue 等。
- 它简化了使用服务工作线程的过程，因为 Request 和 Response 对象与我们在正常代码中使用的对象是相同的。

- 它基于这样一个常态行为：HTTP 请求返回单个值。因此，它返回 Promise，而不是流式类型，如 Observer(在大部分场景中，这是一个优点，但也可能变成一个缺点)。

使用 HttpClient 的主要优点如下所示。

- 它是 Angular 原生的，所以被该框架广泛支持并经常更新(在未来很可能仍会如此)。
- 混合使用多个 Observable 很简单。
- 它的抽象级别使我们很容易实现某些 HTTP 效果(例如在请求失败时自动重试)。
- Observer 可能比 Promise 更加灵活、功能更加丰富，所以在一些复杂场景中很有用，例如执行顺序调用、在发送 HTTP 请求后取消请求等。
- 它可被注入，所以可用于为各种场景编写单元测试。

由于上述原因，在认真考虑后，我们确实认为在 Angular 中采用 HttpClient 可能是更好的选择，所以在本书剩余部分将使用这种方法。尽管如此，因为在大部分场景中，使用 fetch API 也是可行的做法，所以你可以自行尝试这两种方法，看哪种方法最适合特定任务。

> **注意** 为简单起见，我们不再深入讨论这些主题。如果想了解关于 XMLHttpRequest、fetch API、Observable 和 Promise 的更多信息，建议访问下面的 URL。
>
> XMLHttpRequest Living Standard (September 24, 2019):
>
> https://xhr.spec.whatwg.org/
>
> fetch API - Concepts and usage:
>
> https://developer.mozilla.org/en-US/docs/Web/API/Fetch_API
>
> RxJS - Observable:
>
> http://w3sdesign.com/?gr=b07ugr=proble
>
> MDN - Promise:
>
> https://developer.mozilla.org/en-US/docs/Web/JavaScript/
>
> Reference/Global_Objects/Promise

7.4.2 构建数据服务

既然决定继续使用其他地方都在使用的 Angular HttpClient 类，那么不存在问题，对吧？

事实上，并不是这样。虽然使用 HttpClient 肯定是一个好主意，但是在实现它时，我们采用了过于简化的方法。查看 Angular 源代码会发现，我们把实际的 HTTP 调用放到组件内，这对于小型示例应用程序是可以接受的，但是在现实场景中肯定不是最好的方法。如果想用一种更复杂的方式处理 HTTP 错误(例如，把它们都发送给一个远程服务器进行统计)，该怎么办？如果需要缓存和/或后处理从后端 API 获取的数据，该怎么办？更不用说，我们肯定需要实现重试逻辑来处理潜在的连接问题——这是任何渐进式 Web 应用的一个典型需求。

我们应该把上述所有逻辑实现到每个组件的方法中吗？如果想遵守 DRY 模式，则肯定不能这么做。也许我们可以定义一个超类，使其具备 HTTP 能力，然后调整子类的源代码，从而通过使用一组高度定制的参数调用 super 方法来执行这些逻辑。这种方法对于小任务是可行的，但是如果任务变得更加复杂，代码很快就变得混乱。

一般来说，应该尽力避免让 TypeScript 类(无论是标准的类、超类还是子类)中填充大量数据访问代码；一旦落入那种陷阱，组件将变得更难理解，而且升级、标准化和/或测试它们将变得非常困难。为了避免出现这种结果，强烈建议将数据访问层与数据展示逻辑分开，这可以通过把前者封装到一个单独的服务中，然后把该服务注入组件自身来实现。

接下来就完成这些工作。

1. 创建 BaseService

因为我们要使用多个组件类，它们根据上下文(即它们需要访问的数据源)处理不同的任务，所以创建多个服务，针对每个上下文创建一个，是一种明智的做法。

具体来说，需要下面的服务:

- CityService，用于处理城市相关的 Angular 组件和.NET Core Web API。
- CountryService，用于处理国家/地区相关的 Angular 组件和.NET Core Web API。

另外，假设它们将有一些共同的功能，所以为它们提供一个超类作为公共接口可能很有帮助。接下来就创建这个超类。

> **注意**　使用一个抽象超类作为公共接口，似乎有点让人难以理解。为什么不干脆创建一个接口? 我们已经有了两个接口，一个用于城市(/cities/city.ts)，另一个用于国家/地区(/countries/country.ts)。
>
> 事实上，这么做是有很好的理由的: Angular 不允许提供接口作为提供者，因为接口不会被编译到 TypeScript 的 JavaScript 输出中; 因此，为了将服务的接口创建为接口，最有效的方式是使用一个抽象类。

在 Solution Explorer 中，浏览到/ClientApp/src/app/文件夹，右击创建一个新的 base.service.ts 文件，在其中添加下面的代码:

```
import { Injectable } from '@angular/core';
import { HttpClient } from '@angular/common/http';

@Injectable()
export abstract class BaseService {
   constructor(
      protected http: HttpClient,
      protected baseUrl: string
   ) {
   }
}
```

上面的源代码(不包括突出显示的 abstract 和 protected 修饰符)也是典型的 HTTP 数据服务的核心。我们将把它作为基类，用来扩展服务类。准确来说，我们将有一个超类(BaseService)，它包含两个不同子类(CityService 和 CountryService)的公共接口，而这两个子类将被注入组件中。

类声明前面使用的@Injectable 装饰器将告诉 Angular，这个类将提供一个可注入服务，供其他类和组件通过依赖注入使用。

下面解释一下突出显示的两个修饰符。

- abstract: 在 TypeScript 中，抽象类有一些没有实现的方法，这些没有实现的方法称为抽象方法。抽象类不能被创建为实例，但是其他类可以扩展抽象类，从而重用其构造函数和成员。
- protected: 所有服务子类将需要使用 HttpClient 类，因此，这是提供给它们的第一个成员(至少在现在，也是提供给它们的唯一成员)。为此，我们需要使用一个允许子类使用该成员的访问修饰符。示例中使用了 protected，但其实也可以使用 public。

在继续介绍后面的内容之前，简单介绍一下 TypeScript 支持多少访问修饰符以及它们的工作方式很有帮助。如果你了解 C#或其他 OO 编程语言中的访问修饰符，则会发现在 TypeScript 中，它们是非常相似的。

2. TypeScript 的访问修饰符

在 TypeScript 中，访问修饰符允许开发人员将方法和属性声明为 public、private、protected 和 read-only。如果没有提供修饰符，则认为方法或属性是 public，即在内部和外部都可以访问它们，并不会有任何问题。反过来，如果把它们标记为 private，则只能在该类中访问该方法或属性，并不能在子类(如果有的话)中访问它们。protected 的含义是，该方法或属性只能在该类中或其所有子类(即扩展该类的类)中内部访问，而不能从外部访问。最后，如果在类的构造函数中进行初始赋值后，修改了 read-only 属性的值，则 TypeScript 编译器将抛出一个错误。

但需要重点注意的是，这些访问修饰符只在编译时起作用。TypeScript 转译程序将警告所有不合适的用法，但不能在运行时阻止不当使用属性或方法的情况。

3. 添加公共接口方法

现在，我们使用一些高级方法来扩展 BaseService 功能接口，这些高级方法对应于在子类中需要完成的操作。因为我们要重构的组件已经存在，所以要定义这些公共接口方法，最好首先查看组件的源代码，然后相应地添加公共接口方法。

下面是一个不错的起点：

```
import { Injectable } from '@angular/core';
import { HttpClient } from '@angular/common/http';
import { Observable } from 'rxjs';

@Injectable()
export abstract class BaseService {
    constructor(
      protected http: HttpClient,
      protected baseUrl: string
    ) {
    }

    abstract getData<ApiResult>(
       pageIndex: number,
       pageSize: number,
       sortColumn: string,
       sortOrder: string,
       filterColumn: string,
       filterQuery: string): Observable<ApiResult>;
       abstract get<T>(id: number): Observable<T>;
       abstract put<T>(item: T): Observable<T>;
       abstract post<T>(item: T): Observable<T>;
}
interface ApiResult<T> {
    data: T[];
    pageIndex: number;
    pageSize: number;
    totalCount: number;
    totalPages: number;
    sortColumn: string;
    sortOrder: string;
    filterColumn: string;
```

```
    filterQuery: string;
}
```

下面简单介绍一下前面的每个抽象方法。

- getData<ApiResult>()：这个抽象方法用于取代 CitiesComponent 和 CountriesComponent 的 TypeScript 文件中的 getData()方法的当前实现，这两个方法分别用于获取城市和国家/地区列表。可以看到，我们利用这个机会指定了一个新的强类型接口 ApiResult，它将填充从 GetCities 和 GetCountries .NET Core Web API 那里获取的结构化 JSON 输出。
- get<T>()：这个抽象方法将取代 CityEditComponent 和 CountryEditComponent 的 TypeScript 文件中的 loadData()方法的当前实现。
- put<T>()和 post<T>()：这两个抽象方法将取代 CityEditComponent 和 CountryEditComponent 的 TypeScript 文件中的 submit()方法的当前实现。

因为我们大量使用了泛型变量，所以简单介绍一下泛型类型，以及它们如何帮助我们定义公共接口很有帮助。

4. 类型变量和泛型类型：<T>和<any>

值得注意的是，对于 get、put 和 post 方法，我们并没有使用强类型的接口，而是使用了类型变量。我们几乎不得不这么做，因为取决于实现这些方法的派生类，它们可能返回 City 或 Country 接口。

在考虑到这一点之后，我们将选择使用<T>而不是<any>，以便在函数返回时，不会丢失类型信息。<T>泛型类型允许推迟到客户端代码声明并实例化类或方法时，才指定返回变量的类型，这意味着每当在派生类中实现方法时(即我们知道返回什么时)，就能捕获到给定实参的类型。

提示　类型<T>变量是在接口中处理未知类型的好方法，所以在前面的 ApiResult Angular 接口中，以及在.NET Core 后端的/Data/ApiResult.cs C#文件中，都使用了这种变量。

这些并不是新概念，因为我们已经在后端代码中使用过它们。不过，在 TypeScript 编程语言的帮助下，我们也能在 Angular 前端使用它们，所以这是一个很好的消息。

5. 为什么返回 Observable 而不是 JSON？

在继续介绍后面的内容之前，简单解释一下我们为什么选择返回 Observable 类型，而不是已有的、基于 JSON 的接口，如 City、Country 和 ApiResult。使用 JSON 接口不是更实用的选择吗？

事实上，恰恰相反。与前面介绍过的、功能丰富的 Observable 集合相比，我们的接口类型的选项极为有限。为什么会想限制自己以及将会调用这些方法的组件？即使想要或者需要实际执行 HTTP 调用，并从中获取数据，也总是可以重新创建 Observable，并在完成任务后返回它。后续章节将详细介绍这种方法。

6. 创建 CityService

现在就创建第一个派生服务，即 BaseServices 的第一个派生类(子类)。

在 Solution Explorer 中，浏览到/ClientApp/src/app/cities/文件夹，右击创建一个新的 city.service.ts 文件，在其中添加下面的代码：

```
import { Injectable, Inject } from '@angular/core';
import { HttpClient, HttpParams } from '@angular/common/http';
import { BaseService, ApiResult } from '../base.service';
import { Observable } from 'rxjs';
@Injectable({
```

```
  providedIn: 'root',
})
export class CityService
  extends BaseService {
  constructor(
    http: HttpClient,
    @Inject('BASE_URL') baseUrl: string) {
      super(http, baseUrl);
  }

  getData<ApiResult>(
      pageIndex: number,
      pageSize: number,
      sortColumn: string,
      sortOrder: string,
      filterColumn: string,
      filterQuery: string
  ): Observable<ApiResult> {
    var url = this.baseUrl + 'api/Cities';
    var params = new HttpParams()
          .set("pageIndex", pageIndex.toString())
          .set("pageSize", pageSize.toString())
          .set("sortColumn", sortColumn)
          .set("sortOrder", sortOrder);

        if (filterQuery) {
          params = params
              .set("filterColumn", filterColumn)
              .set("filterQuery", filterQuery);
        }

        return this.http.get<ApiResult>(url, { params });
      }

      get<City>(id): Observable<City> {
        var url = this.baseUrl + "api/Cities/" + id;
        return this.http.get<City>(url);
      }

      put<City>(item): Observable<City> {
        var url = this.baseUrl + "api/Cities/" + item.id;
        return this.http.put<City>(url, item);
      }

      post<City>(item): Observable<City> {
          var url = this.baseUrl + "api/Cities/" + item.id;
          return this.http.post<City>(url, item);
    }
}
```

在上面的源代码中，最重要的部分是服务的@Injectable()装饰器中的 providedIn 属性，我们将其设置为 root，这告诉 Angular 在应用程序根目录中提供这个可注入服务，从而使其成为单例服务。

提示 单例服务是在应用中只存在一个实例的服务，换句话说，Angular 将只创建该服务的一个实例，应用程序中(通过依赖注入)使用该服务的所有组件共享该实例。虽然 Angular 服务并非必须是单例，但是这种技术能够提供高效的内存使用和良好的性能，所以是最常用的实现方法。

关于单例服务的更多信息，请访问下面的 URL：

https://angular.io/guide/singleton-services。

除此之外，上面的代码没有新内容：我们只是复制并稍微调整了 CitiesComponent 和 CityEditComponent 的 TypeScript 文件中的实现。主要区别是，我们在这里使用 HttpClient，意味着将其使用抽象到 CityService 中，而从组件类中移除 HttpClient。

7. 实现 CityService

现在，我们来重构 Angular 组件，以使用全新的 CityService，而不是使用原生的 HttpClient。很快将会看到，上面使用并介绍过的单例服务模式将使工作变得比之前更加简单。

8. AppModule

在 Angular 6.0 之前的版本中，使单例服务在应用中可用的唯一方法是采用下面的方式，在 AppModule 文件中引用它：

```
// ...existing code...

import { CityService } from './cities/city.service';

// ...existing code...

  providers: [ CityService ],

// ...existing code...
```

可以看到，原本需要在 AppModule 文件的开始位置为新服务添加一个 import 语句，并在现有(但仍然为空)的 providers: []节中注册服务自身。

好消息是，因为我们使用了 Angular 6.0 中引入的 providedIn: root 方法，所以不再需要使用上面的技术。不过，Angular 仍然支持使用这种技术。

提示 事实上，providedIn: root 方法更好，因为它使服务可被摇树。"摇树" (tree shaking) 是优化 JavaScript 编译得到的代码 bundle 的一种方法，会在最终文件中删除没有被实际使用的代码。

关于 JavaScript 摇树的更多信息，可访问下面的 URL：

https://developer.mozilla.org/en-US/docs/Glossary/Tree_shaking。

简单来说，通过使用新的方法，我们不再需要更新 AppModule 文件，而只需要重构将会使用该服务的组件。

9. CitiesComponent

在 Solution Explorer 中，打开/ClientApp/src/app/cities/cities.component.ts 文件，按照如下所示更新其内容：

```
import { Component, Inject, ViewChild } from '@angular/core';
// import { HttpClient, HttpParams } from '@angular/common/http';
import { MatTableDataSource } from '@angular/material/table';
import { MatPaginator, PageEvent } from '@angular/material/paginator';
import { MatSort } from '@angular/material/sort';

import { City } from './city';
import { CityService } from './city.service';
import { ApiResult } from '../base.service';

@Component({
    selector: 'app-cities',
    templateUrl: './cities.component.html',
    styleUrls: ['./cities.component.css']
})

// ...existing code...

  constructor(
      private cityService: CityService) {
  }

// ...existing code...

getData(event: PageEvent) {

  var sortColumn = (this.sort)
      ? this.sort.active
      : this.defaultSortColumn;

  var sortOrder = (this.sort)
      ? this.sort.direction
      : this.defaultSortOrder;

  var filterColumn = (this.filterQuery)
      ? this.defaultFilterColumn
      : null;

  var filterQuery = (this.filterQuery)
      ? this.filterQuery
      : null;
  this.cityService.getData<ApiResult<City>>(
    event.pageIndex,
    event.pageSize,
    sortColumn,
    sortOrder,
    filterColumn,
      filterQuery)
        .subscribe(result => {
          this.paginator.length = result.totalCount;
          this.paginator.pageIndex = result.pageIndex;
          this.paginator.pageSize = result.pageSize;
          this.cities = new MatTableDataSource<City>(result.data);
      }, error => console.error(error));
  }
}
```

可以看到，我们只需要执行一些小更新：

- 在 import 节，添加对新文件的一些引用。
- 在构造函数中，将 HttpClient 类型的现有 http 变量替换为 CityService 类型的新变量 cityService。也可以保留原来的变量名称，而只修改类型，但是为了避免混淆，我们选择也修改变量名称。
- 因为我们不再直接处理 HttpClient，所以不再需要把 BASE_URL 注入这个组件类中。因此，从构造函数的参数中删除了该 DI 条目。
- 最后，修改了 getData()方法的基于 HttpClient 的现有实现，使其使用新的 CityService。

需要注意，我们注释掉了@angular/common/http 包中的所有 import 引用，这是因为，这个类中现在不直接使用它们，所以不再需要它们。

10. CityEditComponent

在 CityEditComponent 中实现 CityService 与在 CitiesComponent 中实现一样简单。

在 Solution Explorer 中，打开/ClientApp/src/app/cities/cityedit.component.ts 文件，并相应地更新其内容：

```
import { Component, Inject } from '@angular/core';
import { HttpClient, HttpParams } from '@angular/common/http';
import { ActivatedRoute, Router } from '@angular/router';
import { FormGroup, FormControl, Validators, AbstractControl,
AsyncValidatorFn } from '@angular/forms';
import { Observable } from 'rxjs';
import { map } from 'rxjs/operators';
import { BaseFormComponent } from '../base.form.component';

import { City } from './city';
import { Country } from '../countries/country';
import { CityService } from './city.service';
import { ApiResult } from '../base.service';

// ...existing code...

  constructor(
    private activatedRoute: ActivatedRoute,
    private router: Router,
    private http: HttpClient,
    private cityService: CityService,
    @Inject('BASE_URL') private baseUrl: string) {
        super();
  }

// ...existing code...

onSubmit() {

    var city = (this.id) ? this.city : <City>{};

    city.name = this.form.get("name").value;
    city.lat = +this.form.get("lat").value;
    city.lon = +this.form.get("lon").value;
```

```
        city.countryId = +this.form.get("countryId").value;

    if (this.id) {
        // EDIT mode
        this.cityService
          .put<City>(city)
          .subscribe(result => {

              console.log("City " + city.id + " has been updated.");

              // go back to cities view

              this.router.navigate(['/cities']);
          }, error => console.log(error));
    }
    else {
        // ADD NEW mode
        this.cityService
          .post<City>(city)
          .subscribe(result => {

          console.log("City " + result.id + " has been created.");

              // go back to cities view
              this.router.navigate(['/cities']);
          }, error => console.log(error));
    }
}

// ...existing code...
```

可以看到，这一次没有去除@angular/common/http 包引用，因为我们仍然需要 HttpClient 执行目前的服务无法处理的一些任务。为了修复这些问题，显然需要在 CityService 中再实现 loadCountries()和 isDupeCity()这两个方法。

现在就动手实现。

11. 在 CityService 中实现 loadCountries()和 isDupeCity()

在 Solution Explorer 中，打开/ClientApp/src/app/cities/city.service.ts 文件，在文件末尾、最后一个花括号之前添加下面的方法：

```
// ...existing code...

getCountries<ApiResult>(
  pageIndex: number,
  pageSize: number,
  sortColumn: string,
  sortOrder: string,
  filterColumn: string,
  filterQuery: string
): Observable<ApiResult> {
  var url = this.baseUrl + 'api/Countries';
  var params = new HttpParams()
      .set("pageIndex", pageIndex.toString())
      .set("pageSize", pageSize.toString())
```

```
        .set("sortColumn", sortColumn)
        .set("sortOrder", sortOrder);

    if (filterQuery) {
      params = params
          .set("filterColumn", filterColumn)
          .set("filterQuery", filterQuery);
    }

    return this.http.get<ApiResult>(url, { params });
  }

  isDupeCity(item): Observable<boolean> {
    var url = this.baseUrl + "api/Cities/IsDupeCity";
    return this.http.post<boolean>(url, item);
  }
```

添加了这个新服务方法后，就可以按照如下所示修改 CityEditComponent 类文件：

```
import { Component, Inject } from '@angular/core';
// import { HttpClient, HttpParams } from '@angular/common/http';

// ...existing code...

  constructor(
    private activatedRoute: ActivatedRoute,
    private router: Router,
    private cityService: CityService) {
    super();
  }

// ...existing code...

  loadCountries() {
    // fetch all the countries from the server
    this.cityService.getCountries<ApiResult<Country>>(
      0,
      9999,
      "name",
      null,
      null,
      null,
    ).subscribe(result => {
      this.countries = result.data;
    }, error => console.error(error));
  }
// ...existing code...

    isDupeCity(): AsyncValidatorFn {
      return (control: AbstractControl): Observable<{ [key: string]:
        any } | null> => {

        var city = <City>{};
        city.id = (this.id) ? this.id : 0;
        city.name = this.form.get("name").value;
        city.lat = +this.form.get("lat").value;
```

```
        city.lon = +this.form.get("lon").value;
        city.countryId = +this.form.get("countryId").value;

        return this.cityService.isDupeCity(city)
          .pipe(map(result => {
          return (result ? { isDupeCity: true } : null);
        }));
      }
    }
  }
```

现在，就能在CityEditComponent代码中删除@angular/common/http引用、HttpClient和BASE_URL
注入参数。

下一节将对国家/地区相关的组件做相同重构。

 提示   在继续介绍后面的内容之前，检查到现在为止完成的工作是明智的做法。按F5键，
确保一切功能仍然与之前相同。如果一切正确，则不应该看到任何区别：新的 CityService
应该能够透明地执行之前由 HttpClient 处理的所有任务，这是符合期望的，因为在底层，仍
然是在使用 HttpClient。

12. 创建 CountryService

现在，我们来创建 CountryService，这将是我们的第二个也是最后一个 BaseService 派生类(子类)。
在 Solution Explorer 中，浏览到/ClientApp/src/app/countries/文件夹，右击创建一个新的
country.service.ts 文件，在其中添加下面的代码：

```
import { Injectable, Inject } from '@angular/core';
import { HttpClient, HttpParams } from '@angular/common/http';
import { BaseService, ApiResult } from '../base.service';
import { Observable } from 'rxjs';

import { Country } from './country';

@Injectable({
  providedIn: 'root',
})
export class CountryService
  extends BaseService {
  constructor(
    http: HttpClient,
    @Inject('BASE_URL') baseUrl: string) {
    super(http, baseUrl);
}

getData<ApiResult>(
    pageIndex: number,
    pageSize: number,
    sortColumn: string,
    sortOrder: string,
    filterColumn: string,
    filterQuery: string
): Observable<ApiResult> {
  var url = this.baseUrl + 'api/Countries';
```

```
    var params = new HttpParams()
      .set("pageIndex", pageIndex.toString())
      .set("pageSize", pageSize.toString())
      .set("sortColumn", sortColumn)
      .set("sortOrder", sortOrder);

  if (filterQuery) {
    params = params
    .set("filterColumn", filterColumn)
    .set("filterQuery", filterQuery);
  }

  return this.http.get<ApiResult>(url, { params });
}

get<Country>(id): Observable<Country> {
  var url = this.baseUrl + "api/Countries/" + id;
  return this.http.get<Country>(url);
}

put<Country>(item): Observable<Country> {
  var url = this.baseUrl + "api/Countries/" + item.id;
  return this.http.put<Country>(url, item);
}

post<Country>(item): Observable<Country> {
    var url = this.baseUrl + "api/countries/" + item.id;
    return this.http.post<Country>(url, item);
}

isDupeField(countryId, fieldName, fieldValue): Observable<boolean> {
  var params = new HttpParams()
    .set("countryId", countryId)
    .set("fieldName", fieldName)
    .set("fieldValue", fieldValue);
  var url = this.baseUrl + "api/Countries/IsDupeField";
  return this.http.post<boolean>(url, null, { params });
}
}
```

可以看到，这一次我们有了经验，直接添加了 isDupeField()方法，因为稍后在重构
CountryEditComponent 的验证器时需要使用该方法。

同样，在创建这个服务后，需要在应用中实现它。好消息是，正如前面的解释，我们不需要在
AppModule 文件中引用它，只需要在国家/地区相关的组件中恰当实现它。

13. CountriesComponent

在 Solution Explorer 中，打开/ClientApp/src/app/countries/countries.component.ts 文件，按照如下所
示更新其内容：

```
import { Component, Inject, ViewChild } from '@angular/core';
// import { HttpClient, HttpParams } from '@angular/common/http';
import { MatTableDataSource } from '@angular/material/table';
import { MatPaginator, PageEvent } from '@angular/material/paginator';
import { MatSort } from '@angular/material/sort';
```

```typescript
import { Country } from './country';
import { CountryService } from './country.service';
import { ApiResult } from '../base.service';

@Component({
  selector: 'app-countries',
  templateUrl: './countries.component.html',
  styleUrls: ['./countries.component.css']
})
export class CountriesComponent {
  public displayedColumns: string[] = ['id', 'name', 'iso2', 'iso3',
'totCities'];
  public countries: MatTableDataSource<Country>;

  defaultPageIndex: number = 0;
  defaultPageSize: number = 10;
  public defaultSortColumn: string = "name";
  public defaultSortOrder: string = "asc";

  defaultFilterColumn: string = "name";
  filterQuery: string = null;

  @ViewChild(MatPaginator) paginator: MatPaginator;
  @ViewChild(MatSort) sort: MatSort;

  constructor(
    private countryService: CountryService) {
  }

  ngOnInit() {
    this.loadData(null);
  }

  loadData(query: string = null) {
    var pageEvent = new PageEvent();
    pageEvent.pageIndex = this.defaultPageIndex;
    pageEvent.pageSize = this.defaultPageSize;
    if (query) {
      this.filterQuery = query;
    }
    this.getData(pageEvent);
  }

  getData(event: PageEvent) {

    var sortColumn = (this.sort)
      ? this.sort.active
      : this.defaultSortColumn;

    var sortOrder = (this.sort)
      ? this.sort.direction
      : this.defaultSortOrder;

    var filterColumn = (this.filterQuery)
      ? this.defaultFilterColumn
```

```
          : null;

      var filterQuery = (this.filterQuery)
        ? this.filterQuery
        : null;

    this.countryService.getData<ApiResult<Country>>(
        event.pageIndex,
        event.pageSize,
        sortColumn,
        sortOrder,
        filterColumn,
        filterQuery)
          .subscribe(result => {
            this.paginator.length = result.totalCount;
            this.paginator.pageIndex = result.pageIndex;
            this.paginator.pageSize = result.pageSize;
            this.countries = new MatTableDataSource<Country>(result.data);
        }, error => console.error(error));
    }
}
```

这里没有什么新内容。我们只是重复了之前在 CitiesComponent 中做过的修改。

14. CountryEditComponent

在 Solution Explorer 中，打开/ClientApp/src/app/countries/countryedit.component.ts 文件，按照如下所示修改其内容：

```
import { Component, Inject } from '@angular/core';
// import { HttpClient, HttpParams } from '@angular/common/http';
import { ActivatedRoute, Router } from '@angular/router';
import { FormBuilder, Validators, AbstractControl, AsyncValidatorFn }
from '@angular/forms';
import { map } from 'rxjs/operators';
import { Observable } from 'rxjs';
import { BaseFormComponent } from '../base.form.component';

import { Country } from '../countries/country';
import { CountryService } from './country.service';
@Component({
  selector: 'app-country-edit',
  templateUrl: './country-edit.component.html',
  styleUrls: ['./country-edit.component.css']
})
export class CountryEditComponent
  extends BaseFormComponent {

  // the view title
  title: string;

  // the form model
  form = this.fb.group({
    name: ['',
      Validators.required,
      this.isDupeField("name")
```

```
      ],
    iso2: ['',
      [
        Validators.required,
        Validators.pattern('[a-zA-Z]{2}')
      ],
      this.isDupeField("iso2")
  ],
  iso3: ['',
    [
        Validators.required,
        Validators.pattern('[a-zA-Z]{3}')
    ],
    this.isDupeField("iso3")
  ]
});

// the city object to edit or create
country: Country;

// the city object id, as fetched from the active route:
// It's NULL when we're adding a new country,
// and not NULL when we're editing an existing one.
id?: number;

constructor(
    private fb: FormBuilder,
    private activatedRoute: ActivatedRoute,
    private router: Router,
    private countryService: CountryService) {
    super();
}
ngOnInit() {
    this.loadData();
}

loadData() {

    // retrieve the ID from the 'id'
    this.id = +this.activatedRoute.snapshot.paramMap.get('id');
    if (this.id) {
      // EDIT MODE

      // fetch the country from the server
      this.countryService.get<Country>(this.id)
        .subscribe(result => {
        this.country = result;
        this.title = "Edit - " + this.country.name;

        // update the form with the country value
        this.form.patchValue(this.country);
      }, error => console.error(error));
    }
    else {
      // ADD NEW MODE
```

```
            this.title = "Create a new Country";
        }
    }

    onSubmit() {

        var country = (this.id) ? this.country : <Country>{};

        country.name = this.form.get("name").value;
        country.iso2 = this.form.get("iso2").value;
        country.iso3 = this.form.get("iso3").value;

        if (this.id) {
          // EDIT mode
          this.countryService
            .put<Country>(country)
            .subscribe(result => {

            console.log("Country " + country.id + " has been updated.");

            // go back to cities view
            this.router.navigate(['/countries']);
        }, error => console.log(error));
    }
    else {
        // ADD NEW mode
        this.countryService
          .post<Country>(country)
          .subscribe(result => {

        console.log("Country " + result.id + " has been created.");

        // go back to cities view
        this.router.navigate(['/countries']);
        }, error => console.log(error));
      }
    }

    isDupeField(fieldName: string): AsyncValidatorFn {
      return (control: AbstractControl): Observable<{ [key: string]: any
    } | null> => {

        var countryId = (this.id) ? this.id.toString() : "0";

        return this.countryService.isDupeField(
          countryId,
          fieldName,
          control.value)
          .pipe(map(result => {
            return (result ? { isDupeField: true } : null);
        }));
      }
    }
}
```

可以看到，这里做出的代码修改与之前在 CityEditComponent 中做出的修改非常类似：因为我们已经提前在 CountryService 类中添加了 isDupeField() 方法，所以这一次能够直接删除 @angular/common/http 包。

本章的工作到此结束。下一章将充分使用这些服务。但是，在继续学习之前，强烈建议按 F5 键进行调试运行，以确保一切功能仍然能够正常工作。

7.5 小结

本章花了一些时间来巩固 WorldCities Angular 应用的现有源代码。通过使用 TypeScript 的类继承特性，我们成功地实现了一些优化和调整。我们学习了如何创建基类(超类)和派生类(子类)，从而使代码变得更容易维护，也更符合 DRY 模式。同时，我们修复了一些 bug，并在应用的 UI 中添加了一些新功能。

之后，我们优化了 Angular 应用的数据获取能力，从在组件中直接使用 Angular 的 HttpClient 类，改为使用一种更加灵活的、基于服务的方法。最终，我们创建了 CityService 和 CountryService(它们都扩展了 BaseService 抽象类)来处理 HTTP 请求，从而为后处理、错误处理、重试逻辑以及下一章要介绍的其他有趣内容铺平了道路。

7.6 推荐主题

面向对象编程、多态性、继承、AJAX、XMLHttpRequest、fetch API、Angular HttpClient、Angular 服务、RxJS、Observable、Promise、摇树、单例服务、TypeScript 访问修饰符、TypeScript 泛型、基类和派生类、超类和子类、访问修饰符。

第8章

后端和前端调试

所有编程语言(如 C#)和大部分脚本语言(如 JavaScript)中最重要的功能之一是它们提供给开发人员的调试功能。

"如果说调试是消除软件 bug 的过程，那么编程一定是引入 bug 的过程。"

——E. W. Dijkstra

术语"调试"指的是找出并修复阻止应用程序按照期望运行的那些问题(常被称为 bug)。简单来说，调试过程允许开发人员更好地理解源代码在底层如何执行，以及为什么会得到特定的结果。

对于任何开发人员来说，调试都是一项非常重要的技能，可能与编程本身一样重要。与编写代码一样，所有开发人员都必须通过理论、实践和经验来学习这种技能。

要完成这些任务，最好的方法是使用调试器。调试器是一个工具，允许在受控条件下运行目标程序。这允许开发人员实时跟踪程序的操作、使用断点暂停程序执行、逐步执行程序、查看底层类型的值等。高级调试器功能还允许开发人员访问内存内容、CPU 寄存器、存储设备活动等，通过查看或修改它们的值来重现可能导致某个问题的特定条件。

好消息是，Visual Studio 提供了一组调试器，可用来跟踪任何.NET Core 应用程序。虽然这些调试器的大部分功能是针对调试应用程序的托管代码(如 C#文件)设计的，但在经过恰当配置后，其中一部分功能对跟踪客户端代码也很有用。在本章中，我们将学习如何使用它们，以及一些 Web 浏览器(如 Chrome、Firefox 和 Edge)内置的各种调试工具，以便不断监视并控制 WorldCities 应用的整个 HTTP 工作流。

出于实用的考虑，我们将调试过程分为两个部分。

- 后端部分，主要使用 Visual Studio 和.NET Core 工具来执行调试任务。
- 前端部分，Visual Studio 和 Web 浏览器在这里都扮演了重要角色。

到本章结束时，我们将学会如何充分使用 Visual Studio 提供的各种调试工具，恰当调试 Web 应用程序的 Web API 和 Angular 组件。

8.1 技术需求

本章对技术的需求与前面的章节相同，并不需要额外的资源、库或包。

本章的代码文件存储在以下地址：https://github.com/PacktPublishing/ASP.NET-Core-3-and-Angular-9-Third-Edition/tree/master/Chapter_08/。

8.2 后端调试

本节将通过学习如何使用 Visual Studio 环境提供的调试功能，了解 Web 应用程序在服务器端的生命周期，并理解如何找出并修复一些潜在的缺陷。

但是，在那之前，先来花几分钟时间，了解它在不同操作系统上是如何工作的。

8.2.1　Windows 还是 Linux?

简单起见，我们将使用 Windows 操作系统上的 Visual Studio 社区版、专业版或企业版。但是，因为.NET Core 被设计为跨平台，所以如果想在其他环境(如 Linux 或 macOS)中进行调试，至少有两个选项:

- 使用 Visual Studio Code，这是 Visual Studio 的一个轻量级的开源替代产品，可在 Windows、Linux 和 macOS 上使用，对调试程序提供了完善的支持。
- 借助 Visual Studio 2017 以来提供的 Docker 容器工具来使用 Visual Studio。自从 16.3 版本之后，这些 Docker 容器工具被内置到 Visual Studio 2019 中。

> **提示**　从下面的 URL 可免费下载 Visual Studio Code(使用了 MIT 许可):
> https://code.visualstudio.com/download。
> Visual Studio Docker 容器工具需要 Docker for Windows，后者可使用下面的 URL 进行安装:
> https://docs.docker.com/docker-for-windows/install/。
> 从下面的 URL 可获取关于容器工具的使用信息:
> https://docs.microsoft.com/en-us/aspnet/core/host-anddeploy/docker/visual-studio-tools-for-docker。
> 关于 Linux 和 macOS 环境中.NET Core 调试功能的更多信息，可访问下面的 URL:
> https://github.com/Microsoft/MIEngine/wiki/OffroadDebugging-of-.NET-Core-on-Linux---OSX-from-Visual-Studio。

简单起见，本书将在 Windows 环境中进行开发，所以将使用针对 Windows 平台的 Visual Studio 调试器。

8.2.2　基础知识

我们将假定，因为你选择购买本书，所以已经知道了 Visual Studio 提供的基本调试功能，例如:

- 调试与发布生成配置模式的区别。
- 断点是什么，以及如何设置和使用断点。
- 步入和步出程序。
- 监视、调用堆栈、局部变量和即时窗口。

> **提示**　如果不了解或者回忆不起来这些知识，可以参考下面这个优秀的教程进行回顾:
> https://docs.microsoft.com/en-US/dotnet/core/tutorials/debugging-with-visual-studio?tabs=csharp。

在下一节中，将简单介绍一些高级调试选项，这些选项在我们的特定场景中十分有用。

8.2.3　条件断点

条件断点是一个非常有用的调试功能，但大部分开发人员并不熟悉(或并没有充分加以利用)。它的作用与普通断点一样，但只在满足特定条件时才触发。

要设置条件断点，只需要单击在创建标准断点时显示的 Settings 上下文图标(齿轮图标)，如图 8-1 所示。

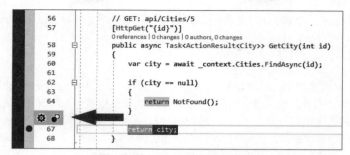

图 8-1　单击上下文图标可设置断点

此时，在图 8-2 所示的窗口底部将显示一个模态窗格，其中包含许多可为该断点配置的条件设置。

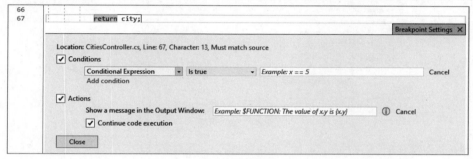

图 8-2　模态窗格

这里有不少可用的设置，如 Conditions、Actions 等。接下来看看如何使用它们。

1. 条件

如果选中 Conditions 复选框，则可以定义触发该断点的代码条件。

为了更好地解释其工作方式，我们来快速执行一个调试测试。

(1) 在 Solution Explorer 中，打开/Controllers/CitiesController.cs 文件。

(2) 在 GetCity()方法的最后一行设置一个断点(GetCity()是把找到的城市返回给客户端的那个方法)。

(3) 单击 Settings 图标来访问 Breakpoint Settings 窗格。

(4) 选中 Conditions 复选框。

(5) 在两个下拉列表中选择 Conditional Expression 和 Is true。

(6) 在右侧的文本框中输入下面的条件：city.Name == "Moscow"。

完成后，Breakpoint Settings 窗格应该如图 8-3 所示。

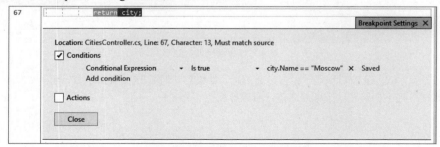

图 8-3　Breakpoint Settings 窗格

可以看到，我们已经创建了条件。该界面还允许添加其他条件，并且通过选中下方的另一个复选框，还可执行特定的操作。

2. 操作

"操作"功能可用来在 Output 窗口中显示自定义消息(如"Hey, we're currently editing Moscow from Angular!")，以及/或选择是否应该继续执行代码。如果没有指定操作，则断点将表现出正常行为，不发出消息或暂停代码执行。

不过既然在介绍条件断点，就利用这个机会也测试一下操作功能。选中 Actions 复选框，将上一段给出的消息输入最右侧的文本框中。此时，Breakpoint Settings 窗格应该如图 8-4 所示。

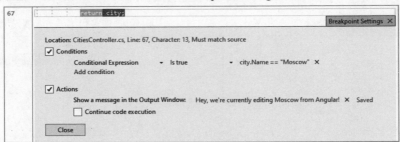

图 8-4 输入消息

现在就创建了第一个条件断点，接下来快速测试，以了解它的工作方式。

3. 测试条件断点

为了测试当触发断点时会发生什么，可按 F5 键在调试模式下运行 WorldCities 应用，导航到 Cities 视图，将表格过滤到 Moscow，然后单击其名称进入编辑模式。

如果一切正确，则条件断点将会触发，表现出如图 8-5 所示的行为。

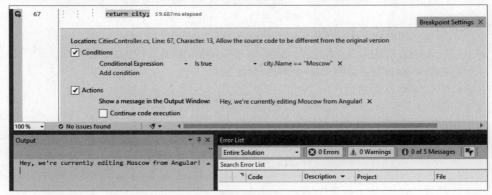

图 8-5 条件断点将会触发

可以看到，Output 窗口也显示了自定义消息。如果对其他城市(如 Rome、Prague 或 New York)重复这个测试，则不会触发这个条件断点，所以什么也不会发生。

提示 需要指出，在 WorldCities 数据库中，有两个城市叫做 Moscow，分别是俄罗斯的首都和美国爱达荷州的一个城市。因为我们的条件断点只检查 Name 属性，所以对这两个城市都会触发。如果想把条件断点的触发条件限制为俄罗斯城市，则应该修改条件表达式，使其还匹配 CityId、CountryId 或其他合适的属性。

到现在一切顺利。我们继续介绍后面的内容。

8.2.4 Output 窗口

上一节提到了 Visual Studio 的 Output 窗口。每当触发条件断点时，将在该窗口中写入一条自定义消息。

如果你使用过 Visual Studio 的调试器，则需要知道，这个窗口对于理解底层发生了什么极为重要。Output 窗口显示了 IDE 中的不同功能的状态消息，意味着大部分.NET 中间件、库和包都在这个窗口中写出相关消息，就像我们设置的条件断点那样。

提示 要打开 Output 窗口，可在主菜单中选择 View | Output，或者按 Ctrl + Alt + O。

如果在刚才执行的测试中，我们查看了 Output 窗口，则会看到一些值得注意的信息，如图 8-6 所示。

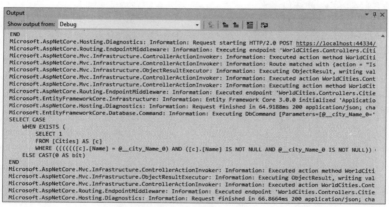

图 8-6 查看 Output 窗口

在该窗口中可以看到来自不同来源的一些信息。

- Microsoft.AspNetCore.Hosting.Diagnostics：这是专门用于异常处理、异常显示页面和诊断信息的.NET Core 中间件。它处理开发人员的异常页面中间件、异常处理中间件、运行时信息中间件、状态代码页面中间件和欢迎页面中间件。简单来说，在调试 Web 应用程序的时候，它是 Output 窗口中的王者。

- Microsoft.AspNetCore.Mvc.Infrastructure：处理(并跟踪)控制器动作的命名空间，响应.NET Core MVC 中间件。

- Microsoft.AspNetCore.Routing：处理静态和动态路由(如 Web 应用程序的所有 URI 端点)的.NET Core 中间件。

- Microsoft.EntityFrameworkCore：处理数据源(如第 4 章详细讨论的 SQL Server)连接的.NET Core 中间件。

所有这些信息基本上是按顺序记录了 Web 应用程序执行期间发生的每个操作。通过执行用户驱动的操作并读取 Output 窗口中的信息，能够学到许多关于.NET Core 生命周期的知识。

配置 Output 窗口

Visual Studio 界面允许我们过滤输出，以及/或选择捕获到的信息的详细程度。

要配置显示和隐藏哪些信息，可以在主菜单中选择 Tools | Options，导航到左侧树状菜单中的 Debugging | Output Window。在显示的窗格中，可以选择(或取消选择)许多输出消息：Exception Messages、Module Load Messages/Module Unload Messages、Process Exit Messages、Step Filtering Messages 等，如图 8-7 所示。

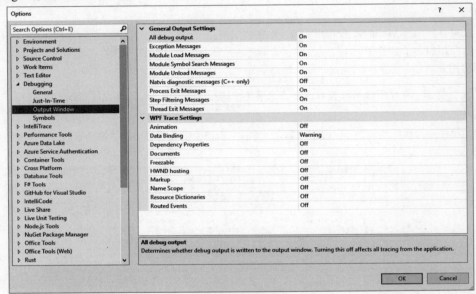

图 8-7　选择输出消息

在了解了后端调试输出的要点后，我们来介绍一个需要特别关注的中间件：Entity Framework (EF) Core。

8.2.5　调试 EF Core

如果在调试模式下运行 Web 应用程序，然后查看 Output 窗口，应该会看到一些明文格式显示的 SQL 查询，它们是底层的 LINQ to SQL 提供者使用的查询。LINQ to SQL 提供者负责将所有 lambda 表达式、查询表达式、IQueryable 对象和表达式树转换成有效的 T-SQL 查询。

下面给出 Microsoft.EntityFrameworkCore 中间件发出的输出信息行，其中包含用来获取 Moscow 城市的 SQL 查询(已经突出显示了实际用到的 SQL 查询)：

```
Microsoft.EntityFrameworkCore.Database.Command: Information: Executing
DbCommand [Parameters=[@__p_0='?' (DbType = Int32), @__p_1='?' (DbType
= Int32)], CommandType='Text', CommandTimeout='30']
SELECT [c].[Id], [c].[Name], [c].[Lat], [c].[Lon], [c0].[Id] AS
[CountryId], [c0].[Name] AS [CountryName]
FROM [Cities] AS [c]
```

```
INNER JOIN [Countries] AS [c0] ON [c].[CountryId] = [c0].[Id]
WHERE CHARINDEX(N'moscow', [c].[Name]) > 0
ORDER BY [c].[Name]
OFFSET @__p_0 ROWS FETCH NEXT @__p_1 ROWS ONLY
```

还不错吧？这些明文格式的 SQL 查询有助于判断 LINQ to SQL 提供者在转换 lambda 或 LINQ 查询表达式时是否表现出很好的性能。

1. GetCountries() SQL 查询

我们来使用相同的技术，获取与 CountriesController 的 GetCountries()方法实现对应的 SQL 查询。第 7 章改进了 GetCountries()方法，使其包含城市个数。

源代码如下所示：

```
return await ApiResult<CountryDTO>.CreateAsync(
        _context.Countries
            .Select(c => new CountryDTO()
            {
                Id = c.Id,
                Name = c.Name,
                ISO2 = c.ISO2,
                ISO3 = c.ISO3,
                TotCities = c.Cities.Count
            }),
        pageIndex,
        pageSize,
        sortColumn,
        sortOrder,
        filterColumn,
        filterQuery);
```

为了查看这段代码如何转换为 T-SQL，可执行下面的操作：

(1) 按 F5 键，在调试模式下运行 Web 应用。

(2) 导航到 Countries 视图。

(3) 查看 Output 窗口中的结果(搜索 TotCities 会有帮助)。

我们应该会找到如下所示的 SQL 查询：

```
SELECT [c0].[Id], [c0].[Name], [c0].[ISO2], [c0].[ISO3], (
    SELECT COUNT(*)
    FROM [Cities] AS [c]
    WHERE [c0].[Id] = [c].[CountryId]) AS [TotCities]
FROM [Countries] AS [c0]
ORDER BY [c0].[Name]
OFFSET @__p_0 ROWS FETCH NEXT @__p_1 ROWS ONLY
```

还不错。LINQ to SQL 提供者使用一个子查询转换该方法，从性能的角度看，这是一个好方法。SQL 查询中的 OFFSET 部分，加上前面代码段中提到的 DBCommand Parameters，处理了分页，并确保我们只获得自己请求的行。

但是，Visual Studio 的 Output 窗口并不是查看这些 SQL 查询的唯一方法。通过实现一个简单但有效的扩展方法，能够提供一种更好的替代方法，如接下来的小节所示。

2. 在程序中获取 SQL 代码

对于大部分场景来说，Output 窗口都很好，但是如果我们想在程序中从 IQueryable<T>获取 SQL 代码，该怎么办？这种选项可能对调试(或根据条件调试)应用的某些部分很有用，而如果我们想把这些 SQL 查询自动保存到 Output 窗口外部(如保存到日志文件或者日志聚合服务中)，这种选项就尤为有用。

为实现这种结果，需要创建一个专门的帮助函数，它能够使用 System.Reflection 来完成这种处理。接下来快速创建这种函数，并测试它的工作方式。

在 Solution Explorer 中，右击/Data/文件夹，创建一个新的 IQueryableExtensions.cs 文件，在其中添加下面的代码：

```
using Microsoft.EntityFrameworkCore.Query;
using Microsoft.EntityFrameworkCore.Query.SqlExpressions;
using System;
using System.Collections.Generic;
using System.Linq;
using System.Reflection;
using System.Threading.Tasks;

namespace WorldCities.Data
{
    public static class IQueryableExtension
    {
      public static string ToSql<T>(this IQueryable<T> query)
      {
          var enumerator = query.Provider
              .Execute<IEnumerable<T>>
              (query.Expression).GetEnumerator();
          var relationalCommandCache = enumerator
              .Private("_relationalCommandCache");
          var selectExpression = relationalCommandCache
              .Private<SelectExpression>("_selectExpression");
          var factory = relationalCommandCache
              .Private<IQuerySqlGeneratorFactory>
              ("_querySqlGeneratorFactory");
          var sqlGenerator = factory.Create();
          var command = sqlGenerator.GetCommand(selectExpression);

          string sql = command.CommandText;
          return sql;
      }

      private static object Private(this object obj, string
        privateField) =>
            obj?.GetType()
            .GetField(privateField, BindingFlags.Instance |
              BindingFlags.NonPublic)?
            .GetValue(obj);
      private static T Private<T>(this object obj, string
        privateField) =>
```

```
            (T)obj?
            .GetType()
            .GetField(privateField, BindingFlags.Instance |
            BindingFlags.NonPublic)?
            .GetValue(obj);
    }
}
```

可以看到，我们将这个帮助类创建为一个 IQueryable<T>扩展方法。这允许扩展 IQueryable<T>
类型的功能，而不必创建一个新的派生类型、修改原类型或者创建一个显式地把它作为引用参数的静
态函数。

 提示　C#扩展方法是静态方法，调用起来就像是被扩展类型的实例方法一样。更多信息可
访问 Microsoft C#编程指南中的如下 URL:
https://docs.microsoft.com/en-us/dotnet/csharp/programmingguide/classes-and-structs/extension-
methods。

现在就创建了 IQueryableExtension 静态类，接下来就可以在其他任何类中使用 ToSql()扩展方法，
只要该类包含了对 WorldCities.Data 命名空间的引用即可。

接下来看看如何在 ApiResult.cs 类中实现前面的扩展。我们的大部分 IQueryable<T>对象将在这个
类中执行。

3. 实现 ToSql()方法

在 Solution Explorer 中，打开/Data/ApiResult.cs 文件进行编辑，在现有的 CreateAsync 方法实现中
添加下的代码行(已经突出显示了新行):

```
// ...existing code...

public static async Task<ApiResult<T>> CreateAsync(
    IQueryable<T> source,
    int pageIndex,
    int pageSize,
    string sortColumn = null,
    string sortOrder = null,
    string filterColumn = null,
    string filterQuery = null)
{
    if (!String.IsNullOrEmpty(filterColumn)
        && !String.IsNullOrEmpty(filterQuery)
        && IsValidProperty(filterColumn))
    {
        source = source.Where(
            String.Format("{0}.Contains(@0)",
            filterColumn),
            filterQuery);
    }

    var count = await source.CountAsync();
```

```
        if (!String.IsNullOrEmpty(sortColumn)
            && IsValidProperty(sortColumn))
        {
            sortOrder = !String.IsNullOrEmpty(sortOrder)
                && sortOrder.ToUpper() == "ASC"
                ? "ASC"
                : "DESC";
            source = source.OrderBy(
                String.Format(
                    "{0} {1}",
                    sortColumn,
                    sortOrder)
                );
        }

        source = source
            .Skip(pageIndex * pageSize)
            .Take(pageSize);

        // retrieve the SQL query (for debug purposes)
        var sql = source.ToSql();

        var data = await source.ToListAsync();

        return new ApiResult<T>(
            data,
            count,
            pageIndex,
            pageSize,
            sortColumn,
            sortOrder,
            filterColumn,
            filterQuery);
    }

// ...existing code...
```

可以看到，我们添加了一个变量来存储新的扩展方法的结果。接下来快速进行测试，以查看其工作方式。

 提示　需要指出，因为 ApiResult.cs 类是 WorldCities.Data 命名空间的一部分，所以不需要在顶部添加 using 引用。

在 ApiResult.cs 类中新添加的行下面设置一个断点，然后按 F5 键，在调试模式下运行 Web 应用，并导航到 Countries 视图。

断点将被触发，如图 8-8 所示。

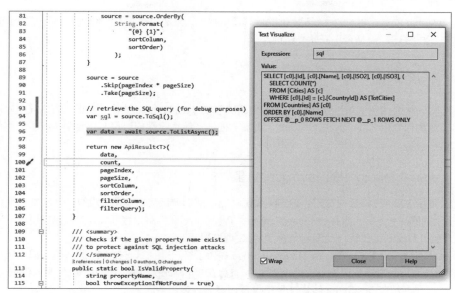

图 8-8　断点将被触发

如果将光标移动到 sql 变量上方，并单击放大镜图标，将能在 Text Visualizer 窗口中查看该 SQL 查询。现在，我们就知道了如何在 IQueryable<T>对象中快速查看 EF Core 生成的 SQL 查询。

4. 使用#if 预处理器

如果担心 ToSql()方法造成的性能冲击，则可以按照如下所示，使用#if 预处理器来调整前面的代码：

```
// retrieve the SQL query (for debug purposes)
#if DEBUG
{
    var sql = source.ToSql();
    // do something with the sql string
}
#endif
```

可以看到，我们把 ToSql()方法调用放到一个#if 预处理器指令块中。当 C#编译器遇到这些指令时，只有定义了指定的符号，才会编译块中的代码。具体来说，除非 Web 应用程序运行在调试模式下，否则前面代码中使用的 DEBUG 符号将阻止块中的代码编译，从而避免在发布/生产版本中造成性能损失。

注意　关于 C#预处理器指令的更多信息，可以访问下面的 URL。

C#预处理器指令：

https://docs.microsoft.com/en-us/dotnet/csharp/languagereference/preprocessor-directives/。

#if 预处理器指令：

https://docs.microsoft.com/en-us/dotnet/csharp/languagereference/preprocessor-directives/
preprocessor-if。

关于 Visual Studio 和.NET Core 提供的后端调试功能，还有许多没有介绍到。但是，为了节省篇幅，这里不再赘述，而是直接开始介绍前端调试。

8.3 前端调试

本节将简单介绍我们可以使用的各种前端调试选项(Visual Studio 或浏览器的开发者工具)。然后，我们将介绍如何利用 Angular 的一些功能，更加方便地了解客户端应用程序在底层执行了哪些任务，并调试这些任务。

8.3.1 Visual Studio 中的 JavaScript 调试

通过使用 Visual Studio 中的 JavaScript 调试功能，前端调试与后端调试没有什么区别。默认不会启用 JS 调试器，不过第一次在一个 JavaScript(或 TypeScript)文件中设置断点，并在调试模式下运行应用时，Visual Studio IDE 将自动询问是否激活 JS 调试器。

截止到现在，只为 Chrome 和 Microsoft Edge 提供了客户端调试支持。除此之外，因为我们使用 TypeScript，而不是直接使用 JavaScript，所以如果想在 TypeScript 文件(Angular 组件类文件)中设置并命中断点，而不是在 JavaScript 转译文件中设置，就必须使用源映射。

好在，我们使用的 Angular 模板(参见第 1 章和第 2 章)已经提供了对源映射的支持，/ClientApp/tsconfig.json 文件中的 sourceMap 参数值证明了这一点：

```
[...]
```

```
"sourceMap": true
```

```
[...]
```

这意味着能够执行下面的操作：

(1) 打开/ClientApp/src/app/countries/countries.component.ts 文件。

(2) 在对 countryService 返回的 Observable 的订阅中添加断点。

(3) 按 F5 键，在调试模式下启动 Web 应用程序。

如果一切正确，则 Visual Studio IDE 将询问是否启用 JavaScript 调试，如图 8-9 所示。

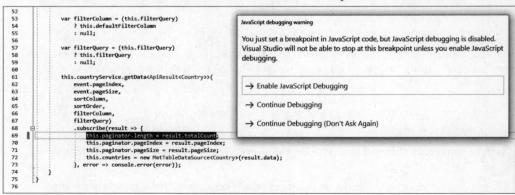

图 8-9 询问是否启用 JavaScript 调试

启用后，一旦导航到 Countries 视图，运行时环境将立即停止程序执行。不必说，我们能够审查 Angular 组件类的各个成员，如图 8-10 所示。

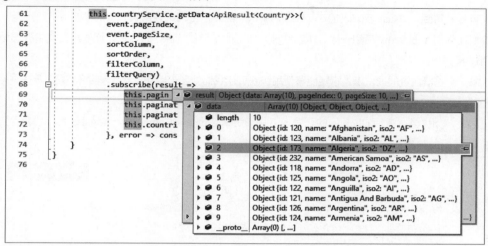

图 8-10　导航到 Countries 视图

这种功能很有帮助，不是吗？我们甚至可以定义条件断点，并使用监视、调用堆栈、局部变量和即时窗口，并没有什么明显的缺点。

注意　关于在 Visual Studio 中调试 TypeScript 或 JavaScript 应用的更多信息，请访问下面的 URL：

https://docs.microsoft.com/en-US/visualstudio/javascript/debug-nodejs。

下一节将介绍另一个重要的前端调试资源：JavaScript 源映射。

JavaScript 源映射

考虑到你可能不了解源映射是什么，我们先来简单介绍一下这个概念。

从技术角度看，源映射是一个文件，可将压缩后、组合后、缩减后和/或转译后的代码映射到其在源文件中的原始位置。借助这些映射，即使在资源被优化后，我们也可以调试应用程序。

如前面所见，Visual Studio 的 JavaScript 调试器大量使用源映射，使我们能够在 TypeScript 源代码中设置断点，并且 Google Chrome、Mozilla Firefox 和 Microsoft 的开发者工具也都支持源映射，所以即使开发人员在使用压缩后的文件，这些浏览器内置的调试器也能够显示未压缩、未组合的源代码。

注意　关于 JavaScript 源映射的更多信息，请访问下面的 URL。

Introduction to JavaScript Source Maps, Ryan Seddon：

https://www.html5rocks.com/en/tutorials/developertools/sourcemaps/。

An introduction to Source Maps, Matt West：

https://blog.teamtreehouse.com/introduction-source-maps。

但是，在我们的具体场景中，前述浏览器的调试能力可能并不理想，下一节将解释原因。

8.3.2 浏览器开发者工具

很容易猜到，Visual Studio 的 JavaScript 调试功能并不是调试客户端脚本的唯一方式。但是，因为我们在处理 TypeScript 应用程序，所以这种方法可能是最佳选项，因为它允许通过自动生成的源映射调试.ts 文件。

虽然浏览器内置的调试工具肯定能够使用源映射让我们处理未压缩、未组合的文件，但是并不能把这些转译后的文件转换回到原来的 TypeScript 类。

因此，如果尝试激活 Chrome 的开发者工具来调试 CountriesComponent Angular 类，就会看到如图 8-11 所示的结果。

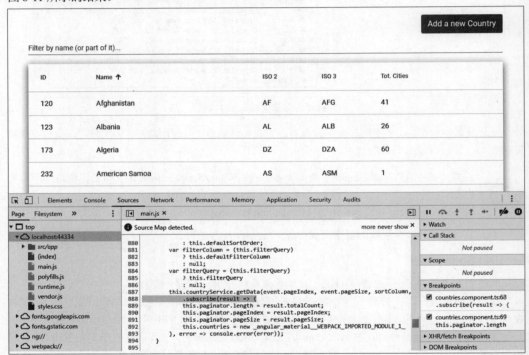

图 8-11 结果

可以看到，我们在这里找不到 TypeScript 文件。浏览器处理的是一个庞大的、转译后的 main.js 文件，它基本上包含全部 Angular 组件。在该文件中，前面提到的 CountriesComponent 类中的行(大概在 69 行左右)对应于 888 行。

但是，当我们单击该行来设置断点的时候，对应的 TypeScript 文件也将变得可以访问，就像在 Visual Studio 中一样，如图 8-12 所示。

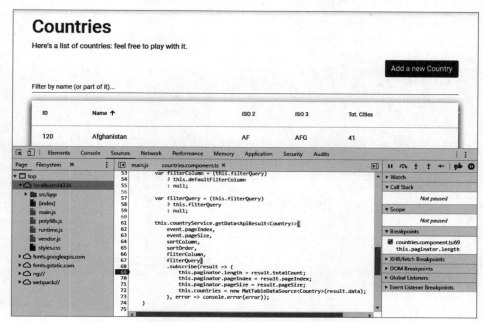

图 8-12 TypeScript 文件变得可以访问

为什么会出现这种情况？前面不是说浏览器并不知道 TypeScript 类的任何信息吗？

事实上，它确实不知道；但是，因为我们是在开发环境中运行应用，.NET Core 应用程序在使用 AngularCliMiddleware 提供 Angular 应用，所以会把所有 HTTP 请求转发到该中间件。在 Startup.cs 文件中已经看到了这种设置：

```
// [...]

app.UseSpa(spa =>
{
    // To learn more about options for serving an Angular SPA from
    // ASP.NET Core,
    // see https://go.microsoft.com/fwlink/?linkid=864501

    spa.Options.SourcePath = "ClientApp";
    if (env.IsDevelopment())
    {
        spa.UseAngularCliServer(npmScript: "start");
    }
});

// [...]
```

UseAngularCliServer()方法会在内部调用 AngularCliMiddleware，后者将执行下面的操作：
(1) 启动一个 npm 实例(使用动态端口)。
(2) 使用该动态端口执行 ng serve(提供 Angular 应用)。
(3) 创建一个透明的代理，将所有 HTTP 请求转发给 Angular 开发服务器。
由于它执行的这些操作，因此，虽然浏览器只收到了转译后的 main.js JavaScript 文件，但我们仍然能够沿着源映射到达底层的 TypeScript 文件。

但是，即使在 TypeScript 页面中打上断点，当该断点触发时，我们仍将被带回到 main.js 文件，如图 8-13 所示。

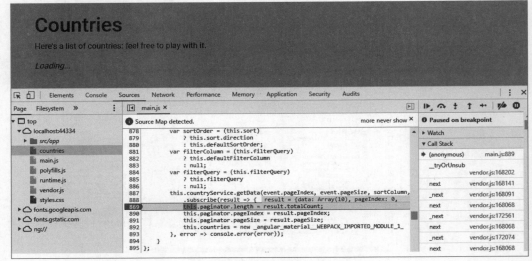

图 8-13　回到 main.js 文件

这种行为并不奇怪。浏览器内置的调试器能使用源映射从代理获取 TypeScript 类，但它显然不能直接处理/调试它们。

因此，至少在我们的具体场景中，Visual Studio 的前端调试功能(使用了内置的 JavaScript 调试器)是调试 Angular 应用程序的最有效方式。

8.3.3　调试 Angular 表单

本节将介绍与表单调试相关的一些关键概念。

如第 6 章所述，模型驱动方法带来的优势之一是允许对表单元素进行细粒度控制。我们如何利用这些功能编写出更加健壮的代码？

在接下来的小节中，我们将回答这个问题，展示如何借助一些有用的技术来获取对表单的更多控制。

1. 表单模型一览

第 6 章对表单模型做了大量介绍，但是还没有认真看过一个表单模型。如果在开发表单模板的过程中能够在屏幕上显示表单模型，特别是在修改表单输入和控件的时候能够让表单模型实时更新，则会非常有帮助。

下面的 HTML 片段包含了实现这种行为的模板语法：

```
<!-- Form debug info panel -->
  <div class="card bg-light mb-3">
    <div class="card-header">Form Debug Info</div>
    <div class="card-body">
      <div class="card-text">
        <div><strong>Form value:</strong></div>
```

```
<div class="help-block">
    {{ form.value | json }}
</div>
<div class="mt-2"><strong>Form status:</strong></div>
<div class="help-block">
    {{ form.status | json }}
</div>
        </div>
    </div>
</div>
```

可以把这段 HTML 放到任何基于表单的组件(如 CityEditComponent)中，从而实现如图 8-14 所示的结果。

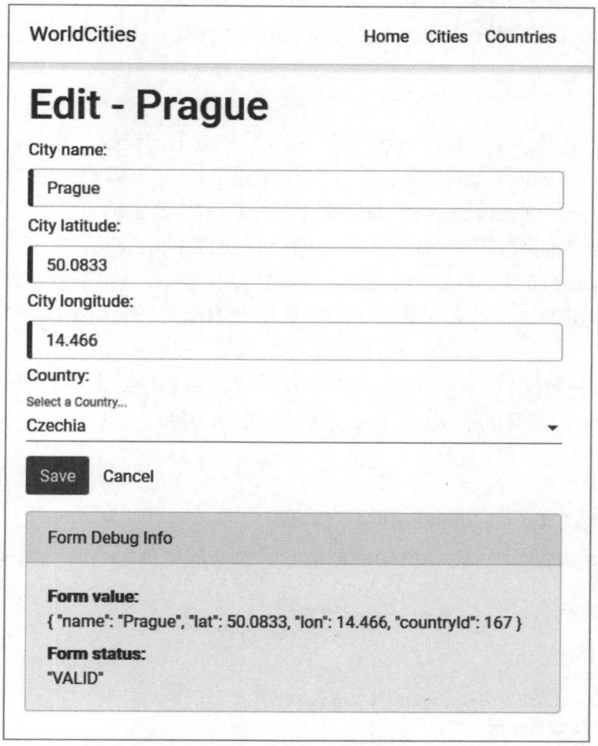

图 8-14　实现的结果

很有用，不是吗？如果修改表单，则将会看到，Form Debug Info 窗格中包含的值将在修改输入控件的时候立即改变，这种行为对于调试复杂的表单来说十分方便。

2. 管道操作符

在前面代码中突出显示的部分，可以看到我们使用了管道操作符(|)，这是 Angular 模板语法中另一个很有用的工具。

简单总结一下这个操作符的作用：管道操作符允许使用一些变换函数，这些函数能够用来执行多种任务，例如格式化字符串、将数组元素连接为一个字符串、改变文本的大小写和排序列表。

下面列出 Angular 中内置的管道：

- DatePipe
- UppercasePipe
- LowerCasePipe
- CurrencyPipe
- PercentPipe
- JsonPipe

任何模板都可以使用这些管道。前面的脚本中使用了后面这个管道，将 form.value 和 form.status 对象变换成易读的 JSON 字符串。

 注意 *需要知道的是，我们可将多个管道链接起来，还可以自定义管道。但是，目前不需 要这么做，介绍这些主题会偏离本章的讨论范围。如果想了解关于管道的更多信息，可查 看 Angular 的官方文档：https://angular.io/guide/pipes。*

3. 响应修改

之所以选择响应式方法，原因之一就是能够响应用户做出的修改。为此，可以订阅 FormGroup 和 FormControl 类公开的 valueChanges 属性，该属性将返回一个发射最新值的 RxJS Observable。

第 3 章第一次使用了 Observable，当时订阅了 HttpClient 的 get()方法来处理 Web 服务器收到的 HTTP 响应。第 6 章再次使用它们，实现了对 put()和 post()方法的支持。第 7 章则详细介绍了它们，解释了它们相比 Promise 的优缺点，讨论了它们最重要的功能，并把它们集成到 CityService 和 CountryService 中。事实上，每当需要获取 JSON 数据来填充数据模型接口和表单模型对象时，就会继续使用它们。

在下一节中，我们将使用 Observable，演示在用户修改表单中的内容时如何执行一些操作。具体来说，将通过实现一个自定义的 Activity Log 来观察 Observable。

4. Activity Log

同样，我们将使用 CityEditComponent 进行测试。

打开/ClientApp/src/app/cities/city-edit.component.ts 类文件，按照下面突出显示的代码行来修改其代码：

```
// ...existing code...

    // Activity Log (for debugging purposes)
    activityLog: string = '';

    constructor(
      private activatedRoute: ActivatedRoute,
      private router: Router,
      private cityService: CityService,
      @Inject('BASE_URL') private baseUrl: string) {
        super();
      }

    ngOnInit() {
      this.form = new FormGroup({
        name: new FormControl('', Validators.required),
        lat: new FormControl('', [
          Validators.required,
```

```
      Validators.pattern('^[-]?[0-9]+(\.[0-9]{1,4})?$')
    ]),
  lon: new FormControl('', [
    Validators.required,
    Validators.pattern('^[-]?[0-9]+(\.[0-9]{1,4})?$')
  ]),
  countryId: new FormControl('', Validators.required)
}, null, this.isDupeCity());

// react to form changes
this.form.valueChanges
  .subscribe(val => {
    if (!this.form.dirty) {
      this.log("Form Model has been loaded.");
    }
    else {
      this.log("Form was updated by the user.");
    }
  });
  this.loadData();
}

log(str: string) {
    this.activityLog += "["
        + new Date().toLocaleString()
        + "] " + str + "<br />";
}

// ...existing code
```

在上面的代码中，我们为表单模型提供了一个简单但有效的日志功能，能够记录框架和/或用户执行的任何修改活动。

可以看到，我们将全部逻辑放到 constructor 中，这是因为组件类和需要监视的 Observable 将在constructor 中初始化。log()函数只不过是一种快捷方式，用来在一个集中的位置，把基本时间戳添加到日志活动字符串，然后把结果追加到 activityLog 局部变量。

为充分利用新添加的日志功能，需要找到一种方式将 activityLog 显示到屏幕上。

为此，打开/ClientApp/src/app/cities/city-edit.component.html 模板文件，将下面的 HTML 代码段追加到该文件的末尾，位于前面添加的 Form Debug Info 窗格的下方：

```
<!-- Form activity log panel -->
<div class="card bg-light mb-3">
    <div class="card-header">Form Activity Log</div>
    <div class="card-body">
      <div class="card-text">
        <div class="help-block">
        <span *ngIf="activityLog"
            [innerHTML]="activityLog"></span>
        </div>
      </div>
    </div>
</div>
```

现在，Activity Log 将实时显示，意味着真正做到了响应式。

提示　需要指出，这里没有使用双花括号插值，而是直接使用了[innerHTML]指令。原因很简单。插值将从源字符串中去掉 HTML 标签，所以 log()函数中用来分隔所有日志行的\<br /\>标签(换行符)将会丢失。如果不是因为这一点，我们会改用{{activityLog}}语法。

5. 测试 Activity Log

现在，只需要测试新添加的 Activity Log。

为此，在调试模式下运行项目，通过编辑现有城市(如 Prague)进入 CityEditComponent，修改表单字段，然后查看 Form Activity Log 窗格中会发生什么，如图 8-15 所示。

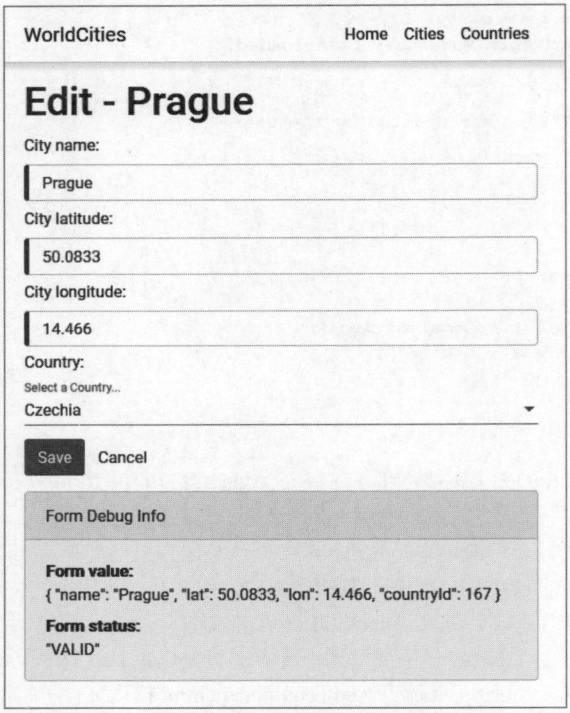

WorldCities　　　　　　　　　　　Home　Cities　Countries

Edit - Prague

City name:

Prague

City latitude:

50.0833

City longitude:

14.466

Country:

Select a Country...

Czechia

Save　Cancel

Form Debug Info

Form value:
{ "name": "Prague", "lat": 50.0833, "lon": 14.466, "countryId": 167 }

Form status:
"VALID"

图 8-15　修改表单字段

当 HttpClient 从后端 Web API 获取了城市 JSON，并且表单模型被更新后，应该会自动触发第一个日志行。然后，表单将记录用户执行的任何更新。我们只能修改各个输入字段，但这足以让活动日志测试成功完成。

6. 扩展 Activity Log

对表单模型的变化做出反应，并不是唯一能完成的操作。我们可以扩展订阅来观察任何表单控件。下面就更新当前的 Activity Log 实现来演示这一点。

打开/ClientApp/src/app/cities/city-edit.component.ts 类文件，按照下面突出显示的代码行所示来更新 constuctor 方法中的代码:

```
// ...existing code...
```

```
// react to form changes
this.form.valueChanges
  .subscribe(val => {
    if (!this.form.dirty) {
      this.log("Form Model has been loaded.");
    }
    else {
      this.log("Form was updated by the user.");
    }
  });

// react to changes in the form.name control
this.form.get("name")!.valueChanges
    .subscribe(val => {
      if (!this.form.dirty) {
        this.log("Name has been loaded with initial values.");
      }
      else {
        this.log("Name was updated by the user.");
      }
  });

// ...existing code...
```

前面的代码将在 Form Activity Log 中添加更多日志行，它们都与 name 表单控件(它包含城市的名称)中发生的变化有关，如图 8-16 所示。

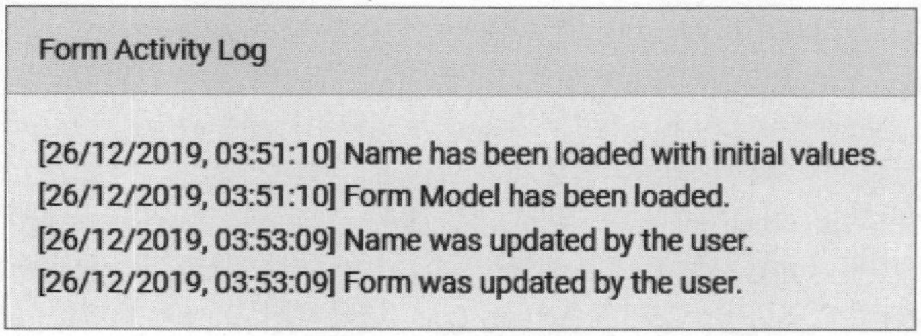

> **Form Activity Log**
>
> [26/12/2019, 03:51:10] Name has been loaded with initial values.
> [26/12/2019, 03:51:10] Form Model has been loaded.
> [26/12/2019, 03:53:09] Name was updated by the user.
> [26/12/2019, 03:53:09] Form was updated by the user.

图 8-16　添加更多日志行

这里做出的修改足以演示 valueChanges 可观察属性的神奇之处。接下来将讨论下一个主题。

提示　我们肯定可以在 CityEditComponent 模板中保留 Form Debug Info 和 Form Activity Log 窗格来方便继续参考，但没必要把它们复制粘贴到其他基于表单的组件的模板中或其他位置。

8.3.4　客户端调试

Observable 的另一个优势是，通过在订阅源代码中设置断点，可以使用它们来调试整个响应式工作流的一大部分。为快速演示这一点，可在 Visual Studio 中给最新的订阅添加一个断点，如图 8-17 所示。

```
69          // react to changes in the form.name control
70          this.form.get("name")!.valueChanges
71             .subscribe(val => {
72                if (!this.form.dirty) {
73                   this.log("Name has been loaded with initial values.");
74                }
75                else {
76                   this.log("Name was updated by the user.");
77                }
78             });
```

图 8-17　添加一个断点

完成后，在调试模式下运行项目，导航到 CityEditComponent。一旦表单模型加载，name 控件将被更新，所以就会触发该断点，另外每次修改该控件时也会触发这个断点。此时，我们将能够使用在客户端调试时可用的 Visual Studio JavaScript 调试工具和功能，例如监视、局部变量、自动窗口、即时窗口、调用堆栈等。

 注意　关于使用 Google Chrome 进行客户端调试的更多信息，强烈建议阅读 MSDN 官方博客上的下面这篇帖子:

https://blogs.msdn.microsoft.com/webdev/2016/11/21/client-side-debugging-of-asp-net-projects-in-google-chrome/。

8.4　小结

本章介绍了在开发过程中极为有用的许多调试功能和技术。下面快速总结一下本章学到的知识。

我们首先介绍了 Visual Studio 的服务器端调试功能。这是一组运行时调试功能，可用来防止 Web API 上发生的大部分编译错误，并允许我们跟踪整个后端应用程序生命周期:从中间件初始化，到整个 HTTP 请求/响应管道，再到控制器、实体和 IQueryable 对象。

之后，我们介绍了 Visual Studio 的客户端调试功能。这是一个好用的 JavaScript 调试器，通过 TypeScript 转译程序生成的源映射，允许直接调试 TypeScript 类，并高效地访问变量、订阅和初始化器。

最后，我们设计并实现了一个实时的 Activity Log。这是利用 Angular 模块提供的各种 Observable 的响应式功能，跟踪组件内发生了什么活动的一种快速、有效的方式。Visual Studio 的 TypeScript 转译程序(和智能感知功能)帮助我们处理了大部分语法、语义和逻辑错误，使我们在很大程度上摆脱了脚本编程中的烦人问题。

但是，如果我们想针对某些特定用例测试表单，应该怎么办? 有没有一种方法，能够让我们模拟后端.NET Core 控制器和前端 Angular 组件的行为，并执行单元测试?

答案是肯定的。事实上，我们选择的这两种框架为执行单元测试提供了多种开源测试工具。下一章将介绍在重构、回归和新的实现过程中，如何使用它们来提高代码质量及预防 bug。

8.5　推荐主题

Visual Studio Code、调试器、服务器端调试、客户端调试、扩展方法、C#预处理器指令、JavaScript 源映射和 Angular 管道。

第9章

ASP.NET Core 和 Angular
单元测试

单元测试是一种软件测试方法，可帮助判断程序的单独模块(单元)是否能够正确工作。当验证了各个模块后，就可以把它们合并起来，作为一个整体进行测试(集成测试和系统测试)，并/或发布到生产环境。

根据上述定义，很容易理解正确定义和隔离各个单元的重要性。它们是软件中最小的可测试部分，有少量输入和单个输出。在面向对象编程(Object-Oriented Programming，OOP)中，程序的源代码被划分为类，此时一个单元常常是超类、抽象类或派生类的一个方法，也可以是帮助类的一个静态函数。

虽然单元测试已经成为高质量项目的事实标准，但大部分急于加快总体开发流程，从而降低项目成本的开发人员和项目经理还是常常低估它们的价值。这些方法对于规模小、利润低的项目可能可以接受，因为创建单元测试无疑会增加工作量。但对于中到大型项目和企业解决方案，尤其是需要大量开发人员协同工作的项目，理解单元测试能够给它们带来的巨大好处是非常重要的。

本章将介绍的主题

● 使用 xUnit.net 测试工具，在.NET Core 中进行后端单元测试。
● 使用第 2 章简单介绍过的 Jasmine 测试框架和 Karma 测试运行器，在 Angular 中进行前端单元测试。

我们还将简单介绍一些常用的测试实践，如测试驱动的开发(Test-Driven Development，TDD)和行为驱动的开发(Behavior-Driven Development，BDD)，它们可帮助从测试中获得最大回报。到本章结束时，我们将学会如何遵守这些实践，恰当地设计和实现后端和前端单元测试。

简单起见，我们将在现有的 WorldCities Angular 应用中执行单元测试。为此，需要在项目中添加一些新包。

9.1 技术需求

本章将需要用到前面章节中提到的所有技术，以及下面的包：

● Microsoft.NET.Test.Sdk
● xunit
● xunit.runner.visualstudio
● Moq
● Microsoft.EntityFrameworkCore.InMemory

同样，并不建议立即安装它们。我们将在本章进行过程中逐渐安装它们，以便能够理解它们在项目中的使用环境。

本章的代码文件存储在以下地址：https://github.com/PacktPublishing/ASP.NET-Core-3-and-Angular-9-Third-Edition/tree/master/Chapter_09/。

9.2 .NET Core 单元测试

本节将介绍如何使用 xUnit.net 构建.NET Core 单元测试项目。xUnit.net 是用于.NET Framework 的一个免费、开源、专注于社区需求的单元测试工具，由 Brad Wilson 开发，他也开发了 NUnit v2。之所以选择这个工具，是因为它可以说是如今最强大、最容易使用的单元测试工具之一。作为.NET Foundation 的一部分，它遵守.NET Foundation 的行为准则，并使用 Apache License, version 2 许可。

在继续介绍后面的内容之前，接下来先介绍 TDD 和 BDD。这是两种广泛使用的测试方法，具有一些值得关注的相似点和区别。

9.2.1 创建 WorldCities.Tests 项目

要创建测试项目，可执行下面的步骤：

(1) 打开命令行终端。

(2) 导航到 WorldCities 解决方案的根文件夹(一定要注意，要导航到解决方案的根文件夹，而不是项目的根文件夹)。

(3) 输入下面的命令，然后按 Enter 键：

```
>dotnet new xunit -o WorldCities.Tests
```

.NET CLI 应该会创建一个新项目，并处理一些创建后的操作。然后，将显示一条文本消息，告诉我们已经完成了恢复任务(Restore completed)。如果操作正确，则现有的 WorldCities 项目所在的文件夹级别将出现一个新项目：WorldCities.Tests 项目。

然后，就可以按照下面的步骤，在主解决方案中添加新的 WorldCities.Tests 项目：

(1) 在 Solution Explorer 中，右击根解决方案的节点，选择 Add Existing Project。

(2) 导航到/WorldCities.Tests/文件夹，选择 WorldCities.Tests.proj 文件。

新的 WorldCities.Tests 项目将加载到现有解决方案中，位于现有的 WorldCities 项目的下方，如图 9-1 所示。

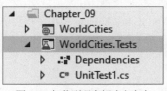

图 9-1 加载到现有解决方案中

我们不会用到现有的 UnitTest1.cs 文件，所以删掉该文件。稍后将创建我们自己的单元测试类。

新的 WorldCities.Tests 项目应该已经有下面的 NuGet 包引用：

- Microsoft.NET.Test.Sdk(版本 1.6.4 或更高)
- xunit(版本 2.4.1 或更高)
- xunit.runner.visualstudio(版本 2.4.1 或更高)

提示　在撰写本书时，上面给出的包的版本号是最新版本号，也是本书将使用的版本号。

但是，我们还需要另外两个 NuGet 包：Moq 和 Microsoft.EntityFrameworkCore.InMemory。接下来将介绍如何添加它们。

1. Moq

Moq 可能是针对.NET 的最流行、最友好的模拟框架。为更好地理解为什么需要这个框架，首先需要介绍模拟的概念。

模拟是一种方便的功能，每当想要测试的单元具有外部依赖，但很难在测试项目中创建这些依赖时，就可以在单元测试中使用模拟。模拟框架的主要用途是创建替代对象来模拟真实对象的行为。Moq 是一种极简框架，能够提供这种功能。

要安装 Moq，需要执行下面的操作：

(1) 在 Solution Explorer 中，右击 WorldCities.Tests 项目，选择 Manage NuGet Packages。

(2) 搜索 Moq 关键字。

(3) 找到并安装 Moq NuGet Package。

或者，只需要在 Visual Studio 的 Package Manager Console 中输入下面的命令：

```
> Install-Package Moq
```

提示　在撰写本书时，我们使用的是 Moq 4.13.1，这是最新的稳定版本。为了确保你安装的也是这个版本，请在前面的命令中加上-version 4.13.1。

从下面的 URL 可以获取 Moq NuGet 包的最新版本和以前的版本：

https://www.nuget.org/packages/moq/。

接下来需要安装另一个 NuGet 包。

2. Microsoft.EntityFramework.InMemory

Microsoft.EntityFrameworkCore.InMemory 是用于 Entity Framework Core 的一个内存数据库提供者，可用于测试目的。它基本上与第 4 章讨论的 Angular 内存 Web API 是相同的概念。简单来说，可以把它想象成一个方便的数据库模拟。

要安装 Microsoft.EntityFrameworkCore.InMemory，需要执行下面的步骤：

(1) 在 Solution Explorer 中，右击 WorldCities.Tests 项目，然后选择 Manage NuGet Packages。

(2) 搜索 Microsoft.EntityFrameworkCore.InMemory 关键字。

(3) 找到并安装 Microsoft.EntityFrameworkCore.InMemory NuGet 包。

或者，可以在 Visual Studio 的 Package Manager Console 中输入下面的命令：

```
> Install-Package Microsoft.EntityFrameworkCore.InMemory
```

提示　在撰写本书时，我们使用的是 Microsoft.EntityFrameworkCore.InMemory 3.1.1，这是最新的稳定版本。为了确保你使用的也是这个版本，需要在前面的命令后加上-version 3.1.1。从下面的 URL 可以获取 Microsoft.EntityFrameworkCore.InMemory NuGet 包的最新版本和以前的版本：

https://www.nuget.org/packages/Microsoft.EntityFrameworkCore.InMemory/。

现在就添加了需要用到的 NuGet 包。

3. 添加 WorldCities 依赖引用

接下来，需要在新的 WorldCities.Tests 项目的依赖中添加对主项目的引用，以便能够导入必要的类和类型。

为此，右击新项目的 Dependencies 节点，添加对 WorldCities 项目的引用，如图 9-2 所示，然后单击 OK 按钮。

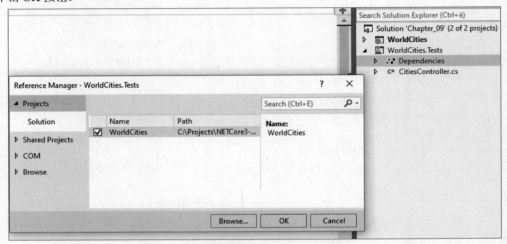

图 9-2　添加对 WorldCities 项目的引用

执行这些操作后，测试项目将能够访问及测试完整的 WorldCities 代码。

现在，我们就准备学习 xunit 的实际工作方式。同样，最好的学习方式是创建一个单元测试。

9.2.2　第一个测试

在标准测试开发(Standard Testing Development，STD)中，常使用单元测试来确保现有的代码能正确工作。准备好之后，这些单元将不会出现回归 bug 和破坏性修改。

因为后端代码是 Web API，所以单元测试首先应该覆盖各个控制器的方法。但是，在 Web 应用程序的生命周期外部实例化控制器并不简单，因为它们至少有两个重要依赖：HttpContext 和 ApplicationDbContext。有没有一种方法也能在 WorldCities.Tests 项目中实例化它们？

只要理解了如何使用 Microsoft.EntityFrameworkCore.InMemory，完成这项任务将变得非常简单。

在 Solution Explorer 中，打开 WorldCities.Tests 项目。在该项目的根文件夹下创建一个新的 CitiesController_Test.cs 文件，在其中添加下面的内容：

```
using Microsoft.EntityFrameworkCore;
using WorldCities.Controllers;
using WorldCities.Data;
using WorldCities.Data.Models;
using Xunit;

namespace WorldCities.Tests
{
    public class CitiesController_Tests
```

```
{
    /// <summary>
    /// Test the GetCity() method
    /// </summary>
    [Fact]
    public async void GetCity()
    {
        #region Arrange
        // todo: define the required assets
        #endregion

        #region Act
        // todo: invoke the test
        #endregion

        #region Assert
        // todo: verify that conditions are met.
        #endregion
    }
}
}
```

查看突出显示的区域可知，我们把单元测试分成 3 个代码块，或者叫阶段：

● Arrange：定义了运行测试所需的资源。

● Act：调用测试项目的行为。

● Assert：通过评估行为的返回值，或者根据某些用户定义的规则来衡量行为的返回值，验证是否满足期望的条件。

这种方法称为 Arrange、Act、Assert 模式。这是描述 TDD 中软件测试的各个阶段的一种典型方法。但是，还有其他名称用来描述相同的测试阶段，例如，BDD 框架通常把它们称为 Given、When 和 Then。

 提示　TDD 和 BDD 是两种开发实践，与标准测试开发(Standard Testing Development，STD) 相比，它们采用了不同的编码方法。稍后将详细介绍它们。

无论名称是什么，这里的要点是理解下面的关键概念：

● 分开这三个阶段增加了测试的可读性。

● 按适当顺序执行这三个阶段使测试更容易被人理解。

接下来看看如何实现这三个阶段。

1. Arrange

在 Arrange 阶段中，定义运行测试所需的资源。在我们的场景中，因为将测试 CitiesController 的 GetCity()方法的功能，所以需要为控制器提供一个合适的 ApplicationDbContext。

但是，因为没有测试 ApplicationDbContext 自身，所以实例化真实的对象并不明智，至少现在如此。我们不希望由于数据库不可用或者数据库连接不正确，导致测试失败，因为它们是不同的单元，应该由不同的单元测试进行检查。而且，我们肯定不能让单元测试操作实际的数据源，例如，我们可能想测试一个更新或删除任务，如果操作实际数据源，就会造成问题。

要测试 Web API 控制器，最好找到一种方式来为它们提供一个替代对象，使其行为和真实的 ApplicationDbContext 相似；换句话说，需要一个模拟。这时候，前面安装的 Microsoft.EntityFramework-Core.InMemory NuGet 包就能发挥作用。

下面展示了如何使用它来恰当地实现 Arrange 阶段：

```
// ...existing code...

#region Arrange
var options = new DbContextOptionsBuilder<ApplicationDbContext>()
    .UseInMemoryDatabase(databaseName: "WorldCities")
    .Options;
using (var context = new ApplicationDbContext(options))
{
    context.Add(new City() {
        Id = 1,
        CountryId = 1,
        Lat = 1,
        Lon = 1,
        Name = "TestCity1"
    });
    context.SaveChanges();
}
City city_existing = null;
City city_notExisting = null;
#endregion

// ...existing code...
```

可以看到，我们使用了 Microsoft.EntityFrameworkCore.InMemory 包提供的 UseInMemoryDatabase 扩展方法来创建一个合适的 DbContextOptionsBuilder。之后，就可以使用它和一个内存数据库(而不是 WorldCities 项目使用的 SQL Server)来实例化一个 ApplicationDbContext 会话。

创建后，就可以通过创建新的城市来填充该 context，上面的代码就是这么做的，使用了一些随机数据来创建 TextCity1。这样一来，当传入城市 ID 后，CitiesController 的 GetCity()方法就能够实际获取城市信息。

除此之外，还定义了两个 City 对象，其中将包含这个测试用到的两个样本。

2. Act

测试发生在 Act 阶段。它常常包含一条指令，对应于想检查的单元的行为。

Act 阶段的实现如下：

```
// ...existing code...

#region Act
using (var context = new ApplicationDbContext(options))
{
    var controller = new CitiesController(context);
    city_existing = (await controller.GetCity(1)).Value;
    city_notExisting = (await controller.GetCity(2)).Value;
}
#endregion

// ...existing code...
```

可以看到，整个实现被放到 using 指令中，这确保内存中的 ApplicationDbContext 实例将在此阶段结束后被清理。

代码剩余部分的含义很明显。我们使用内存上下文创建了一个 CitiesController 实例，并两次执行 GetCity()方法：

- 第一次是获取现有城市(Id 与填充内存数据库时使用的 Id 相同)。
- 第二次是获取一个不存在的城市(使用了一个不同的 Id)。

两个返回值存储在 city_existing 和 city_notExisting 变量中。理想情况下，第一个变量应该包含 TestCity1(已经在 Arrange 阶段创建)，第二个变量则应该是 null。

3. Assert

Assert 阶段的目的是确认 Act 阶段获取的值恰当地满足期望的条件。为此，需要使用 xunit 提供的 Assert 类，它包含多个静态方法，可用来验证这些条件是否满足。

Assert 阶段的实现如下所示：

```
#region Assert
Assert.True(
    city_existing != null
    && city_notExisting == null
    );
#endregion
```

可以看到，我们只是在检查两个变量的值，它们包含在 Act 阶段中两次调用 CitiesController 的 GetCity()方法所得到的返回值。我们期望的结果是，city_existing 不是 null，而 city_notExisting 肯定是 null。

现在就准备好了测试，接下来看如何执行测试。

4. 执行测试

每个单元测试可采用两种方式执行：

- 在命令行使用.NET Core CLI 执行。
- 在 Visual Studio GUI 中使用 Visual Studio 内置的测试运行器(Test Explorer)执行。

下面快速演示这两种方法。

5. 使用 CLI

要使用.NET CLI 执行测试单元，可执行下面的步骤：

(1) 打开命令提示。

(2) 导航到 WorldCities.Tests 项目的根文件夹。

(3) 执行下面的命令：

```
>dotnet test
```

如果一切正确，则应该看到如图 9-3 所示的输出。

图 9-3 输出结果

测试能够工作,并且代码通过了测试,说明 CitiesController 的 GetCity()方法的行为符合期望。

6. 使用 Visual Studio 的 Test Explorer

如果想自动执行测试,则能够在命令行运行测试是很有帮助的功能。但大部分情况下,我们会想在 Visual Studio GUI 中直接运行这些测试。

好在,通过使用 Test Explorer 窗口,肯定能完成这个任务。通过按 Ctrl + E, T 或者在 Menu | View 中进行选择,可以激活该窗口,如图 9-4 所示。

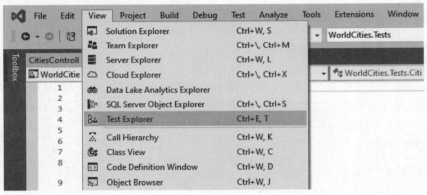

图 9-4 激活 Test Explorer 窗口

激活后,可在 Visual Studio GUI 最右侧部分访问 Test Explorer,它位于 Solution Explorer 的下方。该窗格顶部的前两个绿色按钮分别是 Run All 和 Run,可分别用来运行全部测试或只运行当前测试(请参见图 9-5)。

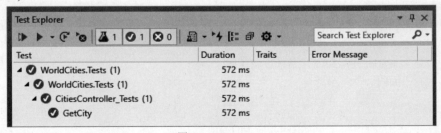

图 9-5 Test Explorer

因为只有一个测试,所以现在这两个命令的作用是一样的:运行单元测试,然后使用一个绿色对勾(成功)或红色叉号(失败)来显示结果。

提示 从上图可以看到，这些绿色和/或红色图标将用于确定测试类、命名空间和整个程序集的组合结果。

在继续介绍其他内容之前，应该学习如何调试这些单元测试。

7. 调试测试

如果单击 Test Explorer 窗口左上角第二个 Run 图标旁边的向下箭头，将看到其他一些可用于测试的命令，包括 Debug、Debug All Tests 和 Debug Last Run(请参见图9-6)。

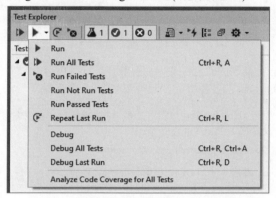

图 9-6   用于浏览的命令

另外，也可以使用在 Solution Explorer 窗口中右击 WorldCities.Tests 项目节点时显示的 Debug Tests 命令，如图 9-7 所示。

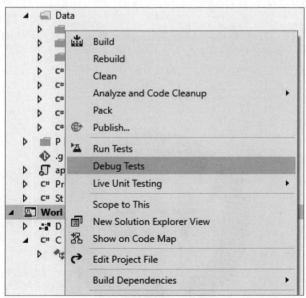

图 9-7   使用 Debug Tests 命令

这两个命令都将在调试模式下执行测试，意味着我们可以设置断点(或条件断点)并查看结果。

为了快速测试，对 Assert 区域的第一行设置一个断点，然后执行前面的 Debug Tests 命令，等待断点被命中，如图 9-8 所示。

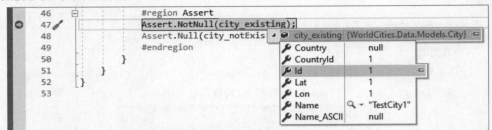

图 9-8　等待断点被命中

现在，我们就知道了如何调试单元测试。在采用阶段，我们还不知道如何恰当地使用单元测试，并且/或者仍然在学习 xUnit.net 的各种命令，此时调试功能会很有用。

注意　如果想了解 xUnit.net for .NET Core，以及该包提供的特殊单元测试类和方法的更多信息，强烈建议访问下面的 URL:

https://xunit.net/docs/getting-started/netcore/cmdline。

在介绍前端部分之前，熟悉一下 TDD 和 BDD 的概念很有帮助，因为它们能够帮助我们创建有用的测试。

9.2.3　测试驱动的开发

TDD(测试驱动的开发)更偏向于一种编程实践，而不是测试方法。至少在特定场景中，它是一种非常好的实践。

简单来说，采用 TDD 方法的软件开发人员将把所有软件需求转换为具体测试用例，然后编写新代码(或改进现有代码)，以便能够通过测试。

我们借助图 9-9 来理解这种编程实践的实际生命周期。

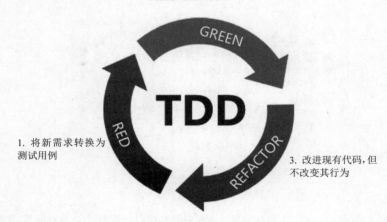

2. 只编写让测试用例能够通过的代码

1. 将新需求转换为测试用例

3. 改进现有代码，但不改变其行为

图 9-9　测试驱动的开发

可以看到，TDD 主要是一种设计代码的方式，要求开发人员在编写实际代码之前，首先编写测试用例来表达他们希望代码做什么(RED)。之后，TDD 要求开发人员只编写能够让测试用例通过的代码(GREEN)。最终，当所有测试用例通过后，将改进现有代码(REFACTOR)，直到出现更多测试用例。这个简短的开发周期在传统上被称为 RED-GREEN-REFACTOR，是 TDD 实践的核心。需要指出，RED 总会是任何周期的开始步骤，因为在一开始，还没有编写能够让测试通过的代码，所以测试将总会失败。

这种实践与 STD 实践有很大区别，因为在 STD 实践中，我们首先生成代码，然后可能再创建测试。换句话说，源代码可以(并且通常)在测试用例之前编写，甚至有时候不编写测试用例。这两种方法的主要区别是，在 TDD 中，测试是需要满足的必要条件，而在 STD 中，正如之前所述，测试主要用来证明现有代码正常工作。

下一章在介绍身份验证和授权时，将使用 TDD 方法创建两个后端单元测试。毕竟，因为只有当需要实施额外的需求时，TDD 实践才要求创建测试用例，所以最好在添加新功能时使用 TDD。

9.2.4　行为驱动的开发

BDD(行为驱动的开发)是一种敏捷软件开发过程，采用了与 TDD 相同的测试优先的方法，但是强调最终用户视角的结果，而不是关注实现。

为了更好地理解 TDD 和 BDD 的关键区别，我们可以问自己下面这个问题：

我们为什么测试？

因为我们要编写一些单元测试，所以回答这个问题很有帮助。

如果想测试方法/单元的实际实现，则应该选择 TDD 方法。但是，如果想确定在特定场景下，使用应用程序的最终用户的行为，则 TDD 可能给出错误结果，如果系统发生了演化(敏捷驱动的项目通常如此)，则情况就更严重。具体来说，我们可能遇到这样的场景：一个或多个单元通过了测试，但并没有交付期望的最终用户结果。

一般来说：

- TDD 用于实施开发人员对自己编写的源代码的控制。
- BDD 用于满足开发人员和最终用户(或客户)的需求。

因此，很容易看出，BDD 并不是取代 TDD，而是补充了 TDD。

我们用图 9-10 来总结这些概念。

可以看到，BDD 就像是 TDD 的扩展。我们首先不是编写测试用例，而是编写行为。然后，开发必要的代码，使应用程序能够执行这种行为(可能会使用 TDD)，之后再定义额外的行为或者重构现有行为。

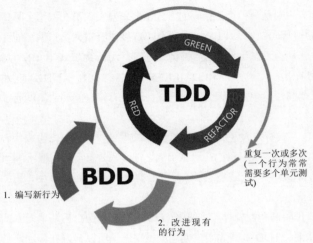

图 9-10　行为驱动的开发

因为这些行为是针对最终用户的，所以也必须使用可理解的术语来编写。因此，BDD 测试通常使用一种半正式的格式来定义，这种格式是从敏捷开发的用户故事借来的，具有很强的叙事和明确的上下文。这些用户故事一般应该遵守下面的结构。

- 标题：具有一个明确的标题，如"编辑一个现有的城市"。
- 叙事：一个描述性部分，使用敏捷用户故事中的 Role/Feature/Benefit 模式，如"作为一名用户，我想要编辑一个现有的城市，以便修改它的值。"
- 验收标准：使用 Given/When/Then 模型描述 3 个测试阶段，该模型基本上就是 TDD 中使用的 Arrange/Act/Assert 周期的一个更容易理解的版本，例如，"给定(Given)一个世界城市数据库(其中包含一个或多个城市)，当(When)用户选择一个城市时，那么(Then)应用必须从数据库中获取该城市，并在前端进行展示。

可以看到，我们使用典型的 BDD 方法描述了刚才创建的单元测试。虽然这种方式可以工作，但显然，一个行为可能需要多个后端和前端单元测试。这可以帮助我们理解 BDD 实践的另一个特征。要测试用户行为，最重要的是前端测试，而不是实现规范。

总之，BDD 是扩展标准 TDD 方法来设计测试的一种好方式，可让测试结果满足更广泛受众的需要，当然，前提是我们能够恰当地设计必要的前端和后端测试。

下一节将学习如何设计这些测试。

9.3　Angular 单元测试

本章前面介绍的关于.NET Core 的测试目的、意义和方法的所有知识也适用于 Angular。

好在，这一次，我们不需要安装任何东西，因为前面在创建 WorldCities 项目时使用的.NET Core 和 Angular Visual Studio 模板已经包含了为 Angular 应用程序编写测试需要的所有工具。

具体来说，我们可使用下面的包(第 2 章简单介绍过它们)。

- Jasmine：一个 JavaScript 测试框架，完全支持前面讨论过的 BDD 方法。
- Karma：一个允许使用命令行来打开浏览器，在其中运行 Jasmine 测试并显示结果的一个工具。

- Protractor：一个端到端测试框架，在一个真实的浏览器中运行针对 Angular 应用的测试，就像自己是真实用户一样与浏览器进行交互。

> **注意**：关于这些工具的更多信息，请阅读下面的指南。
>
> Karma：
>
> https://karma-runner.github.io/。
>
> Jasmine：
>
> https://jasmine.github.io/。
>
> Protractor：
>
> https://www.protractortest.org/。
>
> Angular 单元测试：
>
> https://angular.io/guide/testing。

在接下来的小节中，我们将完成下面的工作：

- 了解 WorldCities Angular 应用中仍然存在的测试配置文件。
- 介绍 TestBed 接口，这是 Angular 测试中最重要的概念之一。
- 探讨 Jasmine 和 Karma，以理解它们的实际工作方式。
- 创建一些.spec.ts 文件来测试现有组件。
- 为 Angular 应用设置和配置一些测试。

现在就开始动手。

9.3.1　一般概念

前面在介绍.NET Core 测试时，我们在单独的 WorldCities.Tests 项目中创建单元测试，但是这里则相反：我们将在 Angular 应用所在的同一个项目中编写所有前端测试。

事实上，第 2 章在第一次介绍 Angular 文件夹的时候，已经提到了这样的一个测试。该测试包含在 counter.component.spec.ts 文件中，但在第 2 章结束时，因为我们不再需要 CounterComponent，所以删除了该文件。

好在，我们没有在/ClientApp/src/app/文件夹中删除下面的文件。

- karma.conf.js：这是应用特定的 Karma 配置文件，包含关于 reporter、要使用的浏览器、TCP 端口等信息。
- test.ts：这是项目的单元测试的 Angular 入口点。Angular 在这里初始化测试环境，配置.spec.ts 扩展来识别测试文件，并从@angular/core/testing 和@angular/platform-browser-dynamic/testing 包中加载必要的模块。

这一点很有帮助，因为现在我们只需要为新的组件编写测试。但是，在那之前，需要先来解释 Angular 测试的工作方式。

1. TestBed 接口简介

TestBed 接口是 Angular 测试方法中最重要的概念之一。简单来说，TestBed 是一个动态构建的 Angular 测试模块，可模拟 Angular @NgModule 的行为。

TestBed 的概念是在 Angular 2 中第一次引入的，作为一种便捷方式来测试包含真正 DOM 的组件。TestBed 接口支持把服务(真实服务或模拟服务)注入组件中，以及自动绑定组件和模板，所以在这方面能够提供很大的帮助。

为了更好地理解 TestBed 的实际工作方式以及如何使用它，我们来看看第 2 章删除的

counter.component.spec.ts 文件中提供的 TestBed 实现：

```
TestBed.configureTestingModule({
    declarations: [ CounterComponent ]
})
    .compileComponents();
```

在上面的代码中，可以看到 TestBed 如何重现一个极简的 AppModule 文件(Angular 应用的启动 @NgModule)的行为，其唯一目的是编译需要测试的组件。它使用了 Angular 的模块系统(第 3 章曾经介绍过)来声明和编译 CounterComponent，以便能够在测试中使用其源代码。

2. 使用 Jasmine 进行测试

通常使用下面的 3 个主 API 来构建 Jasmine 测试。

- describe()：一个上下文，用来创建一组测试(叫做测试套件)。
- it()：声明单个测试。
- expect()：测试的期望结果。

因为 Angular 内置集成了 Jasmine 测试框架，所以能够在*.spec.ts 文件中将这些 API 作为静态方法提供。

了解这一点后，接下来为 Angular 应用创建第一个测试类文件。

9.3.2　第一个 Angular 测试套件

现在，我们来为一个现有的 Angular 组件创建自己的测试套件及对应的 TestBed。我们将使用 CitiesComponent，因为我们非常熟悉该组件。

 注意 遗憾的是，Angular CLI 还没有提供一种方式来为现有组件类自动生成 spec.ts 文件。但是，有一些第三方库能够基于 Angular CLI 预设的规范来生成新规范。

最受欢迎(也是使用最广泛的)包是 ngx-spec，可在 GitHub 上的以下 URL 处获取：https://github.com/smnbbrv/ngx-spec。

但是，在我们的具体场景中，不会使用该包，而是将手动创建并实现 spec.ts 文件，以便能够更好地理解它们的工作方式。

在 Solution Explorer 中，创建一个新的/ClientApp/src/app/cities/cities.component.spec.ts 文件，并打开它。因为我们将编写相当数量的源代码，所以将其分为多个代码块很有帮助。

1. import 节

首先定义必要的 import 语句：

```
import { async, ComponentFixture, TestBed } from
  '@angular/core/testing';
import { BrowserAnimationsModule } from
'@angular/platform-browser/animations';
import { AngularMaterialModule } from '../angular-material.module';
import { of } from 'rxjs';

import { CitiesComponent } from './cities.component';
import { City } from './city';
import { CityService } from './city.service';
```

```
import { ApiResult } from '../base.service';

// ...to be continued...
```

可以看到，我们添加了一些已经在 AppModule 和 CitiesComponent 类中使用的模块。这是符合期望的，因为 TestBed 只有重现一个合适的@NgModule，才能让测试运行。

2. describe 和 beforeEach 节

有了全部必要的引用后，我们来看看如何使用 describe() API 来布局测试套件：

```
// ...existing code...

describe('CitiesComponent', () => {
    let fixture: ComponentFixture<CitiesComponent>;
    let component: CitiesComponent;

    // async beforeEach(): testBed initialization
    beforeEach(async(() => {

        // todo: initialize the required providers

        TestBed.configureTestingModule({
          declarations: [CitiesComponent],
          imports: [
            BrowserAnimationsModule,
            AngularMaterialModule
        ],
        providers: [

            // todo: reference the required providers

        ]
      })
        .compileComponents();
    }));

    // synchronous beforeEach(): fixtures and components setup
    beforeEach(() => {
      fixture = TestBed.createComponent(CitiesComponent);
      component = fixture.componentInstance;

      // todo: configure fixture/component/children/etc.

    });

    // todo: implement some tests

});
```

查看上面的代码可知，所有操作都发生在一个 describe() 上下文中，它代表了我们的 CitiesComponent 测试套件。所有与 CitiesComponent 类相关的测试都将在这个套件中实现。

在测试套件中，首先定义了两个重要的变量，在测试中将大量使用它们。

- fixture：这个属性为运行测试而保存 CitiesComponent 的一个固定状态。可以使用这个 fixture 来与实例化的组件及其子元素进行交互。
- component：这个属性将包含从前面的 fixture 创建的 CitiesComponent 实例。

然后，我们连续定义了两个 beforeEach 方法调用。为了更好地区分它们，我们使用行内注释为它们提供了不同的名称：

- async beforeEach()，在这里将创建并初始化 TestBed。
- synchronous beforeEach()，在这里将实例化并配置 fixture 和组件。

在 async beforeEach()中，通过声明 CitiesComponent 并导入其两个必要的模块(BrowserAnimationModule 和 AngularMaterialModule)定义了一个 TestBed。从这里的 todo 注释可知，还需要定义并配置 providers(如 CityService)，否则 CitiesComponent 将无法注入它们；稍后将完成这项工作。在 synchronous beforeEach()中，实例化了 fixture 和 component 变量。因为我们很可能需要恰当地设置它们并/或配置组件的一些子元素，所以这里也留下了一个 todo 注释。

在该文件末尾，还有一个 todo 注释。在这里，我们将使用 Jasmine 框架提供的 it()和 expect() API 来实现测试。

3. 添加一个 CityService 模拟

现在，我们将通过实现一个模拟的 CityService 来替换第一个 todo 注释，以便能够在 TestBed 中引用它。

 提示　在使用.NET Core 和 xunit 进行后端测试的时候已经知道，模拟是一个替代对象，模拟了真实对象的行为。

与.NET Core 和 xunit 一样，Jasmine 提供了多种方式来设置模拟对象。在接下来的段落中，我们将概述一些最常用的方法。

4. 假服务类

我们可以创建一个假的 CityService，使其只返回希望测试使用的数据。然后，就可以使用 import 将其导入.spec.ts 类，并添加到 TestBed 的 providers 列表中，以便组件能够像调用真实服务那样调用它。

5. 扩展和重写

除了创建一个替代类，还可以简单地扩展真实服务，然后重写需要用到的方法来执行测试。然后，就可以使用@NgModule 的 useValue 功能，在 TestBed 中设置扩展类的一个实例。

6. 接口实例

除了创建一个新的替代类或者扩展类，还可以简单地实例化服务的接口，只实现测试需要的方法。然后，就可以使用@NgModule 的 useValue 功能在 TestBed 中设置该实例。

7. 监听(spy)

这种方法依赖于 Jasmine 特有的一种功能：监听。这种功能使我们能够模拟一个现有的类、函数或对象，从而控制其返回值。因为不会执行真正的方法，所以监听方法就像是重写一样，并不需要创建一个扩展类。

我们可以使用这种功能来创建服务的一个真正实例，监听想要重写的方法，然后使用@NgModule的 useValue 功能在 TestBed 中设置该特定实例。或者，可以使用 jasmine.createSpyObj()静态函数来创建一个有多个监听方法的模拟对象，然后就能以多种方式来配置该对象。

8. 实现 CityService 模拟

应该选择哪种方法呢？遗憾的是，并没有哪种方法在所有场景中都是最好的，因为哪种方法最好，常常取决于想要测试的功能的复杂度以及/或想如何构造测试套件。

从理论上讲，创建一个完整的假服务类可能是最安全、最灵活的选项，因为这允许我们完全定制模拟服务的返回值。但是，这种方法可能非常耗时，而且当处理简单的服务和/或小型测试时，常常没有必要使用这种方法。与之相对，扩展和重写方法、接口方法和监听方法通常是满足大部分测试的基本需求的好方法，但是在复杂的测试场景中，它们可能给出意外的结果，除非我们重写/监听了所有必要的方法。

考虑到 CityService 很小，并且其实现很简单，只有少量方法，所以我们将使用监听方法，因为对于我们的特定场景来说，这种方法看起来最合适。

回到/ClientApp/src/cities/cities.components.spec.ts 文件，我们需要替换下面的一行代码：

```
// todo: initialize the required providers.
```

将上面的一行代码替换为如下所示的代码：

```
// Create a mock cityService object with a mock 'getData' method
let cityService = jasmine.createSpyObj<CityService>('CityService',
['getData']);

// Configure the 'getData' spy method
cityService.getData.and.returnValue(
  // return an Observable with some test data
  of<ApiResult<City>>(<ApiResult<City>>{
    data: [
      <City>{
        name: 'TestCity1',
        id: 1, lat: 1, lon: 1,
        countryId: 1, countryName: 'TestCountry1'
      },
      <City>{
        name: 'TestCity2',
        id: 2, lat: 1, lon: 1,
        countryId: 1, countryName: 'TestCountry1'
      },
      <City>{
        name: 'TestCity3',
        id: 3, lat: 1, lon: 1,
        countryId: 1, countryName: 'TestCountry1'
      }
    ],
    totalCount: 3,
```

```
    pageIndex: 0,
    pageSize: 10
})));
```

现在，就可以把新的模拟 CityService 添加到 TestBed 配置中，替换第二个 todo:

```
// todo: reference the required providers。
```

将其替换为下面代码中突出显示的部分:

```
// ...existing code...

TestBed.configureTestingModule({
  declarations: [CitiesComponent],
  imports: [
    BrowserAnimationsModule,
    AngularMaterialModule
  ],
  providers: [
    {
      provide: CityService,
      useValue: cityService
    }
  ]
})
    .compileComponents();

// ...existing code...
```

现在，该模拟 CityService 将被注入 CitiesComponent，使我们能够控制为每个测试返回的数据。

9. 使用接口方法的另外一种实现

下面展示了如何使用接口方法实现模拟 CityService:

```
// Create a mock cityService object with a mock 'getData' method
let cityService = <CityService>{
    get: () => { return null; },
    put: () => { return null; },
    post: () => { return null; },
    getCountries: () => { return null; },
    isDupeCity: () => { return null; },
    http: null,
    baseUrl: null,
    getData: () => {
      // return an Observable with some test data
      return of<ApiResult<City>>(<ApiResult<City>>{
        data: [
          <City>{
            name: 'TestCity1',
            id: 1, lat: 1, lon: 1,
            countryId: 1, countryName: 'TestCountry1'
```

```
    },
    <City>{
      name: 'TestCity2',
      id: 2, lat: 1, lon: 1,
      countryId: 1, countryName: 'TestCountry1'
    },
    <City>{
      name: 'TestCity3',
      id: 3, lat: 1, lon: 1,
      countryId: 1, countryName: 'TestCountry1'
    }
  ],
  totalCount: 3,
  pageIndex: 0,
  pageSize: 10
});
  }
};
```

可以看到，代码很相似，但是如果想维护<CityService>类型断言，那么实现接口就需要添加额外的代码。这就是为什么我们选择使用监听方法。

10. 配置 fixture 和组件

接下来，从/ClientApp/src/cities/cities.components.spec.ts 类中移除第三个 todo：

```
// todo: configure fixture/component/children/etc
```

需要把上面这行代码替换为下面代码中突出显示的部分：

```
// ...existing code...

// synchronous beforeEach(): fixtures and components setup
beforeEach(() => {
    fixture = TestBed.createComponent(CitiesComponent);
    component = fixture.componentInstance;

    component.paginator = jasmine.createSpyObj(
      "MatPaginator", ["length", "pageIndex", "pageSize"]
    );

    fixture.detectChanges();
});

// ...existing code...
```

上面的代码将在每次测试前执行下面的步骤：
- 创建一个模拟的 MatPaginator 对象实例。
- 在组件上触发变更检测。

提示　很容易猜到，变更检测并不会自动发生，所以必须通过调用 fixture 的 detectChanges 方法手动触发变更检测。这将导致 ngOnInit()方法执行，并用城市填充表格。因为我们在测试组件行为，所以在运行测试前需要完成这些处理。

11. 创建标题测试

现在，我们终于准备好创建第一个测试了。

/ClientApp/src/cities/cities.components.spec.ts 类中剩下的最后一个 todo 行也需要被替换：

```
// todo: implement some tests.
```

需要把上面这行代码替换为如下所示的代码：

```
it('should display a "Cities" title', async(() => {
  let title = fixture.nativeElement
    .querySelector('h1');
  expect(title.textContent).toEqual('Cities');
}));
```

可以看到，我们终于使用了 it()和 expect() Jasmine 方法。前者声明了测试的意义，后者则根据期望的行为来评估组件的行为并决定测试结果。

在第一个测试中，我们想检查组件是否向用户显示 Cities 标题。因为我们知道，组件的模板在<H1> HTML 元素中保存了标题，所以可通过对 fixture.nativeElement 执行一个 DOM 查询来进行检查。fixture.nativeElement 是根组件元素，其中包含所有渲染的 HTML 内容。

获得 title 元素后，可检查其 textContent 属性，看它是不是期望的值(Cities)。这将决定测试是通过还是失败。

12. 创建城市测试

在运行测试套件前，我们来添加另外一个测试。

再次打开/ClientApp/src/cities/cities.components.spec.ts 文件，在上一个测试的后面添加下面的代码：

```
// ...existing code...

it('should contain a table with a list of one or more cities',
async(() => {
  let table = fixture.nativeElement
    .querySelector('table.mat-table');
  let tableRows = table
    .querySelectorAll('tr.mat-row');
  expect(tableRows.length).toBeGreaterThan(0);
}));

// ...existing code...
```

这一次，我们检查包含城市列表的表格。具体来说，我们统计了表格中的行数，确保该数字大于 0，这意味着表格中已经填充了至少一个城市。为了执行这种统计，我们使用了 Angular Material 默认分配给 MatTable 组件的 CSS 类。

为更好地理解这一点，可以参考图 9-11。

图 9-11　使用了分配给 MatTable 组件的 CSS 类

可以看到，mat-row CSS 类只应用到表格中的行，表头行则应用了 mat-header-row 类。因此，如果测试通过，则意味着组件在表格中创建了至少一行。

> 提示　依赖第三方包应用的 CSS 类来定义测试不是一种好的做法。这里这么做只是为了演示能够用当前实现做些什么。对于这种基于 DOM 的测试，一种更加安全的方法可能是自定义 CSS 类，然后检查它们是否存在。

13. 运行测试套件

现在是时候运行测试套件，看看我们的工作成果了。

为此，执行下面的步骤：

(1) 打开命令提示。

(2) 导航到 WorldCities 应用的/ClientApp/文件夹。

(3) 执行下面的命令：

```
>ng test
```

这将启动 Karma 测试运行器，它将打开一个浏览器来运行测试。如果一切正确，则应该能够看到如图 9-12 所示的结果。

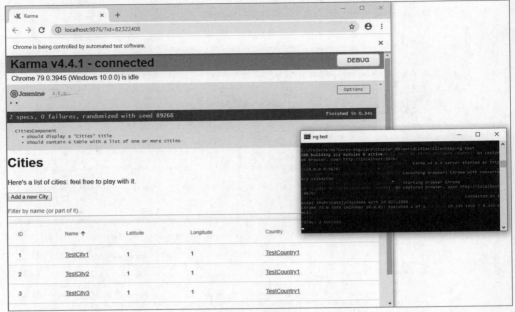

图9-12 测试结果

可以看到，两个测试都通过了。为了百分百确信我们做了正确的处理，接下来让测试失败。

再次打开/ClientApp/src/cities/cities.components.spec.ts 文件，按照如下所示修改测试的源代码(已经突出显示了更新的行)：

```
it('should display a "Cities" title', async(() => {
  let title = fixture.nativeElement
      .querySelector('h1');
  expect(title.textContent).toEqual('Cities!!!');
}));

it('should contain a table with a list of one or more cities',
async(() => {
    let table = fixture.nativeElement
      .querySelector('table.mat-table');
    let tableRows = table
      .querySelectorAll('tr.mat-row');
    expect(tableRows.length).toBeGreaterThan(3);
}));
```

现在，第一个测试期望收到不正确的标题值，而第二个测试则期望看到 3 行以上，但因为模拟 CityService 已被配置为提供3行，所以表格中不会有3个以上的行。

保存文件后，Karma 测试运行器应该会自动加载测试页面并显示更新后的结果(请参见图9-13)。

图 9-13　自动加载测试页面并显示更新后的结果

现在，正如我们期望的那样，两个测试都失败了。Jasmine 框架还告诉我们什么地方发生了问题，使我们能更快速地解决问题。

现在就来解决问题。打开/ClientApp/src/cities/cities.components.spec.ts 文件，将测试的源代码恢复到与之前一样：

```
it('should display a "Cities" title', async(() => {
  let title = fixture.nativeElement
      .querySelector('h1');
  expect(title.textContent).toEqual('Cities');
}));

it('should contain a table with a list of one or more cities',
async(() => {
  let table = fixture.nativeElement
      .querySelector('table.mat-table');
  let tableRows = table
      .querySelectorAll('tr.mat-row');
  expect(tableRows.length).toBeGreaterThan(0);
}));
```

测试了测试套件后，可在 ng test 终端窗口中按 Ctrl + C 键来关闭测试运行器，然后选择 Y 并按 Enter 键来关闭批处理作业。

现在，我们就完成了对前端测试的介绍。

9.4　小结

本章专门介绍测试和单元测试的概念。首先解释了这些概念的含义，以及不同的测试实践，然后学习了如何恰当实现它们。

我们首先介绍如何使用 xUnit.net 测试工具来进行后端测试。这种方法需要创建一个新的测试项目。在该项目中，我们实现了第一个后端单元测试。在此过程中，学习了一些与测试相关的重要概念，例如模拟，它用来模拟 ApplicationDbContext 类的上下文，以便提供一些内存数据，而不必使用 SQL Server 数据源。

后端测试方法有效帮助我们理解 TDD 的意义，以及它与 BDD 方法的异同，后者是一种明显的前端测试实践。

在比较完 TDD 和 BDD 后，我们继续介绍 Angular 单元测试，在此过程中使用了 Jasmine 测试框架和 Karma 测试运行器来开发一些前端测试。我们学习了一些很好的测试实践，以及与 Jasmine 框架相关的一些重要概念，如 TestBed、测试套件和监听。最终，我们成功地在 WorldCities 应用中看到了测试的实际效果。

下一章在讨论授权和身份验证主题时，将设计更多测试。当我们需要实现注册和登录工作流时，本章学到的概念肯定非常有用。

9.5 推荐主题

单元测试、xunit、Moq、TDD、BDD、模拟、Stub、Fixture、Jasmine、Karma、Protractor、监听、测试套件、TestBed。

第10章

身份验证和授权

一般来说，术语"身份验证"指的是确认某个人(可能是真实的人或者一个自动化系统)确实是其自称的那个人(或物)的过程。对于万维网(WWW)，这一点也成立：网站或者服务使用某种技术来从用户代理(通常是 Web 浏览器)那里收集一组登录信息，并使用成员和/或身份服务来验证他们的身份。

不应把身份验证与授权混淆。后者是一个不同的过程，负责完成不同的工作。如果要给出一个简单定义，可以说授权的目的是确认是否允许发出请求的用户访问他们想要执行的操作。换句话说，身份验证是确认用户的身份，而授权则确认允许用户执行什么操作。

为了更好地理解这两个显然相似的概念，可以思考两种现实场景。

- 一个注册的免费账户试图访问付费服务或功能。这是通过身份验证、但是没有经过授权的访问的一个常见例子：我们知道用户是谁，但不允许他们访问某种服务或功能。
- 一个匿名用户试图访问对公众开放的页面或文件。这是未经身份验证、但是被授权访问的一个例子：我们不知道用户是谁，但允许他们访问公共资源。

身份验证和授权是本章的主要主题，我们将从理论和实践两个角度来讨论它们。具体来说，我们将讨论下面的内容：

- 讨论是否需要身份验证和授权的一些典型场景。
- 介绍 ASP.NET Core Identity，这是一个现代成员系统，允许开发人员在应用程序中添加登录功能。还将介绍 IdentityServer，这是一个中间件，用于在任何 ASP.NET Core 应用程序中添加 OIDC 和 OAuth 2.0 端点。
- 实现 ASP.NET Core Identity 和 IdentityServer，向现有的 WorldCities 应用添加登录和注册功能。
- 探索.NET Core 和 Angular Visual Studio 项目模板提供的 Angular 授权 API，它实现了 oidc-client npm 包来与 ASP.NET Core Identity 系统提供的 URI 端点进行交互，还实现了一些关键的 Angular 功能，如路由守卫(Route Guard)和 HTTP 拦截器，用于处理整个授权流程。
- 将前述后端和前端 API 集成到 WorldCities 项目中，以便为用户提供令他们满意的身份验证和授权体验。

让我们来实现上述功能。

10.1 技术需求

本章将需要用到前面章节中提到的所有技术，以及下面的包：

- Microsoft.AspNetCore.Identity.EntityFrameworkCore
- Microsoft.AspNetCore.ApiAuthorization.IdentityServer
- Microsoft.AspNetCore.Identity.UI

同样，并不建议立即安装它们。我们将在本章进行过程中逐渐安装它们，以便能够理解它们在项目中的使用环境。

本章的代码文件存储在以下地址: https://github.com/PacktPublishing/ASP.NET-Core-3-and- Angular-9-Third-Edition/tree/master/Chapter_10/。

10.2 是否进行身份验证和授权

事实上，对于大部分基于 Web 的应用程序和服务来说，并非必须实现身份验证和/或授权逻辑。现在仍然有许多网站没有实现这些逻辑，因为它们只是提供任何人在任何时间都可以访问的内容。直到几年前，这还是大部分公司网站、营销网站和信息类网站的常见做法，不过近年来，网站所有者们了解到，建立注册用户的一个网络非常重要，并且这些"忠实的"联系人在如今具有巨大价值。

即便不是经验丰富的开发人员，也会认识到万维网在过去几年间发生的巨大变化。无论网站的目的是什么，如今的每个网站都对跟踪用户产生了越来越大的兴趣，而这或多或少是合理的需求，如让用户有机会定制自己的导航体验、与社交网络交互、收集电子邮件地址等。如果没有某种形式的身份验证机制，上述这些功能都将无法实现。

有数不清的网站和服务需要有身份验证功能才能正常工作，因为它们的大部分内容和/或用途都依赖于注册用户的操作，例子有论坛、博客、购物车、基于订阅的服务甚至协作工作(如维基百科)。

简单来说，这个问题的答案是肯定的。只要想让用户在客户端应用中执行创建、读取、更新和删除(Create、Read、Update、Delete，CRUD)操作，无疑就应该实现某种身份验证和授权过程。如果想实现一个生产级单页面应用(SPA)，使其提供任何形式的用户交互，则肯定想要知道用户的姓名和电子邮件地址。只有这样，才能确定谁能够查看、添加、更新和删除记录。

10.2.1 身份验证

自从万维网问世后，绝大多数身份验证技术都依赖于 HTTP/HTTPS 实现标准，并且它们多多少少都以下面的方式工作:

(1) 一个没有经过身份验证的用户代理请求访问某些内容，但没有特定的权限是不能访问这些内容的。

(2) Web 应用程序返回一个身份验证请求，通常是一个 HTML 页面，其中包含一个需要填写的空 Web 表单。

(3) 用户代理使用自己的凭据(通常是用户名和密码)填写表单，然后使用 POST 命令(通常通过单击 Submit 按钮发出)将其发送给 Web 应用程序。

(4) Web 应用程序收到 POST 数据，并调用前述服务器端实现，该实现将使用给定输入验证用户身份并返回合适的结果。

(5) 如果结果成功，用户将通过身份验证，而 Web 应用程序则根据选择的身份验证方法把相关数据存储到某个位置，包括会话/cookie、令牌、签名等(稍后将会进行介绍)。另一方面，如果结果失败，则将结果放到一个错误页面中以容易理解的形式展示给用户，可能会要求他们再次尝试、联系管理员等。

我们能够想到的几乎所有网站都使用这种方法，尽管它们在安全层、状态管理、JSON Web 令牌(JSON Web Tokens，JWT)或其他 Restful 令牌、基本或摘要访问、单点登录属性等方面存在大大小小的区别。

1. 第三方身份验证

如果必须为每个网站使用不同的用户名和密码，那么不只令人非常沮丧，而且还要求用户开放一种自定义的密码存储技术，可能导致安全风险。为了解决这种问题，许多 IT 开发人员开始寻求其他身份验证方案，这些替代方案能够使用基于可信赖的第三方提供商的身份验证协议，取代标准的、基于用户名和密码的身份验证。

2. OpenID 的兴起与衰落

OpenID 的第 1 版是最早成功实现的第三方身份验证机制之一，它是由非营利性的 OpenID Foundation 所推广的一种开放的、去中心化的身份验证协议。在 2005 年问世后，一些大公司(如 Google 和 Stack Overflow)迅速地、积极地采用了这种机制，将其作为他们的身份验证提供者的基础。

下面简单描述一下 OpenID 的工作方式：

- 每当应用程序收到一个 OpenID 身份验证请求时，将在用户和一个可信的第三方身份验证提供者(如 Google Identity Provider)之间打开一个透明的连接接口；取决于具体实现，该接口可以是弹出窗口、AJAX、填充了内容的模态窗口或 API 调用。
- 用户将他们的用户名和密码发送给前述第三方提供者，后者相应地执行身份验证，然后通过把用户重定向到来源位置来把结果通知给应用程序，还会传递过来一个安全令牌，用于获取身份验证结果。
- 应用程序使用该令牌来检查身份验证的结果，当结果成功时，就使用户通过身份验证，否则将发送一个错误响应。

虽然在 2005—2009 年间，OpenID 势头正劲，有许多公司公开宣布支持 OpenID，甚至加入了 OpenID Foundation，其中包括 PayPal 和 Facebook，但最初的协议并没有实现其雄心。出现了法律争议、安全问题，并且最重要的是，在 2009—2012 年间，社交网络迅猛流行，社交网络不适当、但是能够工作的基于 OAuth 的社会化登录也被广泛采用，这些因素共同作用，宣告了 OpenID 的死亡。

 提示　如果不了解 OAuth，也不必担心，稍后将会进行介绍。

3. OpenID Connect

当 OAuth/OAuth2 社会化登录占领市场后，OpenID Foundation 急于重建自己的影响力，并在 2014 年 2 月发布了第三代 OpenID 技术，将其命名为 OpenID Connect (OIDC)。

尽管名称相近，但新版本与老版本没有太多共通之处。相反，它是建立在 OAuth2 授权协议上的一个身份验证层。换句话说，它只不过是一个标准化接口，用来帮助开发人员以更合适的方式将 OAuth2 用作身份验证框架。考虑到 OAuth2 在 OpenID 2.0 的消亡中起到了重要的作用，这一点其实有点好笑。

放弃 OpenID 而改为开发 OIDC 的做法在 2014 年遭受了大量批评，但过了这几年后，我们可以肯定地说，OIDC 仍然能够提供一种有用的、标准化的方法来获取用户身份。它允许开发人员使用一种方便的、基于 RESTful 的 JSON 接口来请求和接收被验证的用户和会话的信息；它有一个可扩展的规范，还支持一些很有发展前景的可选功能，如身份数据加密、自动发现 OpenID 提供者甚至会话管理。简单来说，它仍然非常有用，所以可以使用它，不必依赖于纯粹的 OAuth2。

 注意　关于 OpenID 的更多信息，强烈建议阅读 OpenID Foundation 官方网站上的如下规范。

OpenID Connect:

http://openid.net/specs/openid-connect-core-1_0.html。

OpenID 2.0 to OIDC migration guide:

http://openid.net/specs/openid-connect-migration-1_0.html。

10.2.2　授权

在大部分标准实现中，包括 ASP.NET 中的实现，授权阶段都在身份验证后立即发生，并且主要基于权限或角色。通过身份验证的用户可能有自己的一组权限，并/或属于一个或多个角色，从而能够访问一组特定的资源。这些基于角色的检查通常由开发人员在应用程序的源代码和/或配置文件中以声明的方式设置。

如前所述，不应把授权与身份验证混淆，尽管授权过程可能受到攻击，从而执行隐式的身份验证(这在把授权委托给第三方的时候尤其可能发生)。

第三方授权

如今，最为人熟知的第三方授权协议是 OAuth 的第 2 版，也称为 OAuth2，它取代了 Blain Cook 和 Chris Messina 在 2006 年开发的 OAuth 1，或者简称为 OAuth。

我们已经多次提到 OAuth 2，这有很合理的理由：OAuth 2 已经快速成为授权的行业标准协议，目前已被大量基于社区的网站和社交网络使用，包括 Google、Facebook 和 Twitter。它的工作方式如下：

- 每当某个现有用户通过 OAuth 向我们的应用程序请求一组权限时，我们就在用户和应用程序信任的某个第三方授权提供者(如 Facebook)之间打开一个透明的连接接口。
- 提供者确认用户，并且如果他们有合适的权限，就提供给他们一个临时的、特定的访问密钥作为响应。
- 用户把该访问密钥提交给应用程序，从而获得访问权限。

可以清晰地看到，将这种授权逻辑用于身份验证的目的是非常简单的，毕竟，如果 Facebook 说我可以做某个操作，则这不是也暗示着我就是我自称的那个人吗？这还不够吗？

答案是否定的。对于 Facebook 来说，这也许成立，因为他们的 OAuth 2 实现意味着获得授权的订阅者必须已经先通过 Facebook 的身份验证，但这种保证并没有被正式确认。考虑到许多网站将其用于身份验证目的，我们可以认为 Facebook 不大可能改变这种行为，但我们并不能保证这一点。

从理论上讲，这些网站在任何时候都可以把授权系统与身份验证协议分离开，导致我们的应用程序的身份验证逻辑陷入不可恢复的不一致状态。一般来说，假定某个东西来自其他某个东西几乎总是一个不好的做法，除非这种假定有非常牢靠的基础，做了良好的文档记录并且(最重要的是)有高度保证。

10.2.3　专有与第三方

理论上讲，完全可将身份验证和/或授权工作交给现有的第三方提供者(如前述的那些)，如今有许多 Web 应用和移动应用就采取了这种做法。使用这种方法有一些毋庸置疑的优势，包括：

- 没有特定于用户的数据库表/数据模型，而只需要将基于提供者的一些标识符用作引用键。
- 立即完成注册，不需要填写注册表单，然后等待确认邮件，也没有用户名和密码。大部分用户都会喜欢这种方法，所以很可能会增加我们的转化率。
- 很少或者没有隐私问题，因为应用程序的服务器上不保存个人数据或敏感数据。
- 不需要处理用户名和密码，以及实现自动恢复过程。
- 很少发生安全相关的问题，如基于表单的黑客攻击或者尝试暴力登录。

当然，也存在一些缺点：

- 没有真正的用户库，所以很难在整体上了解活跃用户、获得他们的邮件地址、分析统计数据等。

- 登录阶段可能是资源密集的,因为它总是需要与第三方服务器建立外部的、往返式的安全连接。
- 所有用户只有在选定的第三方提供者上拥有账户(或者创建一个账户),才能登录应用程序。
- 所有用户都需要信任我们的应用程序,因为第三方提供者将要求用户授权访问数据。
- 我们需要向提供者注册自己的应用程序,而后才能执行一些必要的或可选的任务,如获得公钥或私钥,授权一个或多个 URI 请求源以及选择我们想要收集的信息。

全盘考虑这些优缺点后,可以说对于小型应用,包括我们自己的应用,使用第三方提供者可以节省大量时间;但是,要克服前述方法带来的管理和控制缺陷,创建自己的账户管理系统看起来是唯一的办法。

本书将介绍这两种方法,以便能在最大程度上利用它们。本章将创建一个内部成员提供者,使其处理身份验证,并提供自己的一组授权规则;在下一章,我们将进一步利用该实现,演示如何让用户使用一个示例第三方授权提供者(Facebook)进行登录,并使用其 SDK 和 API 来获取必要的数据,进而创建对应的内部用户,这需要用到 ASP.NET Core Identity 包提供的内置功能。

10.3 使用.NET Core 进行专有身份验证和授权

ASP.NET Core 提供的身份验证模式基本上与 ASP.NET 的之前版本支持的身份验证模式相同。

- **无身份验证**。如果不想实现任何身份验证,或者如果想使用(或开发)自己的身份验证和授权接口,而不依赖于 ASP.NET Core Identity 系统,就可以采用这种方法。
- **单独用户账户**。当使用标准的 ASP.NET Core Identity 接口建立一个内部数据库来存储用户数据时,就是在使用这种方法。
- **Azure Active Directory**。这意味着使用一组基于令牌的 API 调用,它们由 Azure AD Authentication Library(ADAL)处理。
- **Windows 身份验证**。这种方法只能用于 Windows 域或 Active Directory 树中的本地范围的应用程序。

不过,ASP.NET Core 团队在过去几年引入的实现模式正在不断演化,以适应最新的安全实践。

前述所有方法(第一种方法除外)都由 ASP.NET Core Identity 系统处理,这是一个成员系统,允许在应用程序中添加身份验证和授权功能。

注意 关于 ASP.NET Core Identity API 的更多信息,请访问下面的 URL:
https://docs.microsoft.com/en-us/aspnet/core/security/authentication/identity。

从.NET Core 3.0 开始,ASP.NET Core Identity 中集成了一种新的 API 授权机制,用于处理 SPA 中的身份验证。这种新功能基于 IdentityServer,自.NET Core 3.0 以来就是包含在.NET Foundation 中的开源 OIDC 和 OAuth 2.0 中间件的一部分。

注意 关于 IdentityServer 的更多信息,可访问官方文档网站,其 URL 如下:
https://identityserver.io/。
http://docs.identityserver.io/en/latest/。

通过使用 ASP.NET Core Identity,很容易实现一种登录机制,使用户能够创建一个账户,并使用用户名和密码进行登录。除此之外,还能够让用户使用外部登录提供者,只要框架支持这些提供者即可。截止到现在,可用的提供者包括 Facebook、Google、Microsoft Account、Twitter 等。

本节将完成以下工作:

- 介绍 ASP.NET Core Identity Model,这是 ASP.NET Core 提供的用来管理和存储用户账户的框架。

- 通过在 WorldCities 应用中安装必要的 NuGet 包来创建 ASP.NET Core Identity 实现。
- 使用 Individual User Accounts 身份验证类型来扩展 ApplicationDbContext。
- 在应用程序的 Startup 类中配置 Identity 服务。
- 通过添加一个方法来使用.NET Identity API 提供者创建默认用户，更新现有的 SeedController。

之后，我们还将简单介绍 ASP.NET Core 的基于任务的异步编程(Task Asynchronous Programming, TAP)模型。

10.3.1 ASP.NET Core Identity Model

ASP.NET Core 提供了一个统一的框架来管理和存储用户账户，能够方便地将其用到任何.NET Core 应用程序(甚至非 Web 应用程序)中，这个框架就是 ASP.NET Core Identity，它提供的一组 API 允许开发人员处理下面的任务：

- 设计、建立和实现用户注册和登录功能。
- 管理用户、密码、配置数据、角色、声明、令牌、邮件确认等。
- 支持外部(第三方)登录提供者，如 Facebook、Google、Microsoft Account、Twitter 等。

ASP.NET Core Identity 源代码是开源的，可在 GitHub 上获取：https://github.com/aspnet/ AspNetCore/ tree/master/src/Identity。

不必说，ASP.NET Core Identity 需要一个持久的数据源来存储和获取身份数据(用户名、密码和配置数据)，如 SQL Server 数据库。因此，它内置了与 Entity Framework Core 集成的机制。

这意味着为了实现自己的身份系统，我们需要扩展第 4 章的工作。具体来说，将更新现有的 ApplicationDbContext，以支持处理用户、角色等需要用到的实体类。

实体类型

ASP.NET Core Identity 平台严重依赖于下列实体类型，其中每个类型都代表特定的一组记录。

- User：应用程序的用户。
- Role：可以分配给每个用户的角色。
- UserClaim：用户拥有的声明。
- UserToken：用户用来执行基于身份验证的任务(如登录)的身份验证令牌。
- UserLogin：与每个用户关联的登录账户。
- RoleClaim：授予给定角色的所有用户的声明。
- UserRole：用来存储用户与其角色之间的关系的查找表。

这些实体类型按照如下方式彼此相关。

- 每个 User 可以有多个 UserClaim、UserLogin 和 UserToken 实体(一对多关系)。
- 每个 Role 可以有多个相关的 RoleClaim 实体(一对多关系)。
- 每个 User 可以有多个相关的 Role 实体，每个 Role 可以与多个 User 实体相关(多对多关系)。

多对多关系需要在数据库中有一个联接表，这个表由 UserRole 实体表示。

好在，我们并不需要从头实现所有这些实体，因为 ASP.NET Core Identity 为每个实体提供了一些默认的公共语言运行时(Common Language Runtime，CLR)类型：

- IdentityUser
- IdentityRole
- IdentityUserClaim
- IdentityUserToken

- IdentityUserLogin
- IdentityRoleClaim
- IdentityUserRole

每当需要显式定义一个与身份相关的实体模型时，就可以把这些类型用作基类来创建自己的实现；而且，在大部分常见的身份验证场景中，并不需要实现其中的大部分类型，因为借助 ASP.NET Core Identity 提供的 API，能够在更高层面上处理它们的功能。通过使用下面的类，可以访问 ASP.NET Core Identity 提供的 API。

- RoleManager<TRole>：为管理角色提供了 API。
- SignInManager<TUser>：为登入和登出用户提供了 API。
- UserManager<TUser>：为管理用户提供了 API。

当恰当地配置并建立了 ASP.NET Core Identity 服务后，可以使用依赖注入(DI)把这些提供者注入 .NET 控制器中，正如我们对 ApplicationDbContext 所做的处理。接下来将演示如何实现注入。

10.3.2　设置 ASP.NET Core Identity

第 1 章和第 3 章在创建 HealthCheck 和 WorldCities .NET Core 项目时，都选择了创建一个不带身份验证的空项目。这是因为我们不想一开始就让 Visual Studio 在应用程序的启动文件中安装 ASP.NET Core Identity。但是，因为现在要使用身份验证，所以需要手动执行必要的设置步骤。

1. 添加 NuGet 包

介绍完理论后，我们来实际动手实现身份验证。

在 Solution Explorer 中，右击 WorldCities 树节点，然后选择 Manage NuGet Packages，找到下面的两个包并安装它们：

- Microsoft.AspNetCore.Identity.EntityFrameworkCore
- Microsoft.AspNetCore.ApiAuthorization.IdentityServer

或者，打开 Package Manager Console，使用下面的命令安装它们：

```
> Install-Package Microsoft.AspNetCore.Identity.EntityFrameworkCore
> Install-Package Microsoft.AspNetCore.ApiAuthorization.IdentityServer
```

在撰写本书时，它们的最新版本都是 3.1.1。同样，你可以自由安装更新的版本，但必须知道如何相应地调整代码来修复潜在的兼容性问题。

2. 创建 ApplicationUser

安装了必要的身份库后，需要创建一个新的 ApplicationUser 实体类，使其具有 ASP.NET Core Identity 服务在进行身份验证时需要用到的所有功能。好消息是，该包提供了一个内置的 IdentityUser 基类，可以用来扩展我们的实现，使其具备所有需要的功能。

在 Solution Explorer 中，导航到 /Data/Models/ 文件夹，创建一个新的 ApplicationUser.cs 类，并在其中添加下面的代码：

```
using Microsoft.AspNetCore.Identity;
using System;
using System.Collections.Generic;
using System.Linq;
using System.Threading.Tasks;
```

```
namespace WorldCities.Data.Models
{
    public class ApplicationUser : IdentityUser
    {
    }
}
```

可以看到，我们并不需要在这里实现任何东西，至少现在如此。我们只是扩展了 IdentityUser 基类，其中已经包含了现在需要的功能。

3. 扩展 ApplicationDbContext

为了支持.NET Core 身份验证机制，需要从一个不同的数据库抽象基类来扩展现有的 ApplicationDbContext，该抽象基类支持 ASP.NET Core Identity 和 IdentityServer。

打开/Data/ApplicationDbContext.cs 文件，按照如下所示更新其内容(已经突出显示了更新后的行)：

```
using IdentityServer4.EntityFramework.Options;
using Microsoft.AspNetCore.ApiAuthorization.IdentityServer;
using Microsoft.EntityFrameworkCore;
using Microsoft.Extensions.Options;
using WorldCities.Data.Models;

namespace WorldCities.Data
{
    public class ApplicationDbContext :
ApiAuthorizationDbContext<ApplicationUser>
    {
        #region Constructor
        public ApplicationDbContext(
            DbContextOptions options,
            IOptions<OperationalStoreOptions> operationalStoreOptions)
            : base(options, operationalStoreOptions)
        {
        }
        #endregion Constructor

        #region Methods
        protected override void OnModelCreating(ModelBuilder
          modelBuilder)
        {
            base.OnModelCreating(modelBuilder);

            // Map Entity names to DB Table names
            modelBuilder.Entity<City>().ToTable("Cities");
            modelBuilder.Entity<Country>().ToTable("Countries");
        }
        #endregion Methods

        #region Properties
        public DbSet<City> Cities { get; set; }
        public DbSet<Country> Countries { get; set; }
        #endregion Properties
    }
}
```

从上面的代码可以看到,我们将当前的 DbContext 基类改为新的 ApiAuthorizationDbContext 基类。新类依赖于 IdentityServer 中间件,这还需要修改构造函数签名,以便能够接受恰当配置操作上下文所需的一些选项。

 注意 关于用于 SPA 的.NET 身份验证和授权系统、ASP.NET Core Identity API 和.NET Core IdentityServer 的更多信息,请访问下面的 URL:
https://docs.microsoft.com/en-us/aspnet/core/security/authentication/identity-api-authorization。

4. 调整单元测试

保存了新的 ApplicationDbContext 文件后,WorldCities.Tests 项目中现有的 CitiesController_Tests.cs 类将抛出一个编译错误,如图 10-1 所示。

```
10    namespace WorldCities.Tests
11    {
          0 references | 0 changes | 0 authors, 0 changes
12        public class CitiesController_Tests
13        {
14            /// <summary>
15            /// Test the GetCity() method
16            /// </summary>
17            [Fact]
              0 | 0 references | 0 changes | 0 authors, 0 changes
18            public async void GetCity()
19            {
20                #region Arrange
21                var options = new DbContextOptionsBuilder<ApplicationDbContext>()
22                    .UseInMemoryDatabase(databaseName: "WorldCities")
23                    .Options;
24
25                using (var context = new ApplicationDbContext(options))
26                {
27                    context.Add(new City()
28                    {
29                        Id = 1,
30                        CountryId = 1,
31                        Lat = 1,
32                        Lon = 1,
33                        Name = "TestCity1"
34                    });
35                    context.SaveChanges();
36                }
```

Code	Description	Project	File
⊗ CS7036	There is no argument given that corresponds to the required formal parameter 'operationalStoreOptions' of 'ApplicationDbContext.ApplicationDbContext(DbContextOptions, IOptions<OperationalStoreOptions>)'	WorldCities.Tests	CitiesController_Tests.cs

图 10-1　抛出编译错误

Error List 窗格中已经很好地说明了发生错误的原因:ApplicationDbContext 的构造函数签名已经发生变化,需要一个额外的参数,但是我们并没有传入该参数。

 提示 需要知道的是,这个问题并不会影响主应用程序的控制器,因为 ApplicationDbContext 是通过 DI 注入其中的。

为快速修复这个问题,可按照如下所示更新 CitiesController_Tests.cs 的现有源代码(已经突出显示了新的和更新的行):

```
using IdentityServer4.EntityFramework.Options;

// ...existing code...

var storeOptions = Options.Create(new OperationalStoreOptions());

using (var context = new ApplicationDbContext(options, storeOptions))
```

```
// ...existing code...
```

现在，错误应该消失了，并且测试仍然能够通过。

5. 配置 ASP.NET Core Identity 中间件

完成了所有必备条件后，可以打开 Startup.cs 文件，在 ConfigureServices 方法中添加下面突出显示的行，以设置 ASP.NET Core Identity 系统需要的中间件：

```csharp
// ...existing code...

// This method gets called by the runtime. Use this method to add
// services to the container.
public void ConfigureServices(IServiceCollection services)
{
    services.AddControllersWithViews()
        .AddJsonOptions(options => {
            // set this option to TRUE to indent the JSON output
            options.JsonSerializerOptions.WriteIndented = true;
            // set this option to NULL to use PascalCase instead of
            // CamelCase (default)
            // options.JsonSerializerOptions.PropertyNamingPolicy = null;
        });

    // In production, the Angular files will be served from
    // this directory
    services.AddSpaStaticFiles(configuration =>
    {
        configuration.RootPath = "ClientApp/dist";
    });

    // Add EntityFramework support for SqlServer.
    services.AddEntityFrameworkSqlServer();

    // Add ApplicationDbContext.
    services.AddDbContext<ApplicationDbContext>(options =>
        options.UseSqlServer(
            Configuration.GetConnectionString("DefaultConnection")
            )
    );

    // Add ASP.NET Core Identity support
    services.AddDefaultIdentity<ApplicationUser>(options =>
        {
            options.SignIn.RequireConfirmedAccount = true;
            options.Password.RequireDigit = true;
            options.Password.RequireLowercase = true;
            options.Password.RequireUppercase = true;
            options.Password.RequireNonAlphanumeric = true;
            options.Password.RequiredLength = 8;
        })
        .AddRoles<IdentityRole>()
        .AddEntityFrameworkStores<ApplicationDbContext>();

    services.AddIdentityServer()
        .AddApiAuthorization<ApplicationUser, ApplicationDbContext>();
```

```
    services.AddAuthentication()
        .AddIdentityServerJwt();
}

// ...existing code...
```

然后，在 Configure 方法中，添加下面突出显示的行：

```
// ...existing code...

app.UseRouting();

app.UseAuthentication();
app.UseIdentityServer();
app.UseAuthorization();

app.UseEndpoints(endpoints =>

// ...existing code...
```

上面的代码与 SPA 项目的默认.NET Core Identity 实现非常相似。如果我们使用 Visual Studio 向导创建一个新的 ASP.NET Core Web 应用程序，选择 Individual User Accounts 身份验证方法(如图 10-2 所示)，就会得到相同的代码，只是在一些地方有很小的区别。

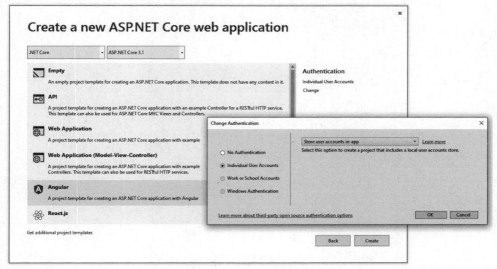

图 10-2　选择身份验证方法

不同于默认实现，在我们的代码中，将覆盖一些默认的密码策略设置，以演示如何配置 Identity 服务来更好地满足我们的需要。

再来看看上面的代码，并重点关注发生变化的地方(突出显示的行)：

```
options.SignIn.RequireConfirmedAccount = true;
options.Password.RequireLowercase = true;
options.Password.RequireUppercase = true;
```

```
options.Password.RequireDigit = true;
options.Password.RequireNonAlphanumeric = true;
options.Password.RequiredLength = 8;
```

可以看到，我们并没有改变 RequireConfirmedAccount 默认设置，这样只有经过确认的用户账户(通过邮件确认)才能登录。相反，我们显式设置了密码强度要求，使所有用户的密码必须满足以下条件：

- 至少有一个小写字母。
- 至少有一个大写字母。
- 至少有一个数字字符。
- 至少有一个非字母数字字符。
- 至少有 8 个字符长。

这样一来，我们的应用就实现了不错的身份验证安全机制，放到 Web 上被公共访问也是可以的。不必说，我们可以根据具体需求修改这些设置。如果是一个开发示例，则采用更宽松的设置可能也没有问题，只要不让公众访问该应用即可。

需要注意，上面的代码需要引用之前安装的与身份相关的新包：

```
// ...existing code...

using Microsoft.AspNetCore.Authentication;
using Microsoft.AspNetCore.Identity;

// ...existing code...
```

另外，还需要引用为数据模型使用的命名空间，因为现在我们引用了 ApplicationUser 类：

```
// ...existing code...

using WorldCities.Data.Models;

// ...existing code...
```

在配置完 Setup 类后，需要对 IdentityServer 做相同的处理。

6. 配置 IdentityServer

为了恰当地设置 IdentityServer 中间件，需要在 appSettings.json 配置文件中添加下面的行(已经突出显示了新行)：

```
{
  "ConnectionStrings": {
    "DefaultConnection": "(your connnection string)"
  },
  "Logging": {
    "LogLevel": {
    "Default": "Information",
    "Microsoft": "Warning",
    "Microsoft.Hosting.Lifetime": "Information"
    }
  },
  "IdentityServer": {
  "Clients": {
    "WorldCities": {
```

```
          "Profile": "IdentityServerSPA"
        }
      },
      "Key": {
        "Type": "Development"
      }
    },
    "AllowedHosts": "*"
}
```

可以看到，我们为 IdentityServer 添加了一个客户端，也就是我们的 Angular 应用。IdentityServerSPA 配置文件指定了应用的类型，并在内部被用来生成该应用类型的服务器端默认设置：在我们的场景中，SPA 将与 IdentityServer 作为一个单元被托管。

IdentityServer 将为我们的应用类型加载下面的默认设置。

- redirect_uri 被默认设置为/authentication/login-callback。
- post_logout_redirect_uri 被默认设置为/authentication/logout-callback。
- 作用域包括 openID、Profile 和为应用中的每个 API 定义的每个作用域。
- 允许的 OIDC 响应类型的集合为 id_token token，或者也可以是单独的响应类型(id_token, token)。
- 允许的响应模式为 fragment。

其他可用的配置文件如下所示。

- SPA：没有与 IdentityServer 一起托管的 SPA。
- IdentityServerJwt：与 IdentityServer 一起托管的 API。
- API：没有与 IdentityServer 一起托管的 API。

在继续介绍之前，需要在 appSettings.Development.json 文件中完成另一个与 IdentityServer 相关的更新。

7. 更新 appSettings.Development.json 文件

从第 2 章的介绍可知，appSettings.Development.json 文件用于为开发环境指定额外的配置键/值对(和/或覆盖现有的配置键/值对)。我们现在正需要这种能力，因为 IdentityServer 需要用到一些特定于开发环境的设置，这些设置是不应该放到生产环境的。

打开 appSettings.Development.json 文件，在其中添加下面的内容(已经突出显示了新行)：

```
{
  "Logging": {
   "LogLevel": {
      "Default": "Debug",
      "System": "Information",
      "Microsoft": "Information"
   },
   "IdentityServer": {
     "Key": {
        "Type": "Development"
     }
   }
  }
}
```

上面代码块中添加的 Key 元素描述了用于签署令牌的键；对现在来说，因为我们仍然是在开发环境中，所以这个键类型能够正常工作。但是，当我们想把应用部署到生产环境时，则需要提供并与应用一同部署一个真正的键。到这个时候，将需要在 appSetting.json 生产文件中添加一个 Key 元素，并相应地进行配置。第 12 章将详细介绍这方面的内容。

在那之前，最好避免在生产设置中添加这个元素，以避免 Web 应用运行在不安全的模式下。

 提示　关于 IdentityServer 及其配置参数的更多信息，请访问下面的 URL:
https://docs.microsoft.com/en-us/aspnet/core/security/authentication/identity-api-authorization。

现在，我们就准备好创建用户了。

8. 改进 SeedController

要从头创建一个新用户，最好在 SeedController 中创建，它实现了第 4 章建立的 Seed 机制；但是，这个过程需要用到.NET Core Identity API，为与之交互，我们需要使用 DI 注入它们，就像对 ApplicationDbContext 所做的那样。

9. 通过 DI 添加 RoleManager 和 UserManager

在 Solution Explorer 中，打开 WorldCities 项目的/Controllers/SeedController.cs 文件，按照如下所示更新其内容(已经突出显示了新的/更新的行):

```
using Microsoft.AspNetCore.Identity;

// ...existing code...

public class SeedController : ControllerBase
{
    private readonly ApplicationDbContext _context;
    private readonly RoleManager<IdentityRole> _roleManager;
    private readonly UserManager<ApplicationUser> _userManager;
    private readonly IWebHostEnvironment _env;

    public SeedController(
        ApplicationDbContext context,
        RoleManager<IdentityRole> roleManager,
        UserManager<ApplicationUser> userManager,
        IWebHostEnvironment env)
    {
        _context = context;
        _roleManager = roleManager;
        _userManager = userManager;
        _env = env;
    }

// ...existing code...
```

可以看到，我们添加了前面提到的 RoleManager<TRole>和 UserManager<TUser>提供者；这是使用 DI 实现的，就像第 4 章对 ApplicationDbContext 和 IWebHostEnvironment 所做的那样。稍后，我们将看到如何使用这些新的提供者来创建用户和角色。

现在，我们在/Controllers/SeedController.cs 文件的末尾、现有的 Import()方法的下方定义下面的方法:

```
// ...existing code...

[HttpGet]
public async Task<ActionResult> CreateDefaultUsers()
{
    throw new NotImplementedException();
}

// ...existing code...
```

不同于前面的做法，我们并不会立即实现这个方法，而是借这个机会展示测试驱动的开发(Test-Driven Development，TDD)方法，这意味着首先创建一个(将会失败的)测试。

10. 定义 CreateDefaultUser()单元测试

在 Solution Explorer 中，在 WorldCities.Tests 项目下新建一个/SeedController_Tests.cs 文件，在其中添加如下所示的代码：

```
using IdentityServer4.EntityFramework.Options;
using Microsoft.AspNetCore.Hosting;
using Microsoft.AspNetCore.Identity;
using Microsoft.AspNetCore.Identity.EntityFrameworkCore;
using Microsoft.EntityFrameworkCore;
using Microsoft.Extensions.Logging;
using Microsoft.Extensions.Options;
using Moq;
using System;
using WorldCities.Controllers;
using WorldCities.Data;
using WorldCities.Data.Models;
using Xunit;

namespace WorldCities.Tests
{
    public class SeedController_Tests
    {
        /// <summary>
        /// Test the CreateDefaultUsers() method
        /// </summary>
        [Fact]
        public async void CreateDefaultUsers()
        {
#region Arrange
        // create the option instances required by the
        // ApplicationDbContext
        var options = new
        DbContextOptionsBuilder<ApplicationDbContext>()
            .UseInMemoryDatabase(databaseName: "WorldCities")
            .Options;
        var storeOptions = Options.Create(new
        OperationalStoreOptions());

        // create a IWebHost environment mock instance
        var mockEnv = new Mock<IWebHostEnvironment>().Object;

        // define the variables for the users we want to test
```

```
        ApplicationUser user_Admin = null;
        ApplicationUser user_User = null;
        ApplicationUser user_NotExisting = null;
        #endregion

        #region Act

        // create a ApplicationDbContext instance using the
        // in-memory DB
        using (var context = new ApplicationDbContext(options,
          storeOptions))
        {
            // create a RoleManager instance
            var roleStore = new RoleStore<IdentityRole>(context);
            var roleManager = new RoleManager<TIdentityRole>(
                roleStore,
                new IRoleValidator<TIdentityRole>[0],
                new UpperInvariantLookupNormalizer(),
                new Mock<IdentityErrorDescriber>().Object,
                new Mock<ILogger<RoleManager<TIdentityRole>>>(
                ).Object);
            // create a UserManager instance
            var userStore = new
            UserStore<ApplicationUser>(context);
            var userManager = new UserManager<TIDentityUser>(
                userStore,
                new Mock<IOptions<IdentityOptions>>().Object,
                new Mock<IPasswordHasher<TIDentityUser>>().Object,
                new IUserValidator<TIDentityUser>[0],
                new IPasswordValidator<TIDentityUser>[0],
                new UpperInvariantLookupNormalizer(),
                new Mock<IdentityErrorDescriber>().Object,
                new Mock<IServiceProvider>().Object,
                new Mock<ILogger<UserManager<TIDentityUser>>>(
                ).Object);
            // create a SeedController instance
            var controller = new SeedController(
                context,
                roleManager,
                userManager,
                mockEnv
                );

            // execute the SeedController's CreateDefaultUsers()
            // method to create the default users (and roles)
            await controller.CreateDefaultUsers();

            // retrieve the users
            user_Admin = await userManager.FindByEmailAsync(
              "admin@email.com");
            user_User = await userManager.FindByEmailAsync(
              "user@email.com");
            user_NotExisting = await userManager.FindByEmailAsync(
              "notexisting@email.com");
        }
        #endregion
```

```
        #region Assert
        Assert.True(
            user_Admin != null
            && user_User != null
            && user_NotExisting == null
            );
        #endregion
    }
  }
}
```

可以看到，我们创建了 RoleManager 和 UserManager 提供者的真正实例(而不是模拟)，这是因为我们需要使用它们，对在 ApplicationDbContext 的选项中定义的内存数据库实际执行一些读写操作；这意味着这些提供者将真正执行它们的工作，但所有操作都发生在内存数据库，而不是 SQL Server 数据源上。对于我们的测试来说，这是一种理想场景。

与此同时，我们仍然充分利用了 Moq 包库来创建许多模拟，用来模拟实例化 RoleManager 和 UserManager 所需的许多参数。好在，其中大部分都是内部对象，执行目前的测试并不需要用到它们；对于需要用到的对象，必须创建它们的真正实例。

 提示　例如，对于这两个提供者，必须创建 UpperInvariantLookupNormalizer(它实现了 ILookupNormalizer 接口)的一个真正实例，因为 RoleManager 和 UserManager 都在内部使用这个实例，RoleManager 将其用于查找现有的角色，而 UserManager 将其用于查找现有的用户名；如果只是创建模拟，则在执行测试的过程中，会发生许多运行时错误。

将 RoleManager 和 UserManager 生成逻辑移到一个单独的帮助类中会很有用，这将使我们能把这些逻辑用到其他测试中，而不必每次重复编写代码。

在 Solution Explorer 中，在 WorldCities.Tests 项目下新建一个 IdentityHelper.cs 文件，然后在其中添加下面的代码：

```
using Microsoft.AspNetCore.Identity;
using Microsoft.Extensions.Logging;
using Microsoft.Extensions.Options;
using Moq;
using System;
using System.Collections.Generic;
using System.Text;

namespace WorldCities.Tests
{
    public static class IdentityHelper
    {
      public static RoleManager<TIdentityRole>
        GetRoleManager<TIdentityRole>(
          IRoleStore<TIdentityRole> roleStore) where TIdentityRole :
            IdentityRole
      {
        return new RoleManager<TIdentityRole>(
                roleStore,
                new IRoleValidator<TIdentityRole>[0],
                new UpperInvariantLookupNormalizer(),
                new Mock<IdentityErrorDescriber>().Object,
```

```
            new Mock<ILogger<RoleManager<TIdentityRole>>>(
            ).Object);
    }

    public static UserManager<TIDentityUser>
      GetUserManager<TIDentityUser>(
         IUserStore<TIDentityUser> userStore) where TIDentityUser :
      IdentityUser
{
    return new UserManager<TIDentityUser>(
            userStore,
            new Mock<IOptions<IdentityOptions>>().Object,
            new Mock<IPasswordHasher<TIDentityUser>>().Object,
            new IUserValidator<TIDentityUser>[0],
            new IPasswordValidator<TIDentityUser>[0],
            new UpperInvariantLookupNormalizer(),
            new Mock<IdentityErrorDescriber>().Object,
            new Mock<IServiceProvider>().Object,
            new Mock<ILogger<UserManager<TIDentityUser>>>(
            ).Object);
    }
  }
}
```

可以看到，我们创建了两个方法，分别是 GetRoleManager 和 GetUserManager，可以用它们为其他测试创建这两个提供者。

现在，按照如下所示的方式修改 SeedController 的代码，可以在其中调用这两个方法(已经突出显示了更新的行)：

```
// ...existing code...

// create a RoleManager instance
var roleManager = IdentityHelper.GetRoleManager(
    new RoleStore<IdentityRole>(context));

// create a UserManager instance
var userManager = IdentityHelper.GetUserManager(
    new UserStore<ApplicationUser>(context));

// ...existing code...
```

现在，就准备好了单元测试，只需要执行测试来看到它失败的情形。

为此，在 Solution Explorer 中右击 WorldCities.Test 节点，然后选择 Run Tests。

 提示 或者，可切换到 Test Explorer 窗口，使用最上面的按钮来运行测试。

如果一切正确，则应该能够看到 CreateDefaultUsers()测试失败，如图 10-3 所示。

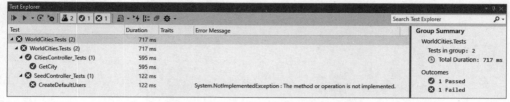

图 10-3　测试失败

现在，我们只需要实现 SeedController 的 CreateDefaultUsers()方法来使前面的测试通过。

11. 实现 CreateDefaultUsers()方法

在/Controllers/SeedController.cs 文件的末尾、现有的 Import()方法的下方添加下面的方法：

```
// ...existing code...

[HttpGet]
public async Task<ActionResult> CreateDefaultUsers()
{
    // setup the default role names
    string role_RegisteredUser = "RegisteredUser";
    string role_Administrator = "Administrator";

    // create the default roles (if they doesn't exist yet)
    if (await _roleManager.FindByNameAsync(role_RegisteredUser) ==
     null)
        await _roleManager.CreateAsync(new
            IdentityRole(role_RegisteredUser));

    if (await _roleManager.FindByNameAsync(role_Administrator) ==
    null)
      await _roleManager.CreateAsync(new
          IdentityRole(role_Administrator));

    // create a list to track the newly added users
    var addedUserList = new List<ApplicationUser>();

    // check if the admin user already exist
    var email_Admin = "admin@email.com";
    if (await _userManager.FindByNameAsync(email_Admin) == null)
    {

        // create a new admin ApplicationUser account
        var user_Admin = new ApplicationUser()
        {
            SecurityStamp = Guid.NewGuid().ToString(),
            UserName = email_Admin,
            Email = email_Admin,
        };

        // insert the admin user into the DB
        await _userManager.CreateAsync(user_Admin, "MySecr3t$");

        // assign the "RegisteredUser" and "Administrator" roles
        await _userManager.AddToRoleAsync(user_Admin,
```

```
    role_RegisteredUser);
await _userManager.AddToRoleAsync(user_Admin,
  role_Administrator);

// confirm the e-mail and remove lockout
user_Admin.EmailConfirmed = true;
user_Admin.LockoutEnabled = false;

// add the admin user to the added users list
addedUserList.Add(user_Admin);
}

// check if the standard user already exist
var email_User = "user@email.com";
if (await _userManager.FindByNameAsync(email_User) == null)
{
    // create a new standard ApplicationUser account
    var user_User = new ApplicationUser()
    {
        SecurityStamp = Guid.NewGuid().ToString(),
        UserName = email_User,
        Email = email_User
    };

    // insert the standard user into the DB
    await _userManager.CreateAsync(user_User, "MySecr3t$");

    // assign the "RegisteredUser" role
    await _userManager.AddToRoleAsync(user_User,
    role_RegisteredUser);

    // confirm the e-mail and remove lockout
    user_User.EmailConfirmed = true;
    user_User.LockoutEnabled = false;

    // add the standard user to the added users list
    addedUserList.Add(user_User);
}

// if we added at least one user, persist the changes into the DB
if (addedUserList.Count > 0)
    await _context.SaveChangesAsync();

return new JsonResult(new
{
    Count = addedUserList.Count,
    Users = addedUserList
});
}

// ...existing code...
```

这段代码的含义十分浅显，并且有许多注释解释了各个步骤，但下面还是总结一下这段代码执行的操作。

- 首先定义了一些默认的角色名称(RegisteredUser 表示标准的注册用户,Administrator 表示管理员用户)。
- 创建了逻辑来检查这些角色是否已经存在。如果不存在,就创建它们。正如预期,这两个任务都是使用 RoleManager 执行的。
- 定义了一个用户列表局部变量来跟踪新添加的用户,以便可以在操作方法末尾返回的 JSON 对象中把它输出给用户。
- 创建了逻辑来检查是否已经存在用户名为 admin@email.com 的用户;如果没有,就创建该用户,并分配给 RegisteredUser 和 Administrator 角色,因为这既是一个标准的用户,也是应用程序的管理员账户。
- 创建了逻辑来检查是否已经存在用户名为 user@email.com 的用户;如果没有,就创建该用户,并分配给 RegisteredUser 角色。
- 在操作方法末尾,配置将返回给调用者的 JSON 对象;该对象包含已添加用户的计数以及包含这些用户的一个列表,它将被序列化为一个显示实体值的 JSON 对象。

提示　刚刚实现的 Administrator 和 RegisteredUser 角色将作为授权机制的核心;我们的所有用户将被分配给其中至少一个角色。注意,刚才把它们都分配给 Admin 用户,使其能执行标准用户能够执行的所有操作以及其他一些操作;其他所有用户则只有 RegisteredUser 角色,所以无法执行管理任务。

在继续介绍后面的内容之前,需要注意的是,我们为 Email 和 UserName 字段都使用了用户的电子邮件地址。这是有意而为,因为在 ASP.NET Core Identity 系统中,这两个字段在默认情况下是可互换使用的;每当我们使用默认 API 添加一个用户时,提供的 Email 也将被自动保存到 UserName 字段中,即使它们在 AspNetUsers 数据库表中是两个不同的字段。虽然可以修改这种行为,但我们将采用默认设置,从而不必在整个 ASP.NET Core Identity 系统中修改它们。

12. 重新运行单元测试

实现了测试后,可以重新运行 CreateDefaultUsers()测试,看其是否能够通过。同样,在 Solution Explorer 中右击 WorldCities.Tests 根节点,然后选择 Run Tests,或者使用 Test Explorer 窗格中的按钮来执行测试。

如果一切正确,应该看到如图 10-4 所示的结果。

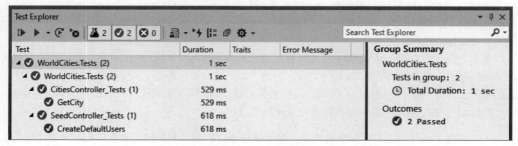

图 10-4　显示的结果

现在,我们就完成了对项目类的更新。

13. 异步任务、await 和死锁简介

查看前面的 CreateDefaultUsers()方法可知,ASP.NET Core Identity 系统 API 的所有相关方法都是

异步的，意味着它们返回一个异步任务，而不是返回一个给定值。因为我们需要一个接一个地执行这些任务，所以必须把 await 关键字添加到它们的前面。

下面从前面的代码中摘出了使用 await 的一个例子：

```
await _userManager.AddToRoleAsync(user_Admin, role_RegisteredUser);。
```

顾名思义，await 关键字等待异步任务完成后才继续操作。需要注意的是，这种表达式并不阻塞执行线程，而是导致编译器将其余 async 方法注册为被等待任务的后续任务，通过这种方式将线程控制权返回给调用者。最终，当任务完成后，会调用其第一个后续任务，从而在其之前离开的位置恢复 async 方法的执行。

 提示 这是为什么只能在 async 方法内使用 await 关键字的原因；事实上，前面的逻辑也要求调用者是 async，否则这种机制无法工作。

或者，也可以按照下面这种方式使用 Wait()方法：

```
_userManager.AddToRoleAsync(user_Admin, role_RegisteredUser).Wait();。
```

但是，我们并没有采用这种方法，这有很好的理由。await 关键字告诉编译器异步地等待异步任务完成，但无参数的 Wait()方法将阻塞线程，直到异步任务完成执行，因此在任务完成前，调用线程将无条件地一直等待。

为了更好地解释这种技术对.NET Core 应用程序的影响，需要花一点时间更好地理解异步任务的概念，因为它们是 ASP.NET Core TAP 模型的关键部分。

当在 ASP.NET 中使用同步方法调用异步任务时，首先应该知道的是，当顶层方法等待一个任务时，其当前的执行上下文在任务完成前将一直阻塞。除非该上下文只允许一次运行一个线程，否则这没有问题，但 AspNetSynchronizationContext 正属于一次只允许运行一个线程的情况。将前面这两点综合起来看，很容易知道，阻塞一个 async 方法(即返回一个异步任务的方法)将导致应用程序有很高的风险发生死锁。

从软件开发的角度看，死锁是一种很可怕的场景，每当一个进程或者线程进入无限等待状态(通常是由于它等待的资源正在被另一个处于等待状态的进程持有)时，就会发生死锁。在遗留的 ASP.NET Web 应用程序中，每当阻塞一个任务时就会面临死锁，因为该任务要想完成，需要与调用方法相同的执行上下文，而在任务完成前，该方法将一直阻塞执行上下文。

幸好，我们不是在使用遗留的 ASP.NET，而是在使用.NET Core，它已经把遗留的、基于 SynchronizationContext 的 ASP.NET 模式替换成一种没有上下文的方法，该方法建立在一个灵活的、能够对抗死锁的线程池之上。

基本上，这意味着使用 Wait()方法阻塞调用线程不再是那么严重的问题，因此，如果使用它来代替 await 关键字，方法仍然能够运行并完成。但是，如果这么做，将使用同步代码来执行异步操作，这通常被认为是一种不好的做法；而且，我们将失去异步编程带来的所有优点，如性能和可伸缩性。

考虑到所有这些原因，await 方法肯定是更好的方法。

 注意 关于 ASP.NET 中的线程、异步任务 await 和异步编程的更多信息，强烈建议阅读 Stephen Cleary 撰写的关于这些主题的出色文章，以理解在使用这些技术进行开发时，可能面临的一些最棘手、最复杂的场景。其中一些文章已经有些年头了，但它们并没有过时：
https://blog.stephencleary.com/2012/02/async-and-await.html
https://blogs.msdn.microsoft.com/pfxteam/2012/04/12/asyncawait-faq/
http://blog.stephencleary.com/2012/07/dont-block-on-async-code.html

https://msdn.microsoft.com/en-us/magazine/jj991977.aspx

https://blog.stephencleary.com/2017/03/aspnetcoresynchronization-context.html

另外，强烈建议阅读下面这篇出色的文章，它介绍了如何使用 async 和 await 进行异步编程：

https://docs.microsoft.com/en-us/dotnet/csharp/programmingguide/concepts/async/index。

10.4　更新数据库

现在，是时候利用第 4 章选择的代码优先方法来创建一个新的迁移，将对代码做出的修改反映到数据库中了。

本节将完成下面的操作：

- 使用 dotnet-ef 命令添加身份迁移，就像第 4 章所做的那样。
- 将迁移方式应用于数据库，这样能够更新数据库，而不必修改现有数据或者执行删除并重建数据库的操作。
- 使用前面实现的 SeedController 的 CreateDefaultUsers()方法对数据执行 seed 操作。

现在就动手实现。

10.4.1　添加身份迁移

首先要做的是向数据模型添加一个新的迁移，以反映我们通过扩展 ApplicationDbContext 类实现的修改。

为此，打开一个命令行或 PowerShell 提示符，进入 WorldCities 项目的根文件夹，并输入下面的命令：

```
dotnet ef migrations add "Identity" -o "Data\Migrations"
```

现在，项目中应该添加了一个新的迁移，如图 10-5 所示。

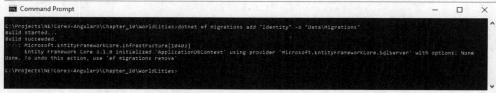

图 10-5　添加一个新的迁移

新的迁移文件将在\Data\Migrations\文件夹下自动生成。

> **提示**　如果在创建迁移时遇到问题，可以试着清空\Data\Migrations\文件夹，然后运行前面的 dotnet-ef 命令。
>
> 关于 EF Core 迁移的更多信息，以及如何解决相关的问题，请阅读下面的指南：
>
> https://docs.microsoft.com/en-us/ef/core/managing-schemas/migrations/。

10.4.2　应用迁移

接下来要做的是把新迁移应用到数据库。有两种方法可选：

- 更新现有数据模型架构，同时保留其全部数据。

● 删除并从头重新创建数据库。

事实上，EF Core 迁移功能的目的是提供一种方式来增量更新数据库架构，同时保留数据库中的现有数据，因此，我们将采用前一种方法。

> **提示** 在应用迁移前，执行一次完整数据库备份总是明智的做法。这条建议在生产环境中尤其重要。对于小型数据库，如 WorldCities 应用使用的那个数据库，备份操作只需要几秒钟。
>
> 关于如何对 SQL Server 数据库执行完整备份的更多信息，请阅读下面的指南：
> https://docs.microsoft.com/en-us/sql/relational-databases/backup-restore/create-a-full-database-backup-sql-server。

1. 更新现有数据模型

要对现有数据库架构应用迁移，同时不丢失现有数据，可在 WorldCities 项目的根文件夹中运行下面的命令：

```
dotnet ef database update
```

dotnet ef 工具将对 SQL 数据库架构应用必要的更新，并在控制台缓冲区中输出相关信息以及实际的 SQL 查询，如图 10-6 所示。

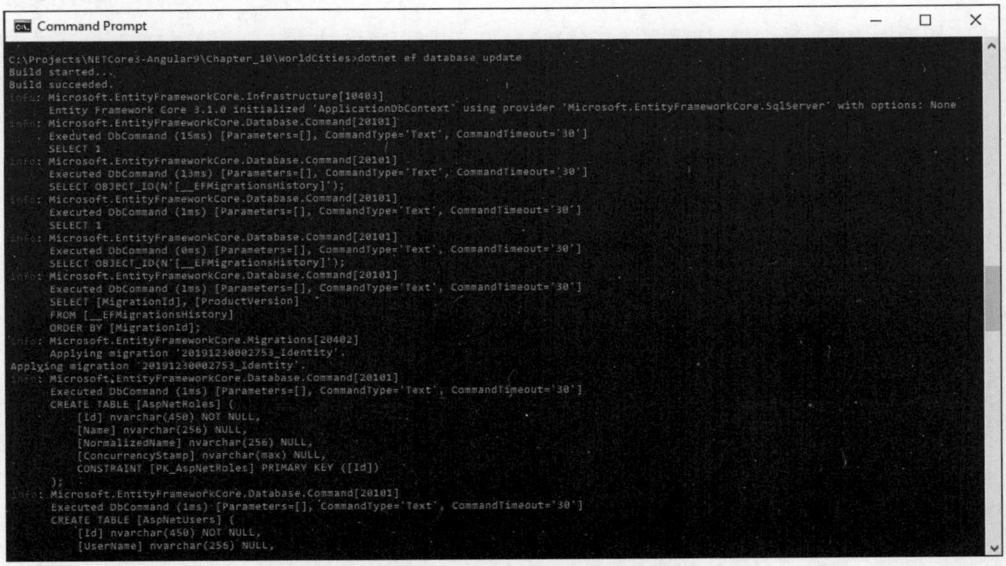

图 10-6 输出相关信息以及实际的 SQL 查询

当任务完成后，应该使用第 4 章安装的 SQL Server Management Studio 工具连接到数据库，并检查是否存在新的与身份相关的表。

如果一切正确，则应该能够看到新的身份表和现有的 Cities 及 Countries 表，如图 10-7 所示。

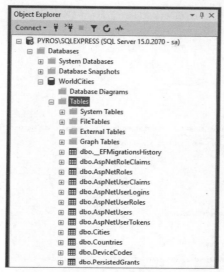

图 10-7　出现新的身份表

很容易猜到，这些表仍然是空的。要填充它们，需要运行 SeedController 的 CreateDefaultUsers() 方法，稍后将完成这项工作。

2. 删除并从头重新创建数据模型

为了完整起见，我们花一点时间来介绍如何从头重新创建数据模型和数据库架构(db schema)。不必说，如果选择这种方法，就会丢失现有的全部数据。但是，总是可以使用 SeedController 的 Import() 方法把数据重新加载回来，所以这不会是特别大的损失；事实上，我们只会丢失在 CRUD 测试时所做的工作。

虽然不推荐删除并重新创建数据库(尤其是，我们选择采用迁移模式就是为了避免这种场景)，但是，当我们失去了对迁移的控制时，删除并重新创建数据库是一种不错的方法，但前提是我们已经完全备份了数据，并且最重要的是，知道如何在重新创建数据库后恢复所有数据。

 提示　虽然这看起来是解决问题的一种糟糕的方法，但其实并不是这样；我们仍然处在开发阶段，所以肯定能够承担得起完全刷新数据库的操作造成的影响。

如果选择了这种方法，则应该使用下面的 dotnet ef 控制台命令：

```
> dotnet ef database drop
> dotnet ef database update
```

drop 命令会提示一个 Y/N 确认消息，此时按 Y 键使其继续操作。当删除和更新任务完成后，可以在调试模式下运行项目，并调用 SeedController 的 Import() 方法。之后，就更新了数据库，使其支持 ASP.NET Core Identity。

10.4.3　对数据执行 seed 操作

无论选择使用哪种方法更新数据库，现在都需要重新填充数据库的数据。

按 F5 键，在调试模式下运行项目，然后在浏览器的地址栏中手动输入下面的 URL：

```
https://localhost:44334/api/Seed/CreateDefaultUsers
```

然后，让 SeedController 的 CreateDefaultUsers()方法完成其工作。

完成后，应该会看到如图 10-8 所示的 JSON 响应。

```
{
  "count": 2,
  "users": [
    {
      "id": "70577f19-4693-46ef-9b24-ce2bdadd72e8",
      "userName": "Admin",
      "normalizedUserName": "ADMIN",
      "email": "admin@email.com",
      "normalizedEmail": "ADMIN@EMAIL.COM",
      "emailConfirmed": true,
      "passwordHash": "AQAAAAEAACcQAAAAEMhZn6CBJPMV4EWS6JNJZ7YUKPUamsY5P10yEsti1maWUzIuaXthrbIYdD7nDBcBGQ==",
      "securityStamp": "IEUDIIDXUGXZCLIWKEM5552HGZ3FTDRC",
      "concurrencyStamp": "138d5351-07e1-4222-9cb1-f559d77abf95",
      "phoneNumber": null,
      "phoneNumberConfirmed": false,
      "twoFactorEnabled": false,
      "lockoutEnd": null,
      "lockoutEnabled": false,
      "accessFailedCount": 0
    },
    {
      "id": "f0fa0aca-8be6-4b98-8048-f6257e30b7db",
      "userName": "User",
      "normalizedUserName": "USER",
      "email": "user@email.com",
      "normalizedEmail": "USER@EMAIL.COM",
      "emailConfirmed": true,
      "passwordHash": "AQAAAAEAACcQAAAAEOwRqSqOSWJbN9JlV8eZT3A0W4N\u002B\u002BnieSeoFBAVFl\u002BrBPDpa/pJXU\u002BsJvGh1Xjkl9A==",
      "securityStamp": "7C5FZHLOUSUNTSE554TZG3F52VSEYNQW",
      "concurrencyStamp": "cae3053d-f118-43ac-ac61-f33ac9b0f14c",
      "phoneNumber": null,
      "phoneNumberConfirmed": false,
      "twoFactorEnabled": false,
      "lockoutEnd": null,
      "lockoutEnabled": false,
      "accessFailedCount": 0
    }
  ]
}
```

图 10-8　JSON 响应

输出告诉我们，已经创建了前两个用户，并把用户存储到数据模型中。但是，通过使用 SQL Server Management Studio 工具连接到数据库，并查看 dbo.AspNetUsers 表(如图 10-9 所示)，可以确认这一点。

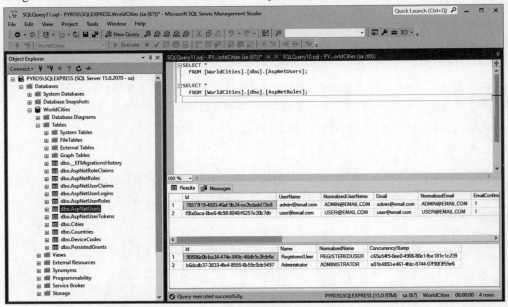

图 10-9　进行确认

可以看到，我们使用了下面的 T-SQL 查询来检查现有的用户和角色：

```
SELECT *
  FROM [WorldCities].[dbo].[AspNetUsers];

SELECT *
  FROM [WorldCities].[dbo].[AspNetRoles];
```

现在，我们的 ASP.NET Core Identity 系统实现已经成功运行，并且与数据模型集成了起来，接下来需要在控制器中实现它，并把它连接到 Angular 客户端应用。

10.5　身份验证方法

现在，我们已经更新了数据库，使其支持 ASP.NET Core Identity 身份验证工作流和模式，接下来需要花一些时间来选择采用哪种身份验证方法；具体来说，因为我们已经实现了 .NET Core IdentityServer，所以需要恰当地理解它为 SPA 提供的默认身份验证方法(JWT 令牌)是否足够安全，或者是否应该将其改为另外一种更安全的机制。

我们知道，HTTP 协议是无状态的，这意味着无论在请求/响应周期中做了什么，在后面的请求中都会丢失，包括身份验证的结果。要克服这种限制，唯一的方法是把身份验证的结果及其所有相关数据(如用户 ID、登录日期/时间和上次请求的时间)存储到某个位置。

10.5.1　会话

从几年前开始，最常用的、也是一种传统的方法是使用基于内存的、基于磁盘的或者外部的会话管理器，将这些数据存储到服务器上。每个会话可使用一个唯一 ID 来获取，这个唯一 ID 是客户端在身份验证响应中收到的，通常保存在一个会话 cookie 中，并在后续的每个请求中发送给服务器。

图 10-10 简要显示了基于会话的身份验证流程。

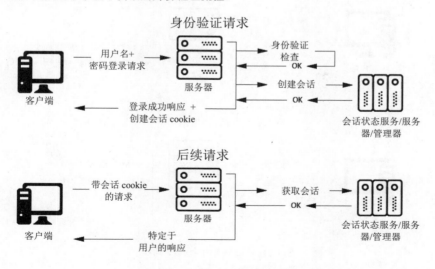

图 10-10　基于会话的身份验证流程

这仍然是大部分 Web 应用程序都采用的一种常用技术。只要能够接受这种方法的公认缺点，那么使用这种方法并没有问题。下面列出这种方法的一些缺点。

- 内存问题：当存在许多通过身份验证的用户时，Web 服务器将使用越来越多的内存。即使我们使用基于文件的或者外部的会话提供者，仍然会存在严重的 I/O、TCP 或套接字开销。
- 可伸缩性问题：在一个可扩展的架构(IIS Web 农场、负载均衡集群等)中复制会话提供者并不容易，常导致瓶颈或者资源浪费。
- 跨域问题：会话 cookie 的行为与标准 cookie 相同，所以很难在不同的源/域之间共享。通过一些间接方法，通常能够解决这类问题，但常导致不安全的场景。
- 安全问题：关于与会话和会话 cookie 有关的安全问题，如 XSS 攻击、跨站请求伪造以及其他许多这里未讨论的威胁，有大量的文献进行了详细阐述。通过使用一些防范措施，可以减轻其中的许多威胁，但对于初级开发人员/新手，这些仍然是难以处理的问题。

随着这些问题不断浮现，许多分析师和开发人员投入大量精力来寻找其他方法，也就不足为奇了。

10.5.2　令牌

在过去几年间，单页面应用(SPA)和移动应用越来越多地采用了基于令牌的身份验证，这有许多很好的理由，接下来将进行解释。

基于会话的身份验证和基于令牌的身份验证之间最重要的区别是，后者是无状态的，这意味着我们不会在服务器内存、数据库、会话提供者或其他数据容器中存储任何用户特定的信息。

这一点已经解决了前面指出的基于会话的身份验证的大部分缺点。因为没有会话，所以不会有不断增加的开销；没有会话提供者，所以伸缩变得更加简单。另外，对于支持 LocalStorage 的浏览器，甚至不会使用 cookie，所以不会被跨域限制策略阻挡，并且可能避开大部分安全问题。

图 10-11 显示了一个典型的基于令牌的身份验证流程。

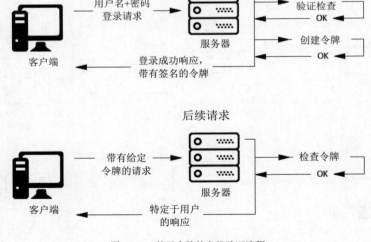

图 10-11　基于令牌的身份验证流程

从客户端与服务器交互的角度看，这些步骤似乎与基于会话的身份验证流程图没有太大区别；唯一的区别显然是，我们将发出并检查令牌，而不是创建并获取会话。真正重要的操作发生在服务器端。

我们能够立即看到，基于令牌的身份验证流程不依赖于有状态的会话状态服务器、服务或管理器。这会带来性能和可伸缩性方面的巨大提升。

10.5.3　签名

大部分现代的、基于 API 的云计算和存储服务使用了这种方法，包括 Amazon Web Services(AWS)。相比之下，基于会话的和基于令牌的方法都依赖于一个传输层，所以理论上可能被第三方攻击者访问或攻击，而基于签名的身份验证则使用之前分享的一个私钥，对整个请求进行哈希。这确保了入侵者或中间人无法扮作发出请求的用户，因为它们无法对请求进行签名。

10.5.4　双因子

这是大部分银行和金融机构使用的标准身份验证方法，可能也是最安全的方法。

具体实现可能存在区别，但其基本工作流几乎总是如下所示：

- 用户使用用户名和密码进行标准登录。
- 服务器识别出来用户，并向他们发送一个额外的、特定于用户的请求，只有通过另外一个渠道获得特定信息后才能满足这个请求，例如 SMS 发送的 OTP 密码、包含多个授权码的唯一身份卡、由专有设备或移动应用生成的动态 PIN 等。
- 如果用户给出了正确的回答，就使用标准的、基于会话的或基于令牌的方法来验证他们。

ASP.NET Core 自 1.0 版本以来就支持双因子验证(Two-Factor Authentication，2FA)，并在该版本中使用了 SMS 验证(SMS 2FA)来实现；但是，从 ASP.NET Core 2 开始，SMS 2FA 方法被基于时间的一次性密码(Time-based One-time Password，TOTP)算法取代，后者成为在 Web 应用程序中实现 2FA 的业界推荐方法。

 　注意　关于 SMS 2FA 的更多信息，请访问下面的 URL：
https://docs.microsoft.com/en-us/aspnet/core/security/authentication/2fa。
关于 TOTP 2FA 的更多信息，请访问下面的 URL：
https://docs.microsoft.com/en-us/aspnet/core/security/authentication/identity-enable-qrcodes。

10.5.5　结论

在介绍了所有这些身份验证方法后，可以肯定地说，对于我们的具体场景，IdentityServer 提供的基于令牌的身份验证方法似乎是很好的选择。

我们当前的实现基于 JSON Web Token(JWT)，这是一种基于 JSON 的开放标准，专门为原生 Web 应用程序设计，支持多种语言，如.NET、Python、Java、PHP、Ruby、JavaScript/NodeJS 和 PERL。之所以选择它，是因为它得到了大部分技术的原生支持，正在成为令牌身份验证的事实标准。

 　注意　关于 JSON Web Token 的更多信息，请访问下面的 URL：
https://jwt.io/。

10.6　在 Angular 中实现身份验证

为了处理基于 JWT 的令牌身份验证，需要设置 ASP.NET 后端和 Angular 前端来处理所有必要的任务。

在前面的小节中,我们花了大量时间来配置.NET Core Identity 服务和 IdentityServer,这意味着我们已经完成了一半工作;事实上,服务器端任务已经几乎都完成了。另一方面,我们还没有在前端做任何工作:在上一节创建的两个示例用户(admin@email.com 和 user@email.com)还没有办法登录,也没有一个注册表单可用来创建新用户。

不过,有一个好消息:我们用来创建应用的 Visual Studio Angular 模板内置了对刚刚添加到后端的身份验证/授权 API 的支持,而且这种支持的工作效果非常好。

但是,也有一些坏消息:因为我们在创建项目时,选择不添加任何身份验证方法,所以在 Angular 应用中已经排除了本来能够处理这项工作的所有 Angular 模块、组件、服务、拦截器和测试;由于做了这个选择,当第 2 章开始探索预置的 Angular 应用时,只能使用 counter 和 fetch-data 组件。

事实上,我们选择排除授权组件,是有原因的:当时只是把该模板作为一个示例应用程序,用来了解 Angular 的结构,所以不想看到所有身份验证和授权功能,否则学习过程将变得更加复杂。

好在,很容易在当前的 WorldCities 项目中获取和实现被排除掉的这些类。本节就来完成这些工作。

具体来说,我们将要完成的工作如下所示:

- 创建一个新的.NET Core 和 Angular 项目,并把它作为一个代码存储库,用来复制与身份验证和授权相关的 Angular 类;新项目将被命名为 AuthSample。
- 探索 Angular 授权 API 来了解它们的工作方式。
- 在 AuthSample 项目中测试前述 API 提供的登录和注册表单。

到本节结束时,借助 AuthSampe 应用中提供的前端授权 API,我们将能够注册新用户和使用现有用户登录。

10.6.1　创建 AuthSample 项目

首先要做的是创建一个新的.NET Core 和 Angular Web 应用程序项目。事实上,这是我们第三次创建这种项目:第 1 章创建了 HealthCheck 项目,第 3 章创建了 WorldCities 项目。因此,我们应该基本上知道要执行什么操作。

第三个项目将被命名为 AuthSample;但是,创建这个项目所需要完成的工作与上一次有所区别,但肯定更加简单:

(1) 使用 dotnet new angular -o AuthSample -au Individual 命令创建一个新项目。

(2) 编辑/ClientApp/package.json 文件,将现有的 npm 包版本更新到与 HealthCheck 和 WorldCities Angular 应用中使用的版本相同(参见第 2 章来了解细节)。

可以看到,这一次添加了-au 开关(--auth 的简写),这将包含前面在创建 HealthCheck 和 WorldCities 项目时排除掉的所有与身份验证和授权相关的类。此外,除了更新 npm 包版本外,不需要删除或更新任何东西,因为内置的 Angular 组件以及后端类和库足够用来探索这些与身份验证和授权相关的代码。

解决 AuthSample 项目的问题

更新 npm 包之后,首先需要在调试模式下启动项目,确保主页正常工作(如图 10-12 所示)。

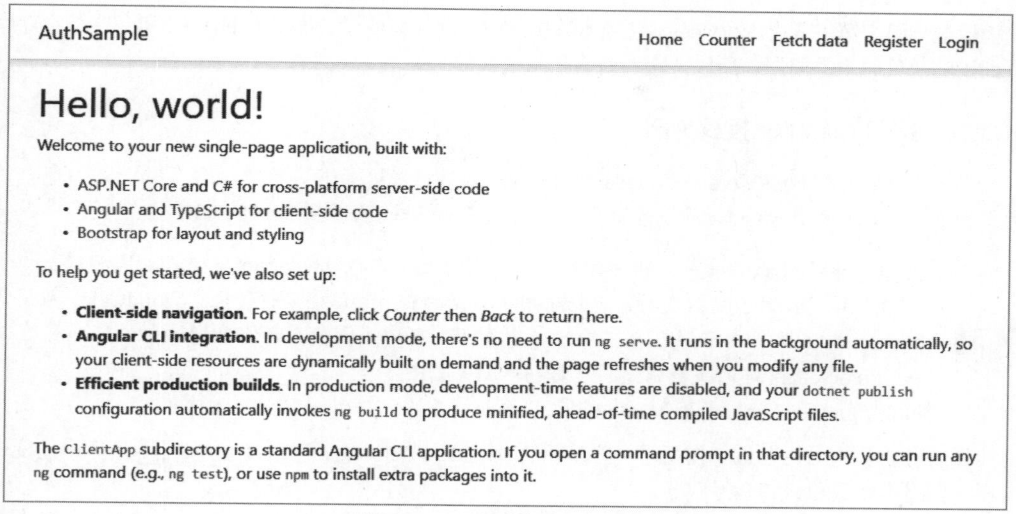

図 10-12　在调试模式下启动项目

如果遇到包冲突、JavaScript 错误或其他与 npm 相关的问题，可以在/ClientApp/文件夹下执行下面的 npm 命令，以更新全部 npm 包并验证包缓存：

```
> npm install
> npm cache verify
```

如图 10-13 所示。

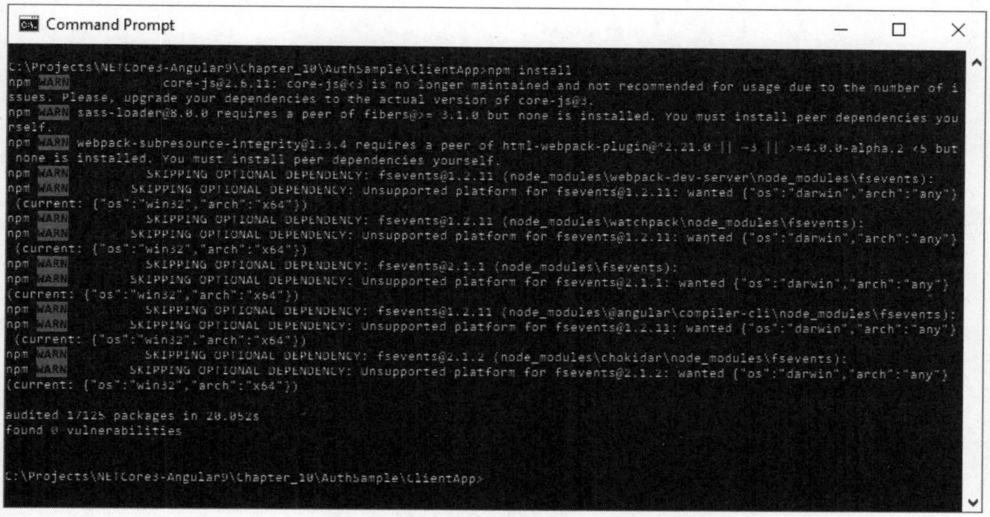

図 10-13　执行命令

虽然在更新了磁盘上的 package.json 文件后，Visual Studio 应该自动更新 npm 包，但有些时候，自动更新过程不能正常工作。出现这种情况时，在命令行手动执行前面的 npm 命令是修复这类问题的一种便捷方法。

如果遇到后端运行时错误，可对照前面章节和本章中做的工作简单检查.NET 代码，并修复任何与模板源代码、第三方引用、NuGet 包版本等相关的问题。与前面一样,本书在 GitHub 中的存储库有助于解决代码中的问题,所以一定要看看那里的代码!

10.6.2 探索 Angular 授权 API

本节将深入介绍.NET Core 和 Angular Visual Studio 项目模板提供的授权 API:这是一组功能,依赖于 oidc-client 库来使 Angular 应用能够与 ASP.NET Core Identity 系统提供的 URI 端点交互。

注意 oidc-client 库是一种开源解决方案,基于浏览器的 JavaScript 客户端应用程序提供了 OIDC 和 OAuth2 协议支持,包括对用户会话的支持和访问令牌管理。WorldCities 应用的 package.json 文件中已经包含它的 npm 包引用,所以不需要手动添加。

关于 oidc-client 库的更多信息,可访问下面的 URL:

https://github.com/IdentityModel/oidc-client-js。

我们将会看到,这些 API 使用了一些重要的 Angular 功能来处理 HTTP 请求/响应周期中的授权流程,如路由守卫和 HTTP 拦截器。

我们首先快速概览新的 AuthSample 项目中的 Angular 应用。如果查看/ClientApp/目录中的各个文件和文件夹,就能够立即发现,我们要处理的应用与第 2 章中删减之前的示例应用是相同的。

但是,有一个文件夹是当时不存在的:/ClientApp/src/app/api-authorization/文件夹,其中基本上包含了当时排除掉的功能,即.NET Core Identity API 和 IdentityServer 的挂钩点的 Angular 前端实现。

该文件夹中包含许多值得注意的文件和子文件夹,如图 10-14 所示。

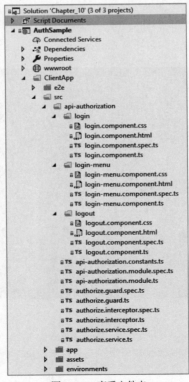

图 10-14 查看文件夹

根据我们学到的关于 Angular 架构的知识，很容易理解其中每个文件或文件夹的主要作用：

- 前 3 个子文件夹(/login/、/login-menu/和/logout/)包含 3 个组件，每个组件都有自己的 TypeScript 类、HTML 模板、CSS 文件和测试套件。
- api-authorization.constants.ts 文件包含许多公共接口和常量，供其他类引用和使用。
- api-authorization.module.ts 文件是一个 NgModule，即它是授权 API 公共功能集的一个容器，就像第 5 章在 WorldCities 应用中创建的 AngularMaterialModule 一样。如果打开该文件，会看到它包含一些特定于授权的路由规则。
- authorize.guard.ts 文件引入了路由守卫的概念，这是我们还没有学到的一个概念，稍后将会详细介绍。
- authorize.interceptor.ts 文件实现了一个 HTTP 拦截器类，这是另外一种我们还不了解的机制，稍后将会详细介绍。
- authorize.service.ts 文件包含将会处理所有 HTTP 请求和响应的数据服务；第 7 章介绍了它们的作用和工作方式，并为 WorldCities 应用实现了 CityService 和 CountryService。

我们还没有介绍各个.spec.ts 文件。根据第 9 章的介绍，我们知道它们是同名类文件的测试单元。

1. 路由守卫

第 2 章介绍过，Angular 路由器是一种服务，允许用户在应用的各个视图间导航；每个视图会更新前端，并(可能)调用后端来获取内容。

思考一下会发现，Angular 路由器是与 ASP.NET Core 的路由接口对应的前端功能，而 ASP.NET Core 的路由接口负责把请求 URI 映射到后端端点，并把入站请求分配给那些端点。因为这些模块具有相同的行为，所以也具有类似的需求，当我们为应用实现身份验证和授权机制时必须处理好这些需求。

在前面的章节中，我们在后端和前端定义了许多路由，使用户能够访问我们实现的各种 ASP.NET Core 动作方法和 Angular 视图。思考一下可知，这些路由具有一个共同特征：任何人都可以访问它们。换句话说，任何用户都可以自由访问 Web 应用程序的任何功能：他们可以编辑城市和国家/地区，与 SeedController 进行交互来执行数据库 seed 任务等。

不必说，虽然这种行为在开发环境中可以接受，但在任何生产环境中都不是期望的行为。当应用上线后，我们肯定想保护其中的一些路由，把它们限制为只能被获得授权的用户访问；换句话说，我们想要守卫它们。

路由守卫是恰当实施这种需求的一种机制；可以把它们添加到路由配置中，以返回一些值来按照如下方式控制路由器的行为：

- 如果路由守卫返回 true，则导航过程继续。
- 如果返回 false，则导航过程结束。
- 如果返回一个 UrlTree，则取消导航过程，并将其替换为一个指向给定 UrlTree 的新导航。

2. 可用的守卫

下面列出了目前在 Angular 中可用的路由守卫。

- CanActivate：处理导航到给定路由的情况。
- CanActivateChild：处理导航到给定子路由的情况。
- CanDeactivate：处理从当前路由离开的情况。
- Resolve：在激活路由前执行一些操作(如自定义的数据获取任务)。
- CanLoad：处理导航到给定异步模块的情况。

其中每个路由守卫都可通过一个作为公共接口的超类来使用。每当想创建自己的守卫时，只需要扩展对应的超类并实现相关方法即可。

任何路由都可以配置有多个守卫。首先将检查 CanDeactivate 和 CanActivateChild 守卫，从最深的子路由一直检查到顶层路由；然后，路由器将从上至下检查 CanActivate 守卫，一直检查到最深的子路由；之后，将检查 CanLoad 路由来查找异步模块。如果其中任何守卫返回 false，则将会定制导航，并取消所有待处理的守卫。

现在来看看/ClientApp/src/apiauthorization/authorize.guard.ts 文件，了解 AuthSample Angular 应用中的前端授权 API 实现了哪些路由守卫(已经突出显示了相关的行):

```ts
import { Injectable } from '@angular/core';
import { CanActivate, ActivatedRouteSnapshot, RouterStateSnapshot,
Router } from '@angular/router';
import { Observable } from 'rxjs';
import { AuthorizeService } from './authorize.service';
import { tap } from 'rxjs/operators';
import { ApplicationPaths, QueryParameterNames } from
  './api-authorization.constants';

@Injectable({
  providedIn: 'root'
})
export class AuthorizeGuard implements CanActivate {
  constructor(private authorize: AuthorizeService, private router:
    Router) {
  }
  canActivate(
    _next: ActivatedRouteSnapshot,
    state: RouterStateSnapshot): Observable<boolean> |
    Promise<boolean> | boolean {
      return this.authorize.isAuthenticated()
        .pipe(tap(isAuthenticated =>
        this.handleAuthorization(isAuthenticated, state)));
  }
  private handleAuthorization(isAuthenticated: boolean, state:
    RouterStateSnapshot) {
    if (!isAuthenticated) {
      this.router.navigate(ApplicationPaths.LoginPathComponents, {
        queryParams: {
          [QueryParameterNames.ReturnUrl]: state.url
        }
      });
    }
  }
}
```

可以看到，我们处理了一个扩展 CanActivate 接口的守卫。正如授权 API 应该做的那样，该守卫检查 AuthorizeService(通过 DI 注入到构造函数)的 isAuthenticated()方法，并基于其结果允许或阻止导航，所以它的名字叫做 AuthorizeGuard 也就不奇怪了。

　　创建路由守卫后，可以在路由配置内把守卫绑定到各个路由，路由配置为每个守卫类型提供了一个属性；在 AuthSampe 应用的/ClientApp/src/app/app.module.ts 文件中，也就是配置主路由的地方，很容易看到守卫的路由：

```
// ...

RouterModule.forRoot([
    { path: '', component: HomeComponent, pathMatch: 'full' },
    { path: 'counter', component: CounterComponent },
    { path: 'fetch-data', component: FetchDataComponent, canActivate:
        [AuthorizeGuard] },
  ])

// ...
```

　　这意味着 fetch-data 视图，也就是使用户能访问 FecthDataComponent 的视图，只能被通过身份验证的用户激活。我们来快速试一下，看它能否按照期望的那样工作。

　　按 F5 键，在调试模式下运行 AuthSample，然后单击右上角的对应链接，试着导航到 Fetch Data 视图。因为我们不是通过身份验证的用户，所以应该会被重定向到 Log in 视图，如图 10-15 所示。

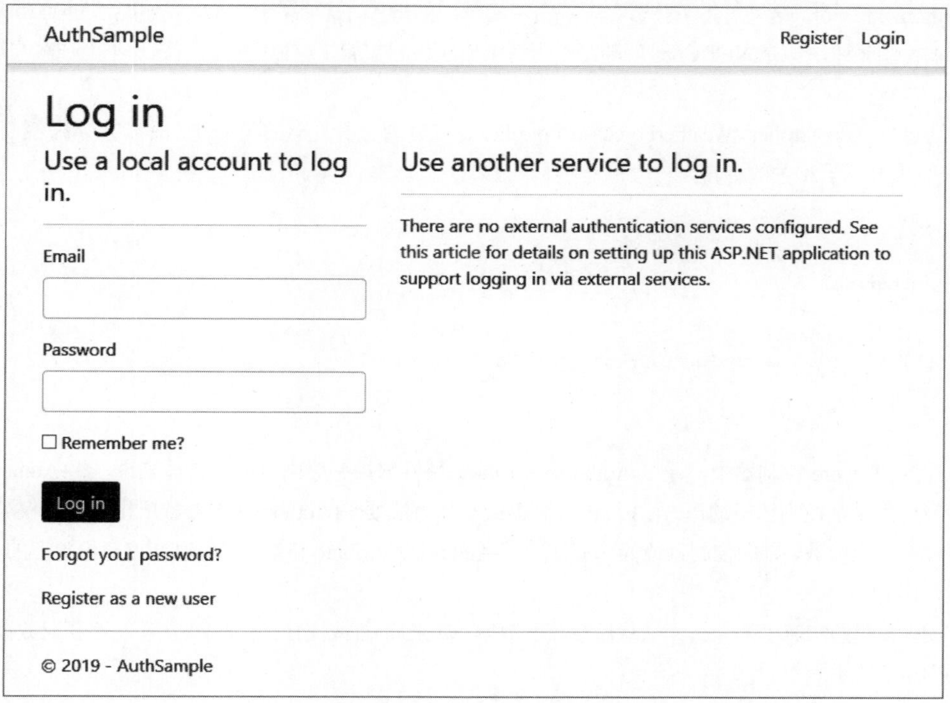

图 10-15　重定向到 Log in 视图

看起来路由守卫在正常工作。如果现在手动编辑/ClientApp/src/app/app.module.ts 文件,从 fetch-data 路由中删除 canActivate 属性,然后再次尝试,将看到我们能够成功地访问该视图,如图 10-16 所示。

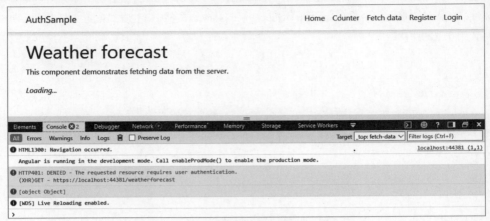

图 10-16　成功地访问视图

不过,访问并没有真正成功。

从 Console 的日志中可以看到,尽管前端允许我们通过,但发送给后端的 HTTP 请求遇到了 401 Unauthorized Error。这里发生了什么呢?答案很简单:通过手动删除路由守卫,我们能够通过 Angular 的前端路由系统,但是.NET Core 后端路由也对未授权访问实施了类似的保护,这是不能在客户端绕过的。

通过打开/Controllers/WeatherForecastController.cs 文件并查看现有的类特性,很容易发现这种保护 (已经突出显示了相关的行):

```
// ...

[Authorize]
[ApiController]
[Route("[controller]")]
public class WeatherForecastController : ControllerBase

// ...
```

在.NET Core 控制器中,通过 AuthorizeAttribute 特性来控制路由授权。具体来说,将[Authorize] 特性应用到某个控制器或动作方法时,该控制器或动作方法要求[Authorize]的参数所指定的授权级别; 如果没有给出参数,则向控制器或操作方法应用 AuthorizeAttribute 特性时,只有通过身份验证的用户 才能访问它们。

现在,我们知道了为什么无法从后端获取数据;如果删除(或注释掉)该特性,就能够获取数据了, 如图 10-17 所示。

| AuthSample | | | Home | Counter | Fetch data | Register | Login |

Weather forecast

This component demonstrates fetching data from the server.

Date	Temp. (C)	Temp. (F)	Summary
2020-01-01T00:48:44.8869247+01:00	-20	-3	Chilly
2020-01-02T00:48:44.8869586+01:00	16	60	Cool
2020-01-03T00:48:44.8869765+01:00	24	75	Sweltering
2020-01-04T00:48:44.8869958+01:00	53	127	Hot
2020-01-05T00:48:44.8870115+01:00	29	84	Freezing

图 10-17　从服务器获取数据

在继续介绍之前，先恢复前端路由守卫和后端 AuthorizeAttribute；当执行完实际的登录并获取了访问这些资源的授权后，我们需要它们存在，才能恰当地测试导航。

但是，在进行实际登录之前，需要完成现在的探索过程。下一节，我们将介绍另外一个前面还没有讲过的、重要的 Angular 概念。

 注意　关于路由守卫及其在 Angular 路由工作流中扮演的角色的更多信息，请访问下面的 URL:

https://angular.io/guide/router#guards。

https://docs.microsoft.com/en-us/aspnet/core/fundamentals/routing。

3. HttpInterceptor

Angular 的 HttpInterceptor 接口为拦截和/或转换出站 HTTP 请求或者入站 HTTP 响应提供了一种标准化的机制；拦截器与第 2 章开始介绍、第 3 章试用过的 ASP.NET 中间件很相似，但是工作在前端。

拦截器是 Angular 中的一种重要功能，可用于执行多种不同的任务：检查和/或记录应用的 HTTP 流量、修改请求、缓存响应等；它们能够方便地把所有这些任务集中起来，使我们不必在数据服务和/或各种基于 HttpClient 的方法调用中显式实现它们。另外，它们也可以链接起来，这意味着可以让多个拦截器以正向和反向的请求/响应处理程序链的方式协同工作。

我们正在探索的 Angular 身份验证 API 提供的 AuthorizeInterceptor 类包含许多注释，可大大帮助我们理解其实际工作方式。

要查看其源代码，可打开/ClientApp/src/apiauthorization/authorize.interceptor.ts 文件(已经突出显示了相关的行):

```
import { Injectable } from '@angular/core';
import { HttpInterceptor, HttpRequest, HttpHandler, HttpEvent }
from '@angular/common/http';
import { Observable } from 'rxjs';
import { AuthorizeService } from './authorize.service';
```

351

```
import { mergeMap } from 'rxjs/operators';

@Injectable({
  providedIn: 'root'
})
export class AuthorizeInterceptor implements HttpInterceptor {
  constructor(private authorize: AuthorizeService) { }

  intercept(req: HttpRequest<any>, next: HttpHandler):
    Observable<HttpEvent<any>> {
      return this.authorize.getAccessToken()
        .pipe(mergeMap(token => this.processRequestWithToken(token, req,
        next)));
}

// Checks if there is an access_token available in the authorize
// service and adds it to the request in case it's targeted at
// the same origin as the single page application.
private processRequestWithToken(token: string, req:
  HttpRequest<any>,
  next: HttpHandler) {
    if (!!token && this.isSameOriginUrl(req)) {
      req = req.clone({
        setHeaders: {
          Authorization: `Bearer ${token}`
        }
      });
    }

    return next.handle(req);
}

  private isSameOriginUrl(req: any) {
    // It's an absolute url with the same origin.
    if (req.url.startsWith(`${window.location.origin}/`)) {
     return true;
    }

    // It's a protocol relative url with the same origin.
    // For example: //www.example.com/api/Products
    if (req.url.startsWith(`//${window.location.host}/`)) {
     return true;
    }

    // It's a relative url like /api/Products
    if (/^\/[^\/].*/.test(req.url)) {
     return true;
    }

    // It's an absolute or protocol relative url that
    // doesn't have the same origin.
    return false;
    }
}
```

可以看到，AuthorizeInterceptor 通过定义一个 intercept 方法，实现了 HttpInterceptor 接口。该方法

的工作是拦截所有出站 HTTP 请求，并根据条件在它们的 HTTP 头中添加 JWT Bearer 令牌；这个条件由 isSameOriginUrl()内部方法决定，只有当请求被发送给与 Angular 应用在相同域内的 URL 时，该方法才返回 true。

与其他任何 Angular 类一样，需要在 NgModule 中恰当配置 AuthorizeInterceptor，它才能工作；因为它需要检查任何 HTTP 请求，包括不是授权 API 一部分的那些请求，所以我们在 AuthSample 应用的 AppModule(即根级 NgModule)中配置它。

要查看实际实现，可打开/ClientApp/src/app/app.module.ts 文件，并查看 providers 节：

```
// ...

providers: [
    { provide: HTTP_INTERCEPTORS, useClass: AuthorizeInterceptor, multi:
true }
],

// ...
```

在上面的代码中可看到 multi: true 属性，这是一个必要设置，因为 HTTP_INTERCEPTORS 是一个多提供者令牌，期望注入包含多个值的一个数组，而不是注入单个值。

注意 关于 HTTP 拦截器的更多信息，请访问下面的 URL：
https://angular.io/api/common/http/HttpInterceptor。
https://angular.io/api/common/http/HTTP_INTERCEPTORS。

4. 授权组件

接下来看看/api-authorization/文件夹中的各个 Angular 组件。

5. LoginMenuComponent

LoginMenuComponent 组件位于/ClientApp/src/api-authorization/login-menu/文件夹中，它将被包含到 NavMenuComponent(我们已经很熟悉这个组件)，向现有的导航选项添加 Login 和 Logout 操作。

通过打开/ClientApp/src/app/nav-menu/nav-menu.component.html 文件，在其中查找下面的行，来确认这一点：

```
<app-login-menu></app-login-menu>
```

这是 LoginMenuComponent 的根元素；因此，LoginMenuComponent 被实现为 NavMenuComponent 的一个子组件。但是，如果查看其 TypeScript 文件中的源代码，可以看到它有一些与自己的任务严格相关的一些特殊功能(已经突出显示了相关的行)：

```
import { Component, OnInit } from '@angular/core';
import { AuthorizeService } from '../authorize.service';
import { Observable } from 'rxjs';
import { map, tap } from 'rxjs/operators';

@Component({
    selector: 'app-login-menu',
    templateUrl: './login-menu.component.html',
    styleUrls: ['./login-menu.component.css']
})
```

```
export class LoginMenuComponent implements OnInit {
  public isAuthenticated: Observable<boolean>;
  public userName: Observable<string>;

  constructor(private authorizeService: AuthorizeService) { }

  ngOnInit() {
    this.isAuthenticated = this.authorizeService.isAuthenticated();
    this.userName = this.authorizeService.getUser().pipe(map(u => u &&
    u.name));
  }
}
```

可以看到，该组件使用了 authorizeService(通过 DI 注入到构造函数)来获取关于访问用户的如下信息：

- 该用户是否通过了身份验证。
- 该用户的用户名。

这两个值分别存储在 isAuthenticated 和 userName 局部变量中，模板文件将使用它们来决定组件的行为。

为 了 更 好 地 理 解 这 一 点 ， 我 们 来 看 看 /ClientApp/src/apiauthentication/login-menu/login-menu.component.html 模板文件(已经突出显示了相关的行)：

```html
<ul class="navbar-nav" *ngIf="isAuthenticated | async">
    <li class="nav-item">
        <a class="nav-link text-dark"
        [routerLink]='["/authentication/profile"]'
        title="Manage">Hello {{ userName | async }}</a>
    </li>
    <li class="nav-item">
        <a class="nav-link text-dark"
        [routerLink]='["/authentication/logout"]'
        [state]='{ local: true }' title="Logout">Logout</a>
    </li>
</ul>
  <ul class="navbar-nav" *ngIf="!(isAuthenticated | async)">
    <li class="nav-item">
        <a class="nav-link text-dark"
            [routerLink]='["/authentication/register"]'>Register</a>
    </li>
    <li class="nav-item">
        <a class="nav-link text-dark"
            [routerLink]='["/authentication/login"]'>Login</a>
    </li>
</ul>
```

我们能够立即看到，两个 ngIf 结构指令按照下面的方式决定了展示层：

- 如果用户通过了身份验证，则显示 Hello <username>欢迎消息和 Logout 链接。
- 如果用户没有通过身份验证，则显示 Register 和 Login 链接。

在实现登录/登出菜单时，这是一种广泛采用的方法；我们看到，所有链接都指向了 IdentityServer 端点 URI，它们将透明地处理每个任务。

6. LoginComponent

LoginComponent 执行与恰当处理用户登录过程有关的各种任务。因此，任何想只允许通过身份验证的用户进行访问的 Angular 组件和/或.NET Core 控制器，都应该执行 HTTP 重定向到这个组件的路由。通过查看该组件的定义方法的源代码可知，如果入站请求提供了一个 returnUrl 查询参数，则在执行完登录后，组件将把该用户重定向到指定的 URL：

```
//...

private async login(returnUrl: string): Promise<void> {
    const state: INavigationState = { returnUrl };
    const result = await this.authorizeService.signIn(state);
    this.message.next(undefined);
    switch (result.status) {
     case AuthenticationResultStatus.Redirect:
       break;
     case AuthenticationResultStatus.Success:
       await this.navigateToReturnUrl(returnUrl);
       break;
     case AuthenticationResultStatus.Fail:
       await this.router.navigate(
         ApplicationPaths.LoginFailedPathComponents, {
         queryParams: { [QueryParameterNames.Message]: result.message }
       });
       break;
     default:
       throw new Error(`Invalid status result ${(result as
       any).status}.`);
    }
}

// ...
```

LoginComponent TypeScript 源代码相当长，但是只要我们牢记它的主要任务，理解这些代码并不难。它的主要任务是：通过使用默认的端点 URI，将用户的身份验证信息传入.NET Core 的 IdentityServer，并把结果返回给客户端。基本上，它是前后端之间的一个身份验证代理。

如果查看模板文件，则它的这种角色将表现得更加明显：

```
<p>{{ message | async }}</p>
```

事实上，这个组件确实有一个很小的模板，这是因为它主要将用户重定向到大体模仿 Angular 组件的视觉风格的某些后端页面。

为了快速确认这一点，按 F5 键，在调试模式下运行 AuthSample 项目，然后访问 Log in 视图，并仔细查看图 10-18 中突出显示的 UI 元素。

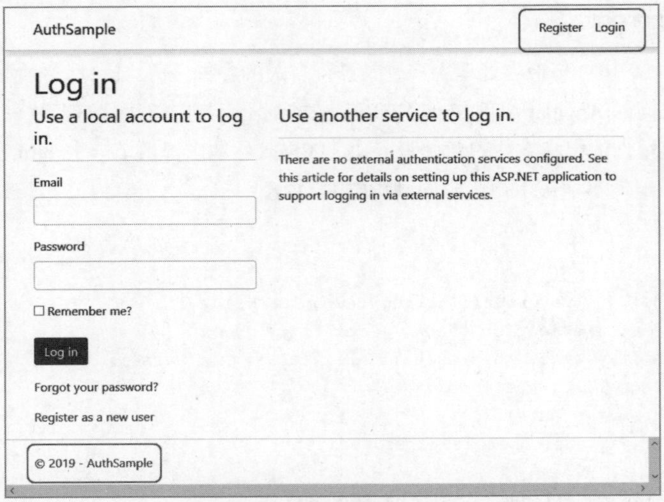

图 10-18　访问 Log in 视图

我们标出来的两个元素与 Angular 应用的其余 GUI 并不匹配：右上角的菜单缺少 Counter 和 Fetch data 选项，而页脚甚至不存在。这两个元素是由后端生成的，就像 Log in 视图的其余 HTML 内容一样。

事实上，.NET Core 和 Angular 模板提供的身份验证 API 实现被设计为按照如下方式工作：登录和注册表单由后端处理，LoginComponent 则扮演一个混合角色，部分是请求处理程序，部分是 UI 代理。

> **提示**　需要指出，ASP.NET Core 后端提供的这些内置的登录和注册页面的 UI 和/或行为可被完全定制，使它们更符合 Angular 应用的外观和感觉。关于如何实现这种定制的更多信息，请阅读本章后面的 "安装 ASP.NET Core Identity UI 包" 和 "定制默认的 Identity UI" 小节。

这种技术看起来像是一种非常规技巧，事实上，在一定程度上也确实如此，但是这是一种很巧妙的技巧，因为它以相当透明的方式，绕过了纯粹使用前端实现的大部分登录机制所面临的许多安全、性能和兼容性问题，同时为开发人员节省了大量时间。

> **注意**　在我以前撰写的一本图书(*ASP.NET Core 2 and Angular 5*)中，我选择故意避开.NET Core 的 IdentityServer，并在前端手动实现注册和登录工作流。但是，在过去两年中，.NET Core 的混合方法有了明显改进。借助一个可靠的、高度可配置的接口，它现在为标准的、基于 Angular 的实现提供了一种出色的替代方法。
> 如果喜欢使用前一种方法，可以查看 *ASP.NET Core 2 and Angular 5* 在 GitHub 上的存储库(从 Chapter_08 往后)，它仍然与最新的 Angular 版本完全兼容：
> https://github.com/PacktPublishing/ASP.NET-Core-2-andAngular-5/。

如果不喜欢这种重定向到后端的方法，内置的授权 API 还提供了另外一种实现，可以使用弹出窗口代替整页 HTTP 重定向。

要激活这种实现，可打开/ClientApp/src/apiauthorization/authorize.service.ts 文件，将 popupDisabled 内部变量的值从 true 改为 false，如下面的代码所示：

```
// ...
```

```
export class AuthorizeService {
    // By default pop ups are disabled because they don't work properly
    // on Edge. If you want to enable pop up authentication simply set
    // this flag to false.

    private popUpDisabled = false;
    private userManager: UserManager;
    private userSubject: BehaviorSubject<IUser | null> = new
      BehaviorSubject(null);
```

// ...

如果喜欢使用弹出窗口的方式来实现身份验证和授权功能，则可以将前面的布尔值修改为 false，然后在调试模式下启动 AuthSample 项目来测试结果。

弹出的登录页面如图 10-19 所示。

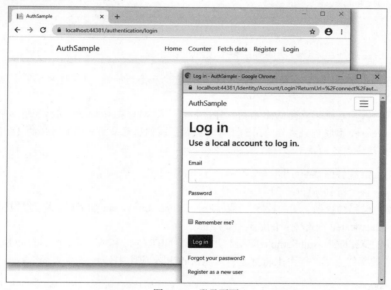

图 10-19   登录页面

但是，正如行内注释所示，在 Microsoft Edge(和其他一些不能很好地支持弹出窗口的浏览器)中，弹出窗口的方法不能正常工作。因此，让后端生成页面可能是更好的选择，考虑到我们还能够定制这些页面(后面将会讲到)，这个结论就更加合理了。

7. LogoutComponent

LogoutComponent 与 LoginComonent 相对，处理断开用户并将其重定向到主页的任务。

这里没有太多可说的，因为它的工作方式与 LoginComponent 很相似，将用户重定向到.NET Core Identity 系统端点 URI，然后使用 returnUrl 参数将其带回 Angular 应用。主要区别是，这一次没有后端页面，因为登出工作流不需要用户界面。

8. 测试注册和登录

现在，我们就准备好测试 AuthSample Angular 应用的注册和登录工作流。首先来测试注册阶段，因为现在还没有注册用户。

按 F5 键，在调试模式下运行项目，然后导航到 Register 视图，填入一个有效的电子邮件地址和一个满足密码强度设置的密码，最后单击 Register 按钮。

此时，应该会看到如图 10-20 所示的消息。

AuthSample	Register Login

Register confirmation

This app does not currently have a real email sender registered, see these docs for how to configure a real email sender. Normally this would be emailed: Click here to confirm your account

© 2019 - AuthSample

图 10-20　显示消息

单击确认链接来创建账户，然后等待整个页面重新加载。

提示　事实上，这个实现执行的所有这些重定向和重新加载，肯定违反了第 1 章讨论的 SPA 模式。

但是，我们在比较原生 Web 应用、SPA 和渐进式 Web 应用方法之间的优缺点时提到，当能够使用一个微服务来减轻应用的工作负载时，我们愿意采用一些策略性的 HTTP 往返行程和/或其他重定向技术。现在正是这么做的。

当回到 Log in 视图时，终于能够输入刚才选择的凭据进行登录了。

登录后，应该会看到如图 10-21 所示的欢迎界面。

我们知道自己已经登录了应用程序，因为 LoginMenuComponent 的 UI 行为已经发生了变化，这意味着其 isAuthenticated 内部变量的值现在为 true。

现在，我们就完成了 AuthSample 应用，并了解了.NET Core 和 Angular Visual Studio 模板提供的前端授权 API 的工作方式，接下来将把它引入 WorldCities 应用中。

AuthSample	Home Counter Fetch data Hello user@email.com Logout

Hello, world!

Welcome to your new single-page application, built with:

- ASP.NET Core and C# for cross-platform server-side code
- Angular and TypeScript for client-side code
- Bootstrap for layout and styling

To help you get started, we've also set up:

- **Client-side navigation**. For example, click *Counter* then *Back* to return here.
- **Angular CLI integration**. In development mode, there's no need to run ng serve. It runs in the background automatically, so your client-side resources are dynamically built on demand and the page refreshes when you modify any file.
- **Efficient production builds**. In production mode, development-time features are disabled, and your dotnet publish configuration automatically invokes ng build to produce minified, ahead-of-time compiled JavaScript files.

The ClientApp subdirectory is a standard Angular CLI application. If you open a command prompt in that directory, you can run any ng command (e.g., ng test), or use npm to install extra packages into it.

图 10-21　欢迎界面

10.7　在 WorldCities 应用中实现授权 API

本节将在 WorldCities 应用中实现 AuthSample 应用提供的授权 API。具体来说，我们将完成下面的工作：

- 从 AuthSample 应用将前端授权 API 导入 WorldCities 应用，并把它们集成到现有的 Angular 代码中。
- 调整现有的后端源代码，以恰当地实现身份验证功能。
- 测试 WorldCities 项目中的登录和注册表单。

到本节结束时，我们将能使用现有用户登录 WorldCities 应用，以及在该应用中创建新用户。

10.7.1　导入前端授权 API

要把前端授权 API 导入 WorldCities Angular 应用，首先需要做的是复制 AuthSample 应用中的整个/ClientApp/src/api-authorization/文件夹。这么做并没有缺点，所以我们在 Visual Studio 的 Solution Explorer 中，使用复制和粘贴的 GUI 命令(或者如果你希望使用键盘快捷键，则可以使用 Ctrl + C / Ctrl + V)来执行复制和粘贴。

然后，需要把新的前端能力与现有代码集成到一起。

1. AppModule

首先需要修改/ClientApp/src/api-authorization/api-authorization.constants.ts 文件，该文件的第一行包含了应用名称的字面量引用：

```
export const ApplicationName = 'AuthSample';

// ...
```

将 AuthSample 改为 WorldCities，保留该文件的其他内容不变。

然后，需要更新/ClientApp/src/app/app.module.ts 文件，在这里添加对授权 API 的类的必要引用：

```
// ...

import { ApiAuthorizationModule } from 'src/api-authorization/apiauthorization.
module';
import { AuthorizeGuard } from 'src/apiauthorization/
authorize.guard';
import { AuthorizeInterceptor } from 'src/apiauthorization/
authorize.interceptor';

// ...

  imports: [
      BrowserModule.withServerTransition({ appId: 'ng-cli-universal' }),
      HttpClientModule,
      FormsModule,
      ApiAuthorizationModule,
      RouterModule.forRoot([
        {
            path: '',
            component: HomeComponent,
```

359

```
                pathMatch: 'full'
        },
        {
            path: 'cities',
            component: CitiesComponent
        },
        {
            path: 'city/:id',
            component: CityEditComponent,
            canActivate: [AuthorizeGuard]
        },
        {
            path: 'city',
            component: CityEditComponent,
            canActivate: [AuthorizeGuard]
        },
        {
            path: 'countries',
            component: CountriesComponent
        },
        {
            path: 'country/:id',
            component: CountryEditComponent,
            canActivate: [AuthorizeGuard]
        },
        {
            path: 'country',
            component: CountryEditComponent,
            canActivate: [AuthorizeGuard]
        }
    ]),
    BrowserAnimationsModule,
    AngularMaterialModule,
    ReactiveFormsModule
    ],
    providers: [
      CityService,
      CountryService,
      { provide: HTTP_INTERCEPTORS, useClass: AuthorizeInterceptor,
        multi: true }
      ],
      bootstrap: [AppComponent]
  })
  export class AppModule { }
```

可以看到，除了添加必要的引用外，我们还借此机会使用 AuthorizeGuard 来保护编辑组件，使得只有已注册用户能够访问它们。

2. NavMenuComponent

现在，我们需要把 LoginMenuComponent 集成到现有的 NavMenuComponent，就像在 AuthSample 中所做的那样。

打开/ClientApp/src/app/nav-menu/nav-menu.component.html 模板文件，在内容中添加对菜单的引用：

```
<header>
```

```html
<nav class="navbar navbar-expand-sm navbar-toggleable-sm
  navbar-light bg-white border-bottom box-shadow mb-3"
>
  <div class="container">
    <a class="navbar-brand" [routerLink]="['/']">WorldCities</a>
    <button
        class="navbar-toggler"
        type="button"
        data-toggle="collapse"
        data-target=".navbar-collapse"
        aria-label="Toggle navigation"
        [attr.aria-expanded]="isExpanded"
        (click)="toggle()"
    >
        <span class="navbar-toggler-icon"></span>
    </button>
    <div
        class="navbar-collapse collapse d-sm-inline-flex
        flex-sm-row-reverse"
        [ngClass]="{ show: isExpanded }"
    >
      <app-login-menu></app-login-menu>
      <ul class="navbar-nav flex-grow">
        <li
          class="nav-item"
          [routerLinkActive]="['link-active']"
          [routerLinkActiveOptions]="{ exact: true }"
        >
          <a class="nav-link text-dark"
          [routerLink]="['/']">Home</a>

<!-- ...existing code... -->
```

接下来，我们来处理后端代码。

10.7.2　调整后端代码

首先导入 OidcConfigurationController。AuthSample 项目使用一个专门的.NET Core API 控制器来提供 URI 端点，该端点用于提供客户端需要使用的 OIDC 配置参数。

将 AuthSample 项目的/Controllers/OidcConfigurationController.cs 文件复制到 WorldCities 项目的/Controllers/文件夹中，然后单击复制的文件，并相应地修改命名空间：

```
// ...

namespace AuthSample.Controllers

// ...
```

需要将 AuthSample.Controllers 改为 WorldCities.Controllers。

1. 安装 ASP.NET Core Identity UI 包

还记得前面讨论过后端生成的登录和注册页面吗？它们是由 Microsoft.AspNetCore.Identity.UI 包提供的，该包中包含用于.NET Core Identity 框架的内置的、默认的 Razor 页面 UI。因为它不是默认安装的，所以需要使用 NuGet 把它手动添加到 WorldCities 项目中。

在 Solution Explorer 中，右击 WorldCities 树节点，选择 Manage NuGet packages，然后查找下面的包并安装：

```
Microsoft.AspNetCore.Identity.UI
```

或者，打开 Package Manager Console，使用下面的命令安装该包：

```
> Install-Package Microsoft.AspNetCore.Identity.UI
```

在撰写本书时，这个包的最新版本是 3.1.1。同样，你可以自由安装更新的版本，但这需要你知道如何相应地调整代码来修复潜在的兼容性问题。

2. 定制默认的 Identity UI

需要注意，通过使用身份基架(scaffolder)工具，可以替换 Microsoft.AspNetCore.Identity.UI 包提供的默认登录和注册视图。该工具可用于有选择地把 Identity 的 Razor Class Library(RCL)中包含的源代码添加到项目中；生成后，可以修改和/或定制添加的这些源代码，以更改其外观(和/或行为)，使其更符合我们的需要。

提示 要完全控制 UI，而不使用默认的 RCL，请参考下面的指南：
https://docs.microsoft.com/en-us/aspnet/core/security/
authentication/scaffold-identity
https://docs.microsoft.com/en-us/aspnet/core/security/
authentication/scaffold-identity#full
https://docs.microsoft.com/en-us/aspnet/core/razor-pages/ui-class
为简单起见，我们不使用这种技术来修改内置的登录和注册页面的 UI 和/或行为，而是保留它们不变。

生成(和修改)的代码的优先级自动比 Identity RCL 中的默认代码更高。

3. 将 Razor 页面映射到 EndpointMiddleware

现在我们在内部使用了一些 Razor 页面，需要把它们映射到后端路由系统，否则，我们的.NET Core 应用将不会把 HTTP 请求转发给它们。

为此，打开 WorldCities 项目的 Startup.cs 文件，在 EndpointMiddleware 配置块中添加下面的突出显示的行：

```
// ...

app.UseEndpoints(endpoints =>
{
    endpoints.MapControllerRoute(
        name: "default",
        pattern: "{controller}/{action=Index}/{id?}");

    endpoints.MapRazorPages();
});

// ...
```

现在，我们终于准备好登录了。

4. 保护后端操作方法

在测试身份验证和授权实现之前，应该花一些时间保护后端路由，就像保护前端路由那样。我们已经知道，这可以使用 AuthorizeAttribute 实现，它能够限制只有已注册用户才能访问控制器和/或动作方法。

为了有效地保护.NET Core Web API 不被未授权访问，按照下面的方式对所有控制器的 PUT、POST 和 DELETE 方法使用该特性是明智的做法。

(1) 打开/Controllers/CitiesController.cs 文件，对 PutCity、PostCity 和 DeleteCity 方法添加[Authorize]特性：

```
using Microsoft.AspNetCore.Authorization;

// ...

[Authorize]
[HttpPut("{id}")]
public async Task<IActionResult> PutCity(int id, City city)

// ...

[Authorize]
[HttpPost]
public async Task<ActionResult<City>> PostCity(City city)

[Authorize]
[HttpDelete("{id}")]
public async Task<ActionResult<City>> DeleteCity(int id)

// ...
```

(2) 打开/Controllers/CountriesController.cs 文件，对 PutCountry、PostCountry 和 DeleteCountry 方法添加[Authorize]特性：

```
using Microsoft.AspNetCore.Authorization;

// ...

[Authorize]
[HttpPut("{id}")]
public async Task<IActionResult> PutCountry(int id, Country
country)

// ...

[Authorize]
[HttpPost]
public async Task<ActionResult<Country>> PostCountry(Country
country)

// ...
```

```
[Authorize]
[HttpDelete("{id}")]
public async Task<ActionResult<Country>> DeleteCountry(int id)

// ...
```

提示　不要忘记在两个文件的顶部添加对 Microsoft.AspNetCore.Authorization 命名空间的 using 引用。

现在，所有这些动作方法不会遭受未授权访问，因为它们只接受已注册和已登录用户的请求；没有注册的用户将收到 401 – Unauthorized HTTP 错误响应。

10.7.3　测试登录和注册

本节将重复前面已经为 AuthSample 应用测试过的登录和注册阶段。但这一次，我们将首先进行登录，因为通过使用 SeedController 的 CreateDefaultUsers()方法，我们已经有了一些现有用户。

按 F5 键，在调试模式下启动 WorldCities 应用。然后，导航到登录界面，输入某个现有用户的电子邮件和密码。

提示　如果没有做修改，那么我们在 SeedController 中使用的示例值如下所示。

电子邮件：user@email.com。

密码：MySecr3t$。

如果一切正确，应该会看到如图 10-22 所示的界面。

AuthSample	Home　Counter　Fetch data　Hello user@email.com　Logout

Hello, world!

Welcome to your new single-page application, built with:

- ASP.NET Core and C# for cross-platform server-side code
- Angular and TypeScript for client-side code
- Bootstrap for layout and styling

To help you get started, we've also set up:

- **Client-side navigation**. For example, click *Counter* then *Back* to return here.
- **Angular CLI integration**. In development mode, there's no need to run `ng serve`. It runs in the background automatically, so your client-side resources are dynamically built on demand and the page refreshes when you modify any file.
- **Efficient production builds**. In production mode, development-time features are disabled, and your `dotnet publish` configuration automatically invokes `ng build` to produce minified, ahead-of-time compiled JavaScript files.

The `ClientApp` subdirectory is a standard Angular CLI application. If you open a command prompt in that directory, you can run any ng command (e.g., `ng test`), or use `npm` to install extra packages into it.

图 10-22　测试结果

然后，使用注册工作流来注册一个新用户，例如 test@email.com；如果登录路径能够正确工作，那么这个操作没有理由不能成功。

现在，WorldCities 应用就包含了功能完善的授权和身份验证 API。

事实上，我们仍然缺少一些关键功能，例如：

- 在注册阶段后验证电子邮件，这需要一个电子邮件发送方。
- 修改和恢复密码的功能，这也需要用到电子邮件发送方。

- 一些外部身份验证服务，如 Facebook、Twitter 等(即社会化登录)。

提示　在实现 ASP.NET Core Identity 服务后，实现电子邮件发送方来处理上述功能相当简单，如果使用外部服务(如 SendGrid)，就更简单了。
更多信息可参考下面的指南：
https://docs.microsoft.com/en-us/aspnet/core/security/authentication/accconfirm。

不过，对于我们的示例应用，现有功能已经很不错了。下一章将介绍下一个主题。

10.8　小结

在本章一开始，我们介绍了身份验证和授权的概念，并说明了大部分应用程序(包括我们自己的应用程序)确实需要有一种机制来恰当地处理经过和未经过身份验证的客户端，以及经过和未经过授权的请求。

我们花了一些时间来理解身份验证和授权的异同点，以及使用自己的内部提供者来处理这些任务和把它们委托给第三方提供者(如 Google、Facebook 和 Twitter)这两种方法各自的优缺点。我们知道了一个好消息：ASP.NET Core Identity 服务与 IdentityServer API 支持结合起来，提供了一组方便的功能，使我们能够获得这种技术的优点。

为了使用这些功能，我们在项目中添加了必要的包，并执行了必要的操作来恰当地配置它们，例如在 Startup 和 ApplicationDbContext 类中执行一些更新，以及创建一个新的 ApplicationUser 实体。当实现了所有必要修改后，我们添加了一个新的 EF Core 迁移，以相应地更新数据库。

我们简单解释了如今使用的各种基于 Web 的身份验证方法：会话、令牌、签名和各种双因子策略。经过仔细考虑后，我们选择了基于令牌的方法，使用 IdentityServer 默认为 SPA 客户端提供的 JWT，因为它是可用于任何前端框架的一个可靠的、广为人知的标准。

因为 Visual Studio 默认提供的.NET Core 和 Angular 项目模板提供了一个内置的 ASP.NET Core Identity 系统，并为 Angular 提供了 IdentityServer 支持，所以我们创建了一个全新项目(命名为 AuthSample)来进行测试。我们花了一些时间来介绍其主要的功能，例如路由守卫、HTTP 拦截器、访问后端的 HTTP 往返行程等；在此过程中，我们实现了必要的前端和后端授权规则，以保护一些应用程序视图、路由和 API 不受未授权访问。最终，我们把这些 API 导入了 WorldCities Angular 应用，并相应地修改了现有的前端和后端代码。

现在，我们就准备好转向下一个主题了。下一章将介绍渐进式 Web 应用，要学的东西有很多。

10.9　推荐主题

身份验证、授权、HTTP 协议、安全套接字层、会话状态管理、间接、单点登录、Azure AD Authentication Library(ADAL)、ASP.NET Core Identity、IdentityServer、OpenID、Open ID Connect(OIDC)、OAuth、OAuth2、双因子验证(2FA)、SMS 2FA、基于时间的一次性密码算法(TOTP)、TOTP 2FA、IdentityUser、无状态、跨站脚本(XSS)、跨站请求伪造(CSRF)、Angular HttpClient、路由守卫、Http 拦截器、LocalStorage、Web Storage API、服务器端预渲染、Angular Universal、浏览器类型、泛型类型、JWT 令牌、声明、AuthorizeAttribute。

第11章
渐进式 Web 应用

第 1 章在讨论如今可用来开发 Web 应用程序的不同开发模式时，曾简单提到渐进式 Web 应用 (Progressive Web App，PWA)。本章将重点关注这个主题。

事实上，HealthCheck 和 WorldCities 应用目前都使用了单页面应用(SPA)模型，至少主要使用了这种模型。在接下来的小节中，我们将介绍如何通过实现 PWA 开发方法要求的一些已确认的能力，把它们转换成为 PWA。

第 1 章介绍过，PWA 是一种 Web 应用程序，使用现代 Web 浏览器的能力向用户交付与移动应用相似的体验。为了实现这一点，PWA 需要满足一些技术需求，包括(但不限于)有一个 Web 应用清单文件和一个服务工作线程，后者使它们能够在离线模式下工作，并且表现出与移动应用类似的行为。

具体来说，我们将完成下面的工作。

- 根据 PWA 的已知规范，确定 PWA 的技术需求。
- 在现有的 HealthCheck 和 WorldCities 应用中实现这些需求，以把它们转换为 PWA。更具体来说，将用到两种方法：为 HealthCheck 应用手动执行所有必要步骤，但为 WorldCities 应用使用 Angular CLI 提供的 PWA 自动设置。
- 为这两个应用测试新的 PWA 能力。

到本章结束时，我们将学会如何成功地将现有 SPA 转换为 PWA。

11.1 技术需求

本章将需要用到第 1 章到第 10 章中提到的所有技术，以及下面的包：

- @angular/service-worker(npm 包)
- ng-connection-service(npm 包)
- Microsoft.AspNetCore.Cors(NuGet 包)
- WebEssentials.AspNetCore.ServiceWorker(NuGet 包，可选)
- http-server(npm 包，可选)

同样，并不建议立即安装它们。我们将在本章进行过程中逐渐安装它们，以便能够理解它们在项目中的使用环境。

本章的代码文件存储在以下地址：https://github.com/PacktPublishing/ASP.NET-Core-3-and-Angular-9-Third-Edition/tree/master/Chapter_11/。

11.2 PWA 的特征

我们首先来总结 PWA 的特征。

- 渐进式：PWA 应该可被使用任何平台和/或浏览器的每个用户使用。

- 响应性：适合任何设备类型：桌面计算机、移动设备、平板电脑等。
- 与连接无关：它们能够离线工作——至少在一定程度上如此，例如通知用户某些功能可能在离线模式下无法使用——或者能够在低质量的网络上使用。
- 与应用类似：它们需要提供与移动应用相同的导航和交互机制，包括支持触摸、基于手势的滚动等。
- 安全：必须提供 HTTPS 支持来实现更好的安全性，例如防止窃听以及确保内容未被篡改。
- 可被发现：借助一个 W3C 清单文件和一个服务工作线程注册，它们可被识别为一个应用程序，使搜索引擎可以发现、识别和分类它们。
- 再次吸引用户：能够使用推送通知等功能，方便用户重新使用。
- 可安装：它们应该允许用户安装到桌面和/或移动设备的主页上，并保持在那里，就像任何标准移动应用那样，却不必从应用商店下载和安装。
- 可链接：可通过 URL 轻松分享，并不需要复杂的安装过程。

> **注意**　Google 的开发人员和工程师投入精力来介绍 PWA 概念并定义其核心规范，在他们撰写的如下文章中，可以推断出前面描述的特征：
> https://developers.google.com/web/progressive-web-apps
> https://developers.google.com/web/fundamentals
> https://infrequently.org/2015/06/progressive-apps-escapingtabs-without-losing-our-soul/

这些高层面的需求可被转换为需要实现的具体任务。为此，最好的方法是首先实现 Alex Russell 描述的技术基准条件。Alex Russell 是一名 Google Chrome 工程师，在 2015 年与设计师 Frances Berriman 一起创造了 PWA 这个术语。这些条件如下所示。

- **来自一个安全的源**。换句话说，具有完整的 HTTPS 支持，并且没有混合内容(绿色挂锁标志)。
- **在离线时加载，即使只是一个离线信息页面**。这显然意味着需要实现一个服务工作线程。
- **引用一个 Web 应用清单文件**。其中包含至少 4 个关键属性：name、short_name、stat_url 和 display(其值可为 standalone 或 fullscreen)。
- **PNG 格式的 144×144 图标**。也支持其他大小，但 144×144 是最低要求。
- **使用矢量图**。因为它们可以无限伸缩，并且需要的文件很小。

这些技术需求可被转换为必须实现的具体技术任务。在接下来的小节中，我们将全部实现它们。

11.2.1　安全源

实现安全源功能基本上意味着通过 HTTPS 证书提供应用。如今，实现这种需求很容易：因为存在许多代理商，所以 TLS 证书的价格相当低。Comodo Inc 颁发的 Positive SSL 在网上的售价大为 10 美元/年，并且可以立即下载。

如果不想花钱，也可以使用 Let's Encrypt 免费提供的证书，这是一个免费的、自动的、开放的证书颁发机构，可用来免费获取 TLS 证书。但是，他们用来发布证书的方法需要对部署 Web 主机进行 shell 访问(也称为 SSH 访问)。

> **注意**　关于 Let's Encrypt 以及如何免费获取 HTTPS 证书的更多信息，请访问其官方网站：
> https://letsencrypt.org/。

为简单起见，我们不介绍 HTTPS 证书的发布和安装部分。各个代理商(包括 Let's Encrypt)的网站上提供了许多指南，所以我们将假定你知道如何安装 HTTPS 证书。

11.2.2 离线加载和 Web 应用清单

连接无关是 PWA 最重要的能力之一。要恰当实现，需要引入并实现之前只是简单提到的一个概念：服务工作线程。它们是什么？它们如何帮助应用在离线时工作？

要理解服务工作线程是什么，最好是将其想象为运行在 Web 浏览器中的一个脚本，它为注册自己的应用程序处理一个特殊任务，包括缓存支持和推送通知。

恰当实现并注册时，服务工作线程可交付与原生移动应用相似的用户体验，从而增强标准网站提供的用户体验。从技术角度看，它们的作用是拦截用户发出的任何出站请求，并且当该请求发往的 Web 应用程序是它们被注册到的应用程序时，就检查该 Web 应用程序的可用性，并相应地进行处理。换句话说，当应用程序无法处理请求时，它们作为具备回退能力的 HTTP 代理。

开发人员可以配置这种回退，使其具备不同的行为，下面列举几个例子。

- 缓存服务(也称为离线模式)：服务工作线程通过查询之前应用在线时创建的一个内部(本地)缓存，交付一个缓存的响应。
- 离线警告：每当没有缓存内容可用(或者没有实现缓存机制)时，服务工作线程可以提供离线状态信息文本，告诉用户应用无法工作。

 提示 如果熟悉前向缓存服务，可能更愿意把服务工作线程想象为安装在最终用户的 Web 浏览器中的反向代理(或 CDN 边缘)。

对于提供不需要任何后端交互的静态内容的 Web 应用，如基于 HTML5 的游戏应用和 Angular 应用，缓存服务很有帮助。遗憾的是，对于我们的两个应用，它并不理想：HealthCheck 和 WorldCities 都严重依赖于 ASP.NET Core 提供的后端 Web API。另一方面，这两个应用肯定能够从离线模式受益，因为借助这种功能，它们能够告诉用户需要有互联网连接才能工作，而不是向用户显示连接错误、404-未找到消息或其他消息。

1. 服务工作线程与 HttpInterceptors 对比

如果还记得第 10 章介绍的各种 Angular 功能，就会发现前述行为让我们想起了 HttpInterceptors 扮演的角色。

但是，因为拦截器是 Angular 应用脚本 bundle 的一部分，所以当用户关闭包含该 Web 应用的浏览器标签页时，它们总是会停止工作。与之相反，当用户关闭标签页后，服务工作线程需要被保留下来，以便能够在连接到应用之前拦截浏览器请求。

介绍完理论后，接下来看看如何在现有应用中实现离线模式、Web 应用清单和 PNG 图标。

2. @angular/service-worker 简介

从版本 5.0.0 开始，Angular 提供了一个功能完善的服务工作线程实现，可以方便地集成到任何应用中，并不需要使用低级 API 编写代码；这种实现由 @angular/service-worker npm 包处理，并且依赖于从服务器加载的一个清单文件，该文件描述了要缓存哪些资源，并将被服务工作线程用作一个索引，其行为如下所示：

- 当应用在线时，将检查每个索引的资源来检测变化；如果源改变，则服务工作线程将更新或重建缓存。
- 当应用离线时，将提供缓存的版本。

前述清单文件是从 CLI 生成的配置文件 ngsw-config.json 生成的，所以必须相应地创建和设置该文件。

注意　需要注意，如果试图注册服务工作线程的网站在不安全(非 HTTPS)连接上工作，则 Web 浏览器总是会忽略这种服务工作线程。其原因很容易理解：因为服务工作线程的角色是作为其源 Web 应用程序的代理，并且可能提供替代内容，所以心怀不轨的人们可能想要篡改它们；因此，如果只允许安全的网站注册它们，将能为整个机制提供额外的一个安全层。

3. .NET Core PWA 中间件的替代方法

需要指出，@angular/service-worker 并不是实现服务工作线程和 Web 应用程序清单文件的 PWA 能力的唯一方法。事实上，.NET Core 为处理这些需求提供了自己的方法：一组很容易安装并集成到项目的 HTTP 栈的中间件。

在提供的各种解决方案中，在我们看来，最有趣的是 Mads Kristensen(Visual Studio 扩展和.NET Core 库的一位多产的创作人)创建的 WebEssentials.AspNetCore.ServiceWorker NuGet 包；该包提供了功能丰富的 ASP.NET Core PWA 中间件，后者全面支持 Web 应用清单文件，提供了预生成的服务工作线程，可作为@angular/service-worker NPM 包提供的纯前端解决方案的一个有效的后端和前端替代方案。

注意　关于 WebEssentials.AspNetCore.ServiceWorker NuGet 包的更多信息，请访问下面的 URL：

https://github.com/madskristensen/WebEssentials.AspNetCore.ServiceWorker。

https://www.nuget.org/packages/WebEssentials.AspNetCore.ServiceWorker/。

看来有两种方便的方式来完成与 PWA 相关的任务，那么应该选择使用哪一种方法呢？

其实，我们本希望能够把这两种方法都实现，但考虑到篇幅，我们将只使用@angular/service-worker npm 包，而不实现.NET Core PWA 中间件方法。

在接下来的小节中，我们将学习如何采用两种不同但同样有帮助的方法，在现有的 Angular 应用中实现@angular/service-worker 包。

11.3　实现 PWA 需求

要执行上一节讨论的必要实现步骤，有两种方法：

- 手动更新应用的源代码。
- 使用 Angular CLI 提供的自动安装功能。

为了获得最大收获，应该至少各使用这两种方法一次。好消息是，我们有两个 Angular 应用供实验使用。我们将首先为 HealthCheck 应用采用手动更新代码的方法，然后为 WorldCities 应用使用自动的 CLI 安装。

11.3.1　手动安装

本节将展示如何手动实现必要的技术步骤，使 HealthCheck 应用完全满足 PWA 需求。

现在简单回顾一下需要实现的技术步骤：

- 添加@angular/service-worker npm 包(package.json)。
- 在 Angular CLI 配置文件(angular.json)中启用对服务工作线程的支持。
- 在 AppModule 类(app.module.ts)中导入并注册 ServiceWorkerModule。

- 更新主应用的 HTML 模板文件(index.html)。
- 添加一个合适的图标文件(icon.ico)。
- 添加清单文件(manifest.webmanifest)。
- 添加服务工作线程配置文件(ngsw-config.json)。

对于每个步骤，括号中给出了需要更新的相关文件。

1. 添加@angular/service-worker npm 包

首先要做的是在 package.json 文件中添加@angular/service-worker npm 包。很容易猜到，该包中包含前面提到的 Angular 服务工作线程的实现。

打开/ClientApp/package.json 文件，在 dependencies 节中、@angular/router 包的下方添加下面的包引用：

```
// ...

"@angular/router": "9.0.0",
"@angular/service-worker": "9.0.0",
"@nguniversal/module-map-ngfactory-loader": "9.0.0-next.9",

// ...
```

保存该文件后，Visual Studio 将自动下载并安装该 npm 包。

2. 更新 angular.json 文件

打开/ClientApp/angular.json 配置文件，在 projects | health_check | architect | build | options | configurations | production 节的末尾添加 serviceWorker 和 ngswConfigPath 键：

```
// ...

"vendorChunk": false,
"buildOptimizer": true,
"serviceWorker": true,
"ngswConfigPath": "ngsw-config.json"

// ...
```

提示　如果在应用这些修改时遇到问题，总是可以查阅本书的 GitHub 存储库中提供的源代码。

刚添加的 serviceWorker 标志将导致生产版本的输出文件夹中包含两个额外的文件：

- ngsw-worker.js：主服务工作线程文件。
- ngsw.json：Angular 服务工作线程的运行时配置。

服务工作线程要想工作，必须有这两个文件。

3. 导入 ServiceWorkerModule

@angular/service-worker npm 包库提供的 ServiceWorkerModule 负责注册服务工作线程，以及提供一些可用来与服务工作线程交互的服务。

要在 HealthCheck 应用中安装 ServiceWorkerModule，可打开/ClientApp/src/app/app.module.ts 文件，

在其中添加下面的行(已经突出显示了新行):

```
import { BrowserModule } from '@angular/platform-browser';
import { NgModule } from '@angular/core';
import { FormsModule } from '@angular/forms';
import { HttpClientModule, HTTP_INTERCEPTORS } from
'@angular/common/http';
import { RouterModule } from '@angular/router';
import { ServiceWorkerModule } from '@angular/service-worker';
import { environment } from '../environments/environment';

// ...

imports: [
  BrowserModule.withServerTransition({ appId: 'ng-cli-universal' }),
  HttpClientModule,
  FormsModule,
  RouterModule.forRoot([
      { path: '', component: HomeComponent, pathMatch: 'full' },
      { path: 'health-check', component: HealthCheckComponent }
  ]),
  ServiceWorkerModule.register(
      'ngsw-worker.js',
      { registrationStrategy: 'registerImmediately' })
],

// ...
```

如前所述，上面代码中引用的 ngsw-worker.js 文件是主服务工作线程文件，在生成应用时由 Angular CLI 自动生成。registrationStrategy 属性将确保应用启动时立即注册该文件。

 注意 关于服务工作线程注册选项以及可用的各种 registrationStrategy 设置的更多信息，请访问下面的 URL:

https://angular.io/api/service-worker/SwRegistrationOptions。

4. 更新 index.html 文件

/ClientApp/index.html 文件是 Angular 应用的主入口文件。它包含<app-root>元素(在启动阶段结束时将被应用的 GUI 替换)，以及描述了应用的行为和配置设置的一些资源引用和元标签。

打开该文件，在<head>元素的末尾添加下面的代码(已经突出显示了更新的行):

```
<!DOCTYPE html>
<html lang="en">
    <head>
        <meta charset="utf-8" />
        <title>HealthCheck</title>
        <base href="/" />

        <meta name="viewport" content="width=device-width,
        initial-scale=1" />
        <link rel="icon" type="image/x-icon" href="favicon.ico" />

        <!-- PWA required files -->
        <link
```

```
href="https://fonts.googleapis.com/css?family=Roboto:300,400,
    500&amp;display=swap" rel="stylesheet">
    <link
href="https://fonts.googleapis.com/icon?family=Material+Icons"
    rel="stylesheet">
    <link rel="manifest" href="manifest.webmanifest">
    <meta name="theme-color" content="#1976d2">

</head>
<body>
  <app-root>Loading...</app-root>
</body>
</html>
```

突出显示的行配置了应用的 font、theme-color 以及(最重要的是)manifest.webmanifest 文件的链接，顾名思义，该文件是应用的清单文件，这是任何 PWA 的关键需求之一。

知道这一点很有帮助，但现在应用中还没有这个配置文件。接下来就添加该文件。

5. 添加 Web 应用清单文件

我们不手动从头创建 Web 应用清单文件，而是使用 Firebase Web App Manifest Generator(https://appmanifest.firebaseapp.com)自动生成该文件。

这个方便的工具还会帮我们生成所有必要的 PNG 图标文件，从而节省大量时间。但是，我们需要的是 512 x 512 源图片。如果没有这种图片，则可以使用 DummyImage 网站方便地创建它们。DummyImage 是另一个实用的免费工具，可用来生成任意大小的图片，其地址为 https://dummyimage.com/。

图 11-1 展示了生成的一个 PNG 文件，可以把它提供给上面的 Firebase Web App Manifest Generator 工具。

图 11-1　生成的 PNG 文件

很容易猜到，HC 代表 HealthCheck。这个图片算不上特别美观，但对于当前的任务够用了。

提示　上面的 PNG 文件可从此网址下载：https://dummyimage.com/512x512/361f47/fff.pngtext=HC。你可以自由使用这个文件，使用该工具创建另一个文件，或者提供自己的一个文件。

完成后，回到 Web App Manifest Generator 工具，使用下面的参数进行配置。

- App Name: HealthCheck
- Short Name: HealthCheck
- Theme Color: #2196f3
- Background Color: #2196f3
- Display Mode: Standalone

- Orientation: Any
- Application Scope: /
- Start URL: /

然后，单击 ICON 按钮，选择刚才生成的 HC 图片，如图 11-2 所示。

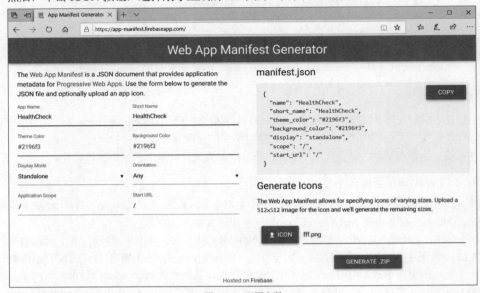

图 11-2 配置参数

单击 GENERATE.ZIP 按钮生成存档文件，解压缩，然后按照下面的描述复制其中包含的文件：

- /ClientApp/src/文件夹中的 manifest.json 文件。
- /ClientApp/src/assets/文件夹中的/icons/文件夹及其所有内容，以便把实际的 PNG 文件放到 /ClientApp/src/assets/icons/文件夹中。

完成后，需要在 manifest.json 文件中执行下面的修改：

- 将所有图标的起始路径从 images/icons/改为 assets/icons/。
- 将 manifest.json 重命名为 manifest.webmanifest，因为这是 Web 应用清单文件的 W3C 规范定义的名称。

> 注意 如果想了解 2019 年 12 月更新的 Web App Manifest W3C Working Draft 09，可以访问下面的 URL：
>
> https://www.w3.org/TR/appmanifest/。

> 事实上,.json 和.webmanifest 扩展名都可以工作,只要我们记得设置 application/manifest+json MIME 类型即可。但是，因为大部分 Web 服务器基于文件扩展名来设置 MIME 类型，所以使用.webmanifest 能够简化我们的工作。
>
> 如果想了解关于.json 与.webmanifest 的对比的更多讨论,可阅读 Web App Manifest 的 GitHub 存储库中的下面这个有趣的讨论：
>
> https://github.com/w3c/manifest/issues/689。

6. 更新 Startup.cs 文件

如果选择遵守 Web 应用清单文件的 W3C 规范，使用.webmanifest 扩展名，则需要简单修改.NET Core 的 Startup 类，使 Kestrel Web 服务器能够提供这些文件。

在 HealthCheck 和 WorldCities 项目中，打开 Startup.cs 文件，按照如下所示更新其 Configure()方法(已经突出显示了新的/更新的行)：

```
using Microsoft.AspNetCore.StaticFiles;

// ...

app.UseHttpsRedirection();

// add .webmanifest MIME-type support
FileExtensionContentTypeProvider provider = new
FileExtensionContentTypeProvider();
provider.Mappings[".webmanifest"] = "application/manifest+json";

app.UseStaticFiles(new StaticFileOptions()
{
    ContentTypeProvider = provider,
// ...
if (!env.IsDevelopment())
{
    app.UseSpaStaticFiles(new StaticFileOptions()
    {
        ContentTypeProvider = provider
    });
}

// ...
```

现在，所有扩展名为.webmanifest 的文件将被作为具有 application/manifest+json MIME 类型的静态文件提供。

 提示　需要注意，我们配置了 app.UseStaticFiles()和 app.useSpaStaticFiles()中间件；前者控制 /www/文件夹中的静态文件，而后者则处理/ClientApp/dist/应用中的静态文件。

7. 发布 Web 应用清单文件

要把/ClientApp/src/manifest.webmanifest 文件与 HealthCheck 的 Angular 应用文件一起发布，需要把它添加到/ClientApp/angular.json CLI 配置文件中。

打开该文件，将下面的条目：

```
"assets": ["src/assets"]
```

替换为下面的值：

```
"assets": [
    "src/assets",
    "src/manifest.webmanifest"
],
```

在 angular.json 文件中，应该有两个 asset 键条目：

- projects > health_check > architect > build > options
- projects > health_check > architect > test > options

需要按照前面的介绍修改这两个条目。

完成更新后，每当生成 Angular 应用时，将把 manifest.webmanifest 文件发布到输出文件夹中。

8. 添加网站图标

网站图标(也称为收藏图标、快捷图标、标签图标、URL 图标或书签图标)是一个文件，其中包含一个或多个可用来标识特定网站的小图标。浏览器地址栏、历史记录和/或包含给定网站的标签页中的小图标就是对应网站的网站图标。

可以手动生成网站图标，但如果你不是图形设计师，则可以考虑使用某个在线的网站图标生成器，它们大部分都是免费的，但需要我们手动提供一个合适的图片并将其上传给生成器服务。

 提示 下面给出了推荐使用的两个在线网站图标生成器:
favicon.io (https://favicon.io/)
Real FavIcon Generator (https://realfavicongenerator.net/)

另一种选择是从网上下载免费的网站图标集(这种图标集有很多)。

 提示 下面给出了两个提供免费网站图标下载的网站:
Icons8 (https://icons8.com/icons/set/favicon)
FreeFavicon (https://www.freefavicon.com/freefavicons/icons/)

事实上，前面用来创建 HealthCheck 项目的.NET Core 和 Angular Visual Studio 模板已经提供了一个网站图标，它包含在该项目的/www/根文件夹中。

坦白说，这个网站图标并不美观，如图 11-3 所示。

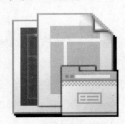

图 11-3 网站图标并不美观

尽管不好看，但它并不妨碍应用成为一个 PWA。我们可以保留这个网站图标，也可以使用前述某个网站改变它。

9. 添加 ngsw-config.json 文件

在 Solution Explorer 中，在 HealthCheck 项目的/ClientApp/文件夹下新建一个 ngsw-config.json 文件，并使用下面的源代码填充其内容:

```
{
  "$schema": "./node_modules/@angular/service-worker/config/
  schema.json",
  "index": "/index.html",
```

```
  "assetGroups": [
    {
      "name": "app",
      "installMode": "prefetch",
      "resources": {
        "files": [
          "/favicon.ico",
          "/index.html",
          "/manifest.webmanifest",
          "/*.css",
          "/*.js"
        ]
      }
    },
    {
      "name": "assets",
      "installMode": "lazy",
      "updateMode": "prefetch",
      "resources": {
        "files": [
          "/assets/**",
          "/*.(eot|svg|cur|jpg|png|webp|gif|otf|ttf|woff|woff2|ani)"
        ]
      }
    }
  ]
}
```

查看 assetGroup > app 节可知，上面的代码告诉 Angular 缓存 favicon.ico 文件和前面创建的
manifest.webmanifest 文件，以及主 index.html 文件和所有 CSS 及 JS bundle，即应用程序的静态资源
文件。之后是 assetGroup > assets 节，其中定义了图片文件。

这两个节的主要区别在于 installMode 参数值，它决定了一开始如何缓存这些资源：

- prefetch 告诉服务工作线程在缓存应用的当前版本时获取这些资源；换句话说，一旦资源可用
  (即浏览器第一次访问在线应用时)，它就把所有这些内容放到缓存中。也可以称之为提前缓
  存策略。
- lazy 告诉服务工作线程，只有当浏览器第一次显式请求这些资源时，才缓存它们。也可以称
  之为按需缓存策略。

对于只依赖于前端(不调用后端)的 Angular 应用，前面的设置很有用，因为这些文件基本上包含
了整个应用。例如，包含一个 HTML5 游戏(它可能依赖大量图片文件)的 Angular 应用可能会考虑把
一些(甚至全部)图片文件从 assets 节移动到 app 节，从而提前缓存整个应用(包括图标、精灵和所有图
片资源)，这样一来，即使应用离线，也是完全可用的。

但是，这种缓存策略不能满足 HealthCheck 和 WorldCities 应用的需求。即使告诉服务工作线程缓
存所有应用文件，当浏览器离线时，应用的所有 HTTP 调用仍将失败，而且不会告知用户这一点。事
实上，后端可用性需求迫使我们为这两个应用做更多的一些工作。

但是，在那之前，先来更新 WorldCities 应用。

11.3.2　自动安装

前一节手动执行了一些操作来为 HealthCheck 应用启用服务工作线程支持，这些操作其实可以使
用下面的 CLI 命令自动完成：

```
>ng add @angular/pwa
```

我们为 WorldCities 应用采用这种技术。

打开命令提示，导航到 WorldCities 应用的/ClientApp/文件夹，然后执行前面的命令。Angular CLI 将自动配置应用，添加@angular/service-worker 包并执行其他必要的步骤。

对于整个操作最重要的一些信息将写入控制台输入，如图 11-4 所示。

```
C:\Projects\NETCore3-Angular9\Chapter_11\WorldCities\ClientApp>ng add @angular/pwa

      ngsw-config.json (620 bytes)
      src/manifest.webmanifest (1079 bytes)
      src/assets/icons/icon-128x128.png (1253 bytes)
      src/assets/icons/icon-144x144.png (1394 bytes)
      src/assets/icons/icon-152x152.png (1427 bytes)
      src/assets/icons/icon-192x192.png (1790 bytes)
      src/assets/icons/icon-384x384.png (3557 bytes)
      src/assets/icons/icon-512x512.png (5008 bytes)
      src/assets/icons/icon-72x72.png (792 bytes)
      src/assets/icons/icon-96x96.png (958 bytes)
UPDATE angular.json (4643 bytes)
UPDATE package.json (1867 bytes)
UPDATE src/app/app.module.ts (3056 bytes)
UPDATE src/index.html (730 bytes)
  Packages installed successfully.

C:\Projects\NETCore3-Angular9\Chapter_11\WorldCities\ClientApp>
```

图 11-4　控制台输入

从日志中可以看到，自动过程执行的步骤与前面对 HealthCheck 应用执行的步骤相同。

 提示　在撰写本书时，@angular/pwa 包的最新版本是 0.900.0，但是 ng add 命令可能会安装一个较老的版本，如^0.803.21。我们可以保留该版本，也可以手动将其升级到最新版本，这两种方法都可以工作。

Angular PNG 图标集

PWA 自动安装功能还会在/ClientApp/src/assets/icons/文件夹中提供一些不同尺寸的 PNG 图标。如果使用一个图形应用打开它们，则可以看到它们都是 Angular logo，如图 11-5 所示。

图 11-5　PNG 图标

每当我们想让应用对公众可用时，都会想修改这些图标。但是，至少现在来说，它们够用了，所以我们将保留这些文件。接下来，我们来完成把 SPA 转换成为 PWA 所需执行的最后一个任务。

11.4 处理离线状态

我们已经在两个应用中配置了服务工作线程,接下来可以思考如何处理离线状态消息,以便在应用离线时,让组件表现出不同的行为,例如限制功能和向用户显示离线状态消息。

为了在不同条件下表现出不同的行为,需要找到一种方式来判断浏览器的连接状态,即浏览器是否在线。接下来将简单介绍几种不同的实现方法,以便能够做出最合理的选择。

11.4.1 选项 1:窗口的 isonline/isoffline 事件

如果愿意使用一种纯粹的 JavaScript 方法来处理这种需求,则使用 window.ononline 和 window.onoffline JavaScript 事件很容易实现。在任何 Angular 类中,都可以直接访问这两个事件。

下面展示了如何使用它们:

```
window.addEventListener("online", function(e) {
    alert("online");
}, false);

window.addEventListener("offline", function(e) {
    alert("offline");
}, false);
```

但是,如果愿意采用一种纯粹的 JavaScript 方法,则还有一种更好的实现方式。

11.4.2 选项 2:Navigator.onLine 属性

因为我们不想跟踪网络状态变化,而只是想找到一种简单的方式来确定浏览器是否在线,所以通过检查 window.navigator.onLine 属性,可以进一步简化操作:

```
if (navigator.onLine) {
    alert("online");
}
else {
    alert("offline");
}
```

从名称很容易猜到,该属性返回浏览器的在线状态。它返回一个布尔值,true 代表在线,false 代表离线。每当浏览器连接到网络的状态改变时,就会更新这个属性。

使用这个属性时,Angular 实现可以简化为如下所示:

```
ngOnInit() {
    this.isOnline = navigator.onLine;
}
```

然后,可以在组件的模板文件中使用 isOnline 局部变量,以便能够利用 ngIf 结构指令向用户显示不同的内容。这一定很简单吧?

遗憾的是,并非想象中那样简单。我们来解释一下原因。

JavaScript 方法的缺点

前面介绍的两种基于 JS 的方法都有一个严重的缺点:现代浏览器以不同的方式实现

navigator.onLine 属性(以及 window.ononline 和 window.onoffline 事件)。

具体来说，每当浏览器能够连接到局域网或路由器时，Chrome 和 Safari 会把该属性设为 true，这很容易造成错误解读，因为大部分家用和商用连接是通过一个局域网来连接到互联网的，即使互联网连接失败，局域网连接仍然可能是成功的。

 注意 关于 Navigator.onLine 属性及其缺点的更多信息，可以访问下面的 URL：
https://developer.mozilla.org/en-US/docs/Web/API/NavigatorOnLine/onLine。

综上所述，这意味着不能使用前面描述的便捷方法来检查浏览器的在线状态。如果我们想要认真地处理这个问题，就需要找到一种更好的方法。

11.4.3 选项 3：ng-connection-service npm 包

好消息是，有一个 npm 包正好能够满足我们的要求。这个包是 ng-connection-service，它基本上是一个互联网连接监控服务，能够检测出浏览器是否有一个活跃的互联网连接。

在线检测任务是通过使用一个可配置的心跳系统来实现的，该系统将定期向一个可配置的 URL 发送 HEAD 请求来判断互联网连接状态。

该包的默认值如下所示：

- enableHeartbeat: true
- heartbeatUrl: //internethealthtest.org
- heartbeatInterval: 1000 (毫秒)
- heartbeatRetryInterval: 1000
- requestMethod: head

 注意 关于 ng-connection-service npm 包的更多信息，可访问下面的 URL：
https://github.com/ultrasonicsoft/ng-connection-service。

大部分默认值都没有问题，但 heartbeatUrl 是一个例外，原因后面将会解释。

不必说，因为它是一个 Angular 服务，所以我们能够在一个中心位置配置它，然后在需要的时候注入该服务，而不需要每一次都手动配置。这一点很方便。

接下来看如何实现。

1. 安装 ng-connection-service

遗憾的是，ng-connection-service 的最新版本(该版本引入了心跳系统)还无法通过 npm 安装。上次更新的版本是 1.0.4，这是针对 Angular 6 开发的，并且仍然基于前面讨论的 window.ononline 和 window.onoffline 事件。

在撰写本书时，我不明白为什么创作人(Balram Chavan)还没有更新 npm 包；但是，因为他使用 MIT 许可在 GitHub 上提供了最新版本的源代码，所以我们可以手动把它添加到 HealthCheck 和 WorldCities 应用中。

为此，需要在 HealthCheck 和 WorldCities 项目中执行下面的步骤。

(1) 访问该项目的 GitHub 存储库：https://github.com/ultrasonicsoft/ng-connection-service。

(2) 使用 GIT 克隆该项目，或者将项目的 ZIP 文件下载到本地并解压缩到某个位置。

(3) 新建一个/ClientApp/src/ng-connection-service/文件夹，并把下面的文件复制到该文件夹中：

- connection-service.module.ts

- connection-service.service.spec.ts
- connection-service.service.ts

这些文件包含在 ng-connection-service npm 包 bundle 的如下子文件夹中：ng-connection-service-master\projects\connectionservice\src\lib。

现在，就可以在应用中实现该服务了。

2. 更新 app.component.ts 文件

应该按照如下方式向用户显示离线状态信息：

- 尽早显示，以便他们在导航到其他位置之前知道应用的连接状态。
- 在所有位置显示，以便即使用户访问的是一些内部视图，也会被告知离线状态。

因此，无论用户选择了什么前端路由，在 AppComponent 类中实现这种信息都是很合适的，因为该类包含了所有应用。

打开/ClientApp/src/app/app.component.ts 文件，按照如下所示修改这个类文件(已经突出显示了更新的行)：

```
import { Component } from '@angular/core';
import { ConnectionService } from '../ng-connection-service/
connection-service.service';

@Component({
    selector: 'app-root',
    templateUrl: './app.component.html'
})
export class AppComponent {
  title = 'app';

  hasNetworkConnection: boolean;
  hasInternetAccess: boolean;
  isConnected = true;
  status: string;
  constructor(private connectionService: ConnectionService) {
    this.connectionService.updateOptions({
        heartbeatUrl: "/isOnline.txt"
    });
  this.connectionService.monitor().subscribe(currentState => {
    this.hasNetworkConnection = currentState.hasNetworkConnection;
    this.hasInternetAccess = currentState.hasInternetAccess;
   if (this.hasNetworkConnection && this.hasInternetAccess) {
    this.isConnected = true;
    this.status = 'ONLINE';
   } else {
    this.isConnected = false;
    this.status = 'OFFLINE';
   }
  });
  }
}
```

可以看到，我们借此机会修改了 heartbeatUrl 值。我们没有查询一个第三方网站，而是检查一个专门的 isOnline.txt 文件(稍后将在应用中创建并恰当配置)。之所以做出这种选择，有一些很好的理由，下面列出其中最重要的两个理由：

- 避免招致第三方宿主厌烦。
- 避免第三方资源发生跨域资源共享(Cross-Origin Resource Sharing，CORS)问题。

 提示 稍后将用一个小节专门讨论 CORS。

因为前面提到的 isOnline.txt 文件还不存在，所以现在就来创建它。

在 Solution Explorer 中，右击 HealthCheck 项目的/www/文件夹，创建一个新的 isOnline.txt 文件，然后填充一个圆点。

事实上，这个文件的内容并不重要。因为我们只是对其执行一些 HEAD 请求来检查应用的在线状态，所以使用一个圆点就足够了。

 提示 记住对两个项目(HealthCheck 和 WorldCities)都执行前面的修改，并创建 isOnline.txt 文件。

3. 从缓存中移除 isOnline.txt 静态文件

isOnline.txt 文件是一个静态文件，因此，第 2 章为 HealthCheck 应用设置的静态文件缓存规则也会作用于这个文件。但是，因为该文件用于定期检查应用的在线状态，所以在后端缓存它不是一个好主意。

要从全局静态文件缓存规则中移除该文件，可打开 HealthCheck 的 Startup.cs 文件，并按照如下所示更新其内容(已经突出显示了新的/更新的行)：

```
// ...

app.UseStaticFiles(new StaticFileOptions()
{
    ContentTypeProvider = provider,
    OnPrepareResponse = (context) =>
    {
        if (context.File.Name == "isOnline.txt")
        {
            // disable caching for these files
            context.Context.Response.Headers.Add("Cache-Control",
            "no-cache, no-store");
            context.Context.Response.Headers.Add("Expires", "-1");
        }
        else
        {
            // Retrieve cache configuration from appsettings.json
            context.Context.Response.Headers["Cache-Control"] =
                Configuration["StaticFiles:Headers:Cache-Control"];
            context.Context.Response.Headers["Pragma"] =
                Configuration["StaticFiles:Headers:Pragma"];
            context.Context.Response.Headers["Expires"] =
                Configuration["StaticFiles:Headers:Expires"];
        }
    }
});

// ...
```

现在就从后端缓存中排除了 isOnline.txt 文件，可以执行下一个步骤了。

 提示　记住也要在 WorldCities 项目中配置 isOnline.txt 文件的 no-cache 设置。即使该项目中没有定义缓存规则，但通过添加上面的头，将 isOnline.txt 文件显式排除在缓存之外肯定是一个好主意。

4. 通过 npm 安装 ng-connection-service(另一种方法)

如果不想手动安装 ng-connection-service，则仍然可以通过在两个项目的/ClientApp/src/package.json 文件中添加下面突出显示的行(位于 dependencies 节的末尾)，使用 1.0.4 版本：

```
// ...

"zone.js": "0.10.2",
"ng-connection-service": "1.0.4"

// ...
```

并按照如下所示在 AppComponent 的文件中实现它：

```
import { Component } from '@angular/core';
import { ConnectionService } from 'connection-service';

@Component({
  selector: 'app-root',
  templateUrl: './app.component.html'
})
export class AppComponent {
  status = 'ONLINE';
  isConnected = true;

  constructor(private connectionService: ConnectionService) {
    this.connectionService.monitor().subscribe(isConnected => {
      this.isConnected = isConnected;
      if (this.isConnected) {
        this.status = "ONLINE";
      }
      else {
        this.status = "OFFLINE";
      }
    })
  }
}
```

可以看到，这个版本的 ConnectionServer 接口稍有不同，导致我们不能依赖于 hasNetworkConnection 和 hasInternetAccess 变量以及它们在新版本中提供的有用信息。

 提示　但是，如果选择这种简化但不那么健壮的方法，则不需要把 internethealthtest.org 网站配置到应用的 CORS 策略中，稍后将会详细介绍。

5. 更新 app.component.html 文件

最后，需要修改 AppComponent 的模板文件，以便每当 isConnected 局部变量的值为 false 时，向用户显示离线状态消息。

打开/ClientApp/src/app/app.component.html 文件，按照如下所示更新其内容：

```
<body>

    <div class="alert alert-warning" *ngIf="!isConnected">
        <strong>WARNING</strong>: the app is currently <i>offline</i>:
        some features that rely upon the back-end might not work as
        expected. This message will automatically disappear as soon
        as the internet connection becomes available again.
    </div>

    <app-nav-menu></app-nav-menu>
    <div class="container">
      <router-outlet></router-outlet>
    </div>
</body>
```

因为应用的 Home 视图不直接需要后端 HTTP 请求，所以我们选择只是显示一条警告消息，告诉用户应用的一些功能在离线时无法工作。另一方面，通过为其他元素添加一个额外的 ngIf="isConnected"结构指令，也可以完全停用应用的功能，使得离线状态消息成为唯一可见的输出。

11.4.4　跨请求资源共享

如前所述，ng-connection-service 的最新版本允许我们在一段指定的时间中发送 HEAD 请求("心跳")，以判断应用是否在线。但是，我们选择将该服务的默认值设置的第三方网站(internethealthtest.org)改为专门为此目的创建的一个本地文件(isOnline.txt)。

为什么要这么做？定期对一个第三方网站发送 HEAD 请求有什么问题？

第一个原因很容易理解：我们不想招致这些第三方网站厌烦，因为它们的目的肯定不是让我们检查它们的在线状态。如果这些网站的系统管理员在日志中看到我们的请求，则可能会禁止我们访问，或者采取一些应对措施，导致我们的心跳检查不能工作或者(更糟的是)降低其可靠性。

但是，避免使用那种方法，还有以下的第二个原因，这个原因更重要：允许我们的应用向外部网站发送 HTTP 请求，可能违反那些网站的默认 CORS 策略设置。花一点时间理解这个概念会很有帮助。

你可能已经知道，现代浏览器内置了一些安全设置，可阻止 Web 页面使用 JavaScript 向其他域(与提供该 Web 页面的域不同的域)发送请求，这种限制称为"同源策略"，用于防止心存恶意的第三方网站读取另一个网站的数据。

但是，大部分网站可能想要(或者需要)发出对其他网站的外部请求。例如，ng-connection-service 中配置的默认 heartbeatUrl 告诉我们的应用，向 internethealthtest.org 外部网站发送一个 HEAD 请求来检查其在线状态。

这些需求被称为 CORS，在大部分应用中都很常见。要允许 CORS，浏览器期望从接受请求的服务器(即托管必要资源的服务器)收到一个合适的 CORS 策略来允许请求通过。如果浏览器没有收到这种策略，或者策略中不包含发出请求的源，则 HTTP 请求将被阻止。

注意　关于 CORS 及其设置的更多信息，可访问下面的 URL：
https://developer.mozilla.org/en-US/docs/Web/HTTP/CORS。

如果我们的应用是远程服务器，则可以通过配置.NET CORS 中间件(它是

Microsoft.AspNetCore.Cors NuGet 包的一部分)来配置这种策略,但遗憾的是,ng-connection-service npm 包使用的心跳机制使我们的应用(及其主机名)成为源服务器,这意味着只有当远程服务器的 CORS 策略与我们兼容,并且不会修改 CORS 策略时,这种方法才能工作。

因为这种基于心跳的机制现在成为应用的关键部分,所以我们不能承担被拒绝访问的风险。因此,我们将不安全的第三方引用替换为一个更安全的 URL,使其指向我们控制的内部资源,这样一来,就不需要 CORS 策略,因为该资源与 Angular 应用托管在相同的服务器上。

 注意　要了解关于 Microsoft.AspNetCore.Cors NuGet 包和如何在.NET Core 应用中配置 CORS 的更多信息,可访问下面的 URL:
https://docs.microsoft.com/en-us/aspnet/core/security/cors。

现在,我们就成功地实现了所有必要的 PWA 功能。接下来,需要找到一种方法来恰当地测试前面完成的工作。由于 PWA 的独特之处,在 Visual Studio 中执行这种测试并不容易,但通过一些间接方法,也是可以做到的。

11.5　测试 PWA 能力

本节将为 HealthCheck 应用测试服务工作线程的注册。遗憾的是,在 Visual Studio 开发环境中进行这种测试相当复杂,这有几个原因,包括:

- ng serve 不支持服务工作线程。ng serve 是一个 Angular CLI 命令,当在调试模式下运行应用时,它会预安装包并启动应用。
- 只有当应用运行在生产环境中时,前面添加到 AppModule 类中的“服务工作线程注册”任务才会注册服务工作线程。
- Angular CLI 使用前面修改过的 angular.json 配置文件生成的必要静态文件只在生产环境中可用。

好消息是,我们能够避开这些限制。通过做一些调整,就能够在 Visual Studio 和 IIS Express 中恰当地测试 Web 应用清单文件和服务工作线程。

11.5.1　使用 Visual Studio 和 IIS Express

简单来说,需要执行下面的步骤:

(1) 为 HealthCheck 和 WorldCities 项目创建一个 Publish Profile,并使用它和生产环境配置(这是发布应用时的默认配置)把项目发布到一个临时文件夹。

(2) 将 CLI 生成的文件从发布文件夹复制到项目的/www/文件夹。

(3) 在调试模式下运行两个应用,检查它们的 PWA 能力。

 注意　这里做的调整是把 CLI 生成的文件复制到/www/文件夹,这样一来,即使在开发环境中生成并启动应用,这些文件对 Web 浏览器来说也是可用的。

现在就开始创建一个 Publish Profile。

1. 创建一个 Publish Profile

你可能已经知道,Publish Profile 是 Visual Studio 为把 Web 应用项目部署到生产环境所提供的一种方便的方式。这种功能允许把应用发布到文件系统、FTP/FTPS 服务器或者 Windows 或 Linux 上的 Azure App Service。

在我们的具体场景中，需要把.NET Core 和 Angular Web 应用发布到文件系统的一个文件夹中，以便能够在命令行使用 http-server 提供该应用。为此，需要执行下列步骤：

(1) 在 Solution Explorer 中右击项目，选择 Publish。

(2) 在可用选项中选择 Folder。

(3) 选择一个合适的文件夹路径(如 C:\Temp\HealthCheck\)，然后单击 Advanced 链接(如图 11-6 所示)。

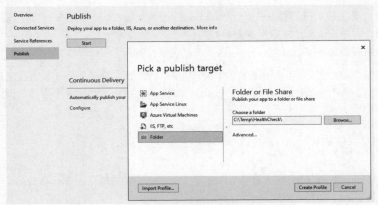

图 11-6　选择合适的文件夹路径

(4) 在高级设置中，选择下面的参数：

● Configuration: Release

● Target Framework: netcoreapp3.1

● Deployment Mode: Framework-Dependent

● Target Runtime: Portable

图 11-7 展示了这些配置：

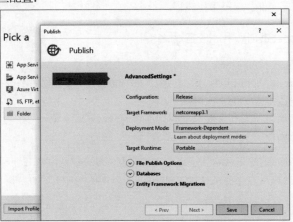

图 11-7　配置

(5) 完成后，单击 Save 来保存高级设置，然后单击 Create Profile 来完成工作。这将在项目的 Properties/PublishProfiles 文件夹中添加一个新的 FolderProfile.pubxml 文件。

现在，可以单击 Publish 按钮，将 HealthCheck 应用文件发布到选定的文件夹。然后，可以为

WorldCities 应用重复相同的任务，并相应地修改目标文件夹。

2. 复制 CLI 生成的文件

现在已经有了一个生产版本，所以可以把 CLI 生成的文件从文件系统上的发布文件夹(如 C:\Temp\HealthCheck\和 C:\Temp\WorldCities\)复制到项目的/www/文件夹。

> **提示**　第 2 章介绍过，/www/文件夹可用于托管 Web 应用的静态文件，即想提供给公众使用的文件。我们正需要这种功能，以便让浏览器能够访问这些 CLI 生成的文件，从而能够获取 Web 清单文件及注册服务工作线程。

需要复制的文件如下所示：
- manifest.webmanifest
- ngsw.json
- ngsw-worker.js
- safety-worker.js
- worker-basic.min.js

完成后，就可以按 F5 键在调试模型下启用应用，就像前面的章节所做的那样。

3. 测试 PWA

现在终于能够合理地测试应用的 PWA 能力了。为简单起见，接下来将只展示 HealthCheck 相关的屏幕截图，不过因为我们使用了相同的实现模式来配置 WorldCities 应用，所以这些检查也适用于该应用。

> **提示**　强烈建议使用 Google Chrome 执行下面的测试，因为 Chrome 为检查 Web 应用清单和服务工作线程是否存在提供了一些方便的内置工具。另外，一定要使用隐身模式，以确保服务工作线程总是从头启动，而不会读取之前构建的缓存或状态。

当应用的 Home 视图正确加载后，按 Shift+Ctrl+J 打开 Chrome 开发者工具，如图 11-8 所示。

图 11-8　打开 Chrome 开发者工具

可以看到，如果导航到开发者工具的 Application 标签页，能够看到 Web 应用清单文件已经正确加载。如果在 Application | Manifest 窗格中向下滚动，还能够看到 PNG 图标。

接下来可以查看 Application | Service Workers 窗格，它应该与图 11-9 非常类似。

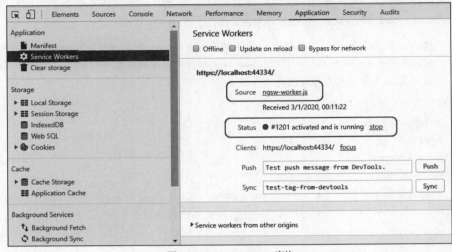

图 11-9　Service Workers 窗格

在这个窗格中，能够清晰地看到服务工作线程 JavaScript 文件，以及其注册日期和当前运行状态。

现在，我们来让 Web 浏览器离线。为此，选中 Chrome 开发者工具的 Application 标签页左上部分的 Offline 复选框，看看会发生什么，如图 11-10 所示。

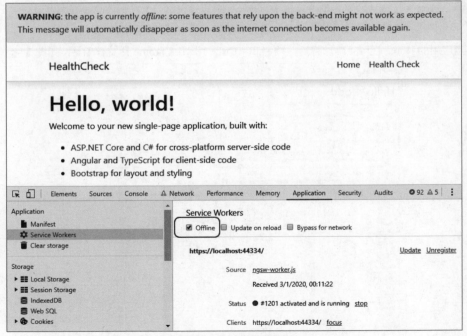

图 11-10　选中 Offline 复选框

我们的 ng-connected-service 实现将导致离线警告消息立即显示出来。如果打开 Network 标签页，可以看到已经无法再访问 isOnline.txt 文件，这意味着 AppComponents 的 isConnected 变量现在为 false。

现在，恢复连接(取消选中 Offline 复选框)，检查这两个能力：PWA 的可连接和可安装能力。浏览器地址栏最右侧清晰展示了这两种能力，如图 11-11 所示。

图 11-11　检查

如果把鼠标指针移动到这两个位置，应该会显示上下文消息，分别要求我们把应用的 URL 发送到其他设备和把应用安装到桌面。

4. 安装 PWA

现在，单击 install 按钮(图标为圆圈中包含一个加号)，确认想在本地安装 HealthCheck PWA。这将显示新安装应用的 Home 视图，如图 11-12 所示。

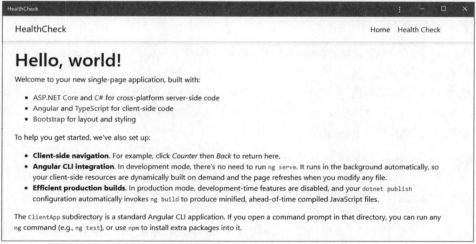

图 11-12　Home 视图

看到该视图后，执行下面的操作：

(1) 按 Shift + Ctrl + J，再次打开 Google Chrome 开发者工具。

(2) 导航到 Application | Service worker 窗格。

(3) 选中 Offline 复选框。

应用会再次显示离线警告消息。现在，单击应用的导航菜单右上角的 Health Check 链接，以导航到该视图。

应该会看到如图 11-13 所示的界面。

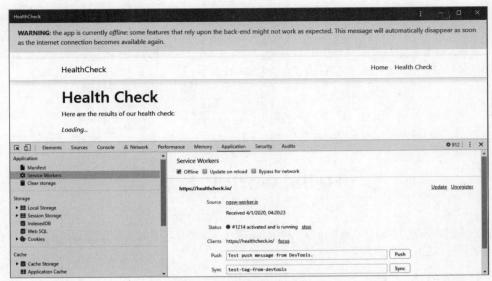

图 11-13 把离线消息显示给用户

可以看到，应用在离线情况下也可以工作：把离线消息显示给用户。

 提示 Google Chrome 开发者工具右上部分显示的 912 表明心跳机制在正常工作，定期尝试找到 isOnline.txt 文件。

我们将无法看到包含健康检查结果的表格。但是，离线警告消息足以让用户知道，当应用离线时，这种行为是完全可以接受的。

现在，我们就成功地把 SPA 转换成 PWA。事实上，这种很有发展前景的部署方法提供了众多可能性，前面的介绍只不过是冰山一角；但是，我们已经成功地演示，我们使用的前端和后端框架完全能够恰当地、一致地满足 PWA 的主要需求。

11.5.2 其他测试方法

如果不想使用前面的调整，则还有其他一些选项可用，例如：

- 在一个类似生产的环境中发布应用。
- 使用一个支持服务工作线程的 HTTP 服务器，在本地提供用于发布应用的文件系统文件夹的内容。

第 12 章将详细讨论第一种选项。要实现第二种选项，可使用 http-server，这是一个简单的、轻量级命令行 HTTP 服务器，可以在几秒内安装并启动。

使用 http-server 提供 PWA

可以使用 npm 安装 http-server，也可以使用 npx 直接启用 http-server。npx 是随 Node.js 发布的一个工具，能够用来直接执行 npm 包的二进制文件，而不必先安装它们。

如果想在启动 http-server 前先全局安装它，那么可以使用下面的命令进行安装：

```
> npm install http-server -g
> http-server -p 8080 -c-1 C:\Temp\HealthCheck\ClientApp\dist\
```

如果只是想测试服务工作线程，则可以使用下面的命令：

```
> npx http-server -p 8080 -c-1 C:\Temp\HealthCheck\ClientApp\dist\
```

这两个命令都会启动 http-server，并在本地的 8080 TCP 端口上提供 HealthCheck 应用，如图 11-14 所示。

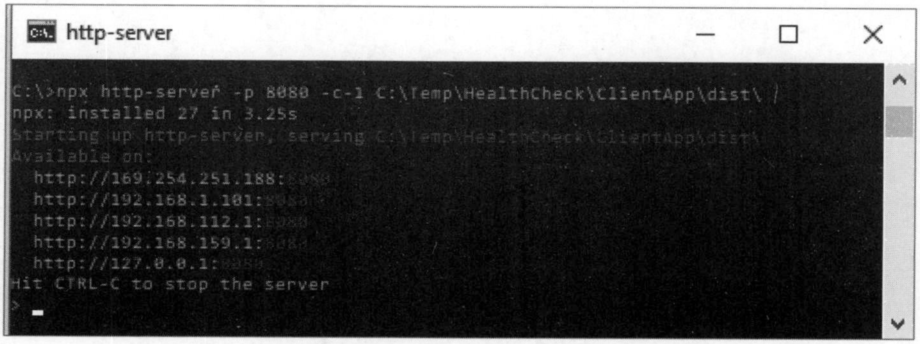

图 11-14　启动 http-server

然后，就可以打开浏览器，在地址栏中输入下面的 URL 来连接该应用：http://localhost:8080。

可以像前面使用 Visual Studio 和 IIS Express 所做的那样，检查应用的 PWA 能力。但是，因为 http-server 没有原生支持.NET Core，所以我们无法测试后端 HTTP 请求。好在，运行这些测试并不需要用到后端。

11.6　小结

本章主要介绍 PWA。我们首先介绍了这种现代 Web 开发模式的高层面特征，以及如何把这些特征转换成为技术需求。之后，我们使用前端和后端框架提供的各种选项，开始实现这些需求。

因为 PWA 的概念与应用的前端方面密切相关，所以我们选择采用 Angular 的方式来实现 PWA 的必要能力。这里展示了两种方法：首先为 HealthCheck 应用采用手动实现，然后为 WorldCities 应用使用 Angular CLI 支持的自动安装功能。在这两种场景中，我们充分利用了@angular/service-worker npm 包，这是从 Angular 5 开始可用的一个模块，它提供了一个功能完善的、很容易集成到应用中的服务工作线程实现。

之后，我们使用 Google Chrome 及其开发者工具手动运行了一些一致性测试，以检查应用中新增的 PWA 能力。为了进行测试，我们还学习了如何使用 Visual Studio 的 Publish Profile 功能来发布应用。

到本章结束时，我们已经看到了服务工作线程的作用，还看到 Web 应用清单文件能够提供 PNG 图标，以及为应用提供安装和链接功能。

本章学到的概念还帮助我们关注与开发环境和生产环境的区别有关的一些重要问题，从而为学习本书最后一章的内容做好了铺垫。下一章的主题是 Windows 和 Linux 上的部署。

11.7 推荐主题

渐进式 Web 应用(PWA)、@angular/service-worker、安全源、HTTPS、TLS、Let's Encrypt、服务工作线程、HTTP 拦截器、网站图标、Web 应用清单文件、Microsoft.AspNetCore.Cors、跨域资源共享(CORS)、离线状态、window.navigator、ng-connection-service、IIS Express、http-server。

Windows 和 Linux 部署

ASP.NET Core 和 Angular 开发的学习旅程快要结束了。从第 1 章开始开发的 Web 应用程序 (HealthCheck 和 WorldCities)现在已经成为可以交付的产品，能够发布到一个合适的环境中进行评估。

本章将介绍的主题

- **为生产环境准备应用。**我们将学习一些有用的优化策略，以便把应用移到一个生产文件夹中。
- **Windows 部署。**我们将看到如何把 HealthCheck Web 应用部署到 Windows Server 2019 环境，并使用 IIS 和新的进程内托管模型把该应用发布到 Web 上。
- **Linux 部署。**我们将把 WorldCities Web 应用部署到一个 Linux CentOS 服务器，并在基于 Nginx 的代理上使用 Kestrel Web 服务器把该应用发布到 Web 上。

本章的内容比较多，最终目标是帮助你学习一些必要的工具和技术，以便把.NET Core 和 Angular 应用发布到 Windows 和/或 Linux 生产服务器上。下面就开始学习。

12.1 技术需求

本章将需要用到第 1 章到第 11 章中提到的所有技术，以及下面的包：

对于 Windows 部署：

- Internet Information Services(IIS)(Windows Server)
- ASP.NET Core 3.1 Runtime 和 Windows Hosting Bundle Installer for Win64(ASP.NET Core 官方网站)

对于 Linux 部署：

- ASP.NET Core 3.1 Runtime for Linux(YUM 包管理器)
- .NET Core 3.1 CLR for Linux(YUM 包管理器)
- Nginx HTTP 服务器(YUM 包管理器)

同样，并不建议立即安装它们。我们将在本章进行过程中逐渐安装它们，以便能够理解它们在项目中的使用环境。

本 章 的 代 码 文 件 存 储 在 以 下 地 址 ： https://github.com/PacktPublishing/ASP.NET-Core-3-and-Angular-9-Third-Edition/tree/master/Chapter_12/。

12.2 为生产环境做好准备

本节讨论如何进一步优化应用的源代码，以便为把它们发布到生产环境做好准备。我们将主要讨论服务器端和客户端缓存、环境配置等。在这个过程中，还将学习前端和后端框架提供的一些有用的生产优化提示。

具体来说，将讨论下面的内容：

● .NET Core 部署提示。我们将学习如何为生产使用优化后端。

● Angular 部署提示。我们将介绍 Visual Studio 模板为优化前端生产构建阶段使用的一些策略。

现在就开始学习。

12.2.1　.NET Core 部署提示

你可能已经知道，ASP.NET Core 允许开发人员根据不同环境调整应用的行为，其中最常见是开发、准备和生产环境。在运行时，通过检查可在项目配置文件中配置和修改的一个环境变量，来识别当前激活的环境。

这个环境变量的名称是 ASPNETCORE_ENVIRONMENT。在 Visual Studio 中运行项目时，可以使用/Properties/launchSettings.json 文件设置该变量。在 Web 应用程序启动时，会对本地开发机器应用一些设置，而/Properties/launchSettings.json 文件就控制着这些设置。

1. launchSettings.json 文件

如果查看 launchSettings.json 文件，可以看到它为应用的每个执行 profile 包含一些特定的设置。作为一个简单的示例，下面列出了 HealthCheck 项目的/Properties/launchSettings.json 文件的内容：

```
{
  "iisSettings": {
    "windowsAuthentication": false,
    "anonymousAuthentication": true,
    "iisExpress": {
      "applicationUrl": "http://localhost:40082",
      "sslPort": 44334
    }
  },
  "profiles": {
    "IIS Express": {
      "commandName": "IISExpress",
      "launchBrowser": true,
      "environmentVariables": {
        "ASPNETCORE_ENVIRONMENT": "Development"
      }
    },
    "HealthCheck": {
      "commandName": "Project",
      "launchBrowser": true,
      "applicationUrl":
      "https://localhost:5001;http://localhost:5000",
      "environmentVariables": {
        "ASPNETCORE_ENVIRONMENT": "Development"
      }
    }
  }
}
```

可以看到，当前设置了两个执行 profile：

● IIS Express profile，它与 IIS Express HTTP 服务器相关。每当我们按 F5 键(除非你修改了默认调试行为)在调试模式下启动项目时，就会使用此 profile。

- HealthCheck profile，它与应用程序自身相关。每当我们使用.NET Core CLI(换句话说，即 dotnet run 控制台命令)启动应用时，就会使用该 profile。

对于这两个 profile，ASPNETCORE_ENVIRONMENT 变量目前都被设置为 Development 值，这意味着除非修改了这些值，否则将总是使用 Visual Studio 在开发模式下运行应用。

2. 开发、准备和生产环境

不同的环境如何影响 Web 应用程序的行为？

在应用程序启动后，ASP.NET Core 会读取 ASPNETCORE_ENVIRONMENT 环境变量，将其值存储到应用的 IWebHostEnvironment 实例的 EnvironmentName 属性中，顾名思义，该实例提供了关于应用程序所在的 Web 托管环境的信息。设置了该变量的值后，就可以在代码中使用它(可直接使用或借助某些帮助方法使用)，在后端生命周期的任意时刻确定应用的行为。

在.NET Core 应用的 Startup 类中，我们已经看到了这些方法。例如，下面展示了 HealthCheck 项目的 Startup.cs 源代码中的帮助方法：

```
// ...

if (env.IsDevelopment())
{
    app.UseDeveloperExceptionPage();
}
else
{
    app.UseExceptionHandler("/Error");
    // The default HSTS value is 30 days. You may want to change this
    // for production scenarios, see https://aka.ms/aspnetcore-hsts.
    app.UseHsts();
}

// ...
```

上面的代码是 Startup 类的 Configure()方法的一部分，它告诉应用根据条件做出不同的选择：

- 当运行在开发环境时，使用开发人员异常页面。
- 当运行在准备和生产环境时，使用自定义的 ExceptionHandler 中间件。

这意味着在.NET Core 应用崩溃时，将根据不同条件显示不同消息：

- 向开发人员显示低级、详细的错误消息(如异常信息和栈追踪)。
- 向最终用户显示高级、宽泛的不可用消息。

 注意　开发人员异常页面包含关于异常和请求的一系列详细的、有用的信息，例如异常和内部异常、栈追踪、查询字符串参数、cookie 和 HTTP 头。

关于该页面以及 ASP.NET Core 中的错误处理的更多信息，请访问下面的 URL：
https://docs.microsoft.com/en-us/aspnet/core/fundamentals/error-handling。

从上面的代码还可以看到，当应用在生产环境中执行时，将设置一个 30 天的 HTTP 严格传输安全(HTTP Strict Transport Security，HSTS)max-age 报头值。这种行为遵守良好的 HTTP 安全实践，因此当把应用发布到 Web 上供公众访问时，是一种高度期望的行为，但在调试环境中却没什么作用(还可能成为一种阻碍)，所以我们没有设置该值。

在上面代码下面的几行，可以看到下面的代码：

```
// ...

if (!env.IsDevelopment())
{
    app.UseSpaStaticFiles(new StaticFileOptions()
    {
        ContentTypeProvider = provider
    });
}

// ...
```

这是应用中另一个关键的结构点，第 2 章在第一次介绍.NET Core 的 Startup 类时曾简单提到。

UseAngularCliServer()方法将发送给 Angular 应用的所有请求传递给 Angular CLI 服务器(ng serve)的一个内存实例。大部分开发场景都应该选择这种方法，因为它能确保应用提供最新的资源；但是，对于生产场景来说，它的效果就不那么好了，因为在生产环境中，这些文件不轻易发生改变，所以可以使用 Angular CLI 生成的静态文件(ng build)来提供它们，而不必浪费服务器的 CPU 和内存资源。

3. 经验法则

现在，我们知道了如何在代码中判断 Web 应用的执行环境，并使 HTTP 管道相应地表现出不同的行为，接下来应该学习如何恰当地采用和调整这些实践，使其最适合不同的环境。

因为开发环境只对开发人员可用，所以相比性能，开发环境总是应该侧重调试能力。因此，应该避免缓存，使用内存加载策略来快速响应变化以及发出尽可能多的诊断信息(日志、异常等)，以帮助开发人员快速理解发生了什么。

 提示　如果还记得第 9 章对测试驱动开发(TDD)的介绍，则很容易理解，TDD 实践在开发环境中最能大展身手。

反过来，对于生产环境，应用下面的经验法则是做这些决定的好方法：

- 尽可能打开缓存，以节省资源并提高性能。
- 确保从内容分发网络(Content Delivery Network，CDN)等提供所有客户端资源(如 JavaScript、CSS 文件)，并进行打包和精简。
- 关闭诊断错误页面，并/或把它们替换为友好的、人们容易理解的错误页面。
- 使用应用性能管理工具或其他实时监控、审查或看门狗策略来启用生产日志和监控。
- 实现框架支持的最佳安全实践，如采用 Open Web。
- 为软件开发以及网络、防火墙和服务器配置实现 OWASP(Open Web Application Security Project，开放 Web 应用程序安全项目)方法。

这些是一般性指导原则(或良好实践)，在为生产环境优化 Web 应用的后端部分时应当认真考虑它们。

准备环境是什么样子呢？事实上，准备环境主要用作预生产环境，在这里可以自行执行(或安排一些测试人员执行)前端测试，没有问题后才进行生产部署。理想情况下，准备环境的物理特征应该与生产环境相同，这样可能在生产环境中出现的问题，会首先在准备环境中出现，而在准备环境中解决这些问题不会对用户造成影响。

 提示　如果还记得第 9 章介绍的对行为驱动开发的分析，会认识到准备环境是在把应用发布到生产环境之前，测试应用中新增功能的期望行为的理想环境。

4. 设置生产环境

当把 Web 应用发布到生产环境时，就像在第 11 章为 HealthCheck 和 WorldCities 应用中配置了一个基于文件夹的发布 profile 时，ASPNETCORE_ENVIRONMENT 变量会发生什么？

查看这些文件夹会发现，其中不包含 launchSettings.json 文件，因为我们没有发布该文件。这肯定是期望的结果，因为它只会被 Visual Studio 和其他本地开发工具使用。

每当在生产服务器上托管应用时，必须使用下面的某种方法手动设置该变量：

- 使用一个同名的、专门的环境变量。
- 使用特定的平台设置。
- 使用一个命令行开关。

这些方法都严重依赖于服务器的操作系统。在接下来的小节中，我们将介绍如何在 Windows 和 Linux 服务器上执行它们。

 提示　需要重点记住，一旦设置了环境，则在 Web 应用的运行过程中，无法修改环境。

如果没有找到与环境相关的设置，则 Web 应用将总是使用生产值作为默认设置。从性能和安全性的角度看，这是最保守的选择，因为大部分调试功能和诊断消息将被禁用。

另一方面，如果多次设置了环境(如先使用环境变量设置、然后使用命令行开关设置)，则应用将使用最后读取的环境设置，从而遵守级联规则。

5. ASP.NET Core 部署模式

第 11 章创建了第一个发布 profile 把应用部署到一个本地文件夹，当时没有修改部署模式设置，而是保留了默认值。坦白说，之所以做出这种选择，是因为当时修改部署模式也不会有太大区别，因为我们只是使用该版本来移动一些与 PWA 相关的生成文件，然后在标准的 Visual Studio 测试运行中使用这些文件来注册服务工作线程。

但是，.NET Core 的部署模式是一种非常重要的配置功能，我们肯定需要理解它，才能在把应用部署到生产环境时做出正确的选择。

接下来将解释 Visual Studio 为.NET Core 应用提供的 3 种不同类型的部署。

- 依赖框架的部署(Framework-Dependent Deployment，FDD)：顾名思义，这种部署模式需要目标系统上安装了.NET Core 框架，并且框架可用；换句话说，只要托管服务器支持.NET Core，我们将构建一个可移植的.NET 应用程序。
- 自包含部署(Self-Contained Deployment，SCD)：这种部署模式不要求目标系统上存在.NET 组件。生产版本中将包含所有组件，包括.NET Core 库和运行时。如果托管服务器支持.NET Core，应用将在隔离模式下运行，与其他.NET Core 应用分隔开。SCD 部署版本将包含可执行文件(在 Windows 平台上是一个.exe 文件)，以及包含应用程序运行时的.dll 文件。
- 依赖框架的可执行文件(Framework-Dependent Executable，FDE)：这种部署模式将生成一个在托管服务器上运行的可执行文件，要求托管服务器上必须安装.NET Core 运行时。这种模式与 FDD 很相似，因为二者都依赖于框架。

接下来介绍每种部署模式的优缺点。

6. 依赖框架的部署的优缺点

使用 FDD 模式为开发人员提供了如下一些优点。

- 平台无关: 不需要定义目标操作系统, 因为无论托管服务器使用了什么平台, 其上安装的.NET Core 运行时将无缝地处理应用的执行。
- 包小: 因为部署 bundle 只包含应用的运行时和第三方依赖, 所以很小。部署 bundle 中不包含.NET Core 自身, 因为按照设计, 我们期望它在目标机器上已经存在。
- 最新版本: 根据默认设置, FDD 总是使用模板系统上安装的最新运行时(已经应用了最新的安全补丁)。
- 在多托管场景中提供更好的性能: 如果托管服务器上安装了多个.NET Core 应用, 那么共享的资源使我们能够节省一些存储空间, 并且最重要的是, 能够降低内存使用量。

但是, 这种部署模式也具有如下一些缺点。

- 降低兼容性: 托管服务器上安装的.NET Core 运行时的版本必须与应用使用的版本兼容(或更高)。如果托管服务器上安装的版本更老, 则应用将无法运行。
- 稳定性问题: 如果.NET Core 运行时和/或库改变了行为(换句话说, 如果由于安全或许可原因, 它们引入了破坏性变化或降低了兼容性), 则这些修改很可能也会影响到我们的应用。

7. 自包含部署的优缺点

使用 SCD 模式有两大优势, 在特定的场景中要比其缺点更加重要。

- 完全控制发布的.NET Core 版本, 而不管托管服务器上安装了什么版本(或者托管服务器上安装的版本在将来会发生什么变化)。
- 没有兼容性问题, 因为 bundle 中将提供所有必要的库。

但这种模式也具有如下一些缺点。

- 依赖于平台: 能够在生产包中提供.NET Core 运行时, 要求开发人员提前选择目标生成平台。
- bundle 大小增加: 增加了.NET Core, 必然导致增加对磁盘空间的要求。如果计划在一个托管服务器上部署多个 SCD .NET Core 应用, 这会造成较大影响, 因为每个应用都需要很大的磁盘空间。

8. 依赖于平台的可执行文件的优缺点

.NET Core 2.2 中引入了 FDE 部署模式。从 3.0 版本开始, FDE 部署模式成为基本命令 dotnet publish 的默认模式(前提是没有指定选项)。这种方法具有下面的优点。

- 包比较小、版本最新, 并且在多托管场景中提供更好的性能, 这几点与 FDD 模式一样。
- 容易运行。可直接启动并执行已部署的可执行文件, 并不需要调用 dotnet CLI。

这种方法具有下面的缺点。

- 降低了兼容性: 与 FDD 一样, 应用要求.NET Core 运行时的版本与应用自己使用的版本兼容(或更新)。
- 稳定性问题: 同样, 如果.NET Core 运行时和/或库改变了行为, 则这些改变可能破坏应用或者导致应用改变行为。
- 依赖于平台: 因为应用是一个可执行文件, 所以必须针对不同的目标平台发布。

很容易猜到, 这三种部署模式都可能适用、也可能不适用, 是否适用取决于多个因素, 例如我们对部署服务器具有多大的控制权、计划发布多少个.NET Core 应用以及目标系统的硬件和软件能力。

一般来说, 只要我们有权在部署服务器上安装和更新系统包, FDD 模式的效果应该会很好; 反过来, 如果使用云托管服务来托管应用, 并且托管服务中不包含期望的.NET Core 运行时, 则 SCD 可能是最符合逻辑的选择。可用的磁盘空间和内存大小也是一个重要因素, 当我们计划发布多个应用时尤其如此。

我们将使用 FDD(默认)部署模式，因为现在的场景需要发布两个不同的应用，且这两个应用在相同的服务器上共享相同的.NET Core 版本。

12.2.2　Angular 部署提示

现在把注意力转向前端，了解我们在构建两个应用时使用的 Visual Studio 模板如何处理 Angular 的生产部署任务。

不必说，我们针对后端解释的良好实践也适用于前端，稍后将会看到这一点。换句话说，性能和安全性也是前端的主要目标。

接下来，我们来看看 Angular CLI(由新的编译和渲染管道 Ivy 支持)如何处理应用的发布和部署任务。

1. ng serve、ng build 和 packag.json 文件

你应该已经知道，每当在 Visual Studio 中按 F5 键时，将使用 Angular CLI 服务器的一个内存实例来提供 Angular 应用。这种服务器是由 Visual Studio 使用 ng serve 命令启动的。

如果在初始调试阶段、浏览器打开之前，查看 Visual Studio 的 Output 窗口，可以清晰地看到该命令，如图 12-1 所示。

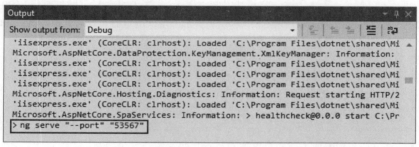

图 12-1　Output 窗口

反过来，当使用发布 profile 把应用部署到生产环境时，Visual Studio 使用 ng build 命令和--prod 标志，如图 12-2 所示。

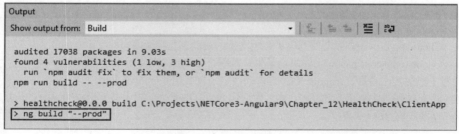

图 12-2　使用的命令和标志

这两个命令都包含在/ClientApp/package.json 文件中。我们可以在该文件中修改或配置这两个命令来满足自己的需要，不过默认设置对于开发和部署到生产环境来说已经很好。

Visual Studio 添加到 ng build 命令的--prod 标志会激活如下一些优化功能。

- 提前(AOT)编译：这将把 HTML 和 TypeScript 代码编译成为高效的 JavaScript 代码，以便在浏览器中提供更快渲染；默认模式(用于 ng serve 和--prod 标志未启用时)称为即时(JIT)编译，将在运行时在浏览器中编译应用，因此更慢，是一种优化程度低的选项。
- 生产模式：通过禁用一些特定于开发的检查，如双更改检测周期，使得应用运行更快。
- bundle：将各种应用和第三方文件(NPM 包)连接到几个 bundle 中。
- 精简：删除 HTML、JS 和 CSS 文件中的空格、注释、可选令牌和任何不必要的字符及工件。
- 丑化：重写 JavaScript 代码来缩减变量和函数的名称，使它们难以理解，并使得恶意的逆向工程更难实现。
- 清理死代码：删除所有未被引用的模块和/或未使用的代码文件、代码段或代码节。

可以看到，上述功能的目标都是提高生产版本的性能和安全性。

2. 差异加载

另一个值得了解的功能是差异加载，这是 Angular 8 中引入的一项功能。在前面介绍--prod 开关带来的优化时，没有把它列出来，这是因为差异加载是一种默认功能，并不受该开关的限制。

差异加载是 Angular 为应对各种浏览器(尤其是老浏览器，即仍然基于老版本 JavaScript 的浏览器)的兼容性问题所使用的一种方法。

查看/ClientApp/tsconfig.json 文件可知，我们的 TypeScript 代码将被转译并打包到 ES2015(也称为 ECMAScript2015、ECMAScript v6 或 ES6)，这是与大部分现代浏览器兼容的一种 JavaScript 语法。但是，仍然有许多用户在使用老客户端，如老的桌面计算机、笔记本计算机和/或移动设备，它们仍然在使用 ES5 或更老的版本。

为解决这个问题，Angular 之前的版本以及其他大部分前端框架提供了许多支持库(称为 polyfill)，根据条件为没有原生支持某些功能的浏览器实现这些功能。遗憾的是，这种方法会显著增加生产 bundle 的大小，从而导致所有用户的性能受到影响，包括那些使用现代浏览器、所以根本不需要这些 polyfill 的用户。

差异加载通过在生成阶段生成两个单独的 bundle 集来解决这个问题：

- 第一个 bundle 包含应用的代码，这些代码是使用现代的 ES2015 语法转译、精简和丑化的代码。这个 bundle 提供了较少的 polyfill，所以更小。
- 第二个 bundle 包含使用 ES5 语法转译的相同代码，以及所有必要的 polyfill。不必说，这个 bundle 会更大，但它能够很好地支持老浏览器。

通过修改两个文件，可以配置差异加载功能：

- /ClientApp/browserlist 文件列出了应用支持的最低浏览器版本。
- /ClientApp/tsconfig.json 文件决定了将针对哪个 ECMAScript 版本编译代码。

通过考虑这两个设置，Angular CLI 将自动决定是否启用差异加载功能。

我们的具体场景中启用了此功能。通过在应用的生产部署文件夹中查看生成的 index.html 文件的 \<body>节，可以看到这一点：

```
<!-- ... -->

<body>
    <app-root>Loading...</app-root>
    <script src="runtime-es2015.e59a6cd8f1b6ab0c3f29.js"
    type="module"></script>
    <script src="runtime-es5.e59a6cd8f1b6ab0c3f29.js" nomodule
    defer></script>
```

```
    <script src="polyfills-es5.079443d8bcab7d711023.js" nomodule
    defer></script>
    <script src="polyfills-es2015.58725a5910daef768ca8.js"
    type="module"></script>
    <script src="main-es2015.fc7dc31b264662448f17.js"
    type="module"></script>
    <script src="main-es5.fc7dc31b264662448f17.js" nomodule
    defer></script>
</body>

<!-- ... -->
```

这种策略非常有效，因为它允许 Angular 应用支持多个浏览器，而不会强迫现代浏览器的用户获取所有不必要的 bundle。

3. angular.json 配置文件

npm serve 和 npm build 最重要的区别在于，只有后者才会真正把生成的构建工件写入输出文件夹。这些文件是使用 webpack 生成工具构建的，在/ClientApp/src/angular.json 配置文件中可配置该工具。

输出文件夹也是在该文件中设置的，具体来说，是在 projects｜[projectName]｜architect｜build｜options｜outputPath 节中设置的。在示例应用中，输出文件夹是 dist 文件夹，这意味着将把它们部署到/ClientApp/dist/文件夹中。

4. 自动部署

Angular 8.3.0 引入了新的 ng deploy 命令，它可借助使用 ng add 安装的第三方生成器，把 Angular 应用部署到某个可用的生产平台上。

下面列出了在撰写本书时支持的生成器：

- @angular/fire(Firebase)
- @azure/ng-deploy(MS Azure)
- @zeit/ng-deploy(ZEIT Now)
- @netlify-builder/deploy(Netlify)
- @angular-cli-ghpages(GitHub 页面)
- ngx-deploy-npm(NPM)

虽然 Visual Studio 还不支持 ng deploy CLI 选项，但使用一些预设值(可在 angular.json 文件的 deploy 节中配置它们)立即部署应用是非常有用的。我们项目的 angular.json 文件中不包含该节，但只要使用 ng add CLI 命令(及其对应的默认设置)安装了前面列出的某个项目，将在 angular.json 文件中立即添加该节。

5. CORS 策略

第 11 章已经介绍了跨请求资源共享(CORS)。在该章中，我们修改了 ng-connection-service heartbeatUrl 默认设置，使其针对一个自己托管的本地.txt 文件(而不是一个第三方 URL)执行 ping 操作。由于该修改，两个应用都不会遇到 CROS 错误，因为它们只会对我们自己的.NET Core 后端发送 HTTP 请求，而该后端很可能托管在相同的服务器上，所以具有相同的 IP 地址/主机名。

但在将来，我们可能想把后端移动到其他地方，或者添加一些对其他远程服务的 HTTP 调用(多个后端系统和/或存储)。如果计划这么做，那么在客户端级别没什么能做的。我们需要在目标服务器上实现一个合适的 CORS 策略。

注意 关于 CORS 以及如何为特定服务器启用 CORS 的介绍，请访问下面的网址：https://enable-cors.org。

好在，对于我们将要介绍的 Windows 和 Linux 部署场景，不需要实现任何 CORS 策略。

12.3　Windows 部署

本节将学习如何在 MS Azure 中托管的 Windows 2019 DataCenter Edition 服务器上部署 HealthCheck Web 应用程序。

我们将完成下面的工作：

- 使用 Windows 2019 Datacenter Edition 模板在 MS Azure 中创建一个新的 VM，并将其配置为在 TCP 端口 3389(用于远程桌面)和 443(用于 HTTPS)上接收入站调用。
- 通过下载和/或安装托管 HealthCheck 应用需要的所有服务和运行时来配置 VM。
- 将 HealthCheck 应用发布到我们设置的 Web 服务器。
- 从远程客户端测试 HealthCheck 应用。

现在就开始动手。

提示 在这个部署示例中，将在 MS Azure 平台上设置一个全新的 VM，这需要做一些额外的工作。如果已经有了一个针对生产环境配置好的 Windows 服务器，可以跳过与设置 VM 相关的段落，而直接阅读与发布应用相关的主题。

12.3.1　在 MS Azure 上创建一个 Windows Server VM

如果还记得第 4 章在部署 SQL Database 时对 MS Azure 所做的介绍，就已经为接下来要做的工作做好了准备：

- 访问 MS Azure 门户。
- 添加并配置一个新 VM。
- 设置从互联网访问 VM 的入站安全规则。

现在就开始工作。

1. 访问 MS Azure 门户

与前面一样，首先访问下面的 URL，打开 MS Azure 网站：https://azure.microsoft.com/。

同样，我们可以使用现有的 MS Azure 账户登录，也可以创建一个新账户(如果还没有使用 30 天免费试用权，则可以借此机会使用)。

提示 关于创建免费 MS Azure 账户的更多信息，请阅读第 4 章。

创建账户后，可以导航到 https://portal.azure.com/来访问 MS Azure 的管理门户，在这里可以创建新的 VM。

2. 添加和配置一个新 VM

登录后，单击 Virtual machines 图标(如图 12-3 所示)。

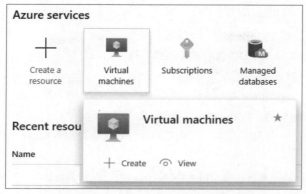

图 12-3　单击 Virtual machines 图标

在下一个页面中，单击 Add(位于页面左上角)来访问 Create a virtual machine 面板。

Create a virtual machine 面板基本上是一个详明的向导，允许我们从头配置新 VM。各个配置设置被分为多个面板，每个面板专门用于配置特定的一组能力，如图 12-4 所示。

☰	Microsoft Azure		⟨	

All services > Virtual machines > Create a virtual machine

Create a virtual machine

Basics　Disks　Networking　Management　Advanced　Tags　Review + create

Create a virtual machine that runs Linux or Windows. Select an image from Azure marketplace or use your own customized image.
Complete the Basics tab then Review + create to provision a virtual machine with default parameters or review each tab for full customization.
Looking for classic VMs? Create VM from Azure Marketplace

Project details

Select the subscription to manage deployed resources and costs. Use resource groups like folders to organize and manage all your resources.

Subscription * ⓘ	Pay-As-You-Go	⌄
└─ Resource group * ⓘ	PacktPub	⌄
	Create new	

Instance details

Virtual machine name * ⓘ	HealthCheck	✓
Region * ⓘ	(Europe) West Europe	⌄
Availability options ⓘ	No infrastructure redundancy required	⌄
Image * ⓘ	Windows Server 2019 Datacenter	⌄
	Browse all public and private images	
Azure Spot instance ⓘ	◯ Yes ⦿ No	
Size * ⓘ	**Standard B1ms** 1 vcpu, 2 GiB memory (17,38 €/month) Change size	

图 12-4　一个详明的向导

下面简单总结了各个设置面板。

- Basics：订阅类型、VM 名称、部署地区、镜像、登录凭据等。

- Disks：提供给 VM 的 HDD/SDD 的数量和容量。

- Networking：与网络相关的配置设置。

- Management：监控功能、自动关机能力、备份等。

- Advanced：其他配置、代理、脚本、扩展等。

- Tags：允许指定一些名称-值对，它们在对各种要设置的 MS Azure 资源进行分类时可能很有用。

在当前的场景中，只需要稍微修改前 4 个标签页，而可以保留其他标签页中的默认设置。

- Basics 标签页

  - Resource group：使用与 SQL Database 相同的资源组(或创建一个新的资源组)。

  - Virtual machine name：使用 HealthCheck(或其他合适的名称)。

  - Region：选择最接近你的地理位置的地区。

  - Availability options：此处选择 No infrastructure redundancy required。

  - Image：在我们的示例中，将使用 Windows Server 2019 Datacenter 默认镜像；你可以使用它，也可以选择另一个镜像。

  - Azure Spot instance：此处选择 No。

  - Size：此处选择 Standard B1ms(1 vcpu，2GiB memory)。如果愿意付更多费用，可以自由选择另一个大小。B1ms 是入门级机器，提供了有限的资源，对于这个部署示例够用了，但是在生产环境中的效果不好。

  - Administrator account：选择 Password 身份验证类型，然后创建合适的用户名和密码。记住把它们写到一个安全的地方，因为后面将需要使用这些凭据来访问机器。

  - Public inbound ports：此处选择 None；后面将采用更安全的方式来设置它们)。

- Disk 标签页

  - OS disk type：选择 Standard HDD。这是价格最低的选项。

  - Data disks：为 OS 创建一个新的 Standard HDD(或者，如果愿意多支付费用，可以创建 Premium SSD)，不创建其他数据盘。

- Network 标签页

  - Virtual Network：选择为 SQL Database 使用的 VNET(或创建一个新的 VNET)。

- Management 标签页

  - Monitoring | Boot diagnostics：Off。

完成后，单击 Review + create 按钮来检查配置设置，并启动 VM 部署过程。

在过程结束时，将看到如图 12-5 所示的界面。

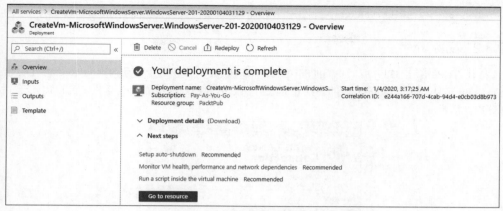

图 12-5　过程结束时显示的界面

在这个界面中，单击 Go to resource 按钮可访问虚拟机的概览面板。

3. 设置入站安全规则

访问 Settings | Networking 标签页，记下机器的公共 IP 地址，稍后将需要用到此信息。完成后，添加下面的入站安全规则：

- TCP 和 UDP 端口 3389，以便能够使用远程桌面访问此机器。
- TCP 端口 443，以便能够从互联网访问 HTTP 服务器(和 HealthCheck Web 应用)。

对于这个部署测试，强烈建议把入站规则限制为一个安全的源 ID 地址(或地址段)，可以将此地址设置为我们的静态 IP 地址或 ISP 的 IP 掩码。此设置将确保没有第三方能够尝试远程桌面访问或者访问我们的 Web 应用。

图 12-6 展示了 Azure VM 门户上的 Add inbound security rule 面板，当单击对应的按钮时会打开此面板。

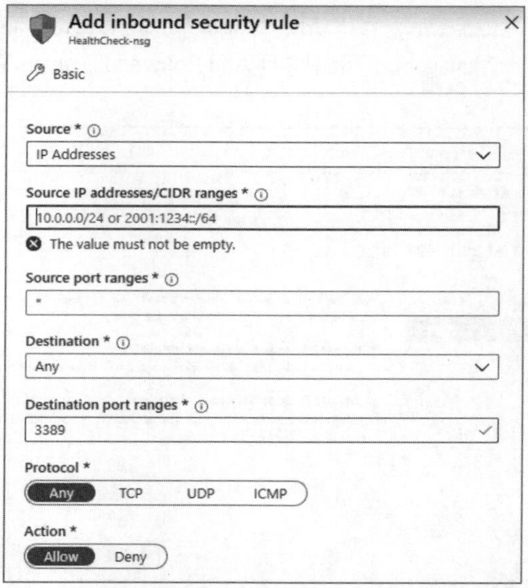

图 12-6　Add inbound security rule 面板

现在，我们应该能够在开发系统中使用一个标准远程桌面连接来访问新创建的 VM。

12.3.2　配置 VM

打开 TCP 端口 3389 后，我们能够在本地 Windows 开发机器上启动内置的 Remote Desktop Connection 工具。输入 Azure VM 的公共 IP 地址，然后单击 Connect，启动与远程主机的 RDC 会话，如图 12-7 所示。

图 12-7　启动与远程主机的 RDC 会话

如果已经正确配置了入站安全规则，那么应该能够连接到新 VM 的桌面，并设置 VM 来提供 ASP.NET Core 和 Angular HealthCheck Web 应用。这需要执行一系列配置任务，接下来将详细介绍。

下一节将介绍第一个任务，即安装 Internet Information Services(IIS)，这是一个灵活的、安全的、容易管理的 HTTP 服务器，我们将用它在 Web 上托管 ASP.NET Core 和 Angular 应用。

注意　考虑到篇幅原因，我们不介绍 IIS，也不探讨其功能。关于这方面的更多信息，请访问下面的 URL:
https://www.iis.net/overview。

1. 添加 IIS Web 服务器

通过 Remote Desktop 建立连接后，可以访问 Control Panel | Program and Features | Turn Windows features on and off(或在 Server Manager 仪表板中访问 Add Roles and Features Wizard)，在 VM 中安装 IIS，如图 12-8 所示。

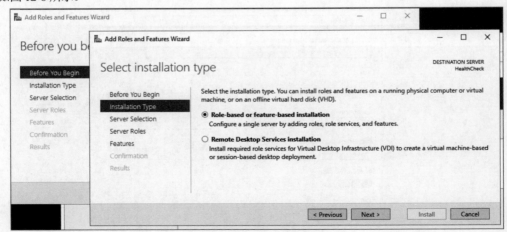

图 12-8　选择安装类型

从可用的角色中选择 Web Server (IIS)，如图 12-9 所示。确保选中 Include management tools 复选框，然后单击 Add Features 开始安装。

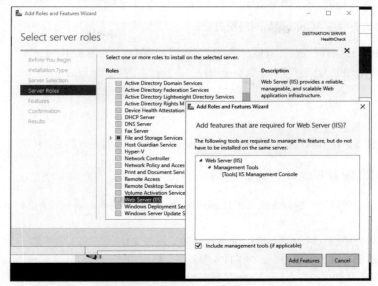

图 12-9　选择 Web Server (IIS)

在安装阶段结束前，不需要修改任何设置。对于我们的部署场景，默认设置的效果就很好。

2. 安装 ASP.NET Core Windows 托管 bundle

安装了 IIS 后，就可以下载并安装 ASP.NET Core Runtime 了。

提示　强烈建议在安装 IIS 后再安装 ASP.NET Core 运行时，因为后者的包 bundle 会对 IIS 的默认配置设置做一些修改。

要下载 ASP.NET Core Runtime，可访问下面的 URL：https://dotnet.microsoft.com/download/dotnet-core/3.1。
一定要选择用于 Windows x64 平台的 ASP.NET Core 3.1.1 Runtime 的 Windows 托管 bundle 安装程序，如图 12-10 所示。

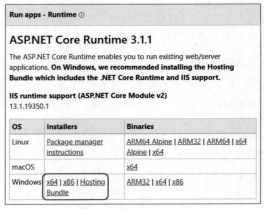

图 12-10　选择托管 bundle

这种 bundle 包含.NET Core 运行时、ASP.NET Core 运行时和 ASP.NET Core IIS 模块，正是我们在 VM 中运行.NET Core 和 Angular 应用所需要的东西。

3. 在安装 ASP.NET Core 运行时后重启 IIS

ASP.NET Core 运行时安装完成后，强烈建议使用 stop/start 命令重启 IIS 服务。

为此，使用管理员权限打开一个命令提示窗口，执行下面的控制台命令：

```
> net stop was /y
> net start w3svc
```

通过这些命令，IIS 可以应用 Windows 托管 bundle 安装程序对系统的 PATH 所做的修改。

12.3.3　发布和部署 HealthCheck 应用

现在，我们必须找到一种方式来发布 HealthCheck 应用，并将其部署到服务器。这有几种可选的方法，包括：

- 使用现有的文件夹发布 profile，将文件通过某种方式复制到 Web 服务器。
- 在 Web 服务器上安装一个 FTP/FTPS 服务器，然后创建一个 FTP 发布 profile。
- 使用 Visual Studio 的 Azure Virtual Machine 发布 profile。

最后这个选项可能是最显而易见的选择。但是，只要我们正确处理，其他方法也是完全可以使用的。

1. 文件夹发布 profile

第 11 章已经创建了一个文件夹发布 profile，这里也将使用它。

如果想创建一个新的文件夹发布 profile，可以执行下面的步骤：

(1) 选择 Folder 选项(或选择之前的发布 profile)。

(2) 指定将包含发布后的应用程序的文件夹路径。

(3) 单击 Create Profile 来创建 profile。

(4) 单击 Publish 按钮，将 HealthCheck 应用部署到选中的本地文件夹。

 提示　Visual Studio 将建议一个包含在应用程序的/bin/Release/子文件夹中的路径。我们可以使用该路径，也可以自己选择另一个路径。

如果使用现有的文件夹发布 profile，可以简单地单击现有 profile 的 Publish 按钮来完成这项工作。

当完成发布任务后，可以把整个 HealthCheck 文件夹复制到远程 VM 的 C:\inetpub\文件夹中。为此，一种简单方法是使用 Remote Desktop 的资源共享功能，它允许从远程实例访问本地 HDD。

2. FTP 发布 profile

如果我们的 Web 服务器接受 FTP(或 FTPS)连接，那么另一种发布项目的方式是创建一个基于 FTP 的发布 profile，它将使用 FTP/FTPS 协议自动把 Web 项目上传到 Web 服务器。

注意 如果不想使用 Windows Server 内置的 FTP 服务器，则可以安装第一个第三方 FTP 服务器，如 Filezilla FTP 服务器，这是一个很好的开源产品，提供了完整的 FTPS 支持。在下面的 URL 可以找到 Filezilla FTP 服务器:
https://filezilla-project.org/download.php?type=server。

要使用 FTP 发布 profile，还需要添加另一个入站安全规则来打开 VM 的 TCP 端口 21(或另外一个非默认端口)，就像对端口 443 和 3389 所做的那样。

我们只需要把 FTP 目标文件夹链接到一个新的使用 IIS 的网站项目，就能实时发布/更新网站，因为一旦发布任务完成，所有内容都将被放到网上。

提示 如前所述，执行这些操作，是因为我们假定已经有一个可通过 FTP 访问的 Web 服务器，或者我们愿意安装一个 FTP 服务器。如果不是这种情况，则可以跳过本节内容，使用另一种发布 profile，例如 Azure Virtual Machine 或文件夹。

要设置 FTP 发布 profile，可选择 IIS、FTP 和其他图标，等待模态向导窗口出现，然后在其中选择下面的选项。

- Publish method：选择 FTP。
- Server：指定 FTP 服务器的 URL，例如 ftp.our-ftp-server.com。
- Site path：插入 FTP 服务器根目录下的目标文件夹，例如/TestMakerFree/。可以省去斜杠，因为该工具会自动处理它们。
- Passive Mode、Username、Password：根据 FTP 服务器设置和给定凭据来设置这些值。如果想让 Visual Studio 存储密码，则激活 Save Password，这样就不必在每次发布时都输入密码。
- Destination URL：当发布任务成功结束时，将使用默认浏览器自动打开此 URL。明智的做法通常是将其设为 Web 应用程序的基础域(如 www.our-website-url.com)或将其留空。

完成后，单击 Validate Connection 按钮来检查前面的设置，确保能够通过 FTP 连接到服务器。如果不能，则可能需要全面检查网络，查看防火墙、代理、杀毒软件或其他软件是否阻止了建立 FTP 连接。

3. Azure Virtual Machine 发布 profile

Azure Virtual Machine 发布 profile 是实施持续集成(Continuous Integration，CI)和持续交付(Continuous Delivery，CD)运维模式的好方法，因为它既可作为生成系统(用于生产包和其他生成工件)，也可作为发布管理系统(用于部署修改)。

要使用这种发布 profile，选择 Azure Virtual Machine 选项，单击 Browse，然后选择之前创建的 VM(如图 12-11 所示)。

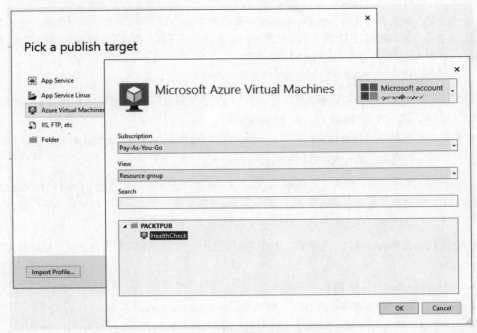

图 12-11　选择之前创建的 VM

但是，为了执行这些操作，需要对 VM 做另外一些配置更改，包括：

● 安装 WebDeploy 服务工具(就像前面对 IIS 所做的那样)。

● 打开 80 和 8172 TCP 端口(就像前面对 443 和 3389 端口所做的那样)。

● 为 VM 设置全局唯一 DNS 名称。这可以在 MS Azure 门户中使用 VM 的 Overview 页面完成
(DNS 名称属性)。

考虑到篇幅问题，我们不深入介绍这些设置。如果想了解上述任务的更多信息，可以查询下面的
指南：https://github.com/aspnet/Tooling/blob/AspNetVMs/docs/create-asp-net-vm-withwebdeploy.md。

完成这些设置后，就能以无缝、透明的方式，把 Web 应用程序发布到 VM。

12.3.4　配置 IIS

现在已经把 Web 应用程序的文件复制到服务器，接下来需要配置 IIS 来发布应用程序。

本节将配置 IIS 服务，使其使用进程内托管模型来提供 HealthCheck Web 应用。进程内托管模型
是在 ASP.NET Core 2.2 中引入的，是对之前的进程外模型的巨大改进。

下面快速总结了这两种托管模型的区别。

● 在进程外托管模型中，IIS 把 HTTP 请求代理给 ASP.NET Core 的 Kestrel 服务器，后者使用不
同的 TCP 端口(仅供内部使用)来提供应用。换句话说，IIS 用作一个反向代理。

● 在进程内托管模型中，ASP.NET Core 应用程序托管在一个 IIS 应用程序池中，因此，所有
HTTP 请求将由 IIS 直接处理，并不会被代理给一个外部的、运行.NET Core 原生的 Kestrel Web
服务器的 dotnet.exe 实例。

事实上，进程内模型根本不使用 Kestrel，而是使用直接托管在 IIS 应用程序池中的一个新的 webserver 实现(IISHttpServer)。因此，可以说这种新模型在一定程度上类似于我们从 ASP.NET 版本 1.x(然后是 2.x，一直到 4.x)以来使用的经典 ASP.NET 托管模型。

进程内模型是 ASP.NET Core 3.1 项目的默认方法，在提供 ASP.NET Core Web 应用程序时，通常是更好的方法，因为它为我们提供了下列优势。

- 这种方法提供了更好的性能，因为它不使用 Kestrel，而是使用一个定制的 IISHttpServer 实现来直接与 IIS 请求管道交互。
- 它不是资源密集的，因为它避免了 IIS 和 Kestrel 之间额外的网络跳跃。

接下来将介绍如何正确配置这种模型。

1. 添加 SSL 证书

因为我们将使用 HTTPS 提供应用，所以有两个选择：

- 购买第三方代理商的 SSL 证书并安装。
- 创建一个自签名的 SSL 证书。

对于实际生产场景，肯定应该采用前一种方法。但是，在我们的部署示例中，将使用自签名证书，这为实现我们的目标提供了一种更快的、无成本的方法。执行下面的步骤。

(1) 打开 Internet Information Services (IIS) Manager 桌面应用，在左侧的树视图中选择 HealthCheck 节点，然后单击 Server Certificates 图标，如图 12-12 所示。

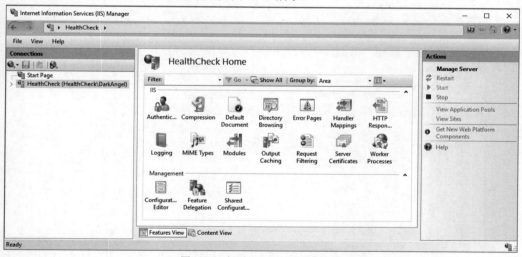

图 12-12　打开 IIS Manager 桌面应用

(2) 打开 Server Certificates 面板后，在右侧 Actions 列中单击 Create Self-Signed Certificate 链接。

(3) 这将打开一个模态窗口(如图 12-13 所示)，在这里需要为证书指定一个友好的名称。输入 healthcheck.io，选择 Personal 证书存储，然后单击 OK 来创建自签名证书：

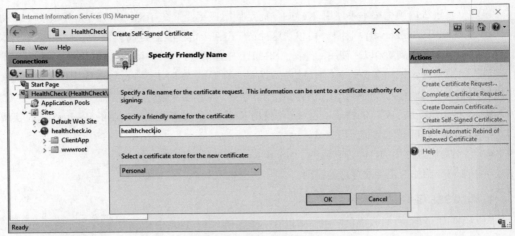

图 12-13 打开一个模态窗口

完成后，就可以把 HealthCehck 网站添加到 IIS 中了。

2. 添加一个新的 IIS 网站项

在 IIS Manager 的主页面中，右击 HealthCheck 根节点，选择 Add Website 选项来创建一个新网站。填写 Add Website 模态窗口，如图 12-14 所示。

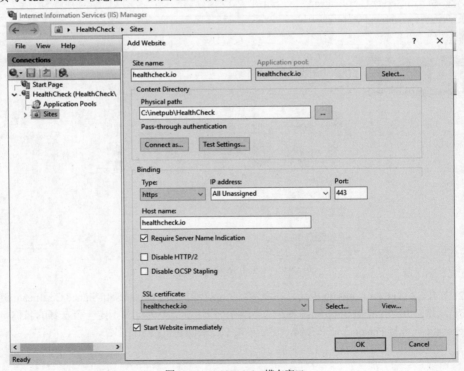

图 12-14 Add Website 模态窗口

下面总结了最重要的一些设置。

- Site name：healthcheck.io。
- Physical path：C:\inetpub\HealthCheck(我们之前把开发机器的本地部署文件夹复制到了这个路径)。
- Binding Type：https。
- IP Address：All Unassigned。
- Port：443。
- Hostname：healthcheck.io。
- Require Server Name Indication：Yes。
- Disable HTTP/2：No。
- Disable OCSP Staping：No。
- SSL certificate：healthcheck.io(之前创建的自签名证书)。
- Start Website immediately：Yes。

完成后，单击 OK 来添加新网站。在左侧的树视图中，HealthCheck/Site 文件夹中将出现一个新的 healthcheck.io 条目。

3. 配置 IIS 应用程序池

你可能已经知道，IIS 在一个或多个应用程序池中运行配置的各个网站。配置的每个应用程序池将派生一个专门的 w3wp.exe Windows 进程，用于提供被配置为使用它的所有网站。

取决于我们需要托管的不同网站的发布需求，可以在几个应用程序池(甚至单个应用程序池)中运行所有网站，也可以为每个网站使用自己的应用程序池。不必说，共享相同应用程序池的所有网站将共享其各种设置，如内存使用、管道模式、身份和空闲超时)。

在我们的具体场景中，前一节创建 healthcheck.io 网站时，选择了创建一个同名的专用应用程序池，这是 IIS 的默认行为。因此，为了配置该网站的应用程序池设置，需要在左侧的树视图中单击 Application Pools 文件夹，然后双击 Application Pools 列表面板中的 healthcheck.io 条目，如图 12-15 所示。

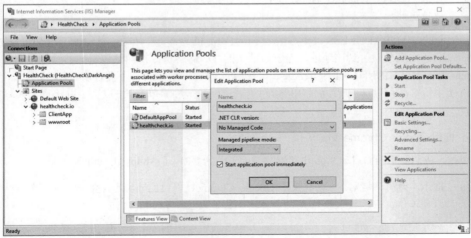

图 12-15　选择设置

在 Edit Application Pool 模态窗口中，选择下面的设置。

- .NET CLR version：No Managed Code。
- Managed pipeline mode：Integrated。

你可能奇怪，我们明显在使用 ASP.NET Core CLR，为什么还选择 No Managed Code？答案很简单：因为 ASP.NET Core 与 IIS 运行在不同的进程中，所以不需要在 IIS 上设置任何.NET CLR 版本。

注意 关于 ASP.NET Core 在 IIS 上的托管模型的更多信息，包括进程内和进程外托管模型的区别，请访问下面的 URL：

https://docs.microsoft.com/en-us/aspnet/core/host-anddeploy/iis/。

12.3.5 测试 HealthCheck Web 应用

现在，我们的 Web 应用应该已经准备好接收远程机器的请求。

但是，因为我们将其配置为接收发送给 healthcheck.io 主机名(而不是数字 IP)的请求，所以需要找到一种方式，在执行测试的 Windows 开发机器上将该主机名映射到远程 VM 的 IP 地址。

要在任何 Windows 系统中实现这种结果，最简单、最有效的方式是编辑 Windows\System32\drivers\etc\hosts 文件，操作系统将使用该文件来最终把主机名映射为 IP 地址，然后通过 DNS 查找解析它们。

注意 关于 Windows HOST 文件的更多信息，请访问下面的 URL：

https://en.wikipedia.org/wiki/Hosts_(file)。

1. 更新测试机器的 HOST 文件

要修改 Windows HOST 文件，需要使用文本编辑器(如 notepad.exe)打开下面的文件：C:\Windows\System32\drivers\etc\hosts。

然后，需要添加下面的条目：

VM.IP.ADDRESS healthcheck.io

提示 要编辑 Windows HOST 文件，需要获取管理员权限；否则，将无法在磁盘上永久修改该文件。

将上面的 VM.IP.ADDRESS 占位字符替换为 VM 的外部 IP 地址，从而使 Windows 能够将 healthcheck.io 主机名映射到该地址，而忽略默认的 DNS 解析。换句话说，上面一行将把发送给 healthcheck.io 主机名的所有 HTTP 请求发送给我们的 VM，即使我们并不拥有该域名。事实上，这是使用真实主机名(而不是一个简单的 IP 地址)测试应用的一种简单有效的方法，并不需要实际购买该域。

2. 使用 Google Chrome 测试应用

现在，我们终于能够启动 Web 浏览器来访问下面的 URL 了：https://healthcheck.io。

提示 为简单起见，我们将使用 Google Chrome，以便能够快速检查 Web 应用清单文件和服务工作线程，就像第 11 章的"本地"发布测试所做的那样。

如果一切正确，应该能够看到 HealthCheck Web 应用程序正常工作，如图 12-16 所示。

图 12-16　应用程序正常工作

除了能够看到 Home 视图，还应该能够看到下面的内容：

● 在 Google Chrome 开发控制台的 Application | Manifest 面板中能够看到应用的清单文件(及所有 HC 图标)。

● 在 Google Chrome 开发控制台的 Application | Service Workers 面板中能够看到恰当注册的服务工作线程。

● 在浏览器地址栏的最右侧能够看到 send this page 和 install 图标。

提示　为了看到这些面板，需要按 Shift＋Ctrl＋J 来打开 Google Chrome 的开发控制台。

现在，我们可以安装应用，以及选中/取消选中 Offline 状态来测试服务工作线程的行为，就像第 11 章在标准 Visual Studio 调试运行中测试发布的应用那样。如果一切正确，则应用的行为应该与之前一样。

现在就完成了 Windows 部署，HealthCheck Web 应用已经实现了其最终目标。

下一节将学习如何把 WorldCities Web 应用部署到一个完全不同的 Linux 机器上。

12.4　Linux 部署

本节将学习如何把 WorldCities Web 应用部署到 MS Azure 中托管的一个 CentOS 7.7 Linux 服务器上。

具体来说，我们将完成下面的工作：

● 使用基于 CentOS 7.7 的模板，在 MS Azure 中创建一个新 VM。

- 将 VM 配置为在 TCP 端口 3389(用于远程桌面)和 443(用于 HTTPS)上接收入站调用。
- 针对 Nginx+Kestrel edge-origin 托管模型调整 WorldCities 应用。
- 将 WorldCities 应用发布到我们设置的 Web 服务器。
- 从远程客户端测试 WorldCities 应用。

现在就开始动手。

提示　需要指出，可以很方便地把这个部署示例中使用的 CentOS 7.7 模板替换为 MS Azure 中可用的其他任何 Linux VM 模板，只需要稍做修改即可。

如果已经有针对生产环境准备好的 Linux 服务器，可以跳过与设置 VM 相关的段落，而直接阅读关于发布的主题。

12.4.1　在 MS Azure 中创建一个 Linux CentOS VM

同样，我们需要执行下面的步骤：

- 访问 MS Azure 门户。
- 添加并配置一个新的 VM。
- 设置从互联网访问 VM 的入站安全规则。

但是，因为前面在介绍 Windows Server 的时候，已经解释了在 MS Azure 中创建 VM 的过程，所以这里只是简单总结所有常用任务，而不再给出相同的屏幕截图。

提示　如果需要关于各个必要步骤的更多解释，请查看"在 MS Azure 中创建一个 Windows Server VM"小节。

下面再次回到 MS Azure。

1. 添加和配置 CentOS 7.7 VM

同样，我们需要使用(现有或新建的)账户登录 MS Azure，并访问 MS Azure 门户的管理仪表板。

然后，可以单击虚拟机图标，然后单击 Add 来访问 Create a virtual machine 面板，在其中输入下面的设置。

- Basics 标签页
    - Resource group：使用与 SQL Database 相同的资源组(除非没有数据库，否则必须这么做)。
    - Virtual machine name：使用 WorldCities(或其他合适的名称)。
    - Region：选择最接近你的地理位置的地区。
    - Availability options：此处选择 No infrastructure redundancy required。
    - Image：在我们的示例中，将使用 CenOS-based 7.7 默认镜像。你也可以选择其他任何基于 Linux 的 VM 模板，但前提是你愿意、也有能力针对不同 Linux 发行版之间的(可能不太大的)区别调整下面的指令。
    - Azure Spot instance：此处选择 No。
    - Size：此处选择 Standard B1ms(1 vcpu，2GiB memory)。如果愿意支付更多费用，可以自由选择另外一个大小。B1ms 是入门级机器，提供了有限的资源，对于这个部署示例够用了，但是在生产环境中的效果不好。

◆ Administrator account：选择 Password 身份验证类型，然后创建合适的用户名和密码。记住把它们写到一个安全的地方，因为后面将需要使用这些凭据来访问我们的机器。

◆ Public inbound ports：这里先设置为 None；后面将采用更加安全的方式来设置它们)。

● Disk 标签页

◆ OS disk type：选择 Standard HDD。这是价格最低的选项。

◆ Data disks：为 OS 创建一个新的 Standard HDD(或者，如果愿意多支付费用，可以创建 Premium SSD)，不创建其他数据盘。

● Network 标签页

◆ Virtual Network：选择为 SQL Database 使用的 VNET(或创建一个新的 VNET)。

● Management 标签页

◆ Monitoring | Boot diagnostics：Off。

完成后，单击 Review + create 按钮来检查配置设置，并启动 VM 部署过程。

在完成部署后，可单击 Go to Resource 按钮来访问虚拟机的概览面板。

2. 设置入站安全规则

访问 Settings | Networking 标签页，记下机器的公共 IP 地址。然后，添加下面的入站安全规则：

● TCP 端口 22，以便能够使用 Secure Shell 协议(也称为 SSH)访问此机器。

● TCP 端口 443，以便能够从互联网访问 HTTP 服务器(和 WorldCities Web 应用)。

同样，要把对这些入站规则的访问限制为一个安全的源 IP 地址(或地址段)，可以将此地址设置为静态 IP 地址或 ISP 的 IP 掩码。

12.4.2　配置 Linux VM

现在，我们可以使用 SSH 协议来访问新的 Linux VM，并执行两组不同(但都有必要的)任务：

● 通过安装各个必要的包(ASP.NET Core 运行时、Nginx HTTP 服务器等)来设置和配置 VM。

● 发布由第 11 章设置的发布 profile 生成的 WorldCities 文件夹(及其全部内容)。

在第一组任务中，我们将使用 Putty，这是 Windows 上的一个免费的 SSH 客户端，可用于远程访问 Linux 机器的控制台。对于第二组任务，我们将使用 Secure Copy(也称为 SCP)，这是 Windows 上的一个命令行工具，允许把文件从本地 Windows 系统复制到一个远程 Linux 机器。

　　注意　可从下面的 URL 下载并安装 Putty：

https://www.putty.org/。

大部分 Windows 版本(包括 Windows 10)中已经提供了 SCP 命令行工具。如果想了解更多信息，可访问下面的 URL：

https://docs.microsoft.com/en-us/azure/virtual-machines/linux/copy-files-to-linux-vm-using-scp。

1. 连接到 VM

(1) 安装后，启动 Putty，填入 VM 的公共 IP 地址，如图 112-17 所示。

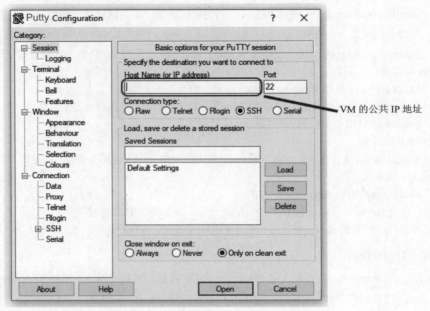

图 12-17　启动 Putty

(2) 完成后，单击 Open 启动远程连接。

我们将被要求接受公共 SSH 密钥。接受后，将能使用之前在 MS Azure 门户的 Virtual Machine 设置向导中指定的用户名和密码来进行身份验证，如图 12-18 所示。

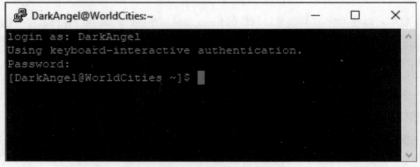

图 12-18　进行身份验证

连接后，将能在远程 VM 上发出终端命令，以根据自己的需要设置和配置 VM。

2. 安装 ASP.NET 运行时

成功登录到 Linux VM 终端后，就可以配置远程系统，使其能够运行和托管 ASP.NET Core 应用程序。为此，首先需要下载并安装 ASP.NET Core 运行时。

但是，在那之前，需要执行下面的必要步骤：

- 注册 Microsoft 密钥。
- 注册产品存储库。
- 安装必要依赖。

对于每个 Linux 机器，都需要执行一次这些步骤。好在，使用下面的命令可以完成这些步骤：

- $ sudo rpm -Uvh https://packages.microsoft.com/config/centos/7/
- packages-microsoft-prod.rpm

完成这些步骤后，就能够使用下面的命令来安装 ASP.NET Core 3.1 运行时：

- $ sudo yum install aspnetcore-runtime-3.1

提示　或者，如果不想在 Linux 服务器上安装.NET Core 运行时，则可以使用自包含部署 (SCD)来发布应用，如本章的第 1 节所述。

3. 安装 Nginx

下一步是安装 Nginx 服务器包。同样，在安装之前，需要添加 CentOS 7 EPEL 存储库，yum 需要该存储库来找到需要安装的 Nginx 包：

```
$ sudo yum install epel-release
```

完成后，就可以安装 Ngix HTTP 服务器。我们将按照如下方式反向代理 Kestrel 服务器，从而使用 Nginx HTTP 服务器来提供 Web 应用：

```
$ sudo yum install nginx
```

注意　关于在使用 Nginx 的 Linux 上安装 ASP.NET Core Web 应用程序的更多信息，请访问下面的 URL：

https://docs.microsoft.com/en-us/dotnet/core/install/linuxpackage-manager-centos7
https://docs.microsoft.com/en-us/aspnet/core/host-anddeploy/linux-nginx

4. 启动 Nginx

在 Windows 上安装 IIS 时，该服务将自动启动，并且默认被配置一个自动启动类型。与之相反，Nginx 不会自动启动，在系统启动时也不会自动执行。

要启动 Nginx，可执行下面的命令：

```
$ sudo systemctl start nginx
```

要将 Nginx 设置为在系统启动时自动运行，可执行下面的命令：

```
$ sudo systemctl enable nginx
```

应用这些设置后，应该重启 Linux 机器，以确保配置的这些设置在重启后得到应用。

5. 检查 HTTP 连接

我们在这个部署场景中使用的基于 CentOS7 的 MS Azure VM 模板没有本地防火墙规则来禁止 TCP 端口 443。因此，一旦 Nginx 开始运行，我们就能够在开发机器的浏览器的地址栏中输入 VM 的公共 IP 地址来连接它。

我们不直接使用数字 ID 地址，而是利用这个机会，在 Windows 的 C:\Windows\System32\drivers\etc\hosts 文件中添加另外一个映射：

```
VM.IP.ADDRESS worldcities.io
```

这里需要把 VM.IP.ADDRESS 占位字符替换为 VM 的外部 IP，使 Windows 把 worldcities.io 主机

名映射到它(在关于 Windows 部署的小节中已经解释过)。

之后，应该能够使用该主机名地址连接到 VM 的 Nginx HTTP 服务器，如图 12-19 所示。

图 12-19　连接到服务器

从上图可以看到，我们可以跳过下一节，而直接阅读后面的内容。但是，如果不能建立连接，则可能需要执行一些额外的步骤来打开 VM 的 TCP 443 端口。

　提示　在修改 VM 的防火墙规则之前，首先仔细检查 TCP 443 入站安全规则是一个明智的做法。我们应该已经在 MS Azure 门户的管理站点中设置了该规则。

6. 打开 TCP 443 端口

取决于选择的 Linux 模板，可能必须修改本地防火墙设置，以允许 TCP 443 端口上的入站流量。取决于 Linux 版本内置的防火墙抽象层，可能需要执行不同的命令来完成这种修改。

在 Linux 中，基于内核的防火墙由 iptables 控制；但是，大部分现代版本通常使用 firewalld(CentOS、RHEL)或 ufw(Ubuntu)抽象层来配置 iptables 设置。

　注意　简单来说，firewalld 和 ufw 都是防火墙管理工具，系统管理员可使用它们来用一种托管方法配置防火墙功能。可以把它们想象为 Linux 内核的网络功能的前端。

在 MS Azure 的基于 CentOS7 的 Linux 模板中，存在 firewalld，但常常禁用它(不过可以启动该工具，并/或将其配置为在每次系统启动时自动运行)。但是，如果你使用另外一个模板/VM/Linux 版本，则花一些时间来了解如何正确配置这些工具很有帮助。

7. firewalld

使用下面的命令可检查是否安装了 firewalld：

```
$ sudo firewall-cmd --state
```

如果此命令返回的结果不是 not running，则说明该工具已被安装且正在运行。此时，需要执行下面的 firewalld 命令来打开 TCP 端口 443：

```
$ sudo firewall-cmd --permanent --add-port=443/tcp
$ sudo firewall-cmd --reload
```

使用--reload 命令可立即应用 firewalld 设置，而不必重启系统。

8. ufw

使用下面的命令可检查 ufw 是否正在运行：

```
$ sudo ufw status
```

如果这个命令返回的结果不是 command not found，则说明该工具已被安装且正在运行。

使用下面的 ufw 终端命令可打开 TCP 端口 443：

```
$ sudo ufw allow 443/tcp
```

执行这些命令后，应该能够从开发机器连接到 Nginx HTTP 服务器。

12.4.3　调整 WorldCities 应用

在把 WorldCities 应用发布到 Linux VM 之前，需要确保已经正确配置了该 Web 应用程序，使其能够通过反向代理提供。

为此，需要使用 Microsoft.AspNetCore.HttpOverrides 包中的转发头中间件。

> **注意**　当使用 edge-origin 技术在 HTTP 上代理 HTTPS 请求时，例如我们为 Kestrel 和 Nginx 使用的技术，发出请求的客户端 IP 地址以及原始协议(HTTPS)会在两端丢失。因此，必须找到一种方式来转发这些信息。否则，在执行路由重定向、身份验证、基于 IP 的限制或授权时，可能遇到各种问题。
>
> 要转发这些数据，最方便的方法是使用 HTTP 头，具体来说，使用 X-Forwarded-For(客户端 IP)、X-Forwarded-Proto(原始协议)和 X-Forwarded-Host(宿主头字段值)。ASP.NET Core 内置的转发头中间件通过读取这些头并填入 Web 应用程序的 HttpContext 的对应字段来完成此任务。
>
> 关于转发头中间件及其最常见的使用场景的更多信息，请访问下面的 URL：
> https://docs.microsoft.com/en-us/aspnet/core/host-anddeploy/proxy-load-balancer。

在此过程中，还需要检查第 4 章创建的 SQL Database 的连接字符串，确保 Linux VM 仍然能够访问该数据库(或者相应地修改连接字符串)。

1. 添加转发头中间件

要添加转发头中间件，打开 WorldCities 的 Startup.cs 文件，在 Configure()方法中添加下面突出显示的行：

```
using Microsoft.AspNetCore.HttpOverrides;

// ...

app.UseRouting();

// Invoke the UseForwardedHeaders middleware and configure it
// to forward the X-Forwarded-For and X-Forwarded-Proto headers.
// NOTE: This must be put BEFORE calling UseAuthentication
// and other authentication scheme middlewares.
app.UseForwardedHeaders(new ForwardedHeadersOptions
{
```

```
        ForwardedHeaders = ForwardedHeaders.XForwardedFor
        | ForwardedHeaders.XForwardedProto
});

app.UseAuthentication();
app.UseIdentityServer();
app.UseAuthorization();

// ...
```

可以看到，我们告诉中间件转发 X-Forwarded-For 和 X-Forwarded-Proto 头，从而确保重定向的 URI 和其他安全策略能够正确工作。

 提示　如注释所述，必须把此中间件放到 UseAuthentication 或其他身份验证方案中间件调用的前面。

接下来，我们可以执行下一个步骤。

2. 检查数据库连接字符串

在 Solution Explorer 中，打开 appsettings.json 文件，检查第 4 章设置的连接字符串。从该章以来，这个连接字符串在开发机器上工作得很好。我们需要确保该连接字符串在 Linux VM 上也能很好地工作。

如果是在 MS Azure 或一个可公共访问的服务器上托管 SQL Database，则不需要做任何修改。但是，如果我们使用开发机器上安装的一个本地 SQL Database 实例，则需要选择下面的一种解决办法：

(1) 将 WorldCities SQL Database 移动或复制到 MS Azure。

(2) 创建 CentOS VM 后，在该 VM 上安装一个本地的 SQL Server Express(或 Development)实例。

(3) 对第 4 章创建的自定义本地(或远程)SQL Server Express(或 Development)实例配置一个入站规则，可能限制为只有新 VM 的公共 IP 地址能够在外部访问该实例。

 提示　对于第 1 种方法，可右击本地 SQL Database 实例，然后选择 Tasks | Deploy Database to MS Azure SQL Database。更多信息请参阅第 4 章。

对于第 2 种方法，可查阅下面的 SQL Server Linux 安装指南：

https://docs.microsoft.com/en-us/sql/linux/sql-serverlinux-setup。

对于第 3 种方法，请访问下面的 URL：

https://docs.microsoft.com/en-us/sql/sql-server/install/configure-the-windows-firewall-to-allow-sql-server-access。

在 appsettings.json 文件中，连接字符串并不是唯一需要检查和/或更新的值。还需要正确配置 IdentityServer 的 key 设置，替换掉第 4 章设置的 Development 值：

```
"IdentityServer": {
  "Key": {
    "Type": "Development"
  }
}
```

因为我们将把 Web 应用部署到生产环境，所以可以把 appsettings.Development.json 文件中的整个 IdentityServer 节移动过来，按照如下所示替换对应的 appsettings.json 块：

```
"IdentityServer": {
  "Clients": {
    "WorldCities": {
      "Profile": "IdentityServerSPA"
    }
  },
  "Key": {
    "Type": "File",
    "FilePath": "/var/ssl/worldcities.pfx",
    "Password": "MyVerySecretCAPassword$"
  }
}
```

这将确保 IdentityServer 在生产环境中检查是否真正有 SSL 证书。现在还没有该证书，但后面将使用 Linux VM 的命令行来创建它。

12.4.4　发布和部署 WorldCities 应用

现在，我们可以发布 WorldCities 应用，并将其部署到 Linux VM 服务器。这有如下多种实现方式。

- 使用现有的文件夹发布 profile，使用 SCP 命令行工具将文件复制到 Web 服务器。
- 使用现有的文件夹发布 profile，使用一个基于 GUI 的 SFTP Windows 客户端将文件复制到 Web 服务器。下面给出两个客户端示例。
  - WinSCP：Windows 上的一个免费 SFTP、SCP、S3 和 FTP 客户端(https://winscp.net/)。
  - FileZilla FTP 客户端：另一个免费的、开源的 FTP 客户端(https://filezilla-project.org/)，支持 FTP over TLS(FTPS)和 SFTP。
- 在 Web 服务器上安装一个 FTP/FTPS 服务器，然后设置一个 FTP 发布 profile。
- 使用 Visual Studio 的 Azure Virtual Machine 发布 profile。

在这个部署场景中，我们将选择第一种方法，这可能是最容易实现的方法。

至于 FTP/FTPS 和 Azure 发布选项，本章前面在讨论 Windows 部署的时候已经简单介绍过它们。

1. 创建/var/www 文件夹

首先，需要创建一个合适的文件夹，用来在 Linux VM 中存储应用程序的发布文件。对于这个部署场景，我们将使用/var/www/<AppName>文件夹，从而遵守典型的 Linux 约定。

因为 Azure CentOS7 模板没有提供/var/www 文件夹，所以需要创建它。为此，在 Linux VM 控制台中执行下面的命令：

```
$ sudo mkdir /var/www
```

Linux 上的/var/www 文件夹相当于 Windows 上的 C:\inetpub\文件夹，即包含 Web 应用程序的文件的目录。

然后，通过使用下面的命令，可以创建一个新的/var/www/WorldCities 子文件夹：

```
$ sudo mkdir /var/www/WorldCities
```

2. 添加权限

现在，需要为 Nginx 默认用户添加/var/www/WorldCities 文件夹的读写权限。

为此，使用下面的命令：

```
$ sudo chown -R nginx:nginx /var/www
$ sudo chmod -R 550 /var/www
```

这将使 Nginx 用户及其对应的 Nginx 组能够在读和执行模式下访问该文件夹，同时阻止其他用户/组进行访问。

> **提示** 在这个部署场景中，我们假定在使用默认的 Nginx 用户和 Nginx 组来运行 Nginx 实例。在其他 Linux 环境中，用户名和/或组可能不同。例如，在大部分 Linux 版本中，Nginx 组的名称为 www 或 www-data。
>
> 为了确定在使用什么用户身份运行 Nginx，可以使用下面的命令:
>
> ```
> $ ps -eo pid,comm,euser,supgrp | grep ngi
> ```
>
> 要列出所有可用的 Linux 用户和/或组，可使用下面的命令:
>
> ```
> $ getent passwd
> ```
>
> ```
> $ getent group
> ```

在继续介绍之前，还有一项工作要做。因为我们将使用在 MS Azure 中设置的用户账户来发布应用，所以也需要把它添加到 Nginx 组中，否则将无法写入该文件夹。

为此，按照下面的方式使用 usermod Linux 命令:

```
$ sudo usermod -a -G nginx <USERNAME>
```

将上面的<USERNAME>占位字符替换为我们在 MS Azure 中设置的用户名(用来登录 VM 终端的用户名)。

3. 复制 WorldCities 发布文件夹

在 Linux VM 中正确设置了/var/www/WorldCities 文件夹后，可以使用管理员权限打开本地开发机器上的命令提示，执行下面的命令把本地的 C:\Temp\WorldCities 文件夹的内容复制到该文件夹:

```
> scp -r C:\Temp\WorldCities <USERNAME>@<VM.IP.ADDRESS>:/var/www
```

> **提示** 记住将<USERNAME>和<VM.IP.ADDRESS>占位字符替换为实际值。

SCP 命令将询问是否要连接到该远程文件夹，如图 12-20 所示。

图 12-20 发出询问

输入 yes 来授权连接，然后重复该命令，将源文件夹复制到目标文件夹。SCP 命令将开始把所有文件从本地开发机器复制到 VM 文件夹，如图 12-21 所示。

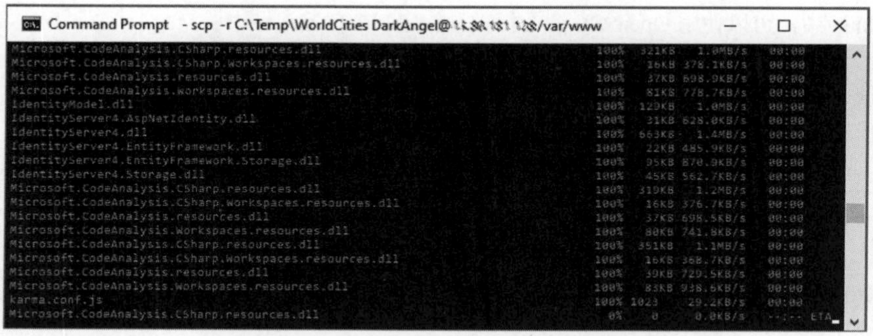

图 12-21 将源文件夹复制到目标文件夹

在把 WorldCities 应用的文件复制到 Linux VM 以后，只需要配置 Kestrel 服务和 Nginx 反向代理来提供该应用。

12.4.5 配置 Kestrel 和 Nginx

在开始配置之前，先来解释一下 Kestrel 服务和 Nginx HTTP 服务器如何交互。

高层面的架构与 ASP.NET Core 2.2 以来使用的 Windows 进程外托管模型十分相似：

- Kestrel 服务将在 TCP 端口 5000(或其他任何 TCP 端口；5000 只是默认端口而已)上提供 Web 应用。
- Nginx HTTP 服务器将作为反向代理，将所有入站请求转发给 Kestrel Web 服务器。

这种模式称为 edge-origin 代理，可用图 12-22 进行简单总结。

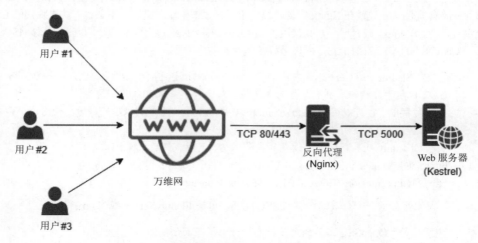

图 12-22 edge-origin 代理

理解了总体架构后，我们来完成配置。

1. 创建自签名的 SSL 证书

因为我们将使用 HTTPS 提供应用，所以需要从第三方代理商那里购买并安装一个 SSL 证书，或者创建一个自签名证书。对于这个部署场景，我们将使用自签名方法，就像前面的 Windows 部署那样。

在 Linux 中，可以使用 OpenSSL 命令行工具创建一个自签名证书。

为此，在 Linux VM 终端执行下面的步骤：

(1) 使用 sudo mkdir /var/ssl 创建/var/ssl 文件夹。

(2) 使用下面的命令创建自签名的 SSL 证书(worldcities.crt)和私钥文件(worldcities.key)：

```
$ sudo openssl req -x509 -newkey rsa:4096 -sha256 -nodes -
keyout /var/ssl/worldcities.key -out /var/ssl/worldcities.crt
-subj "/CN=worldcities.io" -days 3650
```

(3) 然后将证书和私钥合并为一个 worldcities.pfx 文件：

```
$ openssl pkcs12 -export -out /var/ssl/worldcities.pfx -inkey
/var/ssl/worldcities.key -in worldcities.crt
```

(4) 当要求我们提供 PFX 文件的密码时，输入之前在 appSettings.json 文件中指定的密码。这将确保 IdentityServer 能够找到并使用期望的密钥。

然后，设置新文件和文件夹的权限，使得 Nginx 和应用都能够访问它们：

```
$ sudo chown -R nginx:nginx /var/ssl
$ sudo chmod -R 550 /var/ssl
```

最后，需要修改/var/ssl 文件夹(及其包含的所有文件)的安全上下文，以便 Nginx 能够访问它们：

```
$ sudo chcon -R -v --type=httpd_sys_content_t /var/ssl
```

如果不执行此命令，安全增强型 Linux(Security-Enhanced Linux，SELinux)将阻止 HTTPD 守护进程访问/var/ssl 文件夹，导致在 Nginx 启动阶段发生"权限被拒绝"错误。不必说，如果我们的 Linux 系统没有运行 SELinux，或者已经永久禁用了 SELinux，则可以跳过上面的命令。但是，因为 MS Azure 中基于 CentOS7 的 VM 启用了它，所以最好还是执行这个命令。

> **注意**　SELinux 是 CentOS 4 内核中实现的一种访问控制(MAC)安全机制。它与 Windows 的 UAC 机制十分相似，具有严格的默认值。对于特定需求可以放松这些值。
>
> 要暂时禁用它，可以运行 sudo setenforce 0 终端命令。当遇到权限问题时，使用这个命令很有用，可帮助判断问题是否与 SELinux 有关。
>
> 关于 SELinux 及其默认安全设置的更多信息，可访问下面的 URL：
>
> https://wiki.centos.org/HowTos/SELinux
>
> https://wiki.centos.org/TipsAndTricks/SelinuxBooleans

现在，我们就有了一个有效的自签名 SSL 证书，可被 IdentityServer 或 Nginx 使用。

> **注意**　关于 OpenSSL 工具的更多信息，可访问下面的 URL：
>
> https://www.openssl.org/docs/manmaster/man1/openssl.html。

2. 配置 Kestrel 服务

首先，在/etc/systemd/system/文件夹中创建服务定义。

为此，我们将使用 nano，这是 Linux 上的一个开源文本编辑器，可通过命令行接口使用。它与 vim 类似，但使用起来更加简单。接下来，执行下面的步骤：

(1) 执行下面的命令来创建一个新的/etc/systemd/system/kestrel-worldcities.service 文件：

```
$ sudo nano /etc/systemd/system/kestrel-worldcities.service
```

(2) 然后，使用下面的内容填充新创建的文件：

```
[Unit]
Description=WorldCities

[Service]
WorkingDirectory=/var/www/thepaac.com
ExecStart=/usr/bin/dotnet /var/www/WorldCities/WorldCities.dll
Restart=always# Restart service after 10 seconds if the dotnet
service crashes:
RestartSec=10
KillSignal=SIGINT
SyslogIdentifier=WorldCities
User=nginx
Environment=ASPNETCORE_ENVIRONMENT=Production
Environment=DOTNET_PRINT_TELEMETRY_MESSAGE=false
Environment=ASPNETCORE_URLS=http://localhost:5000

# How many seconds to wait for the app to shut down after it
receives the initial interrupt signal.
# If the app doesn't shut down in this period, SIGKILL is
issued to terminate the app.
# The default timeout for most distributions is 90 seconds.
TimeoutStopSec=90

[Install]
WantedBy=multi-user.target
```

(3) 完成后，按 Ctrl + X 退出，然后按 Y 将文件保存到磁盘。

 提示　本书 GitHub 存储库的/_LinuxVM_ConfigFiles/文件夹中提供了 kestrel-worldcities.service 文件。

可以看到，Kestrel 将使用该文件的内容来配置应用的生产值，例如 ASPNETCORE_ENVIRONMENT 变量(前面介绍过该变量)和 TCP 端口(用于在内部提供应用)。

 提示　对于当前的部署场景，前面的设置没有问题；但当场景发生变化时，应该修改这些设置来遵守不同的用户名、文件夹名称、使用的 TCP 端口、Web 应用的主 DLL 名称等。当托管其他 Web 应用程序时，一定要记得相应地更新这些设置。

(4) 配置了该服务后，只需要使用下面的命令启动它：

```
$ sudo systemctl start kestrel-worldcities.service
```

(5) 如果还希望在每次 VM 重启时都自动运行该服务，就添加下面的命令：

```
$ sudo systemctl enable kestrel-worldcities.service
```

(6) 然后，运行下面的命令，检查服务是否在正确运行：

```
$ sudo systemctl status kestrel-worldcities.service
```

如果看到 active (running)消息，如图 12-23 所示，则意味着 Kestrel Web 服务正在正常运行。接下来，只需要设置 Nginx 来作为它的反向代理。

```
 DarkAngel@WorldCities:/var/ssl                                          —    □    ×

[DarkAngel@WorldCities ssl]$ sudo systemctl status kestrel-worldcities.service
● kestrel-worldcities.service - WorldCities
    Loaded: loaded (/etc/systemd/system/kestrel-worldcities.service; disabled; vendor preset: disabled)
    Active: active (running) since Mon 2020-01-06 18:46:41 UTC; 9s ago
 Main PID: 30329 (dotnet)
    CGroup: /system.slice/kestrel-worldcities.service
            └─30329 /usr/bin/dotnet /var/www/WorldCities/WorldCities.dll

Jan 06 18:46:41 WorldCities systemd[1]: Stopped WorldCities.
Jan 06 18:46:41 WorldCities systemd[1]: Started WorldCities.
Jan 06 18:46:42 WorldCities WorldCities[30329]: Hosting environment: Production
Jan 06 18:46:42 WorldCities WorldCities[30329]: Content root path: /var/www/WorldCities
Jan 06 18:46:42 WorldCities WorldCities[30329]: Now listening on: http://localhost:5000
Jan 06 18:46:42 WorldCities WorldCities[30329]: Application started. Press Ctrl+C to shut down.
[DarkAngel@WorldCities ssl]$ █
```

图 12-23　active 消息

如果状态命令显示有问题(红色线条或者建议),则可以使用下面的命令查看详细的 ASP.NET 应用程序错误日志,以检查并修复问题:

```
$ sudo journalctl -u kestrel.worldcities
```

-u 参数只会返回关于 kestrel-worldcities 服务的消息,而过滤掉其他内容。

因为 journalctl 日志很容易变得特别长(即使加上了前面的过滤条件),所以像下面这样使用--since 参数来限制其时间范围很有帮助:

```
$ sudo journalctl -u kestrel-worldcities --since "yyyy-MM-dd HH:mm:ss"
```

一定要记得把 yyyy-MM-dd HH:mm:ss 占位字符替换为合适的日期-时间值。

最后,可使用-xe 开关只输出最后记录的错误:

```
$ sudo journalctl -xe
```

这些命令对于在 Linux 上高效检查大部分错误场景很有用。

 注意　关于 journalctl 工具的更多信息,请访问下面的 URL:
https://www.freedesktop.org/software/systemd/man/journalctl.html。

3. 为什么不直接使用 Kestrel 提供 Web 应用

我们可能想在 TCP 端口 443(而不是 TCP 端口 5000)上配置 Kestrel Web 服务,从而直接完成工作,而不需要处理 Nginx 和反向代理的部分。

虽然这完全可以实现,但强烈反对这么做,原因已经被 Microsoft 指出来了:

对于从 ASP.NET Core 提供动态内容,Kestrel 的效果很好。但在提供 Web 应用的能力上,它的功能不如 IIS、Apache 或 Nginx 等服务器丰富。反向代理服务器能够把提供静态内容、缓存请求、压缩请求和终止 SSL 等工作从 HTTP 服务器上转移出去。反向代理服务器可以托管在一个专门的机器上,也可与 HTTP 服务器一起部署。

(来源: https://docs.microsoft.com/it-it/aspnet/core/host-and-deploy/linux-nginx)

简单来说,Kestrel 的作用不是站到最前线。因此,正确的做法是使其远离前线,而把这种任务交给 Nginx。

4. 配置 Nginx 反向代理

最后,我们需要配置 Nginx HTTP 服务器,使其作为 Kestrel 服务的反向代理。需要执行的步骤如下所示:

(1) 输入下面的命令，为这项任务创建一个专门的 Nginx 配置文件：

```
$ sudo nano /etc/nginx/nginx-worldcities.conf
```

(2) 然后，使用下面的配置设置填充新文件的内容：

```
server {
  listen 443 ssl http2;
  listen [::]:443 ssl http2;

  ssl_certificate /var/ssl/worldcities.crt;
  ssl_certificate_key /var/ssl/worldcities.key;

  server_name worldcities.io;

  root /var/www/WorldCities/;
  index index.html;
  autoindex off;

  location / {
    proxy_pass http://localhost:5000;
    proxy_http_version 1.1;
    proxy_set_header Upgrade $http_upgrade;
    proxy_set_header Connection keep-alive;
    proxy_set_header Host $host;
    proxy_cache_bypass $http_upgrade;
    proxy_set_header X-Forwarded-For
      $proxy_add_x_forwarded_for;
    proxy_set_header X-Forwarded-Proto $scheme;
  }
}
```

(3) 完成后，按 Ctrl + X 退出，然后按 Y 保存文件。
(4) 之后，执行下面的命令，授权 Nginx 服务来连接到网络：

```
$ sudo setsebool -P httpd_can_network_connect 1
```

提示　须执行上面的命令来修改 SELinux 的默认设置，否则它将阻止所有 HTTPD 守护进程 (如 Nginx)访问本地网络，进而使这些进程无法访问 Kestrel 服务。如果我们的 Linux 系统没有运行 SELinux，或者已经永久禁用了 SELinux，则不需要执行上面的命令。

5. 更新 nginx.conf 文件

在主 Nginx 配置文件中需要引用 nginx-worldcities.conf 文件，否则将无法读取并应用该文件的设置。

为此，使用下面的命令编辑/etc/nginx/nginx.conf 文件：

```
$ sudo nano /etc/nginx/nginx.conf
```

然后，在该文件的末尾、最后一个结束括号的前面，添加下面的突出显示的行：

```
# ...existing code...
    location / {
    }
```

```
    error_page 404 /404.html;
      location = /40x.html {
    }

    error_page 500 502 503 504 /50x.html;
      location = /50x.html {
    }
}

    include nginx-worldcities.conf;
}
```

这个 include 语句将确保反向代理配置能够正确工作。当重启 Nginx 后(稍后将重启),会立即应用新的设置。

 提示 本书 GitHub 存储库的/_LinuxVM_ConfigFiles/文件夹中包含了 nginx.conf 和 nginx-worldcities.conf 文件。

现在,我们就完成了部署到 Linux 所需执行的全部任务。接下来,我们将测试 WorldCities Web 应用程序,看其能否正确工作。

12.4.6 测试 WorldCities 应用

这里的测试阶段与 Windows 部署小节中执行的测试阶段非常类似。需要执行如下步骤。

(1) 在离开 Linux VM 终端前,使用下面的命令重启 Kestrel 和 Nginx 服务是明智的做法:

```
$ sudo systemctl restart kestrel-worldcities
$ sudo systemctl restart nginx
```

(2) 然后,使用下面的命令检查它们的状态,确保它们在正常运行:

```
$ sudo systemctl status kestrel-worldcities
$ sudo systemctl status nginx
```

现在,我们就准备好切换到本地开发机器来开始测试了。

1. 更新测试机器的 HOST 文件

与前面对 HealthCheck 应用所做的处理一样,首先需要把 worldcities.io 主机名映射到远程 VM 的 IP 地址。执行下面的步骤:

(1) 编辑 C:\Windows\System32\drivers\etc\hosts 文件,添加下面的条目:

VM.IP.ADDRESS worldcities.io

(2) 将前面的 **VM.IP.ADDRESS** 占位字符替换为 VM 的外部 IP,使 Windows 能将 worldcities.io 主机名映射到它。

现在,我们可以使用 Google Chrome Web 浏览器,在开发机器上测试该应用。

2. 使用 Google Chrome 测试应用

同样,我们将使用 Google Chrome 来执行这些测试,因为其内置的开发工具允许我们方便地检查 Web 应用清单文件和服务工作线程是否存在。

启动 Google Chrome，在地址栏中输入下面的 URL：https://worldcities.io。

如果一切正确，应该会看到 WorldCities Web 应用程序的 Home 视图，如图 12-24 所示。

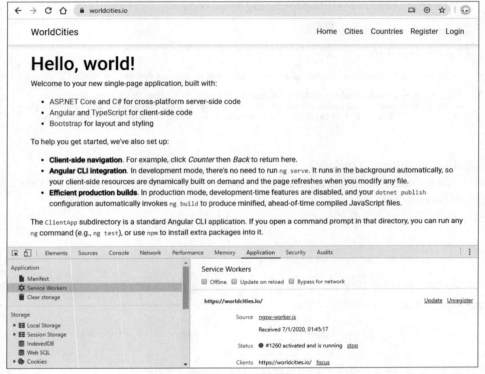

图 12-24　Home 视图

在这里，我们应该检查下面的功能是否存在/可用：

- 在 Google Chrome 的开发控制台的 Application | Manifest 面板中检查应用清单文件(及所有 HC 图标)。
- 在 Google Chrome 开发控制台的 Application | Service Workers 面板中检查恰当注册的服务工作线程。
- 在浏览器地址栏的最右侧检查 send this page 和 install 图标。
- 当选中和取消选中 Offline 状态来测试服务工作线程的行为时，检查其行为是否正确。
- 检查 Edit City 和 Edit Country 响应式表单。
- 检查登录和注册工作流。

如果一切正确，则 Linux 部署也就成功完成了。

3. 故障排查

如果 Web 应用程序遇到运行时错误，生产环境不会向最终用户显示异常的详细信息。因此，除非切换到开发模式，否则无法知道关于问题的有用信息，如图 12-25 所示。

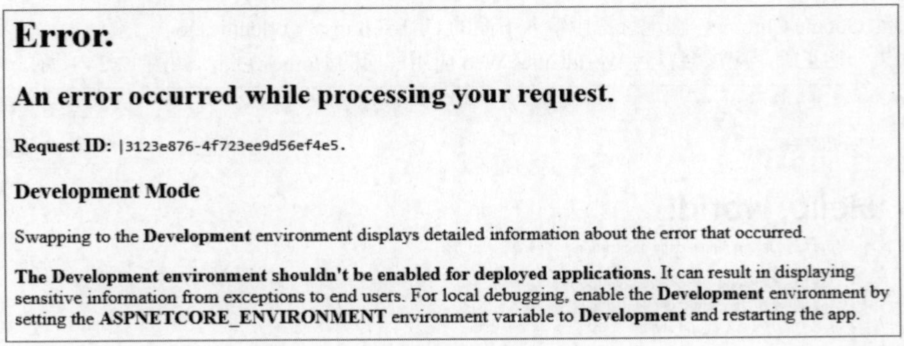

Error.

An error occurred while processing your request.

Request ID: |3123e876-4f723ee9d56ef4e5.

Development Mode

Swapping to the **Development** environment displays detailed information about the error that occurred.

The Development environment shouldn't be enabled for deployed applications. It can result in displaying sensitive information from exceptions to end users. For local debugging, enable the **Development** environment by setting the **ASPNETCORE_ENVIRONMENT** environment variable to **Development** and restarting the app.

图 12-25　错误信息

使用下面的方法可实现这种切换：

(1) 将/etc/systemd/system/kestrel-worldcities.service 文件的 ASPNETCORE_ENVIRONMENT 变量值修改为 Development。

(2) 使用下面的命令重启 Kestrel 服务，然后重新生成依赖树：

```
$ sudo systemctl restart kestrel-worldcities
$ sudo systemctl daemon-reload
```

但是，在真正的生产环境中，强烈建议不要这么做，而是应该像之前建议的那样，使用下面的 journalctrl 命令来检查 Kestrel 的日志：

```
$ sudo journalctl -u kestrel-worldcities --since "yyyy-MM-dd HH:mm:ss"
$ sudo journalctl -xe
```

这种方法能够让我们获得同等程度的信息，却不会把错误透露给公众。

现在，我们的 ASP.NET Core 和 Angular 开发任务就结束了。作者在撰写本书的过程中享受了很大的乐趣，希望你在学习本书的过程中也享受到了同样的乐趣。

12.5　小结

我们的 ASP.NET Core 和 Angular 学习旅程终于到达了终点。我们完成的最后一个任务是准备好 SPA(现在已经具备了 PWA 的最重要功能)，使其能发布到一个合适的生产环境中。

首先，我们介绍了后端和前端框架的一些重要的部署提示。因为 Visual Studio 模板已经实现了最重要的优化调整，所以我们花了一些时间来学习在把 Web 应用程序发布到 Web 上时，可用来提高 Web 应用程序的性能和安全性的多种技巧。

之后，我们采用逐步讲解的方式学习了 Windows 部署。我们在 MS Azure 门户上创建了一个 Windows Server 2019 VM，然后安装并正确配置了 IIS 服务，以便把现有的 HealthCheck 应用发布到 Web 上。我们使用了 ASP.NET Core 新引入的进程内托管模型，这是在 ASP.NET Core 2.2 之后基于 Windows 的平台上的默认(可能也是最推荐的)托管模型。

之后，我们讲解了 Linux 部署，学习了如何把 WorldCities 应用部署到一个基于 CentOS7 的 VM 中。在正确配置 VM 后，我们使用 Kestrel 和 Nginx 实现了进程外托管模型，这是在基于 Linux 的平台上提供 ASP.NET Core Web 应用程序的标准方法。为实现这种托管，我们修改了 WorldCities 应用的一些后端设置，以确保反向代理能正确提供它们。

完成这些操作后，我们在开发机器上使用 Web 浏览器彻底测试了部署工作的结果。对于这两种场景，我们没有购买真正的域名和 SSL 证书，而是使用了自签名证书和主机映射的技术，这允许不支付任何费用就实现相同的结果。

ASP.NET Core 和 Angular 的学习旅程现在终于结束了。关于这两个框架，肯定还有许多值得讨论的地方，而关于我们的两个应用，肯定也有许多可以改进的地方。但是，无论如何，对我们学到的内容和开发的成果，应该感到满意了。

我们希望你享受学习本书的过程。感谢你的阅读！

12.6　推荐主题

HTTPS、安全套接字层(SSL)、.NET Core Deploy、HTTP 严格传输安全(HSTS)、通用数据保护条例(GDPR)、内容分发网络(CDN)、MS Azure、开放 Web 应用程序安全项目(OWASP)、SQL Server、SQL Server Management Studio(SSMS)、Windows Server、IIS、FTP 服务器、发布 profile、ASP.NET Core 进程内托管模型、ASP.NET Core 进程外托管模型、CentOS、Kestrel、Nginx、反向代理、转发头中间件、SCP、FileZilla FTP Client、WinSCP、journalctl、nano、HOST 映射、自签名 SSL 证书、openssl、安全增强型 Linux(SELinux)。